双护盾 TBM 单层管片承压衬砌结构研究与实践

张金良 等著

黄河水利出版社
·郑州·

内 容 提 要

本书根据双护盾 TBM 设计与施工中的关键技术特点,研究了 TBM 工法下的隧洞围护结构设计、TBM 设备选型设计、TBM 安全高效施工等问题,结合兰州水源地工程项目应用实践,对研究成果进行了系统总结。全书的主要内容包括绪论、TBM 施工单层管片衬砌条件下有压输水隧洞设计理论及实践、豆砾石回填灌浆层联合承载机制及无损检测技术、国产首台双护盾 TBM 设备设计与实践、基于多源信息融合与多元数据互馈的 TBM 动态管控施工关键技术。本书理论研究与工程实践相结合,对单层管片衬砌围护结构在双护盾 TBM 施工中的应用、TBM 施工地质风险的动态管控以及 TBM 施工效率的提升等方面有较好的指导和借鉴意义。

本书可供从事隧洞与地下工程行业的勘察、设计、施工及科研工作的技术人员参考,也可供专业院校师生阅读。

图书在版编目(CIP)数据

双护盾 TBM 单层管片承压衬砌结构研究与实践/张金良等著. —郑州:黄河水利出版社,2021.4

ISBN 978-7-5509-2966-1

Ⅰ. ①双… Ⅱ. ①张… Ⅲ. ①水工隧洞-隧道施工-盾构法-研究 Ⅳ. ①TV672

中国版本图书馆 CIP 数据核字(2021)第 070465 号

出 版 社:黄河水利出版社　　网址:www. yrcp. com

地址:河南省郑州市顺河路黄委会综合楼 14 层　　邮政编码:450003

发行单位:黄河水利出版社

发行部电话:0371-66026940、66020550、66028024、66022620(传真)

E-mail:hhslcbs@ 126. com

承印单位:广东虎彩云印刷有限公司

开本:787 mm×1 092 mm　1/16

印张:16

字数:370 千字　　印数:1—1 000

版次:2021 年 4 月第 1 版　　印次:2021 年 4 月第 1 次印刷

定价:90. 00 元

《双护盾 TBM 单层管片承压衬砌结构研究与实践》编委会

主　　编：张金良

副 主 编：牛富敏　耿　波　汪雪英　王美斋　齐三红

参编人员：熊建清　杨风威　贺　飞　杨继华　马若龙

　　　　　张晓瑞　王志强　苗　栋　宁向可　娄国川

　　　　　姜文龙　姚　阳　张艳锋　聂章博

前　言

近年来,随着我国交通、水利水电、采矿等基础建设规模的扩大,隧道工程项目也越来越多。预计未来20年内,我国的隧道建设将达到6 000 km。由于工程地质条件、经济及社会因素的影响,跨流域引调水工程中深埋长隧洞的数量也相应增多。例如,引汉济渭工程秦岭隧洞长81.6 km,大伙房输水隧洞全长85.3 km,北疆供水二期工程隧洞总长516.2 km,单洞最长283.3 km,山西万家寨引黄入晋工程隧洞总长124 km,拟建的南水北调西线一期工程7段隧洞总长252.7 km。这些大型引调水工程具有距离长、埋深大、洞径大、工程地质条件复杂等特点,仅靠传统的钻爆法已经无法满足工程建设的需要,而TBM得益于其掘进工作效率高、安全性好等特点已经成为隧洞掘进的主要手段。

TBM是一种系统化、智能化的高效能隧洞开挖施工机械,可一次成洞,具有掘进、出渣、导向、支护四大基本功能,对于复杂地层,还配备超前地质预报设备。其相对钻爆法具有高效、快速、安全、环保、自动化、信息化程度高等特点,TBM可实现连续掘进,掘进速度一般是传统钻爆法的3~10倍,同时可完成破岩、出渣、支护等作业,广泛应用于交通、市政、水利水电、矿山等隧洞工程的掘进开挖。TBM在中国的大规模应用正是从甘肃引大入秦工程、山西万家寨引黄入晋工程等长距离调水工程开始的,TBM工法在这些调水工程中的成功使用,为我国长隧洞的施工技术和TBM设计、制造水平的提高积累了丰富的经验。

复杂地质条件下长距离输水隧洞采用TBM施工已成趋势,相比于无压洞单层管片衬砌技术,有压洞单层管片衬砌技术具有布置灵活、节约投资、缩短工期、管理调度方便等优势。国内的掌鸠河供水工程采用单层管片衬砌有压输水隧洞,承受的内水压力有14 m。国外采用TBM施工单层混凝土管片衬砌的有压输水隧洞有埃塞俄比亚的Gibe Ⅱ电站,正常运行内水压力70 m;老挝的Theun Hinboun Expansion项目,运行时内水压力90 m。这些项目的运行说明在较高的内水压力作用下,采用单层预制管片衬砌在TBM施工隧洞中是可行的。鉴于有压输水隧洞单层管片衬砌的优势,兰州水源地建设工程输水隧洞为有压输水隧洞,采用平行四边形单层管片衬砌,日成洞最高达55.2 m、月成洞最高达1 019 m,大大缩短了施工周期。

兰州水源地建设工程将刘家峡水库作为引水水源,经新建水厂净化处理后,向兰州市供水,工程设计年引水量8.3亿m^3,最大引水流量26.3 m^3/s。工程输水隧洞全长31.57 km,为国内首条以管片衬砌为主的压力隧洞。施工以双护盾TBM为主、钻爆法为辅,开挖洞径5.46 m,采用管片衬砌,管片厚度0.3 m,管片衬砌内径4.6 m,隧洞开挖面与管片衬砌环之间采用豆砾石填充,豆砾石回填厚度0.13 m,之后再进行回填灌浆。通过这项工程建设,对引调水工程中单层管片衬砌围护结构在双护盾TBM施工中的应用积累了一定的经验。

本书针对双护盾TBM在设计与施工中的关键技术特点,以兰州水源地建设工程输水隧洞双护盾TBM施工为依托,研究了TBM工法下的隧洞围护结构设计、TBM设备选型设计、TBM安全高效施工等问题,结合工程实践应用,对研究成果进行了系统的梳理总结。本书理论研究与工程实践相结合,对单层管片衬砌围护结构在双护盾TBM施工中的应用、TBM施工地质风险动态管控以及TBM施工效率提升等方面有较好的指导和借鉴意义。

本书共5章,主要内容包括绪论、TBM施工单层管片衬砌条件下有压输水隧洞设计理论及实践、豆砾石回填灌浆层联合承载机制及无损检测技术、国产首台双护盾TBM设备设计与实践、基于多源信息融合与多元数据互馈的TBM动态管控施工关键技术。

在本书的撰写过程中,中国水利水电第四工程局有限公司、中国水利水电第三工程局有限公司、中铁工程装备集团有限公司、武汉大学、成都理工大学、中国科学院武汉岩土力学研究所、山东大学提供了部分资料和数据,在此深表感谢!书中引用了较多专家、学者的论著,在此一并感谢!

本书涉及内容较多,由于作者水平有限,错误之处在所难免,恳请广大专家、读者批评指正。

作 者

2021年1月

目　录

第 1 章　绪　论

1.1　双护盾 TBM 简介

全断面岩石掘进机是一种在推力作用下,通过盘形滚刀旋转破碎岩石而使隧洞全断面一次成型的大型装备,是当今世界上快速开挖隧洞的有效施工工具。目前习惯上将用于软土地层的全断面隧道掘进机称为盾构,而将用于岩石地层的全断面隧道掘进机称为 TBM(Tunnel Boring Machine)。TBM 是一种系统化、智能化的高效能隧洞开挖施工机械,可一次成洞,具有掘进、出渣、导向、支护四大基本功能,对于复杂地层,还配备超前地质预报设备。其相对钻爆法具有高效、快速、安全、环保、自动化、信息化程度高等特点,TBM 可实现连续掘进,掘进速度一般是传统钻爆法的 3~10 倍,同时可完成破岩、出渣、支护等作业,广泛应用于交通、市政、水利水电、矿山等隧洞工程的掘进开挖。

TBM 主要分为开敞式和护盾式两大类,其中开敞式分为单支撑和双支撑两种,护盾式又包括单护盾、双护盾等形式。开敞式 TBM 常用于硬岩,在开敞式 TBM 上,配置了钢拱架安装器和喷锚等辅助设备,以适应地质的变化,当采取有效支护手段后,也可应用于软岩隧道。单护盾 TBM 常用于软岩,在开挖推进时,要利用管片作为支撑,其作业原理类似于盾构,但掘进与安装管片两者不能同时进行,施工速度慢。双护盾 TBM 相对单护盾 TBM 克服了掘进与安装管片不能同时进行的缺点,提高了施工效率,其对地质具有广泛的适应性,既能适应软岩,也能适应硬岩或软硬岩交互的地层。

1.1.1　双护盾 TBM 系统组成

通常由设备厂家供应的是掘进机主机。主机可以是某种型号的产品,也可以针对特定工程专门设计。此外,可以由掘进机生产厂家或其他工厂生产其后部配套系统(称为“后配套”)。这样,掘进机才能具备和发挥其强大功能。

按照系统配置,掘进机可以分为机械系统、电力电子系统、润滑和液压系统,以及供水、供风和除尘等主要系统。机器上装有电力变压器,不小于 10 kV 的高压电缆接入,输出 600 V 或 660 V 供主驱动电机,输出 80 V 供其他用电器,以及安全电压等级的隧洞照明。

按照掘进机施工作业功能,可以分为以下几个组成部分。

1.1.1.1　**刀盘**

刀盘在旋转中破碎开挖岩石,遇到破碎带或不稳定岩层被卡阻时,反转可有助于脱困。刀盘上有滚刀孔和后装式刀座,以便安全地更换刀具。刀具上的刀圈只有一小部分突出,使刀盘接近于开挖面,可以使作业面稳定,防止大块岩石掉落。进渣铲斗和刮刀(齿)用来收集岩渣并倾倒于中心部分的皮带输送机受渣槽中。采用近于扁平的进渣铲斗,减少周边暴露的刀盘和可调节口门大小,可以防止在破碎地层带时超量进渣。刀盘中心有一个供水旋转接头,可供给刀盘和首端皮带机喷水系统,将水从缩回式喷嘴中喷向开挖面和渣料,以便消除粉尘。

1.1.1.2　护盾

护盾由前、后护盾和两者连接处的伸缩盾组成。

1. 前护盾

双层壳体结构的前护盾,是刀盘和主轴承的支撑体,同时为刀盘提供动力的驱动电机(马达)和提供推进力的主推进液压缸的前端头等也安装在前护盾内。主推进液压缸为偶数个,一般有 10 只或 12 只,在护盾内均布且呈三角形桁架式设置,因而可以实现刀盘的姿态控制、必要时纠偏,此外还可以提供用来平衡旋转力矩的反力。有的掘进机主推进液压缸为平行布置,而另外设置反扭矩油缸来平衡扭力。前护盾前方顶部的两侧各有一个液压稳定器,该稳定器的撑靴适度撑紧后可以减缓掘进时的刀盘振动,同时为前护盾增加摩擦力,以便拉动需要前进的后配套。

2. 后护盾

后护盾的前端安装有主推进液压缸后端的臼窝铰接头。护盾内安装有侧向主支撑、辅助推进液压缸和管片安装机械手。侧向主支撑通过撑紧岩石产生的摩擦力为刀盘掘进提供全部推进力;特殊情况下,通过辅助推进液压缸还可以提供更大的推进力。

3. 伸缩盾

前、后护盾之间为两者套接的伸缩部,伸缩部的尺寸决定了主推进液压缸的行程。前、后护盾为互补关系。后护盾为刀盘和前护盾的前进提供推力,在后护盾固定的条件下可在掘进的同时安装管片;前护盾也可以通过主推进油缸的回缩拉动后护盾前行。

前护盾前端的直径略小于刀盘,在伸缩护盾的前后,护盾的外径是逐渐缩小的。这样做是为了留出围岩的弹性变形空间,同时便于掘进机转向,防止围岩收敛而卡机;缩径率较大的掘进机在收缩变形剧烈的地层中比较容易通过;另一个措施就是使用液压扩孔刀,加大开挖直径。

1.1.1.3　主驱动电机(马达)

护盾式掘进机由布置在护盾内周边的若干台电机(马达)共同驱动大齿圈,从而带动刀盘旋转。开敞式掘进机的主驱动电机则多为后置式,通过一根长长的轴管来传递扭矩。

1.1.1.4　方向控制与数据采集系统

掘进机配置有 ZED260/261 或 SLS、PPS 等激光导向系统。掘进机作业过程中,可以借助激光发射装置发出的激光束,来检查掘进机姿态和隧洞的准直情况。通过激光靶标、测量装置和线性传感器,以及电子计算机系统,可以掌握掘进机的实时姿态。刀盘和护盾上也设有线性传感器,测出的数值由操作室读取,各个部位的偏差值均可实时获取,以便调整控制。

ZED 系统包括激光发射装置、靶标箱、可转换显示屏幕和工程师操作台。激光靶标通过光电二极管和反射装置,将入射和反射偏差转换为读数值。掘进机在直线段运行时,激光束应当穿过前、后靶的中心,使机器找正;当掘进机沿曲线运行时,须经过计算、列出曲线半径同偏斜率的关系表,进行方向控制。

SLS系统包括激光全站仪、ELS靶、工业计算机、数据采集单元和电源适配器等。其工作原理与ZED大致相同。

数据采集系统分为机械系统数据采集和机器姿态控制数据采集。掘进机的数据记录系统需采集:刀盘转速、功率,主推进液压缸压力和推进速度,辅助推进液压缸压力、速度和伸出长度,管片安装器油压等。机器姿态控制数据采集系统由ZED等装置给出。

1.1.1.5 运输系统

双护盾掘进机施工通常配置轨道交通系统,由内燃机车或电瓶机车拖动列车,往返于洞内工作面和洞外工业广场之间。运输系统的主要任务是送出渣料,送进管片、豆砾石、水泥等衬砌灌浆材料,以及钢轨、管线、机器零部件等掘进所需器材,同时还要运送工作人员进出洞和交接班,其中渣料的运输量最大。有的隧洞采用连续作业、效率较高的胶带运输机出渣,这样可以减少轨道运输量,还可以减免内燃机车所需的通风负荷。

1.1.1.6 管片安装和辅助推进系统

由六自由度机械手安装衬砌管片,辅助推进液压缸持续顶紧管片,必要时可以为掘进机提供前进推力。

1.1.1.7 通风系统

新鲜空气通过风管从隧洞外送入掘进机工作区;从刀盘处收集的含粉尘废气,经过除尘器处理后随对流空气排出洞外。

1.1.1.8 供水系统

主供水管由隧洞外接入,经过水泵加压后,分别送到刀盘喷淋系统、冷却水系统和灌浆机等用水终端。

1.1.1.9 回填、灌浆系统

采用预制管片衬砌时,管片同岩石之间的空隙先用豆砾石回填。回填系统由料斗车、空压机和风力输料管等组成;豆砾石回填之后进行水泥灌浆,以形成结石体。灌浆系统包括制浆机、灌浆泵、灌浆管路和自动记录仪等。

1.1.1.10 钻探系统(探测、超前灌浆)

掘进机上配备有安装在可旋转支架上的岩石钻机,可以用来钻探测孔和预注灌浆。

1.1.2 双护盾TBM施工特点

1.1.2.1 双护盾TBM施工的优点

1. 安全、高效、快速

双护盾TBM配置有前、后护盾,在前、后护盾之间设计有伸缩盾,后护盾配置支撑靴。在地质条件良好时通过支撑靴支撑洞壁来提供推进反力,掘进和安装管片同时进行,具有较快的进度。双护盾TBM施工,人员及设备在护盾的保护下进行工作,安全性也较开敞式TBM好;双护盾TBM施工使隧道掘进、衬砌、出渣、运输作业完全在护盾保护下连续一次完成,实现了安全、高效、快速施工。

2. 对不良地质具有较强的适应性

对富水地段,采用红外探测为主、超前地质钻探为辅的综合超前地质预报方法进行涌水预报。对涌水可实施堵、排结合的防水技术,TBM主机区域配置潜水泵,将水抽至位于

TBM 后配套台车上的污水箱内,同时 TBM 配置有超前钻机,可以利用超前钻机钻孔,利用注浆设备进行超前地层加固堵水。

对断层破碎带,双护盾 TBM 能采用单护盾模式掘进。同时可对断层破碎带进行超前地质预报,利用红外探水仪和 TBM 配置的超前钻机探水。利用 TBM 配置的超前钻机和注浆设备对地层进行超前加固,同时刀盘面板预留注浆孔的设计能满足对掌子面加固的需要。

对深埋隧道,因地质构造复杂,在深埋条件下,不可避免地会引起围岩应力的强烈集中和围岩的应力型破坏。双护盾 TBM 掘进时,因掌子面较圆顺,对岩体的损伤可以降低到很低的程度,保护了围岩的原始状态,不易发生应力集中。

对岩爆地段,由于 TBM 刀盘设有喷水装置,在预测的地应力高、易发生岩爆地段,利用 TBM 配置的超前钻机钻孔,在钻孔中注水湿化岩石,喷水对掌子面岩石能起到软化的作用,提前将应力释放。同时,通过管片安装、豆砾石回填和水泥浆灌注,使 TBM 能快速支护并通过岩爆地段。

对塌方地段,由于双护盾 TBM 采用了封闭式的刀盘设计,能有效地支撑掌子面,防止围岩发生大面积坍塌。TBM 撑靴压力能根据地质条件调整,以免支撑力过大而破坏洞壁岩石。同时,双护盾 TBM 的高强度结构设计和足够的推力储备及扭矩储备能保证 TBM 不易被坍塌的围岩卡住。

3. 实现了工厂化作业

双护盾 TBM 施工,由刀盘开挖地层,在护盾的保护下完成隧道掘进、出渣、管片拼装等作业而形成隧道,豆砾石的喷灌、注浆、通风、供电等辅助作业也实施了平行作业,充分利用了洞内空间。双护盾 TBM 施工具有机械化程度高、施工工序连续的特点。隧道衬砌采用管片衬砌技术,管片采用工厂化预制生产,运到现场进行装配施工,预制钢筋混凝土管片具有质量好、精度高的特点,与传统的现浇混凝土隧道衬砌方法相比,施工进度快、施工周期短,无须支模、绑筋、浇筑、养护、拆模等工艺;避免了湿作业,施工现场噪声小,减少了环境污染。隧道衬砌的装配式施工,不仅实现了隧道施工的工厂化,且更方便隧道运营后的更换与维修。

4. 自动化、信息化程度高

双护盾 TBM 采用了计算机控制、遥控、传感器、激光导向、测量、超前地质探测、通信技术,是集机、光、电、气、液、传感、信息技术于一体的隧道施工成套设备,具有自动化程度高、对周围地层影响小、有利于环境保护等优点。施工中用人少,且降低了劳动强度、降低了材料消耗。双护盾 TBM 具有施工数据采集功能、TBM 姿态管理功能、施工数据管理功能和施工数据实时远传功能,实现了信息化施工。

1.1.2.2 双护盾 TBM 施工的缺点

(1)双护盾 TBM 价格较高。同直径的双护盾 TBM 的造价一般比开敞式 TBM 的高 20%,双护盾 TBM 设备一次性投入较大。目前,直径 6 m 左右的 TBM 出厂价约为 1 000 万美元,直径 9 m 左右的 TBM 出厂价约为 1 600 万美元。

(2)开挖中遇到不稳定或稳定性差的围岩时,会发生局部围岩松动塌落,需采用超前钻探提前了解前方地层情况并采取预防措施。

(3)在深埋软岩隧洞施工时,高地应力可能引起软岩塑性变形,易卡住护盾,施工前需准确勘探地质,并先行释放地应力,施工成本较高。

(4)对深埋软岩隧洞,地应力较大,由于TBM掘进的表面比较光滑,因此地应力不容易释放,与钻爆法相比也更容易诱发岩爆。

(5)在通过膨胀岩时,由于膨胀岩的膨胀、收缩、崩解、软化等一系列不良工程特性,在进行管片的结构设计时,应充分考虑围岩膨胀力对管片可能施加的荷载,确保衬砌结构安全。应注意管片的止水防渗,防止膨胀岩因含水率损失而发生崩解或软化,进而造成TBM下沉事故。

(6)在断层破碎带,因松散岩层对TBM护盾的压力较大,易发生卡机事故;在岩溶地段,易发生TBM机头下沉事故,施工中应采取相应措施。

(7)由于隧道管片接缝多,在不良地质洞段其防水性和运行安全性,还是较薄弱的环节。

(8)由于护盾将围岩隔绝,只能从护盾侧面的观察窗了解围岩情况,不能系统地进行施工地质描述,也难以进行收敛变形测量。

1.1.3 国内TBM施工技术应用实例

长期以来,由于缺少大型施工机械,我国地下工程岩石隧洞的施工速度缓慢,耗资较大,施工方法一直沿用传统的钻爆法,掘进机未能得到普遍推广。

1966年,作为国家科委重点科研项目,上海水工机械厂生产了国内第一台隧洞掘进机,刀盘直径3.4 m。此后,国内又生产了直径3~5.8 m的若干台掘进机,先后在福建龙门滩、山东引黄济青和河北引滦入唐等工程的隧洞施工中使用。

经过40多年的发展,我国掘进机制造技术虽然有了重大突破,但与国外掘进机技术相比差距仍较大。改革开放以来,我国的隧洞掘进机开发研制出现了新的转机。随着国外各大著名厂商纷纷进入中国市场,借助国外资金和技术,我国隧洞施工机械装备的制造也有了突破性进展。有的厂商已经确定,未来全断面掘进机产业化发展目标是建设世界上最大的盾构机研制基地,并实现全种类覆盖、多系列供货、客户化研发和模块化制造。国产掘进机在世界市场上占有一席之地已为时不远。

20世纪90年代以来,全断面隧洞掘进机在我国得到了较大规模的应用,国内具有代表性的TBM施工隧洞工程如下。

1.1.3.1 甘肃引大入秦工程

甘肃引大入秦工程30A和38号隧洞采用全断面双护盾TBM施工,隧洞全长分别为11.649 km和5.400 km。TBM开挖洞径5.53 m,衬砌后洞径4.80 m。TBM在引大入秦工程创造了高速开挖与衬砌纪录,不仅在我国,在世界范围内也是名列前茅。国内TBM的大规模应用与技术发展,正是从引大入秦工程的TBM获得巨大成功后开始的,可以说引大入秦引水隧洞的成功在我国隧洞建设史上具有开创性的意义。

1.1.3.2 山西万家寨引黄入晋工程

山西万家寨引黄入晋工程TBM施工隧洞总长约124 km,共采用6台双护盾TBM,开挖洞径为4.82~6.13 m。TBM施工过程中遇到了溶洞、断层破碎带塌方、围岩塑性变形等工程地质问题,经处理后均顺利通过。创造了当时最高月进尺1 821.51 m、最高日进尺113 m的掘进速度纪录。山西万家寨引黄入晋工程引水隧洞是我国继引大入秦工程中等直径双护盾TBM成功施工后的又一次大规模TBM施工,对双护盾TBM在我国长隧洞施工中的广泛应用有很强的借鉴作用。

1.1.3.3 甘肃引洮供水一期工程7号隧洞

甘肃引洮供水一期工程7号隧洞全长17.30 km,设计开挖洞径5.75 m,衬砌后洞径4.96 m。采用1台单护盾TBM自出口向上游逆坡掘进施工,预制钢筋混凝土管片衬砌,7号隧洞是单护盾TBM在国内的首次应用。

1.1.3.4 大伙房输水隧洞

大伙房输水工程隧洞全长85.3 km,采用3台开敞式TBM与钻爆法联合施工,TBM施工长度计划约60 km,开挖洞径8.03 m,隧洞岩性主要为花岗岩、火山角砾岩、凝灰岩等。

1.1.3.5 新疆达坂隧洞

新疆达坂隧洞为无压输水隧洞,长31.28 km,隧洞中间段约24 261 m采用1台双护盾TBM向上游掘进,开挖洞径6.79 m。TBM掘进过程中遇到了强膨胀泥岩、断层、富水等严重不良地质条件,造成频繁卡机,对工期造成了一定的延误。

1.1.3.6 青海引大济湟工程引水隧洞

青海引大济湟工程引水隧洞全长24.17 km,其中TBM施工段长约19.7 km,采用1台德国维尔特公司制造的双护盾TBM施工,开挖直径5.93 m。引大济湟工程引水隧洞出口与进口段2台TBM受不良地质条件的影响,共发生卡机20余次,历时长达9年贯通,可以看出TBM对不良地质条件的适应性差,引大济湟工程引水隧洞TBM施工过程中对不良地质条件的处理及应对措施为国内的TBM施工积累了宝贵的经验。

1.1.3.7 掌鸠河引水工程上公山隧洞

昆明掌鸠河引水工程上公山隧洞全长13.769 km,采用1台小直径双护盾TBM施工,开挖洞径3.665 m。隧洞一般埋深100~200 m,最大埋深368 m。隧洞穿越的地层岩性主要有下元古界黑山头组泥质板岩、砂质板岩,震旦系灯影组白云岩、白云质灰岩及硅质白云岩等。上公山隧洞TBM施工的多次卡机造成了工期延误、施工成本剧增的不良后果,主要原因是地质条件复杂,前期勘察精度不足,多处不良地质条件未能识别,低估了不良地质条件对TBM的影响,导致并不适合采用TBM法施工的上公山隧洞采用了TBM,其教训是深刻的。

1.1.3.8 重庆轨道交通6号线一期工程隧道

重庆轨道交通6号线一期工程隧道TBM试验段全长约13.5 km,采用2台直径6.36 m的开敞式TBM施工。隧道埋深1 056 m,沿线的地层由第四系全新统松散土层和侏罗系中统沙溪庙组泥岩、砂岩组成。试验段施工过程中,打破了全国城市轨道交通盾构施工月掘进783.6 m的纪录,而且还创造了全国城市轨道交通TBM日掘进46.807 m、月平均日掘进27.8 m的2项全国纪录,重庆轨道交通6号线TBM试验段的成功实施,为城市轨道交通全断面岩石TBM施工技术的发展提供了经验。

1.2 隧道衬砌支护结构

1.2.1 衬砌结构类型

1.2.1.1 整体式混凝土衬砌

整体式混凝土衬砌是指就地灌筑混凝土衬砌,也称模筑混凝土衬砌。其工艺流程为:立模→灌筑→养生→拆模。模筑衬砌的特点是:对地质条件的适应性较强,易于按需要成型,整体性好,抗渗性强,并适用于多种施工条件,如可用木模板、钢模板或衬砌台车等。为此,在我国隧道工程中曾广泛采用。依照不同的地质条件,或是按照不同的围岩级别,又有整体式混凝土直墙式衬砌和曲墙式衬砌两种形式。

1. 直墙式衬砌

直墙式衬砌适用于地质条件比较好的情况,属于我国交通隧道围岩分级中的Ⅰ、Ⅱ、Ⅲ级围岩。围岩压力以竖向为主,几乎没有或仅有很小的水平侧向压力。衬砌由上部拱圈、两侧竖直边墙和下部铺底三部分组合而成。拱圈以大小两种不同半径分别做成三心圆弧线,中间左右45°内用较小的半径,两边用较大的半径。拱圈是等厚的,所以外弧的半径是各自增加了一个拱圈厚度的尺寸。由于它们是同心圆弧,所以内、外半径的圆心是重合的。两侧边墙是与拱圈等厚的竖直墙,与拱圈平齐衔接。洞内一侧设有排出洞内积水的排水沟,所以有排水沟一侧的边墙深度要大一些。整个结构是敞口的,并不闭合,只是以混凝土做成平槽,称之为铺底,以便安放线路的道砟。

在地质条件极好、整体岩层坚固的情况下,几乎没有什么水平侧压力,也没有地下水浸入时,则可只设拱圈,省去边墙圬工,称之为半衬砌。此时,为了保证洞壁岩体有足够能力以支承拱圈传来的压力,在洞壁顶上应留15~20 cm平台。

在侧向压力甚小且无地下水的情况下,如不设边墙,则应把两侧岩壁表面喷浆敷面,以保护岩面不受风化作用的剥蚀,也可以阻止少量地下水的渗透。

2. 曲墙式衬砌

曲墙式衬砌适用于地质条件比较差、岩体松散破碎、强度不高、又有地下水、侧向水平压力也相当大的情况。它由顶部拱圈、侧面曲边墙和底部仰拱所组成。顶部拱圈的内轮廓与直边墙衬砌的拱部一样,但其拱圈截面是变厚度的,拱顶处薄而拱脚处厚。因而不但拱部的外弧与内弧的半径不同,而且它们各自的圆心位置也是相互不重合的。侧墙内轮廓也是一段圆弧,圆心在水平直径的高度上,半径是另一个较大的尺度。侧墙外侧,在水平直径以上的部分,也是一个圆弧,圆心也在水平直径高度上,但半径不同;水平直径以下部分为直线形,稍稍向内偏斜。对于Ⅳ级围岩,有地下水,可能会产生基础下沉的情况,则曲墙应予加宽,且必须设置仰拱,以抵抗上鼓力,也防止了整个结构的下沉。仰拱是用另一个半径做出的弧段。对于Ⅴ级或Ⅵ级围岩,压力很大,则侧墙外轮廓自水平直径以下的部分,做成竖直直线形状,不再向内倾斜,使侧墙底宽度更大,以阻止受压下沉。仰拱虽然是圆弧形,但由于洞内侧需设排水沟,因而仰拱对中轴线也不是对称的,而是偏向有水沟的一边。

1.2.1.2 拼装式衬砌

就地模筑的整体式混凝土衬砌虽然在我国被广泛地采用,但是它在灌注以后不能立即承受荷载,必须经过一个养生的时期,因而施工进度受到一定的限制。随着社会不断地向着工业和机械化发展,隧道施工也提出向工业化和机械化改进。于是出现拼装式的隧道衬砌。这种衬砌由若干在工厂或现场预先制备的构件运入坑道内,然后用机械将它们拼装成一环接一环的衬砌。这种衬砌具备以下优点:

(1)一经装配成环,不需养生时间,即可承受围岩压力;

(2)预制的构件可以在工厂成批生产、在洞内可以机械化拼装,从而改善了劳动条件;

(3)拼装时,不需要临时支撑如拱架、模板等,从而节省大量的支撑材料及劳力;

(4)拼装速度因机械化而提高,缩短了工期,还有可能降低造价。

拼装式衬砌的构造应满足下列条件:

(1)强度足够而且耐久。

(2)能立即承受荷载。

(3)装配简单,构件类型少,形式简单,尺寸统一,便于工业化和机械化拼装。

(4)构件尺寸大小和重量适合拼装机械的能力。

(5)有防水的设施。

国外早在19世纪就已开始试用,尤其在地下铁道工程中采用较多。在我国宝兰铁路线上曾试用过半圆形拱部的拼装式衬砌。在黔贵线上试用过“T”字形镶嵌式拼装衬砌。但它们还存在着一些缺点,如需要坑道内有足够的拼装空间;制备构件尺寸上要求一定的精度;它的接缝多、防水较困难等。鉴于以上的原因,目前多在使用盾构法施工的城市地下铁道中应用,在我国铁路和公路隧道上,未能推广使用。相信在科学技术发展的将来,克服了上述的缺点后,拼装式衬砌将是个有前途的衬砌形式。

1.2.1.3 喷锚支护

喷射混凝土是以压缩空气为动力,将掺有速凝剂的混凝土拌和料和水混合成为浆状,喷射到坑道的岩壁上凝结而成。在围岩不够稳定时,可加设锚杆和金属网,构成一种支护形式,简称喷锚支护。

喷锚支护是目前常用的一种围岩支护手段。采用喷锚支护可充分发挥围岩的自承能力,并有效地利用洞内净空,提高作业安全性和作业效率,并能适应软弱和膨胀性地层中的隧道开挖。还能用于整治塌方和隧道衬砌的裂损。

喷锚支护包括锚杆支护、喷射混凝土支护、喷射混凝土锚杆联合支护、喷射混凝土钢筋网联合支护、喷射混凝土与锚杆及钢筋网联合支护,以及上述几种类型加设型钢支撑(或格栅支撑)而成的联合支护,等等。

相对于模筑混凝土衬砌而言,喷锚支护是一种与模筑混凝土衬砌本质不同的支护方式。

从作用原理上看,它不是以一个刚度强大的结构物来抵抗围岩所给予它的压力荷载,而是施加一种措施以发挥围岩本身的自稳能力,与围岩合成一体,共同作用,成为柔性的衬砌。从施工方法来看,它不用拱架和模板来灌注和盛装建筑材料,而是直接把建筑材料喷到岩壁上,径直凝成支护层。它节约了大量的木材,降低了工人劳动强度,使坑道断面缩小,从而减少了开挖量,污工量也因减薄而节省。目前在我国,不但在隧道工程中已基本取代厚体的模筑混凝土衬砌,而且在许多其他土建工程中也在大力推广使用,取得了很好的效果。

1.2.1.4 复合式衬砌

复合式衬砌不同于单层厚壁的模筑混凝土衬砌,它是把衬砌结构分成不止一层,在不同的时间上先后施作的。顾名思义,它可以是两层、三层或更多的层,但是目前实践的都是外衬和内衬两层,所以也有人称它为"双层衬砌"。按内、外衬的组合情况可分为:喷锚支护与混凝土衬砌、喷锚支护与喷射混凝土衬砌、格栅钢构拱架喷射混凝土与混凝土衬砌、装配式衬砌与混凝土衬砌等多种组合形式。最通用的是外衬喷锚支护,内衬为整体式混凝土衬砌。

复合式衬砌是先在开挖好的洞壁表面喷射一层早强的混凝土(有时也同时施作锚杆),凝固后形成薄层柔性支护结构(称初期支护)。它既能容许围岩有一定变形,又能限制围岩产生有害变形。其厚度多在5~20 cm。一般待初期支护与围岩变形基本稳定后再施作内衬,通常为就地灌注混凝土衬砌(称二次衬砌)。为了防止地下水流入或渗入隧道内,可以在外衬和内衬之间设防水层,其材料可采用软聚氯乙烯薄膜、聚异丁烯片、聚乙烯等防水卷材,或用喷涂乳化沥青等防水剂。

模型试验和理论分析的结果表明:复合式衬砌的极限承载能力比同等厚度的单层模筑混凝土衬砌的可提高20%~30%,如能调整好内衬的施作时间,还可以改善结构的受力条件。关于复合式衬砌内、外层结构受力状态,一般认为:在比较坚硬的围岩地段,由于围岩具有自承能力,它与初期支护组合在一起能起到永久建筑物的作用,所以二次衬砌只是用来提高安全度的;在围岩比较软弱地段,则内、外衬砌是共同承载受力的;而在一些特殊地质地段(塌方地段、围岩产生大变形地段)中,则二次衬砌的承载作用是主要的,它不仅稳定围岩的变形而且在整个衬砌结构中占有主导地位。

总之,复合式衬砌可以满足初期支护施作及时、刚度小易变形的要求,且与围岩密贴,从而能保护围岩和加固围岩,促进围岩的应力调整,充分发挥围岩的自承作用。二次衬砌完成后,衬砌内表面光滑平整,可以防止外层风化,装饰内壁,增强安全感,是一种较为合理的结构形式,因此目前在我国的各种隧道工程中已普遍应用。

1.2.1.5 连拱衬砌

按照《公路隧道设计规范》(JTG D70/2—2014),高速公路、一级公路一般应设计为上、下行分离的两座独立隧道。两相邻隧道最小净距视围岩类别、断面尺寸、施工方法、爆破震动影响等因素确定,一般在30 m以上。从理论上讲,要将两相邻隧道分别置于围岩压力相互影响及施工影响范围之外。这对降低工程造价是有益的,在条件许可的情况下,可以采用这种上、下行分别布设的分离式隧道,但在某些特定条件下,如路线分离困难或洞外地形条件复杂、土地紧张、拆迁数量大或采用上、下行分离双孔隧道,其中一孔的隧道长度需要过分加长或造成路基工程数量急剧增加时,将使执行这一净距非常困难,尤其是桥隧相连更是如此。在这种情况下,采用连拱隧道衬砌结构,可以很好地解决这个问题。此外,在山区铁路中,许多中小车站的(三线或四线)股道不得不延伸至隧道内时,也多采用连拱隧道的结构形式。连拱隧道就是将两隧道之间的岩体用混凝土取代,或者说是将两隧道相邻的边墙连接成一个整体,形成双洞拱墙相连的一种结构形式,中间的连接部分通常称为中墙。

1.2.2 衬砌材料

1.2.2.1 原则

TBM施工的引调水隧洞衬砌为预制钢筋混凝土结构,材料的选用应符合结构强度和耐久性的要求,同时满足抗渗、抗冻和抗侵蚀的需要。根据掘进机施工的输水隧洞的设计和施工经验,考虑到预制衬砌隧洞为单层结构,且管片孔、洞构造和尺寸限制等因素,这里对于隧洞施工用建筑材料,在满足现行规范要求的基础上,提出一些应当注意和值得重视的问题。

1.2.2.2 水泥

近年来,在我国许多重要工程的设计建设中,均强调应使用低水化热、低C3A(铝酸三钙)、低碱含量的水泥。如要求水泥中的C3A含量不高于8%(国外和国内有的工程要求不高于5%),水泥中的碱含量不高于0.6%(低碱水泥)。随着国家建设事业的发展和综合实力的提高,作为重要基础建设项目的引水、调水工程的隧洞,从保证耐久性和使用寿命出发,对衬砌结构的水泥性能有较高的要求,既有必要也是完全可能的。此外,还要考虑水泥品种和掺和料对于蒸汽养护的适应性。

应当根据混凝土的抗冻要求选择水泥品种。要求抗冻强度等级高的混凝土,应使用普通硅酸盐水泥,不宜使用粉煤灰硅酸盐水泥和火山灰质硅酸盐水泥。

1.2.2.3 混凝土集料

铁路工程中,很早就提出了对混凝土集料的碱活性限制,《铁路隧道设计规范》(TB 10003—2016)规定,混凝土中碱含量应符合《铁路混凝土工程预防碱—骨料反应技术条件》(TB/T 3054—2002)的要求;我国南水北调工程对混凝土的碱—集料反应和混凝土碱含量问题也给予了高度重视,并提出了很严格的要求,即在规定不得使用具有碱活性集料的基础上,单方混凝土中的碱含量还不得大于2.5 kg/m^3。铁路隧道和公路隧道设计规范均强调混凝土中不得使用碱活性集料。掘进机施工的引水、调水隧洞,其管片混凝土也应当注意这方面的问题。

1.2.2.4 掺和料

随着管片混凝土设计强度的提高,为了控制水泥使用量,降低水化热温升,提高混凝土的综合性能,合理使用粉煤灰和超细矿粉等掺和料,是既经济,效果又好的重要举措。除抗冻要求高的混凝土外,适量掺加粉煤灰,对于改善混凝土性能、减少水泥用量、抑制碱活性反应,都有一定的好处。在我国预制混凝土管片生产实践中,已经在这方面积累了很丰富的经验。

1.2.2.5 外加剂

外加剂应当对混凝土强度无影响,对混凝土和钢材无腐蚀作用,对混凝土凝结时间影响不大,对人体和环境无害。还须不吸湿、易保存。管片混凝土生产中使用量最大的是减水剂,其次是引气剂。鉴于管片混凝土的水灰比较低,一般为0.3~0.4,必须使用高效减水剂;而固体粉末状减水剂含碱量往往很高,因此应当强调,制作管片的混凝土应当使用无碱或低碱的液态高效减水剂。

1.2.3 TBM 掘进与衬砌的结合

TBM 是目前国际上最先进的隧洞全机械化施工设备,按照 TBM 在各类围岩中的贯入速度推算,正常情况下掘进速度可以达到每工作日 50~60 m,甚至更多。因此,正常情况下,掘进并不是成洞速度的制约因素,关键在于衬砌,往往是衬砌(或支护)速度的相对缓慢对掘进机的综合进度构成了严重制约。

最早的预制混凝土衬砌是作为一次支护使用的,这种衬砌在满足工程使用、受力和防水要求的前提下演变成了最终衬砌,实现了结构优化。预制混凝土管片的形式多样,比较常见的是螺栓紧固连成整体的直角四边弧形管片衬砌法,但这种施工方法速度较慢,难以适应快速掘进的需要。因此,20 世纪 70 年代以来,出现了一种称为"蜂窝形衬砌体系"的新方法,即隧洞环向使用 4 块六边形预制混凝土管片,前后、左右各错开半个管片宽度进行拼装,双护盾掘进机掘进、出渣、管片安装、豆砾石充填灌浆等工序平行作业,隧洞一次成型。其成洞速度大幅度提高,从而带来了隧洞掘进机快速施工的一场革命。这种方法在中国大面积推广应用过程中,经过逐步改进渐趋完善。实践已经证明,此种方法实现了快速掘进和快速衬砌的有机结合,运用十分成功,该方法存在的某些缺点也是可以克服的。

双护盾掘进机隧洞掘进同无须螺栓连接的六边形预制管片衬砌技术结合之后,掘进机快速掘进的优势得到了充分发挥,掘进与衬砌两者相得益彰,使隧洞施工全过程一次性完成,成洞速度大大提高。正如 1995 年在奥地利召开的 TBM 隧洞施工趋势国际研讨会的报告中所指出的:实践证明,TBM 全断面掘进、预制混凝土管片一次衬砌止水技术是一项经济而高效的隧道施工技术;而蜂窝状管片将连续开挖、连续衬砌技术与管片传递推力的优点结合起来,快速封拱,体现了当今隧道施工的先进水平。

1.3 研究内容

1.3.1 TBM 施工开挖过程中的围岩变形与扰动问题研究

通过建立沿开挖推进方向大范围的数值计算模型,采用三维数值分析与现场监测相结合的研究方法,在开挖推进的方向上与圆周环向上布置数值监测点,并在现场开挖过程中在对应点位中埋设围岩变形观测设备(顶部、两腰和底部埋设三点位移计),以研究施工开挖过程中,洞室出露面上纵向与圆周方向上的变形规律,基于围岩空间上的变形完成率以及收敛速度等变量,探索施工开挖过程中围岩扰动问题的评价方法,修正与完善相关数值计算模型,并反演岩土材料相关计算参数,为施工开挖过程中围岩稳定性评价与支护强度选取提供参考。

1.3.2 TBM 施工开挖期单层管片衬砌结构受力与变形机制研究

TBM 施工开挖推进过程中,管片受力复杂,需要承受 TBM 机械重量、刀片推进的部分反作用力、管片结构自重、管片拼接吊装过程中各种动荷载等,拟结合布设在隧洞典型断面位置衬砌管片内外表面的环向和纵向应变计,分析施工开挖期间的管片受力状态,为管片结构的施工安全提供支撑。

1.3.3 充水、过水与放空过程中管片内外水压力传导与水量交换问题研究

由于衬砌由管片拼装而成,相邻管片通常采用螺栓相连,并采用纵向止水封闭,同时在衬砌分段处(一般为1.5~2.0 m一环)采用环向止水封闭。但是由于施工过程复杂,管片间止水可能受到来自于灌浆压力、豆砾石回填压力、不均衡山岩压力、内水压力、温度变化带来的管片膨胀与收缩变形等,往往在管片与管片间的纵向连接缝以及环向分段缝间形成渗透通道,促进洞内水流与洞外地下渗流场的耦合演化。目前的研究很少涉及管片止水失效前后的水力传导与水量交换能力方面,对管片失效现状也缺少现场调研资料,为本子专题的研究带来了相当大的障碍。拟在管片接缝位置和管片中央位置埋设渗压计,对比分析接缝位置与无缝位置的孔压变化特征,以研究管片接缝对耦合渗流场渗透水压力的影响规律。

1.3.4 充水、过水与放空过程中衬砌管片结构安全问题研究

当管片间透水通道(纵缝与环缝)存在时,TBM有压隧洞的作用机制和普通高压透水隧洞的作用机制极为相似,即管片内外水压力接近平衡,内水压力基本由围岩承担,且放空检修过程中,由于向内排水通道的存在,衬砌外表面积聚的外水荷载普遍较小。同时,TBM管片通常由5~6片拼接而成,管片之间通过螺栓相连,管片衔接面相对较为平整,管片间止水失效的不可预见性、豆砾石回填密实度的不均一性、外部围岩的透水能力的随机性等问题,导致在充水、过水以及放空过程中,作用在衬砌管片上的水荷载在时间上和空间上分布极为不均匀,直接威胁到衬砌管片的结构安全,如何构建与仿真再现衬砌管片的结构受力与变形特征,是TBM管片结构的重要研究内容。

1.3.5 豆砾石回填灌浆体的力学性能研究

对豆砾石颗粒形态特征指标进行量化,利用Image-Pro Plus软件对量化指标值进行分析,因豆砾石堆积体空隙率亦对灌浆环节的灌浆质量造成影响,故探讨各形态特征量化指标与豆砾石堆积体空隙率的关系,选取部分敏感指标进行后续分析。

结合现场施工工艺,利用配制的不同豆砾石样本,进行豆砾石回填模拟和浆液灌注模拟试验,并对回填灌浆结石体取芯进行单轴压缩试验,得出不同豆砾石配制下的抗压强度,分析各影响因素和量化指标对豆砾石回填灌浆结石体抗压强度的作用效应。

以豆砾石形态特征量化指标和空隙率为主要控制指标及影响因素,得出二者与结石体抗压强度的相关性,进行豆砾石材料的质量控制,预估工程中特定条件下的结石体强度。

1.3.6 豆砾石回填灌浆层“管片—回填层—围岩”联合承载机制研究

通过单轴压缩试验和三轴压缩试验研究豆砾石灌浆结石体的材料性质,考虑施工过程的影响,利用弹性理论和弹塑性理论计算隧洞开挖围岩变形量,分析管片受力模式。

考虑回填层弹性模量、泊松比、厚度以及地应力侧压力系数等因素，研究不同强度回填层在联合支护体系中发挥的作用。同时，通过有限差分软件 $FLAC^{3D}$ 对隧洞开挖、支护的全过程进行模拟，来修正理论计算所得到的管片应力变化规律。同时研究回填层的弹性模量、泊松比、厚度以及地应力侧压力系数等影响因素对管片上应力大小和分布的影响。

结合兰州水源地项目，考虑施工期和运行期，研究Ⅱ类石英片岩、Ⅲ类花岗岩和Ⅳ类砂砾岩三种工况下回填层强度从 C5 提高到 C20 对管片上应力的大小和分布的影响。综合分析三种工况下回填层强度对管片上应力影响的变化，研究围岩弹性模量和内水压力大小在实际工况下对影响规律的改变，并据此给出回填层强度设计建议。

1.3.7　超声横波反射回填灌浆缺陷检测技术研究

基于阵列横波检测基本原理，通过声波传播的运动学和动力学特征，研究利用横波反射信号能量强弱来检测回填灌浆质量好坏；信号的噪声是影响信号信噪比的重要因素，分析声波信号的吸收扩散衰减和频域衰减特征，研究频域补偿的振幅保真方法对提高信号一致性能力的影响。

在波的成像理论和不同成像方法优缺点的分析基础之上，研究利用 Kirchhoff 的叠前偏移成像思路及 Hilbert 变换等方法快速获取结构体的结构成像图；结合对信号保幅处理的研究和叠前偏移成像，研究超声阵列信号的保幅叠前偏移成像实现流程，高效地获取高保真情况下的结构体成像，并与传统的成像方式进行对比。基于上述研究成果，对实际管片回填灌浆区域取样检测，对比实际取样结果与理论研究的差异，探讨所提方法的技术可行性。

1.3.8　国产首台双护盾 TBM 设备设计研究

(1) CTT5480 双护盾 TBM 主要技术参数和结构参数的确定。

(2) CTT5480 双护盾 TBM 主机结构设计（包括盾体结构设计、主推进油缸/辅助推进油缸布置设计、主驱动抬升设计、稳定器设计、撑靴系统设计、盾体平台设计、扭矩梁设计、超前应急处理孔设计、辅推油缸调整装置设计等）。

(3) CTT5480 双护盾 TBM 刀盘、刀具、溜渣斗设计，TBM 主驱动设计，主机皮带机、后配套皮带机设计，管片拼装机设计，后配套布置（后配套结构、物料输送系统等）设计。

(4) CTT5480 双护盾 TBM 整机液压系统（推进系统、支撑系统、各部件液压系统等）设计，流体系统（润滑、密封、通风、排水、降尘、豆砾石和泥砂浆回填等系统）设计，电控系统（动力及配电系统、监视系统、激光导向系统、通信系统、控制系统等）设计。

研制完成后，对设计、制造、组装、调试、步进、掘进相关的图纸、文字、视频资料进行收集整理，形成系统的产业化成果。

1.3.9　面向掘进效率的 TBM 地质适宜性评价方法研究

针对 TBM 隧洞施工中的地质适宜性问题，以《引调水线路工程地质勘察规范》（SL 629—2014）附录 C“隧洞 TBM 施工适宜性判定”所选择的岩石单轴抗压强度、岩体完整性、围岩强度应力比 3 个评价指标为基础，同时参考国内外 TBM 隧洞施工的相关实践经验，补充岩石的石英含量、地下水渗流量 2 个评价指标。根据各评价指标的不同取值范围,将TBM施工隧洞地质适应性分为“适宜、基本适宜、适宜性差及不适宜”四个等级,建立TBM地质适宜性评价指标体系。采用模糊综合评价方法,建立TBM地质适宜性多因素评价模型,通过确定因素权重向量,选取隶属函数,研究各评价指标不同取值条件下的地质适宜性等级。

1.3.10 机—岩数据互馈的TBM掘进参数动态控制方法研究

通过分析TBM施工的破岩机制,研究“岩—机—渣”三者之间的复合关系,寻求设备规格、掘进参数、渣料形态等数据与岩体质量有关的指标之间的内在关系;推算出可快速估算岩石单轴抗压强度的经验公式,并对其进行误差分析;以可拓学方法为基础,借鉴物元、经典域、节域的概念,建立评价岩体完整性系数的模糊评价模型。结合TBM现场施工情况,阐述围岩稳定性评价所需指标、参数的现场快速获取方法,并基于“岩—机—渣”复合关系模型对数据进行预处理,得到《工程岩体分级标准》(GB/T 50218—2014)中所需的各项指标和参数,从而实现以现快速动态对双护盾TBM施工过程中隧洞围岩稳定性的响应。

根据TBM工作原理,建立掘进能耗计算公式及掘进参数优化公式。以兰州水源地建设工程输水隧洞双护盾TBM施工为背景,分析不同地质条件下的掘进能耗与贯入度的关系。根据大量的实测数据拟合贯入度与推力、刀盘扭矩的函数关系,结合TBM掘进能耗、设备性能及围岩稳定性等对掘进参数进行优化。

1.3.11 基于多源信息的不良地质体预测预报系统研究

以兰州水源地建设工程输水隧洞为背景,根据双护盾TBM施工隧洞裸露围岩少、电磁干扰严重的技术特点,在分析不同超前地质预报方法优缺点的基础上,选择以地面地质分析、掌子面围岩观察、掘进参数及岩渣分析、锤击激震三维地震法、三维电阻率法及超前钻探等多源信息为主的方法。根据不同预报方法的特点,提出了适合双护盾TBM施工的综合超前地质预报方法及其应用流程,并提出了基于综合超前地质预报结果的双护盾TBM施工技术。

1.4 研究方法

1.4.1 TBM施工单层管片衬砌条件下有压输水隧洞设计理论

在国内外资料收集的基础上,综合利用工程资料分析、基础理论研究、数值模型计算等多种研究方法,开展施工开挖过程中的围岩变形分析;单层管片衬砌结构受力与变形机制分析,内外水压力传导与水量交换,衬砌管片结构安全问题分析。

采用三维数值分析与现场监测相结合的研究方法,建立沿开挖推进方向大范围的数值计算模型,在现场开挖推进的方向上与圆周环向上布置数值监测点埋设围岩变形观测设备(顶部、两腰和底部埋设三点位移计),研究洞室出露面上纵向与圆周方向上的围岩变形规律。通过围岩空间上的变形完成率、收敛速度的变化,分析对围岩体扰动规律,探索开挖过程中围岩扰动的评价方法。根据现场实测数据,修正与完善相关数值计算模型,反演岩土材料相关计算参数,为围岩稳定性评价与支护强度选取提供参考。

TBM施工开挖推进过程中,管片受力复杂,需要承受TBM机械重量、刀片推进的部分反作用力、管片结构自重、管片拼接吊装过程中各种动荷载等,建立数值计算模型,结合布设在隧洞典型断面位置衬砌管片内外表面的环向和纵向应变计,分析施工开挖期间的管片衬砌结构受力变形特性,为管片结构的施工安全提供支撑。

目前的研究很少涉及管片止水失效前后水力传导与水量交换等方面问题,拟在管片接缝位置和管片中央位置埋设渗压计,对比分析接缝位置与无缝位置的孔压变化特征,以研究管片接缝对耦合渗流场渗透水压力的影响规律。

当管片间透水通道(纵缝与环缝)存在时,TBM有压隧洞的作用机制和普通高压透水隧洞的作用机制极为相似,即管片内外水压力接近平衡,内水压力基本由围岩承担,且放空检修过程中,由于向内排水通道的存在,衬砌外表面积聚的外水荷载普遍较小。同时,豆砾石回填密实度的不均一性、外部围岩透水能力的随机性等问题,导致在充水、过水以及放空过程中,作用在衬砌管片上的水荷载在时间上和空间上分布极为不均匀,采用模拟计算的方法分析计算不同方案下充水、过水与放空过程中衬砌管片结构的受力与变形特征,评价内外水作用下衬砌管片的结构安全性。

1.4.2　豆砾石回填灌浆层联合承载机制及无损检测技术

在国内外资料收集的基础上,对豆砾石回填灌浆体的材料、施工工艺、工程问题、应对措施等系统归纳总结,提出当前存在的问题。综合利用工程资料分析、基础理论研究、数值模型试验、物理模拟试验、室内物理力学试验等多种研究方法,针对TBM施工隧洞豆砾石回填灌浆体的力学性能及施工中的关键技术问题,从力学性能、材料影响因素、缺陷的工程影响等方面开展系统的研究,完成预期目标。

收集国内外包括TBM施工、咨询、管理、科研等有关资料,总结现有研究成果,系统分析国内外TBM施工的隧洞案例,对豆砾石回填灌浆体的相关理论、技术、材料、工艺等进行系统地归纳总结,为后续研究工作开展奠定基础。

对工程豆砾石进行物理指标检测试验,结合工程实际豆砾石质量检测资料,确定影响因子,配制豆砾石样本。获取不同配制豆砾石样本的颗粒图像,利用IPP软件对豆砾石颗粒二维图像处理分析,量化颗粒形态特征指标。

通过单轴压缩和三轴压缩试验研究豆砾石灌浆结石体的材料性质。然后采用连续介质理论分析管片受力模式,并利用弹性理论和数值模拟的方法研究回填层弹性模量、泊松比、厚度以及地应力侧压力系数等因素对管片上应力大小和分布的影响。

由于管片中的配筋情况较密,对电磁波信号的干扰比较强烈。以超声波理论和面波传播的理论基础为依托,依靠数值模拟和物理模型试验进行对比分析,找出豆砾石回填灌浆质量与信号之间的理论基础。

在信号处理中,超声成像将采取先进的保幅处理技术和叠前偏移成像技术进行处理,并对不同灌浆质量段、不同龄期的处理效果进行对比,寻找定量解释的规律。在音频面波中,将采用互相关技术提取音频曲线面波的频散特性,对整体的横波速度进行定量评价,给出横波速度与总体灌浆质量的关系。采用模糊评判和统计分析等多方法融合的手段对整体灌浆质量进行综合评价。

1.4.3 国产首台双护盾 TBM 设备设计

通过“产、学、研”相结合的模式，实现优势互补。充分研究国际上相关领域的最新研究成果，通过收集目前国内外相关技术资料，消化吸收国外双护盾 TBM 的结构特点、计算方法等设计思路进行重点剖析研究，在分析国外先进双护盾 TBM 设计制造技术的基础上进行自主创新研发，结合双护盾 TBM 在施工中所遇到的各种地层特性，进行分析计算，创新设计，对双护盾 TBM 整机关键核心技术以及设计制造技术进行集中攻关，取得完全自主知识产权的双护盾 TBM 设计和制造技术，完成双护盾 TBM 总体设计和系统集成设计及制造，并进行工业性试验，通过实际工程应用证实双护盾 TBM 的可靠性和先进性，在此基础上进行总结改进。具体研究方法如下：

(1)在已有相关关键技术的基础上，对国外先进的双护盾 TBM 设计和制造技术再研究，并分析双护盾 TBM 设计制造和双护盾 TBM 法隧道施工的数据，确立高可靠性、高稳定性、经济性的总体设计目标；完成双护盾 TBM 总体设计和系统设计。

(2)分析自主研发双护盾 TBM 时可能存在的技术难点和核心关键技术，组织精干力量进行集中攻关。

(3)关键部件采用全球可靠成熟产品或进行专门开发，充分考虑经济性、可靠性和稳定性，确保自主设计制造的设备具有良好的性价比优势。

(4)通过部件制造和自主创新掌握总装和调试技术，形成双护盾 TBM 制造、总装及调试的工艺流程。

(5)通过整机的工程应用，采用监控测量和数据处理分析方法验证和优化双护盾 TBM 的系统集成、制造和安装技术。

1.4.4 基于多源信息融合与多元数据互馈的 TBM 动态管控施工关键技术

查阅国内外文献了解双护盾 TBM 快速掘进动态控制各子专题的研究现状，总结现有分析方法、控制技术、施工工法等方面的优缺点及其适用范围。

分析隧洞勘察设计成果，对地质条件充分分析论证，展开 TBM 施工前的保障技术研究。对 TBM 适宜性、TBM 设备优化和改造及超长距离滑行等方面展开研究。

现场 TBM 施工跟踪与实时掘进参数收集：根据前述地层岩性划分结果，针对典型围岩地质条件洞进行 TBM 施工跟踪调查，实时收集 TBM 施工参数，主要包括 TBM 掘进参数、渣料形态、刀具磨损信息、刀盘振动信息、围岩变形监测信息等。

采用数据挖掘技术对海量数据的有效处理及利用，寻求各数据之间的数量关系，探索“岩—机—渣”之间的复合关系，在刀具损耗、掘进参数优化、围岩稳定性动态响应等几个方面展开动态调控。

在双护盾 TBM 施工过程中，全程展开综合超前地质预报，对掌子面前方不良地质体进行实时预报，进行提前预处理，并提出 TBM 卡机后的超低净空快速脱困处理工法。

总结归纳出适合双护盾 TBM 快速掘进动态控制的系统性关键技术，并在实践中调整，以更好地适用于现场实际，可更好地运用于类似工程。

第2章 TBM施工单层管片衬砌条件下有压输水隧洞设计理论及实践

2.1 国内外研究现状及存在的问题

从20世纪50年代以来,TBM掘进技术在世界各国得到了广泛应用。国外已经完成的重大隧洞工程有美国芝加哥蓄水工程、英吉利海峡隧道工程、南非莱索托引水工程等,据不完全统计,目前世界上长度大于10 km的隧道已超过100条,隧道总长度已超过1万km。近几年的隧道工程建设中,有30%~40%采用TBM掘进技术。1985年我国天生桥水电站工程首次引进TBM进行隧洞施工。经过半个世纪的发展,TBM掘进技术日臻成熟,被广泛应用于世界各国能源、交通、水利以及国防等部门的地下工程建设。

目前国内输水隧洞单层管片衬砌主要应用于无压输水隧洞,例如引大入秦调水工程、万家寨引黄入晋工程、引洮供水一期工程、引大济湟工程等,仅掌鸠河供水工程采用有压输水隧洞,且承受的内水压力仅有14 m。

国外4个有压输水隧洞项目采用TBM施工单层混凝土管片衬砌,均已施工完成且运行良好,比如老挝Theun Hinboun Expansion项目(正常运行内水压力90 m,水击压力25 m)、希腊调水二期工程(正常运行内水压力70 m)、莱索托高原调水工程(正常运行内水压力70 m)和埃塞俄比亚Gibe Ⅱ电站(正常运行内水压力70 m)。

上述情况说明在较高的内水压力作用下的TBM施工隧洞中,采用单层预制管片衬砌是可行的。但埃塞俄比亚Gibe Ⅱ电站内水压力70 m,运行大约2周,埋深800 m的不良地段发生15 m长的垮塌,维修耗时约8个月。国内对上述成功工程背后的内置作用机制尚不清晰,尤其是复杂地质条件下管片衬砌的适用性方面几乎无研究,是制约单层预制管片衬砌结构在国内广泛应用的重要因素。

随着国内外引调水工程项目的增加,复杂地质条件下长距离输水隧洞采用TBM施工已成趋势,相比于无压洞单层管片衬砌技术,有压洞单层管片衬砌技术具有布置灵活、节约投资、缩短工期、管理调度方便等优势。鉴于以上优势,将有越来越多的引调水工程输水隧洞采用压力输水隧洞单层管片衬砌形式。

2.2 本章研究成果的主要内容

2.2.1 TBM施工开挖过程中的围岩变形与扰动问题研究

通过建立沿开挖推进方向大范围的数值计算模型,采用三维数值分析与现场监测相结合的研究方法,在开挖推进的方向上与圆周环向上布置数值监测点,并在现场开挖过程中在对应点位埋设围岩变形观测设备(顶部、两腰和底部埋设三点位移计),以研究施工开挖过程中,洞室出露面上纵向与圆周方向上的变形规律,基于围岩空间上的变形完成率以及收敛速度等变量,探索施工开挖过程中围岩扰动问题的评价方法,修正与完善相关数值计算模型,并反演岩土材料相关计算参数,为施工开挖过程中围岩稳定性评价与支护强度选取提供参考。

2.2.2 TBM 施工开挖期单层管片衬砌结构受力与变形机制研究

TBM 施工开挖推进过程中,管片受力复杂,需要承受 TBM 机械重量、刀片推进的部分反作用力、管片结构自重、管片拼接吊装过程中各种动荷载等,拟结合布设在隧洞典型断面位置衬砌管片内外表面的环向和纵向应变计,分析施工开挖期间的管片受力状态,为管片结构的施工安全提供支撑。

2.2.3 充水、过水与放空过程中管片内外水压力传导与水量交换问题研究

由于衬砌由管片拼装而成,相邻管片通常采用螺栓相连,并采用纵向止水封闭,同时在衬砌分段处(一般为 1.5~2.0 m 一环)采用环向止水封闭。但是由于施工过程复杂,管片间止水可能受到来自于灌浆压力、豆砾石回填压力、不均衡山岩压力、内水压力、温度变化带来的管片膨胀与收缩变形等,往往在管片与管片间的纵向连接缝以及环向分段缝间形成渗透通道,促进洞内水流与洞外地下渗流场的耦合演化。目前的研究很少涉及管片止水失效前后的水力传导与水量交换能力方面,对管片失效现状也缺少现场调研资料,为本子专题的研究带来了相当大的障碍。拟在管片接缝位置和管片中央位置埋设渗压计,对比分析接缝位置与无缝位置的孔压变化特征,以研究管片接缝对耦合渗流场渗透水压力的影响规律。

2.2.4 充水、过水与放空过程中衬砌管片结构安全问题研究

当管片间透水通道(纵缝与环缝)存在时,TBM 有压隧洞的作用机制和普通高压透水隧洞的作用机制极为相似,即管片内外水压力接近平衡,内水压力基本由围岩承担,且放空检修过程中,由于向内排水通道的存在,衬砌外表面积聚的外水荷载普遍较小。同时,TBM 管片通常由 5~6 片拼接而成,管片之间通过螺栓相连,管片衔接面相对较为平整,管片间止水失效的不可预见性、豆砾石回填密实度的不均一性、外部围岩透水能力的随机性等问题,导致在充水、过水以及放空过程中,作用在衬砌管片上的水荷载在时间上和空间上分布极为不均匀,直接威胁到衬砌管片的结构安全,构建、仿真再现衬砌管片,分析其结构受力与变形特性。

2.3 TBM 施工开挖过程中的围岩变形与扰动研究

2.3.1 计算理论

2.3.1.1 初始地应力场

地层本身存在着应力场,地层内各点的应力称为原岩应力,或称地应力。它是未受到

工程扰动的原岩体应力,亦称原始应力。它包括上覆岩层的重量引起的重力、相应的侧压力以及地质构造作用引起的构造应力。近三十年实测与理论分析证明,地应力是一个相对稳定的非稳定应力场,即岩体的原始应力状态是空间与时间的函数。

洞室开挖之前,岩体处于静止平衡状态。开挖后由于洞周卸荷,破坏了这种平衡,洞室周围各点应力状态发生变化,以达到新的平衡。由于开挖,洞周岩体应力大小和应力方向发生变化,这种现象叫作应力重分布。应力重分布后的应力状态叫作围岩应力状态,以区别于原岩应力状态。地下工程的开挖,使得开挖边界点的应力“解除”,从而引起围岩应力场的变化,所以地下结构分析中开挖的作用必须予以考虑。

本书采用侧压力系数法模拟初始地应力场,其中铅直向为自重应力场,应力量值取决于围岩深度与容重,水平向应力根据侧压力系数计算,标准段侧压力系数取 0.5,滑行段侧压力系数取 0.45。

2.3.1.2　围岩材料屈服准则

屈服准则表示在复杂应力状态下材料开始进入屈服的阶段,它的作用是控制塑性变形的开始阶段。屈服条件在主应力空间中为屈服面方程。如果介质某点的应力状态位于屈服面之内,则该点处于弹性阶段;如果在主应力空间中某点的应力状态在屈服面之上,则介质在该点已进入弹塑性状态,这时介质在该点一般既有弹性变形,又有塑性变形。在岩土工程中,土体破坏准则应用最广泛的准则即为 Mohr-Coulomb 屈服准则,可在 $FLAC^{3D}$ 中采用 Mohr-Coulomb 屈服准则模拟围岩的弹塑性变形特征。

若主应力 σ_1、σ_2、σ_3 已知,并规定了 $\sigma_1 \geqslant \sigma_2 \geqslant \sigma_3$,则 Mohr-Coulomb 屈服条件用主应力表示为

$$\frac{1}{2}(\sigma_1 - \sigma_3) + \frac{1}{2}(\sigma_1 + \sigma_3)\sin\varphi - c\cos\varphi = 0 \tag{2-1}$$

式中:c 为黏结力,MPa;φ 为内摩擦角。

在 $FLAC^{3D}$ 中则采用了基于 Mohr-Coulomb 屈服准则的剪切屈服破坏和基于最大主应力准则的拉伸破坏的组合破坏准则,如图 2-1 所示。

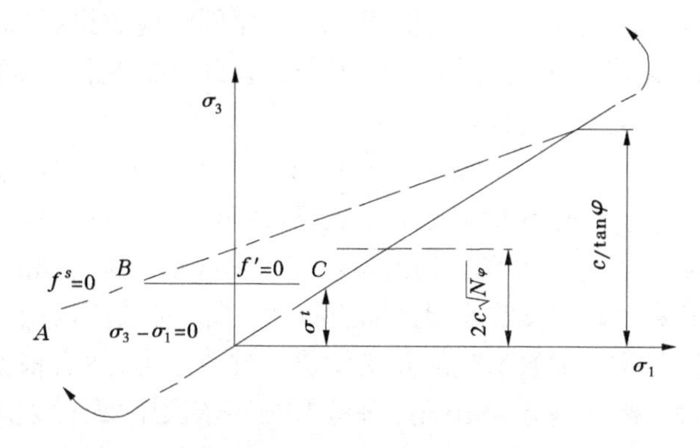

图 2-1　Mohr-Coulomb 破坏准则

破坏包络线 $f(\sigma_1, \sigma_3) = 0$,从 A 到 B 由剪切破坏准则 $f^s = 0$ 定义:

$$f^s = \sigma_1 - \sigma_3 N_\varphi + 2c\sqrt{N_\varphi} \tag{2-2}$$

从 B 到 C 由拉伸破坏准则 $f^t=0$ 定义：

$$f^t = \sigma_3 - \sigma^t \tag{2-3}$$

式中：σ^t 为抗拉强度；$N_\varphi = \dfrac{1+\sin\varphi}{1-\sin\varphi}$。

在剪切屈服函数中只有最大主应力和最小主应力起作用；中间主应力不起作用。对于内摩擦角 $\varphi \neq 0°$ 的材料，它的抗拉强度不能超过 $\sigma^t_{\max}$，公式如下：

$$\sigma^t_{\max} = \frac{c}{\tan\varphi} \tag{2-4}$$

2.3.1.3　开挖的机制及其实现

开挖的仿真模拟分析主要包括开挖单元应力释放并转化为等效节点荷载以及作用于结构自身的问题。对于已知的初始地应力，在结构的有限元计算方法中，开挖荷载可按下式进行计算：

$$\{P\} = \iiint [B]^{\mathrm{T}} \{\sigma_0\} \mathrm{d}x\mathrm{d}y\mathrm{d}z \tag{2-5}$$

式中：$[B]$ 为几何矩阵；σ_0 为单元的初始应力。

将形成的开挖荷载施加在开挖边界上，在初始应力场的条件下求出整个结构相应的扰动应力场，所得位移为开挖后开挖周边围岩的位移。

使用有限元方法分析地下结构的开挖问题时，必须事先对所计算的结构进行网格剖分，进而计算得到整体结构的刚度矩阵。开挖是将部分单元从整个结构中挖除，此时整体结构的刚度发生了变化，需对其重新计算，计算过程极其耗时。为规避这样的问题，使用基于有限差分法的 FLAC^{3D} 计算，将开挖部分定义为空模型，计算过程中首先调用运动方程，由初始应力和边界力计算出新的速度和位移，然后由速度计算出应变率，进而获得新的应力，相对高效地在每个计算步距重新生成有限差分方程。

2.3.1.4　支护时机选择

收敛限制法通过在数值分析中将隧洞周边一定比例的应力进行释放，可模拟在开挖面前方土的前期变形，然后在衬砌施加后，将剩余的应力施加在土和隧洞的界面上。隧洞边界上施加的径向应力 σ_{r} 可以表达为

$$\sigma_{\mathrm{r}} = (1-\lambda)\sigma_0 \tag{2-6}$$

式中：σ_0 为地层的初始应力；λ 为应力释放系数，取值范围为 0~1。

如图 2-2 所示，在隧洞施加衬砌之前的实际应力释放量为 $\lambda\sigma_0$，相应施加于衬砌的应力为$(1-\lambda\sigma_0)$。本书采用基于收敛限制法的虚拟力支撑，对数值模型一次完全开挖后进行一步运算得到隧洞开挖后围岩瞬时的开挖荷载等效节点力，然后根据荷载系数将得到的开挖荷载等效节点力按比例分为 10 份(每份 10%)，依次施加，分别统计各开挖荷载释放率下测点的位移值，随应力逐步释放，围岩位移不断增大，位移增量值先呈现近似线性变化，随着累积释放应力的增大，每步释放的应力将产生很大的位移增量值，以此选定适当的应力释放率作为确定初次支护时机的依据。

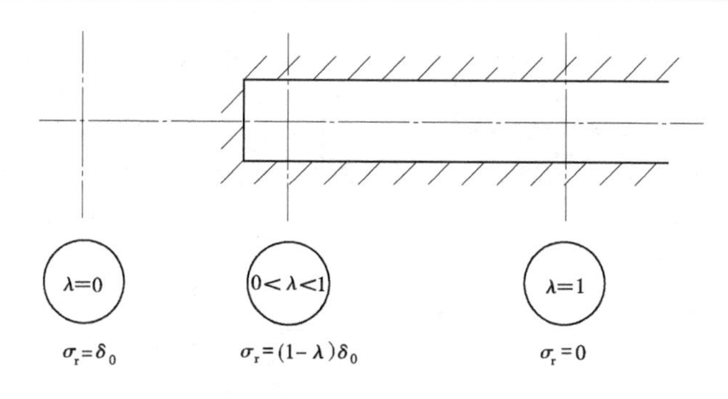

图 2-2　收敛限制法

2.3.2　TBM 开挖三维模型分析

2.3.2.1　计算模型

本节依托兰州水源地建设工程输水隧洞断面 T18+800.0 段建立计算模型，计算模型范围：隧洞四周围岩取 5 倍以上开挖洞径，沿洞轴线方向取 140 m，计算时岩体采用八节点等参单元模拟，采用 Mohr-Coulomb 屈服模型；管片衬砌和豆砾石采用八节点等参实体单元模拟，采用线弹性模型。计算模型总节点数为 45 443 个，总单元数为 42 280 个，其中衬砌单元 4 032 个，豆砾石单元 1 344 个，整体计算模型详见图 2-3，豆砾石计算模型详见图 2-4，管片衬砌计算模型详见图 2-5。在计算模型中取 Y 轴 70 m 位置 1—1 截面为监测断面，并在监测断面隧洞顶部、底部和两腰共设置 4 个监测点以监测开挖后围岩位移变化情况，监测断面及监测点位置详见图 2-3～图 2-7。

模型坐标系：模型采用笛卡儿直角坐标系，其整体坐标系的 Y 轴与隧洞的洞轴线一致，指向下游为正；铅垂向为 Z 轴，向上为正，X 轴以右手法则确定。坐标原点位于隧洞的中心位置。

模型边界条件：计算模型左右两侧、底部以及上下游两端面均施加法向位移约束。

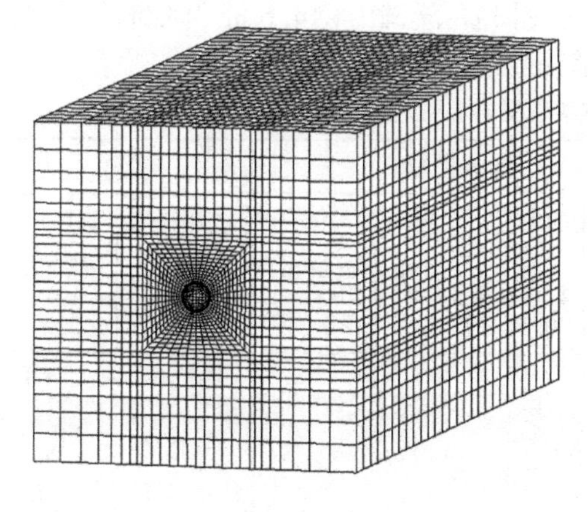

图 2-3　整体计算模型

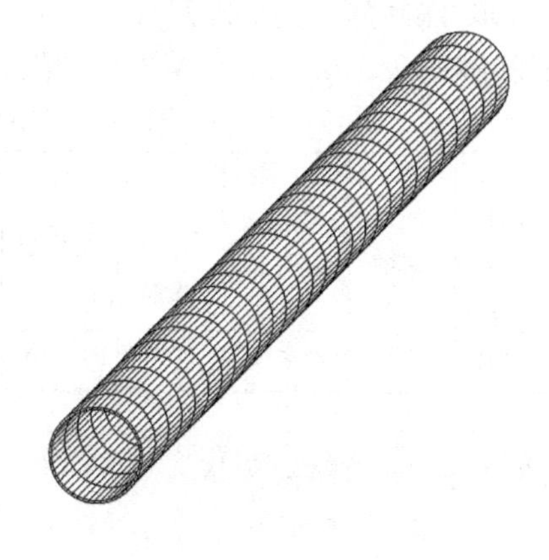

图 2-4　豆砾石计算模型

图 2-5　管片衬砌计算模型

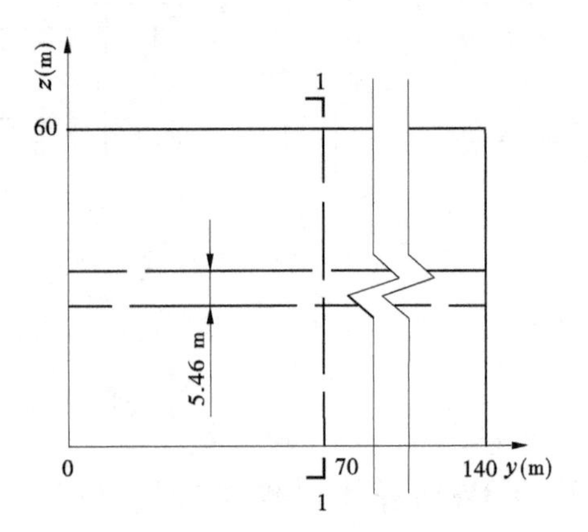

图 2-6　围岩变形监测面位置示意图

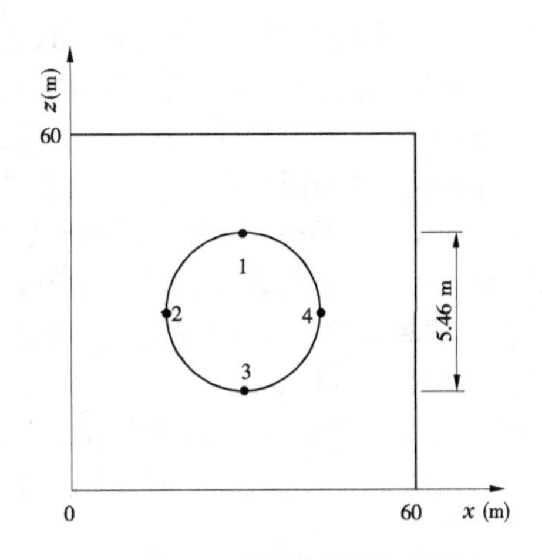

图 2-7　监测点位置示意图

2.3.2.2　计算方案

取 TBM 施工洞标准段计算参数，围岩取Ⅲ类花岗岩，隧洞内径 4.6 m，开挖洞径 5.46 m，隧洞埋深 696.6 m，计算方案和围岩参数取值详见表 2-1。

表 2-1　三维模型计算方案和围岩参数取值

计算方案	有无支护	洞室埋深 H(m)	围岩参数							
			围岩类别	密度 ρ (kg/m^3)	变形模量 E(GPa)	泊松比 ν	摩擦角 (°)	黏聚力 c(MPa)	抗拉强度 (MPa)	侧压力系数 K
SG3D01	无	696.6	Ⅲ类	2 640	10	0.22	50	1	7	0.5

2.3.2.3　计算结果分析

1. 初始地应力分布

本断面埋深 696.6 m，侧压力系数为 0.5，初始地应力分布详见图 2-8。其中 Z 方向（铅直向）初始地应力最大。开挖洞室及周边岩体 X 方向、Y 方向初始地应力为−8.92～−8.21 MPa，Z 方向初始地应力为−17.85～−16.43 MPa。

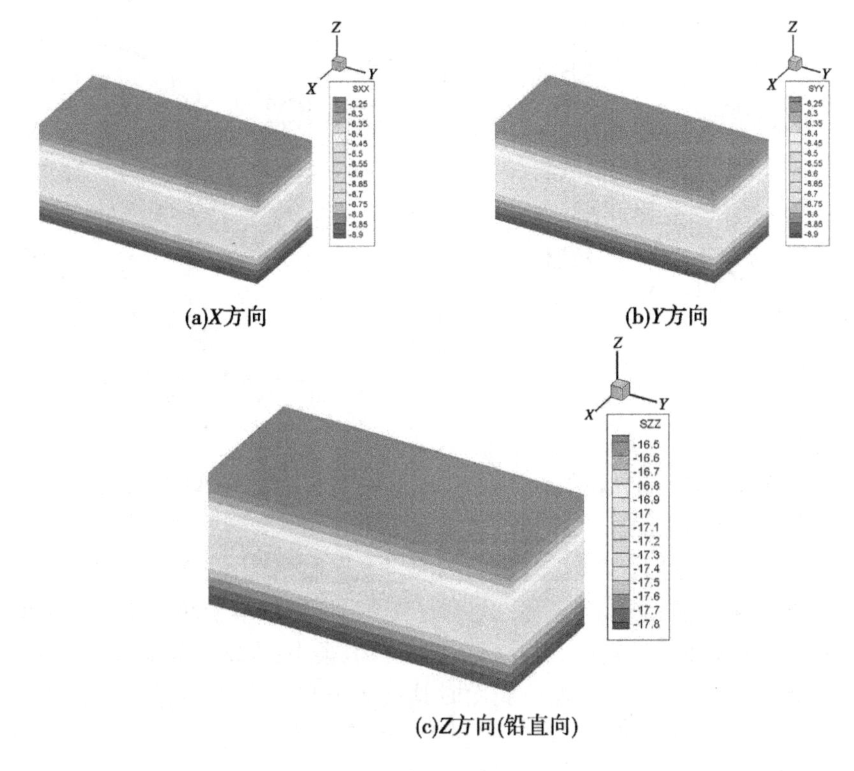

(a)*X*方向　　(b)*Y*方向

(c)*Z*方向(铅直向)

图 2-8　初始地应力图　(单位:MPa)

2. 围岩开挖位移

隧洞采用 TBM 进行施工,施工控制进度为:每次掘进 5 m,每天开挖 20 m。隧洞开挖造成围岩应力扰动,发生指向隧洞内部的位移。本方案假定衬砌支护时距离掌子面足够远,取垂直于洞轴线方向的切片位移图进行分析。垂直于洞轴线方向,岩体开挖完成后,*X* 方向位移最大值为 3.4 mm,*Z* 方向位移最大值为 10.7 mm,合位移最大值为 10.7 mm,位移分布基本呈左右对称,而隧洞附近相同距离处,上部围岩的合位移明显大于下部围岩,详见图 2-9~图 2-12。

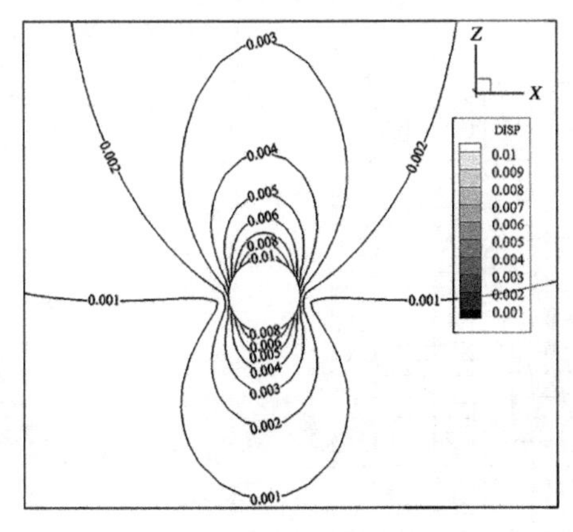

图 2-9　隧洞开挖完成后
围岩合位移　(单位:m)

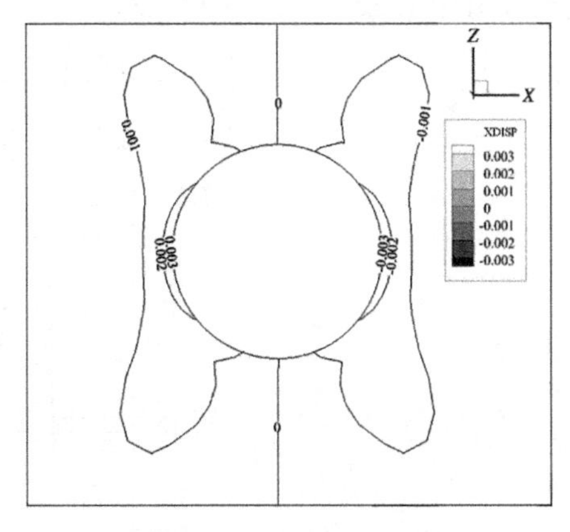

图 2-10　隧洞开挖完成后
围岩 *X* 方向位移　(单位:m)

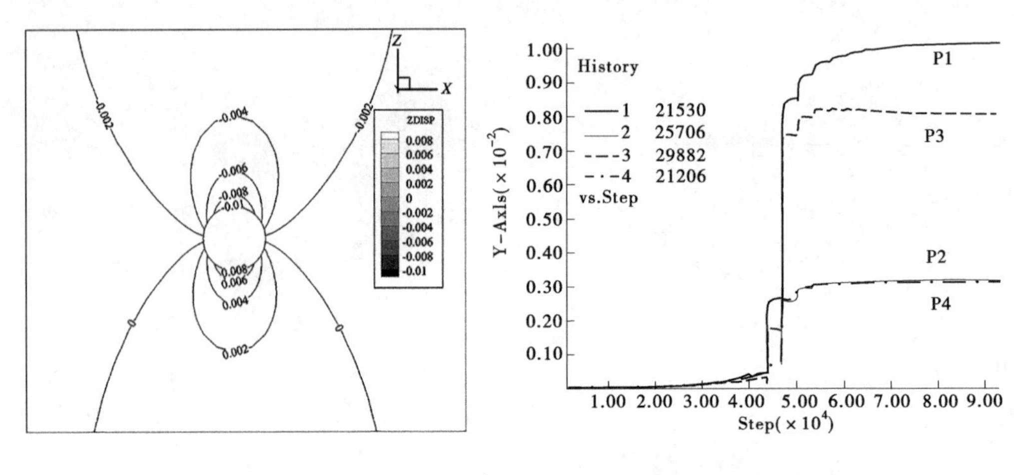

图 2-11　隧洞开挖完成后围岩 Z 方向位移（单位:m）

图 2-12　监测点的位移变化曲线（单位:m）

同时,针对监测断面进行了施工过程中的围岩变形监测,由图 2-12 可以看出,开挖时掌子面到达监测断面之前,各监测点均已出现了变形,且随着掌子面与监测断面间距离的减小,位移整体呈现线性增长趋势,但此时整体位移值很小;当掌子面靠近监测断面,各测点位移值开始迅速增大,刚好挖到监测断面时其最大位移约为 3 mm;当掌子面经过监测断面短时间内,围岩位移迅速增大;然后随着掌子面远离监测断面,围岩位移继续增大,但增幅开始迅速减小;当掌子面距监测断面较远时,各测点位移值趋于稳定。围岩的最大合位移为 10.7 mm,位于管顶处,方向向下;管底监测点处的位移略小于管顶,合位移值为 8.2 mm,方向向上;两腰监测点处的位移最小,合位移值分别为 3.4 mm 和 3.4 mm,方向指向隧洞内部。

3. 围岩塑性区

由于隧洞开挖带来的位移增量与应力扰动导致隧洞附近一定范围内的围岩发生塑性屈服,当隧洞开挖后,局部围岩进入了塑性状态,塑性区的分布基本呈左右对称,塑形区深度最大值为 1.22 m,详见图 2-13。

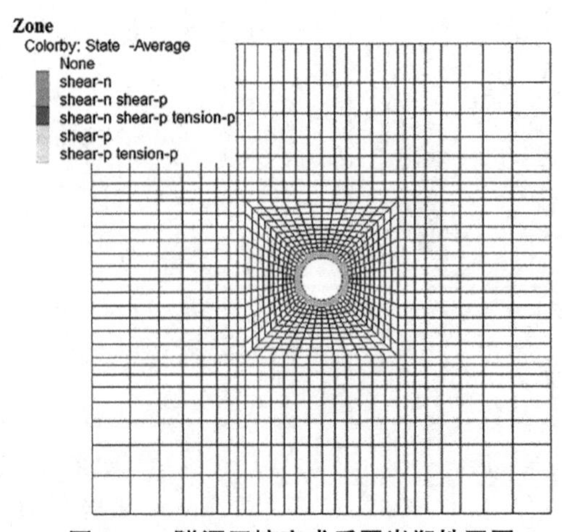

图 2-13　隧洞开挖完成后围岩塑性区图

4. 支护时机选择

将三维数值模型以 5 m 进尺进行逐段开挖，记录监测断面处监测点围岩位移变化，并计算其围岩位移增量，如图 2-14 所示。

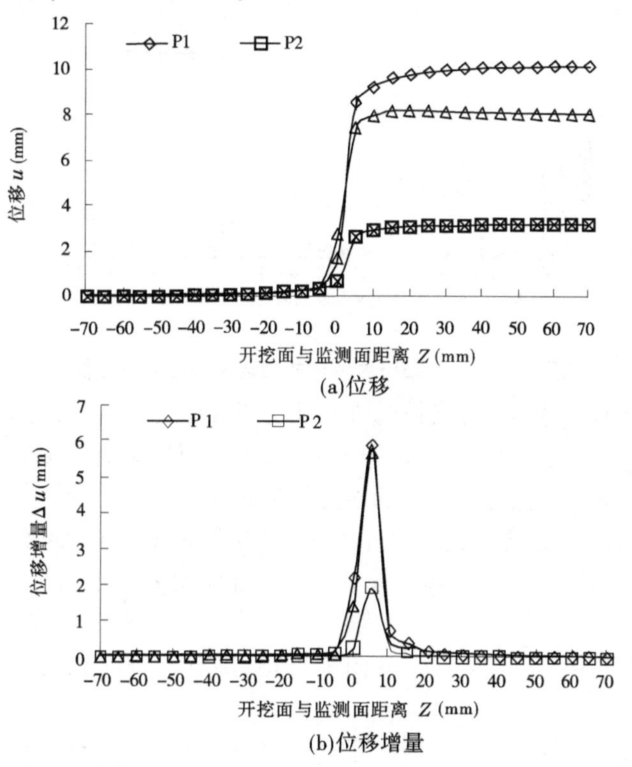

(a)位移

(b)位移增量

图 2-14　开挖推进过程中的围岩位移和位移增量

由图 2-14 可以看出：开挖过程中，在掌子面还未通过监测断面时，各监测点均已出现了变形，但此时整体位移值很小，且位移增量基本不变；随着掌子面靠近监测断面(距离监测断面约 1.5 倍洞径)，各测点位移值和位移增量急剧增大；当掌子面经过监测断面一段时间内，围岩位移增量达到最大值；然后随着掌子面远离监测断面，围岩位移继续增大，但位移增量开始迅速减小；当掌子面距监测断面较远(约 3 倍洞径)时，各测点位移值趋于稳定，此时围岩位移增量减小到 0。

以位移完成率 λ 来衡量开挖面对洞壁围岩变形的空间约束程度，以此作为支护时机判断选择的联系参数。位移完成率指距开挖面一定距离处某点沿任一方向洞壁围岩变形值与距开挖面足够远处同一位置、同一方向上的变形值之比，即

$$\lambda(l,m)=u(l,m)/u(\infty,m)\times 100\% \tag{2-7}$$

选取位移及位移增量最大的监测点 P_1 的测值对约束损失计算公式进行拟合位移完成率 λ 的表达式(称为 M. Panet 公式)为

$$\lambda=\alpha_0+(1-\alpha_0)\left[1-\left(\frac{m}{m+Z/R}\right)^2\right] \tag{2-8}$$

式中：Z 为开挖面距离监测面的距离；α_0、m 为相关参数；R 为隧洞半径；l 为离开挖面

的距离。

拟合结果：$\alpha_0=0.26$，$m=1.73$，相关系数 $R=0.999\ 2$，相关性良好，说明拟合结果具有可信度，详见图2-15。

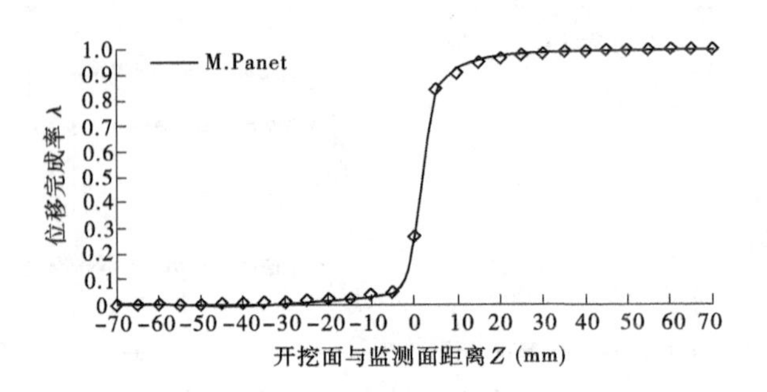

图2-15 开挖推进过程中的围岩位移完成率分析

由局部三维模型中得到最佳支护时机的开挖荷载释放率80%，对应的位移完成率为68.97%，代入式(2-8)，可以得到施加支护时与掌子面的距离 $Z=2.6$ m，即建议支护距离不超过掌子面2.6 m以分担开挖释放的塑性荷载部分。

同时，可以通过绘图建立开挖荷载释放率 r 和位移完成率 λ 之间的联系，即可通过局部三维模型中的支护时开挖荷载释放率 r 确定三维模型中掌子面与监测断面间的距离 Z，因此可将位移完成率作为横坐标，分别将 Z 与 r 作为主次坐标，建立二维与三维数值模型之间的对应关系，如图2-16所示，从图中可得：推荐支护时机为与开挖面距离不大于 $Z=2.6$ m时。

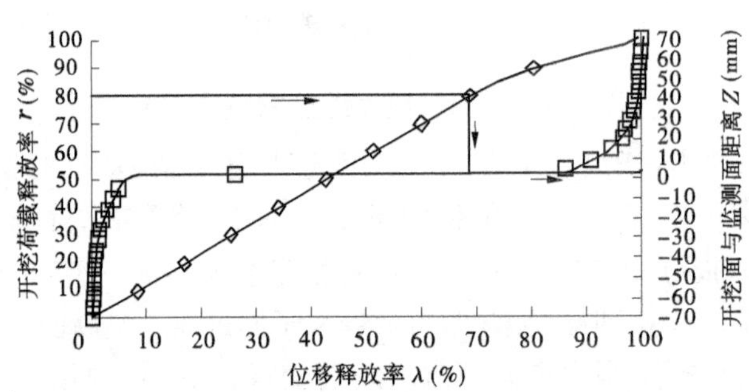

图2-16 基于位移完成率 λ 的 r 曲线

考虑到毛洞开挖时，围岩整体变形和塑性区均较小，即开挖荷载的塑性部分比例较小，带来的塑性区和位移增量也比较有限，即不采用支护措施时，围岩的自稳能力也能基本保证，本书提出的支护时机依托于塑性荷载起点，即位移增量突变起点，为避免局部围岩塑性区扩展的一般性支护建议，实际支护时可根据施工流程适当延后。

2.3.3 小结

根据以上计算结果，将三维模型的初始地应力场、开挖后有无支护条件下围岩最大位移、塑性区最大深度等主要成果列于表2-2。

表2-2 计算成果汇总

方案	初始地应力场(洞轴线位置)(MPa)			围岩最大位移(mm)			塑性区最大深度(m)
	*X*向	*Y*向	*Z*向	*X*向	*Z*向	合位移	
SG3D01	-8.57	-8.57	-17.14	3.4	10.7	10.7	1.22

分析以上各计算结果和表2-2,可以得出以下几点结论:

(1)由于较高的地应力水平,隧洞开挖后,发生指向隧洞内部的位移,隧洞两侧围岩位移分布基本呈左右对称。由位移等值线图可以看出,在隧洞附近位移梯度值最大,且合位移最大值出现在洞顶位置。

(2)在开挖过程中,掌子面未到达监测断面时,各监测点均已出现了变形,此时整体位移值很小;随着掌子面靠近监测断面,各测点位移值迅速增大;当掌子面经过监测断面一段时间内时,围岩位移迅速增大;当掌子面远离监测断面时,围岩位移增大,但增幅开始迅速减小;当掌子面距监测断面较远(30~40 m)时,各测点位移值趋于稳定。

(3)在标准段Ⅲ类花岗岩围岩条件下,隧洞无支护开挖时,围岩变形最大值为10.7 mm,塑性区最大深度为1.22 m,围岩稳定性较好。

(4)建立开挖荷载释放率r和位移完成率λ之间的联系,通过局部三维模型中的支护时开挖荷载释放率r确定三维模型中掌子面与监测断面间的距离Z,由局部三维模型中得到最佳支护时机的开挖荷载释放率80%,对应的位移完成率为68.96%,得到推荐支护时机为与掌子面的距离不能超过2.6 m。

2.4 TBM施工开挖期单层管片衬砌结构受力与变形机制研究

2.4.1 计算模型

模型计算范围:隧洞四周围岩取5倍开挖洞径,沿洞轴线方向取一个环的长度1.5 m,计算时岩体采用八节点等参单元模拟;管片衬砌混凝土采用八节点等参实体单元模拟,采用线弹性模型;豆砾石采用八节点等参实体单元模拟,采用线弹性模型;螺栓采用杆单元模拟,为理想弹塑性材料。整体计算模型详见图2-17,管片衬砌单元详见图2-18,豆砾石单元详见图2-19,环向螺栓单元详见图2-20。

模型坐标系:模型采用笛卡儿直角坐标系,其整体坐标系的Y轴与隧洞的轴线一致,指向下游为正;沿铅垂向为Z轴,向上为正,X轴以右手法则确定。坐标原点位于隧洞的中心位置。

模型边界条件:计算模型左右两侧、底部以及上下游两端面均施加法向位移约束,模型顶部自由,顶部至地表的岩体重量按等效荷载施加于模型顶部。

2.4.2 计算方案

施工开挖工况下,根据施工开挖荷载释放系数以及所受外力荷载的不同,拟定计算方

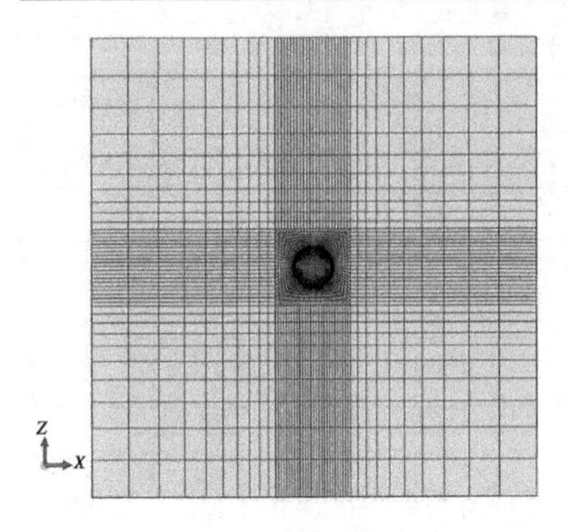

图 2-17　整体计算模型

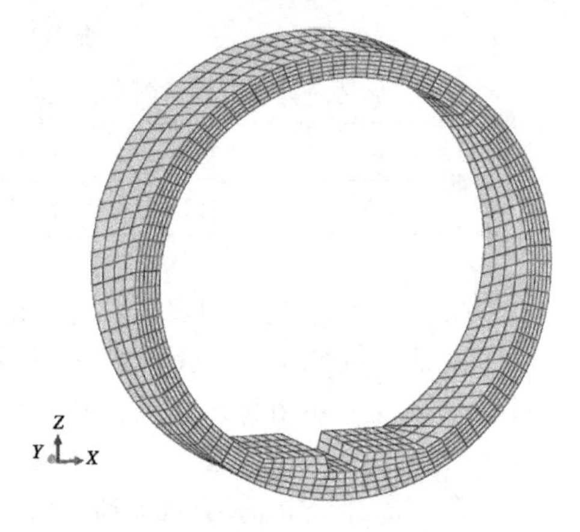

图 2-18　管片衬砌计算模型

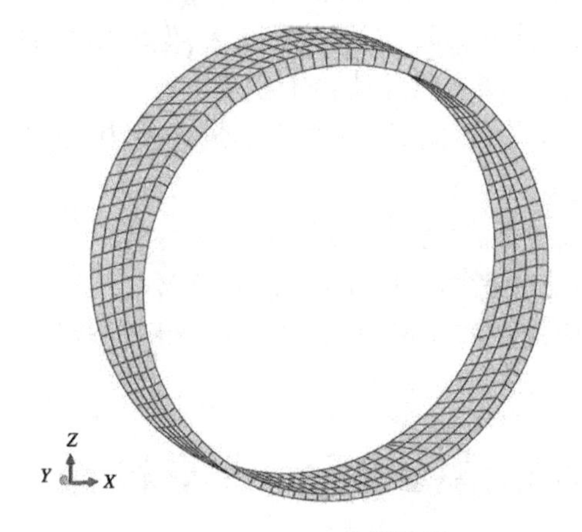

图 2-19　豆砾石计算模型

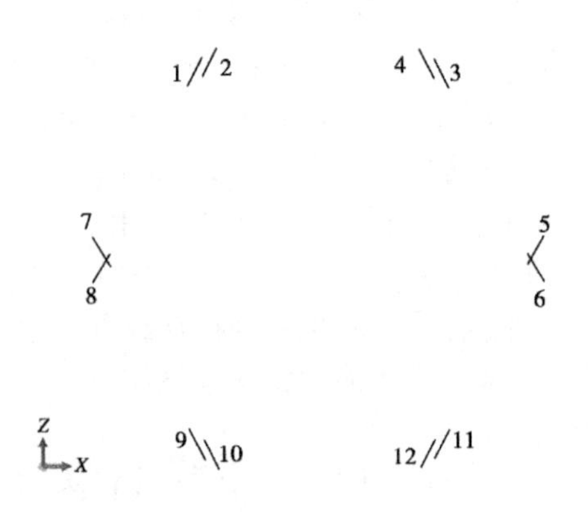

图 2-20　环向螺栓计算模型及其编号

案,详见表 2-3。

表 2-3　施工开挖期管片计算方案

计算方案	围岩类别与隧洞埋深	荷载与荷载分项系数			
		衬砌自重	开挖释放荷载	TBM 机械重量	刀片推进反作用力
SGZH01	Ⅲ类花岗岩、696 m	1.0	—	—	—
SGZH02	Ⅲ类花岗岩、696 m	1.0	1.2(释放 90%时支护)	—	—

注:豆砾石弹性模量取 0.5 GPa,螺栓采用 10.9 级 M24。

2.4.3　计算结果分析

2.4.3.1　方案 SGZH01

本方案洞室埋深 696 m,Ⅲ类花岗岩,衬砌支护时开挖荷载释放完毕(释放系数为 100%),如图 2-21 所示,衬砌仅在自重作用下向内变形。从环向位移可以看出:管片衬砌两侧变形最大,数值在 0.032 mm 左右;从径向位移可以看出,管片衬砌顶部向内侧变形较大,最大值为-0.046 mm,底部向外侧变形,最大值为 0.017 mm,衬砌整体位移值较小。

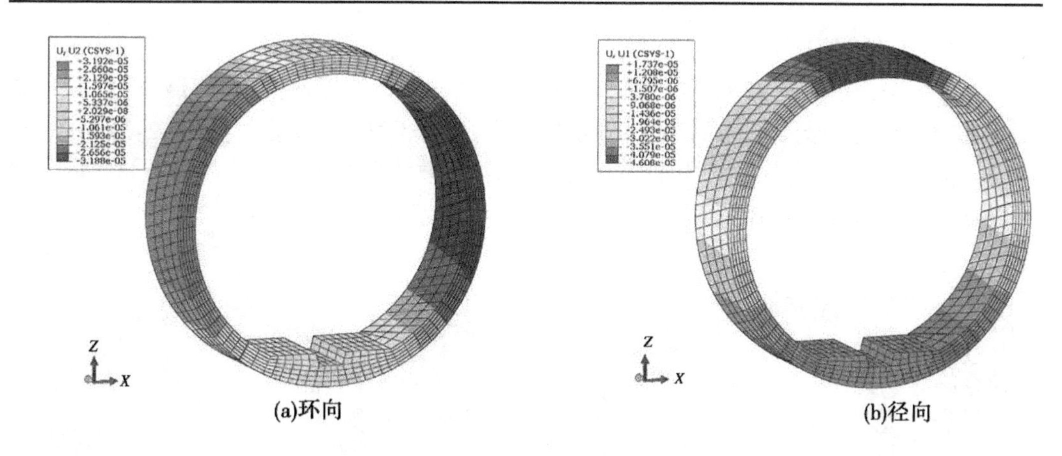

(a)环向 (b)径向

图2-21 施工开挖期衬砌环向和径向位移 （单位：m）

如图2-22所示，在环向应力方面，管片整体处于压应力状态，最大值为-0.107 4 MPa，出现在洞室底部；在径向应力方面，衬砌在自重作用下大部分处于受压状态，最大值为-0.087 14 MPa，出现在洞室底部接缝位置，衬砌整体应力值较小。环向螺栓基本处于压应力状态，最大压应力值为-2.55 MPa，出现在螺栓1、3位置。

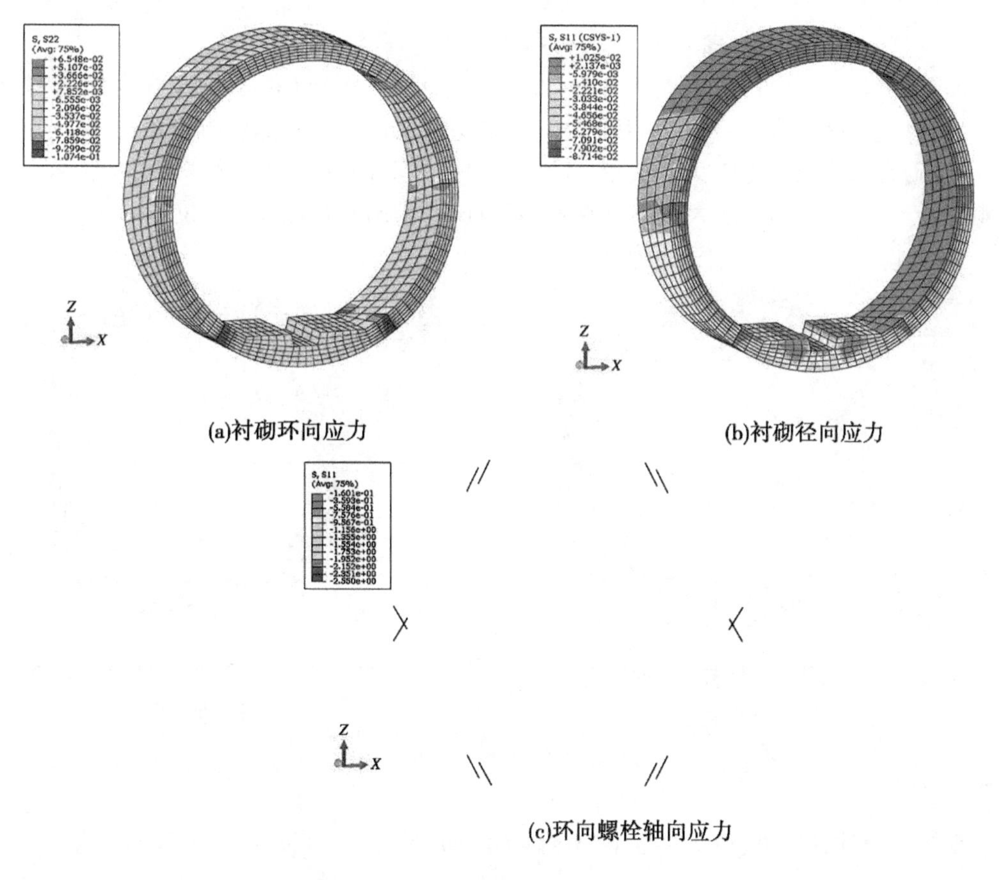

(a)衬砌环向应力 (b)衬砌径向应力

(c)环向螺栓轴向应力

图2-22 施工开挖期应力 （单位：MPa）

2.4.3.2　方案 SGZH02

本方案考虑衬砌的自重以及衬砌与围岩共同承担 10%的开挖释放荷载(开挖荷载释放 90%时施加衬砌支护),衬砌变形和应力对比方案 SGZH02 均增大,如图 2-23 所示,从环向位移可以看出:管片衬砌中上部两侧变形最大,数值在 0.110 6 mm 左右;从径向位移可以看出,衬砌整体向内侧变形,顶部两侧变形最大,为-0.754 6 mm。

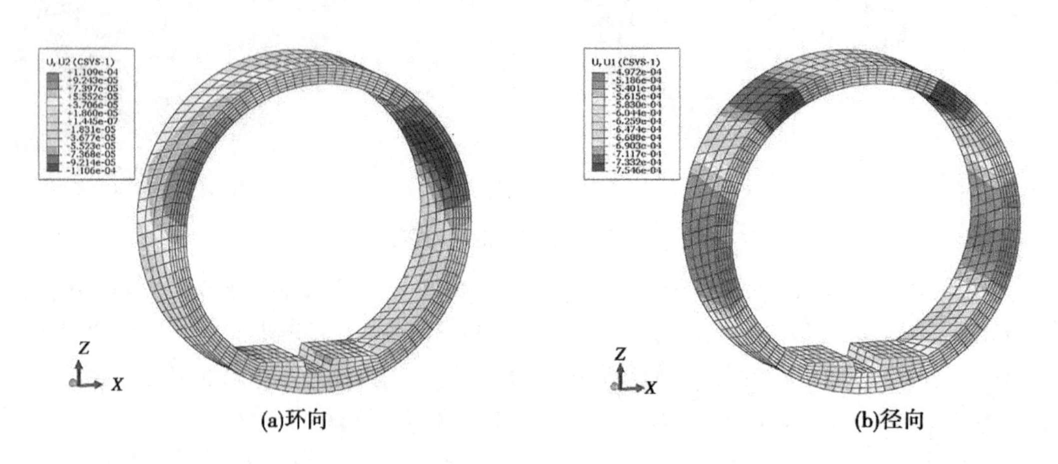

(a)环向　　　　(b)径向

图 2-23　施工开挖期衬砌位移　(单位:m)

如图 2-24~图 2-26 所示,在环向应力方面,管片由于分担 10%开挖释放荷载,整体处于压应力状态,最大值为-13.93 MPa,出现在洞室底部内部轮廓的转折位置;在径向应力方面,衬砌大部分处于受压状态,最大值为-3.751 MPa,出现在管片接缝的外侧位置。环向螺栓处于压应力状态,最大压应力值为-36.71 MPa,出现在螺栓 1、3 位置。

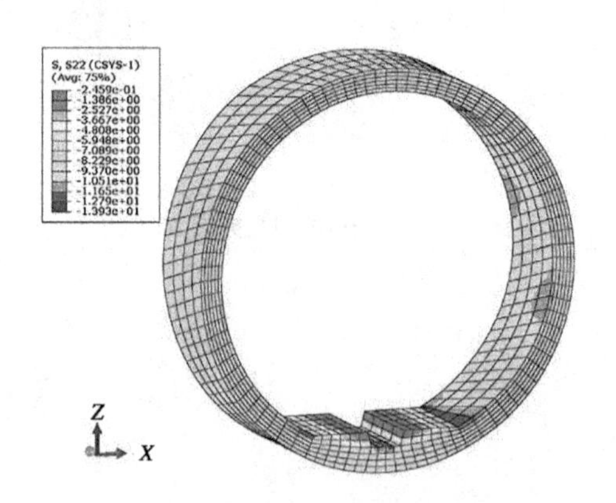

图 2-24　施工开挖期衬砌环向应力
(单位:MPa)

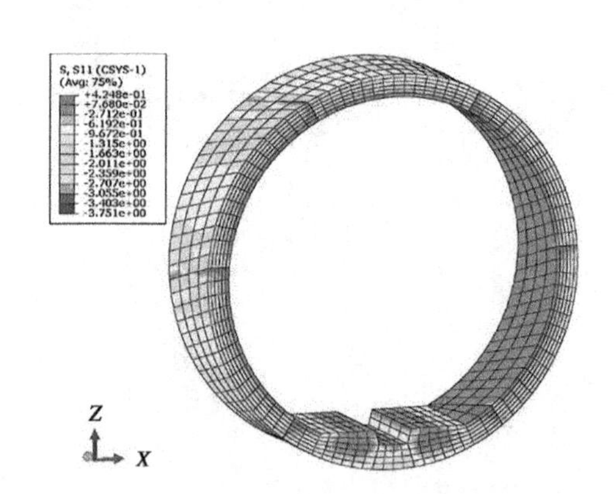

图 2-25　施工开挖期衬砌径向应力
(单位:MPa)

2.4.4　小结

根据以上计算结果,将 2 个方案中衬砌的环向、径向的变形和应力结果列于表 2-4。

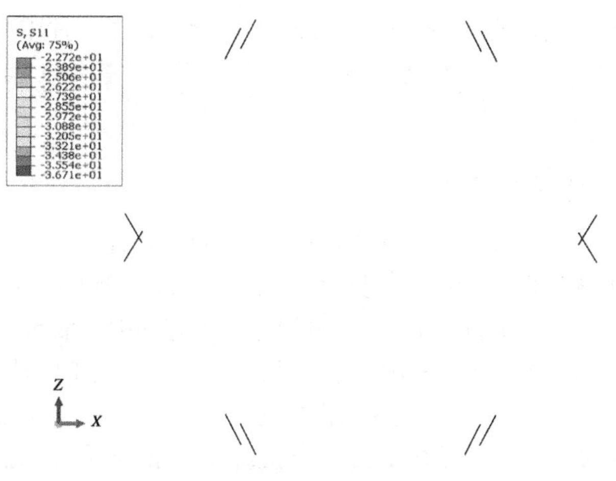

图 2-26　施工开挖期环向螺栓轴向应力　（单位：MPa）

表 2-4　计算成果汇总

计算方案	环向位移最大值（mm）	径向位移最大值（mm）	环向应力最大值（MPa）	径向应力最大值（MPa）
SGZH01	0. 032	−0. 046	−0. 107 4	−0. 087 4
SGZH02	0. 110 6	−0. 754 6	−13. 93	−3. 751

从表 2-4 中的数据可以看出，各方案在施工开挖期，衬砌由于自重以及分担开挖释放荷载的作用呈现环向压应力状态，具体如下：

仅考虑自重的影响（SGZH01），衬砌应力值和变形均较小。考虑衬砌自重及衬砌与围岩共同承担部分开挖释放荷载后，衬砌位移及应力水平增大，且随着共同承担的开挖释放荷载的增加，衬砌位移及应力也逐渐增加。衬砌与围岩共同承担 15%的开挖释放荷载时（SGZH04），衬砌位移及应力水平最大，衬砌环向位移最大值为 0. 121 mm，径向位移最大值为 −0. 891 mm（向内为负），环向应力最大值为 −17. 10 MPa，径向应力最大值为 −4. 775 MPa，小于 C50 混凝土设计抗压强度允许值（23. 1/1. 2 = 19. 25 MPa），衬砌结构的安全度较高。

2.5　充水、过水与放空过程管片内外水压力传导与水量交换研究

由于衬砌由管片拼装而成，相邻管片通常采用螺栓相连，并采用纵向止水封闭，同时在衬砌分段处（一般为 1. 5~2. 0 m 一环）采用环向止水封闭。但是由于施工过程复杂，管片间止水可能受到来自于灌浆压力、豆砾石回填压力、不均衡山岩压力、内水压力、温度变化带来的管片膨胀与收缩变形等，往往在管片与管片间的纵向连接缝以及环向分段缝间形成渗透通道，促进洞内水流与洞外地下渗流场的耦合演化。目前的研究很少涉及管片止水失效前后的水力传导与水量交换能力方面，对管片失效现状也缺少现场调研资料，为

本子专题的研究带来了相当大的障碍。拟在管片接缝位置和管片中央位置埋设渗压计，对比分析接缝位置与无缝位置的孔压变化特征，以研究管片接缝对耦合渗流场渗透水压力的影响规律。

2.5.1　TBM 标准段计算模型

模型位置：兰州水源地建设工程输水隧洞 T20+440.00 处。

计算范围：模型水流向长度取单位长度（取 1.25 m），衬砌厚度为 0.3 m，豆砾石厚度为 0.2~0.305 m，渗透系数取 1×10^{-8} m/s，隧洞左右和底部围岩取 50 倍开挖洞径，顶部取至地表。计算时岩体和混凝土均采用八节点耦合实体单元模拟。计算模型总节点数为 19 628 个，总单元数为 14 328 个。其中衬砌单元 324 个，豆砾石单元 252 个，整体计算模型详见图 2-27，衬砌模型、豆砾石单元以及接缝单元相对位置示意图详见图 2-28~图 2-30。

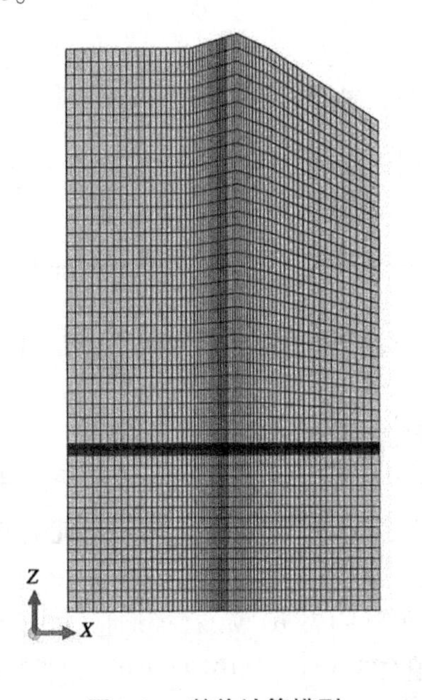

图 2-27　整体计算模型

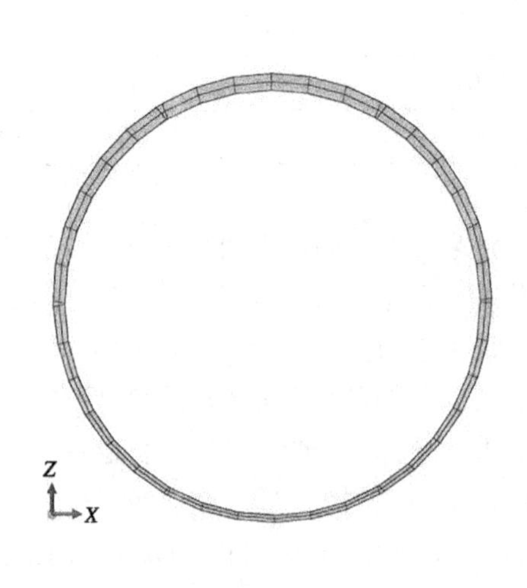

图 2-28　豆砾石模型

模型坐标系：模型采用笛卡儿直角坐标系，其整体坐标系的 Y 轴与隧洞的轴线一致，指向下游为正；沿铅垂向为 Z 轴，向上为正，X 轴以右手法则确定，向右为正。坐标原点位于 $Y=0$ 隧洞中心位置。

渗流计算边界如下：顶面为透水边界（可以自由渗出），底面及前后端面边界为不透水边界，左右两侧根据地下水位线设为定水头边界（本书以隧洞中心线顶部水位为准）。开挖后，挖边界为透水边界，设置为 0 水头边界；衬砌支护后，衬砌内边界为透水边界，设置为 0 水头边界。运行期和检修期考虑充、排水时间，衬砌内表面设为与时间相关的水头边界条件。

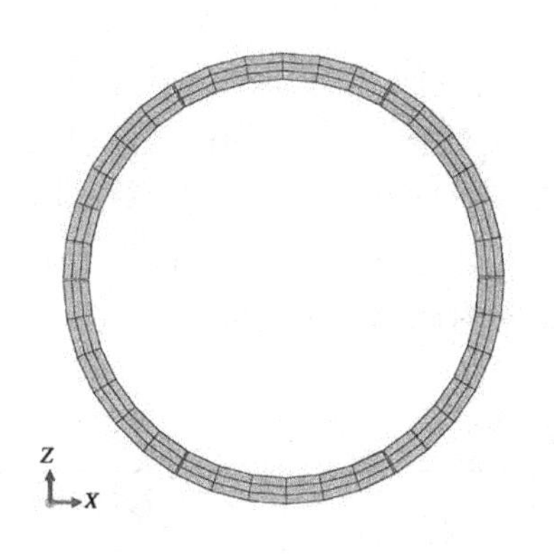

图2-29　衬砌模型

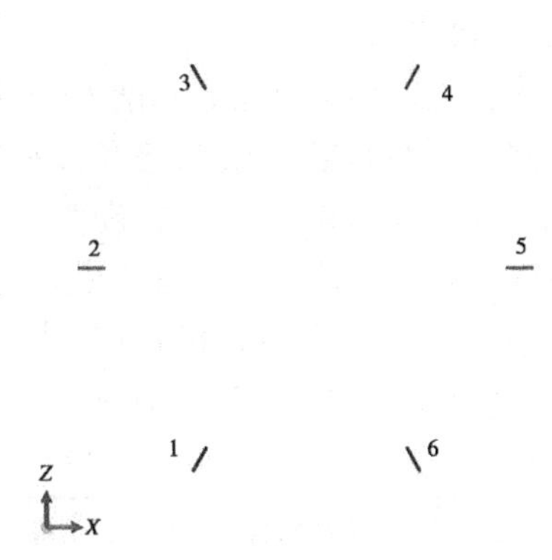

图2-30　接缝单元相对位置示意

2.5.2　TBM标准段计算方案

2.5.2.1　**运行期**

在施工期稳定渗流场的基础上，模拟隧洞的充水运行，假定充水速度为3 m/h，内水水头从0增大至75 m，75 m为静水压力所对应的水头，充水总时长为25 h，计算隧洞内水压力逐步升压至静水压力对应的渗流场。考虑在充水过程中内水压力逐渐增大，衬砌向外扩张变形，导致衬砌在接缝处发生张开，此时假定衬砌的渗透系数随着充水时间不发生变化，恒定为1.00×10^{-9} m/s，但接缝单元渗透系数增大，为主要渗漏区，在刚开始充水时，对应完整混凝土衬砌渗透系数为1×10^{-9} m/s，在内水压力较大时，考虑接缝张开影响，接缝处渗透系数发生变化，接缝处的渗透系数采用裂隙流立方定理，计算式为

$$K=\frac{g}{12\nu}\omega^2 \tag{2-9}$$

式中：K为缝隙的渗透系数，m/s；g为重力加速度，取为9.81 m/s^2；ν为水的运动黏滞系数，取为1.31×10^{-6} m^2/s；ω为接缝的张开度，m。

接缝单元采用实体单元等效模拟，接缝单元厚度为0.02 m，将接缝渗透系数等效到实体单元，等效原则为渗流量相等原则，等效渗透系数的计算式为

$$K_c=\frac{g}{12\nu\delta}\omega^3 \tag{2-10}$$

式中：K_c为接缝单元的等效渗透系数，m/s；g为重力加速度，取为9.81 m/s^2；ν为水的运动黏滞系数，取为1.31×10^{-6} m^2/s；ω为接缝的张开度，m；δ为接缝单元的厚度。

运行期计算方案如表2-5所示。

表2-5　标准段运行期计算方案

计算方案	外水水位(m)	衬砌渗透系数(m/s)	围岩类型	围岩渗透系数(m/s)
BZDYX01	543	1×10^{-9}	Ⅲ类花岗岩	6×10^{-7}
BZDYX02	20	1×10^{-9}	Ⅲ类花岗岩	6×10^{-7}

2.5.2.2 检修期

在运行期稳定渗流场的基础上,模拟设定的排水放空条件,假定放空速度为 3 m/h,计算检修放空期的渗流场,考虑在排水过程中内水压力逐渐减小,衬砌向内变形,导致接缝单元张开度减小甚至闭合,衬砌的渗透系数保持不变,为 1×10^{-9} m/s,而接缝单元的渗透系数逐渐减小。接缝处的渗透系数仍采用式(2-9)进行计算,接缝单元完全闭合前其等效渗透系数仍可采用式(2-10)进行计算,但计算值不低于衬砌的渗透系数。

检修期计算方案如表 2-6 所示。

表 2-6 标准段检修期计算方案

计算方案	外水水位(m)	衬砌渗透系数(m/s)	围岩类型	围岩渗透系数(m/s)
BZDJX01	543	1×10^{-9}	Ⅲ类花岗岩	6×10^{-7}
BZDJX02	20	1×10^{-9}	Ⅲ类花岗岩	6×10^{-7}

2.5.3 运行期计算结果分析

在施工期稳定渗流场的基础上,模拟隧洞的充水运行,假定充水速度为 3 m/h,内水水头从 0 增大至 75 m,充水总时长为 25 h,计算隧洞内水压力逐步升压至 75 m 对应的渗流场。

按照式(2-10)计算各个接缝单元等效渗透系数如表 2-7~表 2-12 所示。由于在接缝没有张开时,接缝单元渗透系数与衬砌的渗透系数相等,为 1×10^{-9} m/s,因此当采用式(2-10)计算接缝单元等效渗透系数时,出现结果小于 1×10^{-9} m/s 时,应取 $K_c=1\times10^{-9}$ m/s。

表 2-7 标准段接缝 1 单元等效渗透系数计算表

充水时间(h)	内水压力(MPa)	接缝平均张开度(m)	缝隙渗透系数(m/s)	接缝单元等效渗透系数(m/s)
0	0	0	—	1.00×10^{-9}
1.67	0.05	0	—	1.00×10^{-9}
5.00	0.15	4.73×10^{-5}	1.43×10^{-3}	3.37×10^{-6}
8.33	0.25	9.43×10^{-5}	5.65×10^{-3}	2.67×10^{-5}
11.67	0.35	1.34×10^{-4}	1.14×10^{-2}	7.60×10^{-5}
15.00	0.45	1.68×10^{-4}	1.79×10^{-2}	1.50×10^{-4}
18.33	0.55	1.98×10^{-4}	2.50×10^{-2}	2.48×10^{-4}
21.67	0.65	2.27×10^{-4}	3.28×10^{-2}	3.73×10^{-4}
25.00	0.75	2.55×10^{-4}	4.13×10^{-2}	5.26×10^{-4}

表 2-8　标准段接缝 2 单元等效渗透系数计算表

充水时间(h)	内水压力(MPa)	接缝平均张开度(m)	缝隙渗透系数(m/s)	接缝单元等效渗透系数(m/s)
0	0	0	0	1.00×10^{-9}
1.67	0.05	4.38×10^{-7}	1.22×10^{-7}	1.00×10^{-9}
5.00	0.15	2.56×10^{-5}	4.17×10^{-4}	5.33×10^{-7}
8.33	0.25	5.10×10^{-5}	1.65×10^{-3}	4.22×10^{-6}
11.67	0.35	7.87×10^{-5}	3.94×10^{-3}	1.55×10^{-5}
15.00	0.45	1.04×10^{-4}	6.85×10^{-3}	3.55×10^{-5}
18.33	0.55	1.28×10^{-4}	1.05×10^{-2}	6.74×10^{-5}
21.67	0.65	1.53×10^{-4}	1.49×10^{-2}	1.14×10^{-4}
25.00	0.75	1.77×10^{-4}	1.99×10^{-2}	1.76×10^{-4}

表 2-9　标准段接缝 3 单元等效渗透系数计算表

充水时间(h)	内水压力(MPa)	接缝平均张开度(m)	缝隙渗透系数(m/s)	接缝单元等效渗透系数(m/s)
0	0	1.31×10^{-8}	1.10×10^{-10}	1.00×10^{-9}
1.67	0.05	3.71×10^{-6}	8.74×10^{-6}	1.00×10^{-9}
5.00	0.15	2.33×10^{-7}	3.47×10^{-8}	1.00×10^{-9}
8.33	0.25	4.93×10^{-7}	1.55×10^{-7}	1.00×10^{-9}
11.67	0.35	4.42×10^{-6}	1.24×10^{-5}	2.74×10^{-9}
15.00	0.45	1.67×10^{-5}	1.78×10^{-4}	1.49×10^{-7}
18.33	0.55	3.20×10^{-5}	6.53×10^{-4}	1.05×10^{-6}
21.67	0.65	4.92×10^{-5}	1.54×10^{-3}	3.80×10^{-6}
25.00	0.75	6.77×10^{-5}	2.92×10^{-3}	9.89×10^{-6}

表 2-10　标准段接缝 4 单元等效渗透系数计算表

充水时间(h)	内水压力(MPa)	接缝平均张开度(m)	缝隙渗透系数(m/s)	接缝单元等效渗透系数(m/s)
0	0	1.87×10^{-9}	2.23×10^{-12}	1.00×10^{-9}
1.67	0.05	3.72×10^{-6}	8.82×10^{-6}	1.00×10^{-9}
5.00	0.15	2.23×10^{-7}	3.15×10^{-8}	1.00×10^{-9}
8.33	0.25	4.89×10^{-7}	1.52×10^{-7}	1.00×10^{-9}
11.67	0.35	4.30×10^{-6}	1.17×10^{-5}	2.52×10^{-9}
15.00	0.45	1.67×10^{-5}	1.78×10^{-4}	1.49×10^{-7}
18.33	0.55	3.22×10^{-5}	6.58×10^{-4}	1.06×10^{-6}
21.67	0.65	4.95×10^{-5}	1.56×10^{-3}	3.86×10^{-6}
25.00	0.75	6.81×10^{-5}	2.95×10^{-3}	1.01×10^{-5}

表 2-11　标准段接缝 5 单元等效渗透系数计算表

充水时间 (h)	内水压力 (MPa)	接缝平均张开度 (m)	缝隙渗透系数 (m/s)	接缝单元等效渗透系数(m/s)
0	0	9.10×10^{-8}	5.27×10^{-9}	1.00×10^{-9}
1.67	0.05	4.50×10^{-7}	1.29×10^{-7}	1.00×10^{-9}
5.00	0.15	2.49×10^{-5}	3.94×10^{-4}	4.90×10^{-7}
8.33	0.25	5.00×10^{-5}	1.59×10^{-3}	3.98×10^{-6}
11.67	0.35	7.75×10^{-5}	3.82×10^{-3}	1.48×10^{-5}
15.00	0.45	1.02×10^{-4}	6.67×10^{-3}	3.42×10^{-5}
18.33	0.55	1.27×10^{-4}	1.03×10^{-2}	6.51×10^{-5}
21.67	0.65	1.51×10^{-4}	1.45×10^{-2}	1.10×10^{-4}
25.00	0.75	1.75×10^{-4}	1.95×10^{-2}	1.71×10^{-4}

表 2-12　标准段接缝 6 单元等效渗透系数计算表

充水时间 (h)	内水压力 (MPa)	接缝平均张开度 (m)	缝隙渗透系数 (m/s)	接缝单元等效渗透系数(m/s)
0	0	1.26×10^{-8}	1.02×10^{-10}	1.00×10^{-9}
1.67	0.05	1.06×10^{-8}	7.19×10^{-11}	1.00×10^{-9}
5.00	0.15	4.73×10^{-5}	1.42×10^{-3}	3.36×10^{-6}
8.33	0.25	9.43×10^{-5}	5.65×10^{-3}	2.66×10^{-5}
11.67	0.35	1.34×10^{-4}	1.14×10^{-2}	7.61×10^{-5}
15.00	0.45	1.68×10^{-4}	1.79×10^{-2}	1.50×10^{-4}
18.33	0.55	1.99×10^{-4}	2.51×10^{-2}	2.49×10^{-4}
21.67	0.65	2.27×10^{-4}	3.29×10^{-2}	3.74×10^{-4}
25.00	0.75	2.55×10^{-4}	4.14×10^{-2}	5.27×10^{-4}

将上述六个接缝单元的等效渗透系数变化过程绘制成图,如图 2-31 所示。可知,随着内水压力的增大,各个接缝单元的等效渗透系数呈现出不同程度的增长,相较于最初接缝未张开时,渗透系数明显提高,为 3~5 个量级。

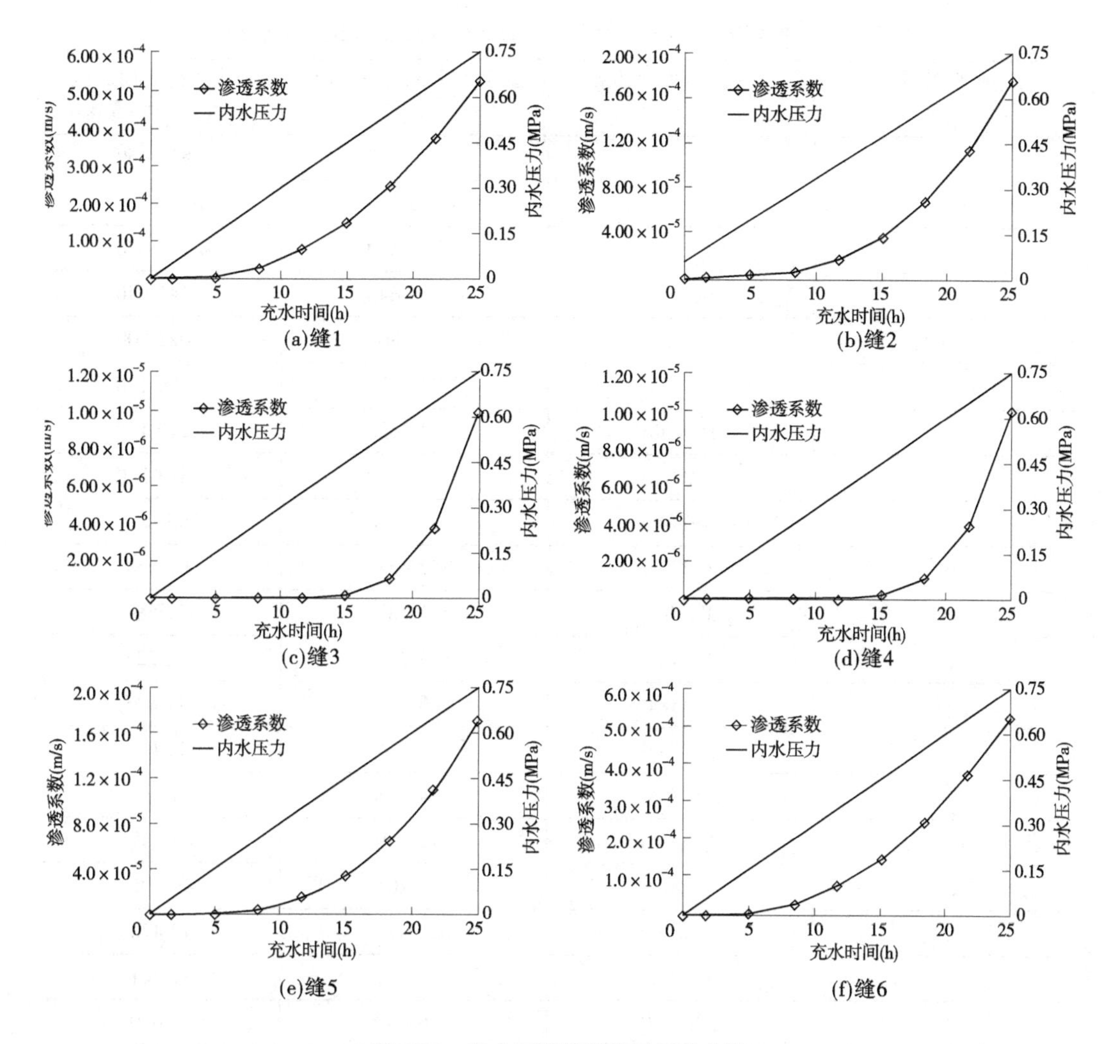

图2-31 充水过程等效渗透系数曲线

2.5.3.1 方案BZDYX01

在543 m外水水位情况下,充水过程中随着内水压力不断增大,接缝处渗透系数增大,衬砌部位渗透系数保持不变,本节选取衬砌腰部的接缝5处以及顶拱外侧为特征部位,研究孔隙水压力随时间的变化情况。

表2-13为腰部接缝5处衬砌外表面位置的孔隙水压力的变化情况,图2-32给出了渗透系数、内水压力、衬砌外表面的外水压力以及内、外水压差的变化情况。可以看出:随着充水过程的进行,内水压力不断增大,衬砌接缝处张开,渗透系数逐渐增大,透水能力逐渐增强,接缝处的内外水压差逐渐减小,由于外水水位为543 m,相对较高,因此衬砌接缝处的外水压力一直大于衬砌内水压力,当内水压力达到0.75 MPa的稳定状态后,外水压力也基本处于稳定状态,但是由于接缝处的渗透系数较大,透水能力较强,因此内外水压差较小,外水压力高于内水压力,约为0.008 MPa。

表2-13 方案BZDYX01衬砌腰部接缝5处的渗透水压分布情况

充水时间 (h)	衬砌内表面水压力 (Pa)	衬砌腰部外表面孔压值 (Pa)	衬砌内外表面压差 (外压-内压)(Pa)
0	0	4 827 860	4 827 860
1	30 000	4 830 860	4 800 860
2	60 000	4 833 870	4 773 870
3	90 000	4 836 640	4 746 640
4	120 000	4 142 800	4 022 800
5	150 000	3 004 130	2 854 130
6	180 000	2 399 120	2 219 120
7	210 000	2 023 370	1 813 370
8	240 000	1 035 650	795 650
9	270 000	777 658	507 658
10	300 000	671 587	371 587
11	330 000	556 223	226 223
12	360 000	509 843	149 843
13	390 000	501 674	111 674
14	420 000	504 188	84 188
15	450 000	512 159	62 159
16	480 000	529 105	49 105
17	510 000	550 478	40 478
18	540 000	571 441	31 441
19	570 000	595 689	25 689
20	600 000	621 685	21 685
21	630 000	648 004	18 004
22	660 000	675 124	15 124
23	690 000	703 019	13 019
24	720 000	731 253	11 253
25	750 000	759 656	9 656
26	750 000	758 498	8 498
27	750 000	757 589	7 589
28	750 000	757 589	7 589
29	750 000	757 589	7 589
30	750 000	757 589	7 589

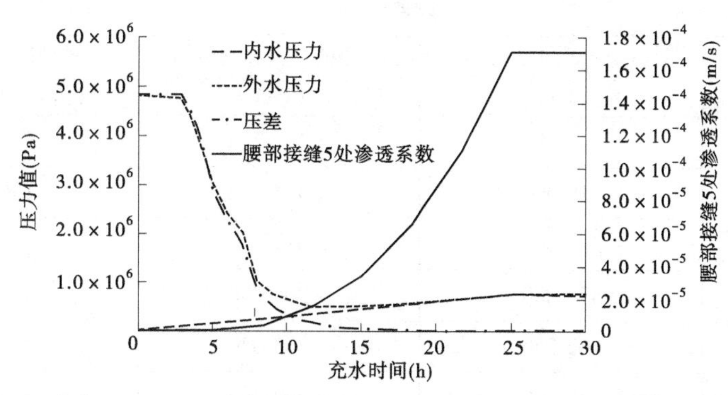

图 2-32 方案 BZDYX01 衬砌腰部接缝 5 处表面渗透水压分布及渗透系数变化情况

表 2-14 为衬砌顶拱外表面位置的孔隙水压力随着充水时间的变化情况，图 2-33 给出了衬砌渗透系数、内水压力、顶拱外表面的外水压力以及内外水压差的变化情况。可以看出：随着充水过程的进行，内水压力不断增大，衬砌（除接缝处）渗透系数保持不变，透水能力保持不变，因此随着充水过程的进行，接缝处的内、外水压力差逐渐减小，由于外水水位为 543 m，相对较高，因此衬砌接缝处的外水压力一直大于衬砌内水压力，当内水压力达到 0.75 MPa 的稳定状态之后，外水压力也基本达到稳定状态，但是由于衬砌的整体渗透系数较小，透水能力较弱，外水压力高于内水压力约 3.55 MPa。

表 2-14 方案 BZDYX01 衬砌顶拱渗透水压分布情况

充水时间 (h)	衬砌内表面水压力 (Pa)	衬砌顶拱外表面孔压值 (Pa)	衬砌内外表面压差 (外压-内压)(Pa)
0	0	4 737 840	4 737 840
1	30 000	4 741 270	4 711 270
2	60 000	4 744 700	4 684 700
3	90 000	4 747 840	4 657 840
4	120 000	4 626 150	4 506 150
5	150 000	4 511 130	4 361 130
6	180 000	4 470 940	4 290 940
7	210 000	4 451 060	4 241 060
8	240 000	4 399 600	4 159 600
9	270 000	4 390 380	4 120 380
10	300 000	4 389 220	4 089 220
11	330 000	4 387 650	4 057 650
12	360 000	4 389 180	4 029 180
13	390 000	4 392 570	4 002 570
14	420 000	4 388 310	3 968 310
15	450 000	4 372 390	3 922 390

续表 2-14

充水时间(h)	衬砌内表面水压力(Pa)	衬砌顶拱外表面孔压值(Pa)	衬砌内外表面压差(外压-内压)(Pa)
16	480 000	4 361 770	3 881 770
17	510 000	4 354 760	3 844 760
18	540 000	4 317 380	3 777 380
19	570 000	4 304 450	3 734 450
20	600 000	4 300 070	3 700 070
21	630 000	4 293 440	3 663 440
22	660 000	4 292 310	3 632 310
23	690 000	4 294 890	3 604 890
24	720 000	4 298 290	3 578 290
25	750 000	4 302 230	3 552 230
26	750 000	4 300 610	3 550 610
27	750 000	4 299 560	3 549 560
28	750 000	4 299 560	3 549 560
29	750 000	4 299 560	3 549 560
30	750 000	4 299 560	3 549 560

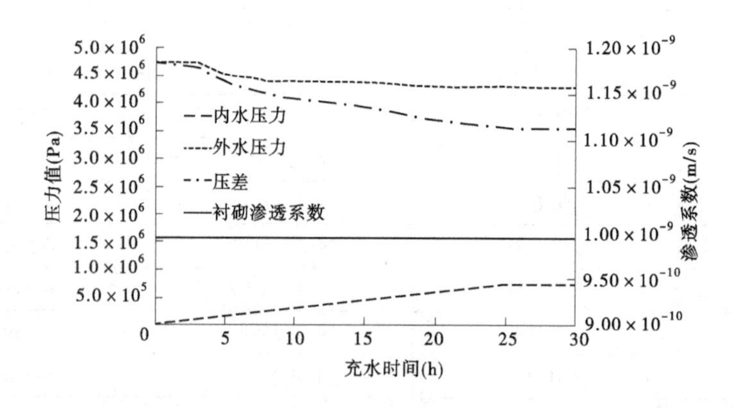

图 2-33 方案 BZDYX01 衬砌顶拱外表面渗透水压分布及渗透系数变化情况

在整个充水运行过程中,衬砌渗透系数保持不变,衬砌管片间六个接缝处的单元渗透系数增大,透水能力增强,因此在运行期衬砌的各个部位的渗流量不同,在接缝处的单位面积渗流量相对较大,但是由于接缝单元的面积相较于整个衬砌内表面而言很小,对总的渗流量影响相对较小。隧洞运行期充水过程中隧洞渗流量随充水时间变化情况,详见表 2-15 与图 2-34。充水过程中,隧洞始终为外水内渗,在运行期渗流达到稳定状态时,隧洞的渗水量为 0.071 3 L/(m·s)。

表 2-15 方案 BZDYX01 隧洞渗流量随充水时间变化

充水时间(h)	渗流量[L/(m·s)]	充水时间(h)	渗流量[L/(m·s)]
0	0.024 883	16	0.066 624
1	0.024 744	17	0.067 154
2	0.024 605	18	0.069 834
3	0.024 487	19	0.070 778
4	0.038 112	20	0.071 115
5	0.050 645	21	0.071 612
6	0.055 041	22	0.071 717
7	0.057 292	23	0.071 559
8	0.062 689	24	0.071 342
9	0.063 801	25	0.071 088
10	0.064 106	26	0.071 205
11	0.064 437	27	0.071 28
12	0.064 457	28	0.071 28
13	0.064 293	29	0.071 28
14	0.064 654	30	0.071 28
15	0.065 832	—	—

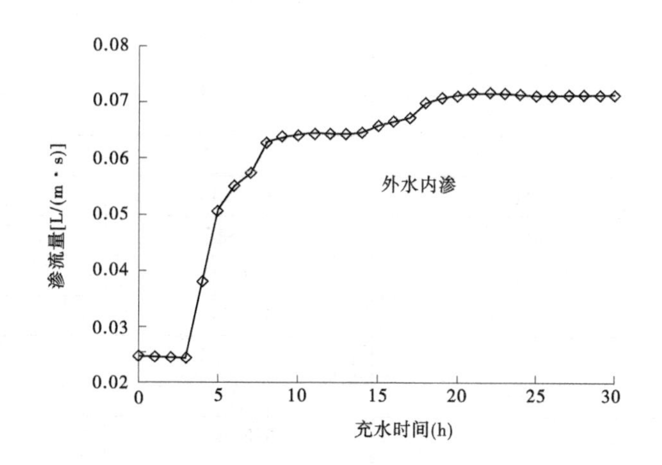

图 2-34 方案 BZDYX01 隧洞渗流量随充水时间变化

2.5.3.2 **方案** BZDYX02

对于外水水位较低情况(20 m)时,充水过程中内水压力不断增大,衬砌接缝处发生张开的现象,接缝处渗透系数增大,衬砌其他部位渗透系数保持不变,以取衬砌顶拱处位置以及腰部接缝5处为特征部位,对比研究孔隙水压力随时间的变化情况。

表2-16为衬砌腰部接缝5处外表面位置的孔隙水压力随着充水时间的变化情况,图2-35为衬砌腰部接缝5处的渗透系数、内水压力,腰部接缝5处的外水压力以及内外水压差的变化情况。可以看出:随着充水过程的进行,内水压力不断增大,衬砌接缝处发生张开现象,渗透系数逐渐增大,透水能力逐渐增强,由于外水水位仅为20 m,相对较低,

充水初期外水压力大于内水压力,此时为外水内渗,随着内水压力的增大,接缝处渗透系数增大,内水压力大于外水压力,此时表现为内水外渗,但由于接缝的渗透能力逐渐增强,接缝处内外表面的差值逐渐减小,此时内水压力仍大于外水压力。当内水压力达到 0.75 MPa 的稳定状态之后,外水压力也逐步达到稳定状态,渗流稳定时,内水压力高于外水压力 949 Pa。

表 2-16　方案 BZDYX02 衬砌腰部接缝 5 处渗透水压分布情况

充水时间(h)	衬砌内表面水压力(Pa)	衬砌腰部外表面孔压值(Pa)	衬砌内外表面压差(外压-内压)(Pa)
0	0	157 795	157 795
1	30 000	160 746	130 746
2	60 000	163 742	103 742
3	90 000	166 743	76 743
4	120 000	161 749	41 749
5	150 000	162 855	12 855
6	180 000	177 046	-2 954
7	210 000	196 950	-13 050
8	240 000	229 529	-10 471
9	270 000	260 281	-9 719
10	300 000	290 639	-9 361
11	330 000	322 917	-7 083
12	360 000	354 381	-5 619
13	390 000	385 113	-4 887
14	420 000	415 783	-4 217
15	450 000	446 488	-3 512
16	480 000	476 907	-3 093
17	510 000	507 185	-2 815
18	540 000	537 605	-2 395
19	570 000	567 870	-2 130
20	600 000	598 055	-1 945
21	630 000	628 261	-1 739
22	660 000	658 433	-1 567
23	690 000	688 559	-1 441
24	720 000	718 674	-1 326
25	750 000	748 792	-1 208
26	750 000	748 937	-1 063
27	750 000	749 051	-949
28	750 000	749 051	-949
29	750 000	749 051	-949
30	750 000	749 051	-949

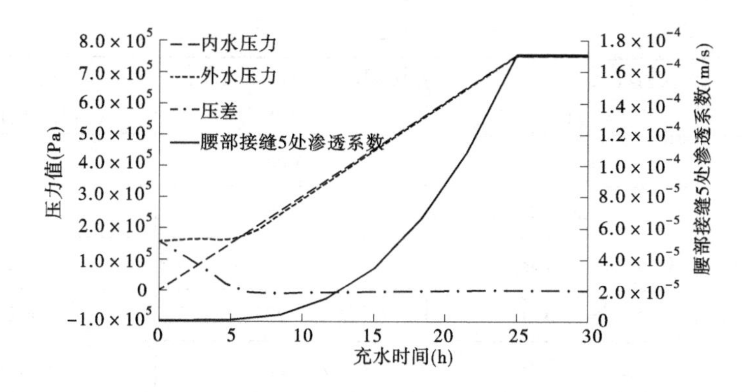

图2-35　方案BZDYX02衬砌腰部接缝5处内外表面渗透水压分布情况

表2-17为衬砌顶拱外表面位置的孔隙水压力随着充水时间的变化情况，图2-36为衬砌渗透系数、内水压力，顶拱外表面的外水压力以及内、外水压差的变化情况。可以看出：随着充水过程的进行，内水压力不断增大，衬砌(除接缝处)渗透系数保持不变，透水能力保持不变，因此在充水过程的初期(前5 h)，接缝处的内、外水压力差逐渐减小，此时外水压力仍大于内水压力，为外水内渗状态；之后内水压力持续增大，内水压力大于外水压力，内、外水压力差值逐渐增大，当内水压力达到0.75 MPa的稳定状态之后，外水压力也达到稳定状态，内水压力大于外水压力，为内水外渗状态。渗流稳定时，内水压力高于外水压力约为0.46 MPa。

表2-17　方案BZDYX02衬砌顶拱渗透水压分布情况

充水时间(h)	衬砌内表面水压力(Pa)	衬砌顶拱外表面孔压值(Pa)	衬砌内外表面压差(外压-内压)(Pa)
0	0	141 189	141 189
1	30 000	144 564	114 564
2	60 000	147 984	87 984
3	90 000	151 408	61 408
4	120 000	152 840	32 840
5	150 000	155 712	5 712
6	180 000	160 295	-19 705
7	210 000	165 409	-44 591
8	240 000	171 112	-68 888
9	270 000	176 888	-93 112
10	300 000	182 676	-117 324
11	330 000	188 561	-141 439
12	360 000	194 434	-165 566
13	390 000	200 287	-189 713
14	420 000	206 565	-213 435

续表 2-17

充水时间(h)	衬砌内表面水压力(Pa)	衬砌顶拱外表面孔压值(Pa)	衬砌内外表面压差(外压-内压)(Pa)
15	450 000	213 655	-236 345
16	480 000	220 703	-259 297
17	510 000	227 713	-282 287
18	540 000	237 237	-302 763
19	570 000	245 344	-324 656
20	600 000	252 911	-347 089
21	630 000	260 832	-369 168
22	660 000	268 366	-391 634
23	690 000	275 592	-414 408
24	720 000	282 771	-437 229
25	750 000	289 928	-460 072
26	750 000	290 292	-459 708
27	750 000	290 454	-459 546
28	750 000	290 462	-459 538
29	750 000	290 464	-459 536
30	750 000	290 465	-459 535

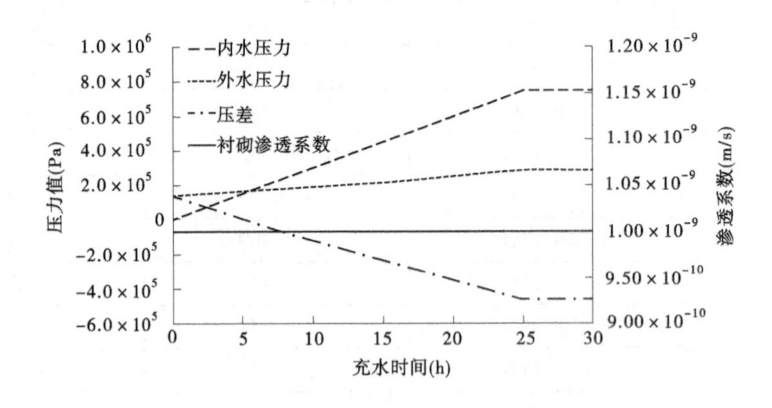

图 2-36　方案 BZDYX02 衬砌顶拱内外表面渗透水压分布情况

在整个充水运行的过程中,衬砌的渗透系数保持不变,衬砌管片间的六个接缝处的单元渗透系数增大,透水能力增强,因此在运行期衬砌的各个部位的渗流量不同。由于本方案外水水位仅为 20 m,在充水过程的初期外水压力大于内水压力,外水内渗;之后内水压力持续增大,内水压力大于外水压力,内水外渗。隧洞运行期充水过程中隧洞渗流量随充水时间变化情况详见表 2-18 与图 2-37,在充水过程的前 6 h 表现为外水内渗,在此之后表现为内水外渗。在运行期渗流达到稳定状态时,内水外渗,隧洞的渗流量为 0.008 6 L/(m · s)。

表 2-18　方案 BZDYX02 隧洞渗流量随充水时间变化

充水时间(h)	渗流量[L/(m · s)]	充水时间(h)	渗流量[L/(m · s)]
0	0.000 872	16	0.003 863
1	0.000 733	17	0.004 338
2	0.000 594	18	0.004 997
3	0.000 456	19	0.005 547
4	0.000 548	20	0.006 06
5	0.000 464	21	0.006 6
6	0.000 191	22	0.007 111
7	0.000 132	23	0.007 6
8	0.000 514	24	0.008 087
9	0.000 902	25	0.008 572
10	0.001 29	26	0.008 584
11	0.001 688	27	0.008 593
12	0.002 083	28	0.008 593
13	0.002 477	29	0.008 593
14	0.002 902	30	0.008 593
15	0.003 385	—	—

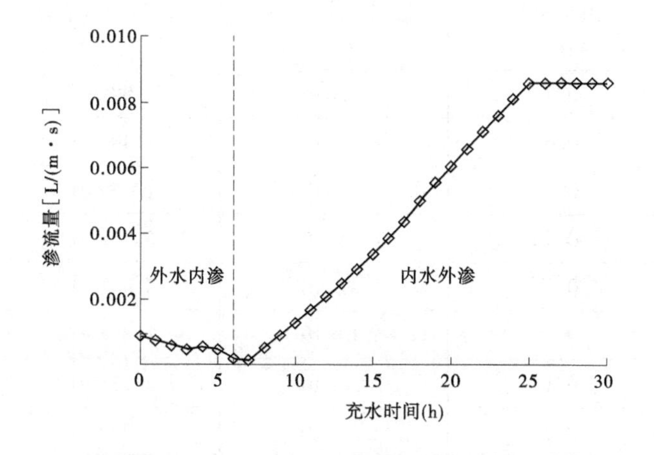

图 2-37　方案 BZDYX02 隧洞渗流量随充水时间变化

2.5.4　检修期计算结果分析

在运行期稳定渗流场的基础上,模拟设定的排水放空条件,假定排水速度为 3 m/h,计算检修放空期的渗流场。考虑在排水过程中内水压力逐渐减小,衬砌向内变形,衬砌管片的渗透系数随着排水不发生改变,为 1×10^{-9} m/s,接缝单元的渗透系数逐渐减小。在检修期内水压力逐渐减小,衬砌接缝处闭合,与运行期接缝处的渗透系数变化趋势相反。按照式(2-10)计算各个接缝单元等效渗透系数如表 2-19～表 2-24 所示。由于在接缝完全闭合时,接缝单元渗透系数与衬砌的渗透系数相等,为 1×10^{-9} m/s,因此当采用式(2-10)计算接缝单元等效渗透系数时,出现结果小于 1×10^{-9} m/s 时,应取 $K_c=1\times10^{-9}$ m/s。

表 2-19　标准段接缝 1 单元等效渗透系数计算表

放水时间(h)	内水压力(MPa)	接缝平均张开度(m)	缝隙渗透系数(m/s)	接缝单元等效渗透系数(m/s)
0	0.75	2.55×10^{-4}	4.13×10^{-2}	5.26×10^{-4}
3.33	0.65	2.27×10^{-4}	3.28×10^{-2}	3.73×10^{-4}
6.67	0.55	1.98×10^{-4}	2.50×10^{-2}	2.48×10^{-4}
10.00	0.45	1.68×10^{-4}	1.79×10^{-2}	1.50×10^{-4}
13.33	0.35	1.34×10^{-4}	1.14×10^{-2}	7.60×10^{-5}
16.67	0.25	9.43×10^{-5}	5.65×10^{-3}	2.67×10^{-5}
20.00	0.15	4.73×10^{-5}	1.43×10^{-3}	3.37×10^{-6}
23.33	0.05	0	—	1.00×10^{-9}
25.00	0	0	—	1.00×10^{-9}

表 2-20　标准段接缝 2 单元等效渗透系数计算表

放水时间(h)	内水压力(MPa)	接缝平均张开度(m)	缝隙渗透系数(m/s)	接缝单元等效渗透系数(m/s)
0	0.75	1.77×10^{-4}	1.99×10^{-2}	1.76×10^{-4}
3.33	0.65	1.53×10^{-4}	1.49×10^{-2}	1.14×10^{-4}
6.67	0.55	1.28×10^{-4}	1.05×10^{-2}	6.74×10^{-5}
10.00	0.45	1.04×10^{-4}	6.85×10^{-3}	3.55×10^{-5}
13.33	0.35	7.87×10^{-5}	3.94×10^{-3}	1.55×10^{-5}
16.67	0.25	5.10×10^{-5}	1.65×10^{-3}	4.22×10^{-6}
20.00	0.15	2.56×10^{-5}	4.17×10^{-4}	5.33×10^{-7}
23.33	0.05	4.38×10^{-7}	1.22×10^{-7}	1.00×10^{-9}
25.00	0	0	—	1.00×10^{-9}

表 2-21　标准段接缝 3 单元等效渗透系数计算表

放水时间 (h)	内水压力 (MPa)	接缝平均张开度 (m)	缝隙渗透系数 (m/s)	接缝单元等效渗透系数(m/s)
0	0.75	6.77×10^{-5}	2.92×10^{-3}	9.89×10^{-6}
3.33	0.65	4.92×10^{-5}	1.54×10^{-3}	3.80×10^{-6}
6.67	0.55	3.20×10^{-5}	6.53×10^{-4}	1.05×10^{-6}
10.00	0.45	1.67×10^{-5}	1.78×10^{-4}	1.49×10^{-7}
13.33	0.35	4.42×10^{-6}	1.24×10^{-5}	2.74×10^{-9}
16.67	0.25	4.93×10^{-7}	1.55×10^{-7}	1.00×10^{-9}
20.00	0.15	2.33×10^{-7}	3.47×10^{-8}	1.00×10^{-9}
23.33	0.05	3.71×10^{-6}	8.74×10^{-6}	1.00×10^{-9}
25.00	0	1.31×10^{-8}	1.10×10^{-10}	1.00×10^{-9}

表 2-22　标准段接缝 4 单元等效渗透系数计算表

放水时间 (h)	内水压力 (MPa)	接缝平均张开度 (m)	缝隙渗透系数 (m/s)	接缝单元等效渗透系数(m/s)
0	0.75	6.81×10^{-5}	2.95×10^{-3}	1.01×10^{-5}
3.33	0.65	4.95×10^{-5}	1.56×10^{-3}	3.86×10^{-6}
6.67	0.55	3.22×10^{-5}	6.58×10^{-4}	1.06×10^{-6}
10.00	0.45	1.67×10^{-5}	1.78×10^{-4}	1.49×10^{-7}
13.33	0.35	4.30×10^{-6}	1.17×10^{-5}	2.52×10^{-9}
16.67	0.25	4.89×10^{-7}	1.52×10^{-7}	1.00×10^{-9}
20.00	0.15	2.23×10^{-7}	3.15×10^{-8}	1.00×10^{-9}
23.33	0.05	3.72×10^{-6}	8.82×10^{-6}	1.00×10^{-9}
25.00	0	1.87×10^{-9}	2.23×10^{-12}	1.00×10^{-9}

将上述六个接缝单元的等效渗透系数变化曲线绘制成图，如图 2-38 所示。由图可知，随着放水过程的进行，内水压力逐渐减小，各个接缝单元的等效渗透系数呈现出不同程度的下降，相较于运行期稳定运行时，渗透系数明显减小，为 3~5 个量级。

2.5.4.1　方案 BZDJX01

在 543 m 外水水位情况下，放水过程中内水压力不断减小，衬砌接缝处逐渐闭合，接缝处渗透系数逐渐减小，衬砌管片部位的渗透系数保持不变，参考运行期分析过程，选取衬砌顶拱处以及腰部接缝 5 处为特征部位，对比研究孔隙水压力随时间的变化情况。

表 2-23　标准段接缝 5 单元等效渗透系数计算表

放水时间 (h)	内水压力 (MPa)	接缝平均张开度 (m)	缝隙渗透系数 (m/s)	接缝单元等效渗透系数(m/s)
0	0.75	1.75×10^{-4}	1.95×10^{-2}	1.71×10^{-4}
3.33	0.65	1.51×10^{-4}	1.45×10^{-2}	1.10×10^{-4}
6.67	0.55	1.27×10^{-4}	1.03×10^{-2}	6.51×10^{-5}
10.00	0.45	1.02×10^{-4}	6.67×10^{-3}	3.42×10^{-5}
13.33	0.35	7.75×10^{-5}	3.82×10^{-3}	1.48×10^{-5}
16. 67	0.25	5.00×10^{-5}	1.59×10^{-3}	3.98×10^{-6}
20.00	0.15	2.49×10^{-5}	3.94×10^{-4}	4.90×10^{-7}
23.33	0.05	4.50×10^{-7}	1.29×10^{-7}	1.00×10^{-9}
25.00	0	9.10×10^{-8}	5.27×10^{-9}	1.00×10^{-9}

表 2-24　标准段接缝 6 单元等效渗透系数计算表

放水时间 (h)	内水压力 (MPa)	接缝平均张开度 (m)	缝隙渗透系数 (m/s)	接缝单元等效渗透系数(m/s)
0	0.75	2.55×10^{-4}	4.14×10^{-2}	5.27×10^{-4}
3.33	0.65	2.27×10^{-4}	3.29×10^{-2}	3.74×10^{-4}
6.67	0.55	1.99×10^{-4}	2.51×10^{-2}	2.49×10^{-4}
10.00	0.45	1.68×10^{-4}	1.79×10^{-2}	1.50×10^{-4}
13.33	0.35	1.34×10^{-4}	1.14×10^{-2}	7.61×10^{-5}
16. 67	0.25	9.43×10^{-5}	5.65×10^{-3}	2.66×10^{-5}
20.00	0.15	4.73×10^{-5}	1.42×10^{-3}	3.36×10^{-6}
23.33	0.05	1.06×10^{-8}	7.19×10^{-11}	1.00×10^{-9}
25.00	0	1.26×10^{-8}	1.02×10^{-10}	1.00×10^{-9}

表 2-25 为衬砌腰部接缝 5 处外表面位置的孔隙水压力随着放水时间的变化情况，图 2-39 为衬砌腰部接缝 5 处的渗透系数、内水压力，腰部接缝 5 处的外水压力以及内、外水压差的变化情况。可以看出：随着放水过程的进行，内水压力不断减小，衬砌接缝处逐渐闭合，衬砌腰部接缝 5 处的渗透系数逐渐减小，透水能力逐渐减弱，接缝处的内、外水压差逐渐增大，当内水压力减小到 0 之后，外水压力在一定时间之后也达到稳定状态，此时接缝单元的渗透系数减小为 1×10^{-9} m/s，内、外水压差较大，渗流稳定时，外水压力高于内水压力，约为 4.83 MPa。

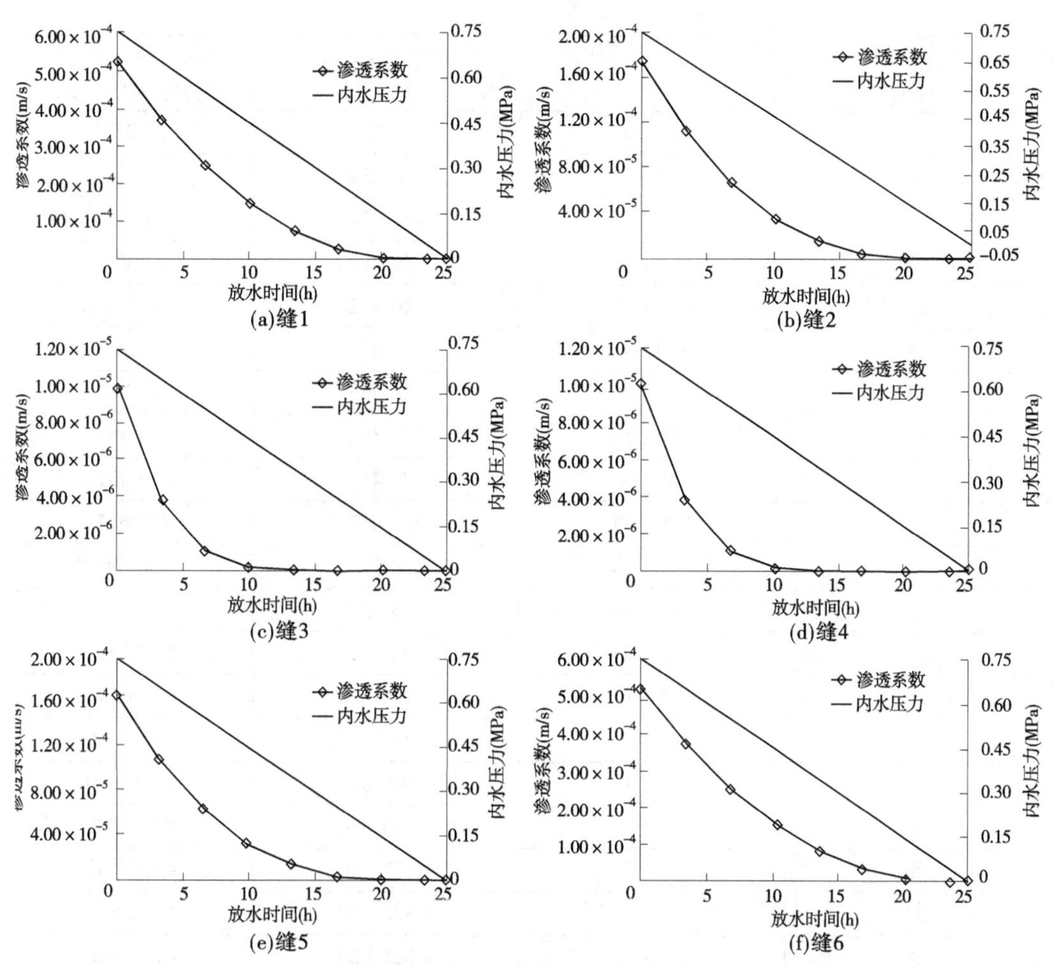

图 2-38　放水过程等效渗透系数变化

表 2-25　方案 BZDJX01 衬砌腰部接缝 5 处渗透水压分布情况

放水时间(h)	衬砌内表面水压力(Pa)	衬砌腰部外表面孔压值(Pa)	衬砌内外表面压差(外压-内压)(Pa)
0	750 000	757 589	7 589
1	720 000	727 638	7 638
2	690 000	697 688	7 688
3	660 000	668 664	8 664
4	630 000	639 907	9 907
5	600 000	611 543	11 543
6	570 000	583 354	13 354
7	540 000	555 510	15 510
8	510 000	528 461	18 461

续表 2-25

放水时间(h)	衬砌内表面水压力(Pa)	衬砌腰部外表面孔压值(Pa)	衬砌内外表面压差(外压-内压)(Pa)
9	480 000	502 231	22 231
10	450 000	476 332	26 332
11	420 000	452 224	32 224
12	390 000	431 479	41 479
13	360 000	410 312	50 312
14	330 000	393 677	63 677
15	300 000	386 232	86 232
16	270 000	384 369	114 369
17	240 000	393 437	153 437
18	210 000	441 617	231 617
19	180 000	560 395	380 395
20	150 000	669 620	519 620
21	120 000	934 281	814 281
22	90 000	1 945 590	1 855 590
23	60 000	2 330 480	2 270 480
24	30 000	2 949 800	2 919 800
25	0	4 114 800	4 114 800
26	0	4 827 590	4 827 590
27	0	4 827 850	4 827 850
28	0	4 827 860	4 827 860
29	0	4 827 860	4 827 860
30	0	4 827 860	4 827 860

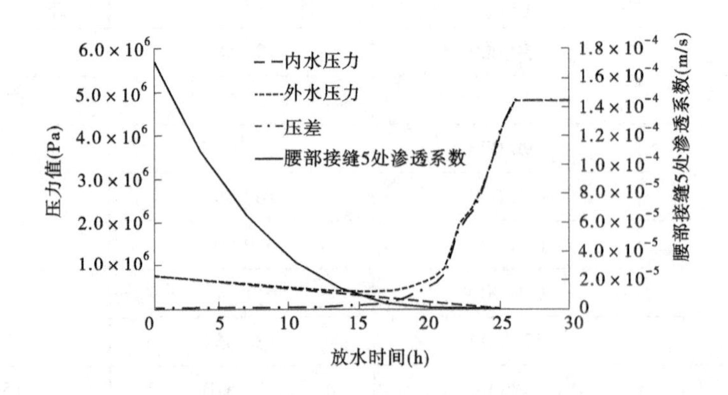

图 2-39 方案 BZDJX01 衬砌腰部接缝 5 处内外表面渗透水压变化情况

表 2-26 为衬砌顶拱外表面位置的孔隙水压力随着放水时间的变化情况,图 2-40 为衬砌渗透系数、内水压力,顶拱外表面的外水压力以及内、外水压差的变化情况。可以看出:随着放水过程的进行,内水压力不断减小,衬砌(除接缝处)渗透系数保持不变,接缝处的内、外水压力差逐渐增大,当内水压力减小到 0 之后,外水压力在一定时间之后也达到稳定状态,内、外水压差较大,渗流稳定时,外水压力高于内水压力,约为 4.74 MPa。

表 2-26　方案 BZDJX01 衬砌顶拱渗透水压分布情况

充水时间 (h)	衬砌内表面水压力 (Pa)	衬砌顶拱外表面孔压值 (Pa)	衬砌内外表面压差 (外压-内压)(Pa)
0	750 000	4 299 560	3 549 560
1	720 000	4 292 730	3 572 730
2	690 000	4 285 910	3 595 910
3	660 000	4 280 150	3 620 150
4	630 000	4 275 000	3 645 000
5	600 000	4 271 140	3 671 140
6	570 000	4 267 820	3 697 820
7	540 000	4 265 350	3 725 350
8	510 000	4 266 670	3 756 670
9	480 000	4 273 640	3 793 640
10	450 000	4 278 300	3 828 300
11	420 000	4 291 710	3 871 710
12	390 000	4 330 170	3 940 170
13	360 000	4 337 510	3 977 510
14	330 000	4 348 540	4 018 540
15	300 000	4 364 990	4 064 990
16	270 000	4 369 500	4 099 500
17	240 000	4 366 170	4 126 170
18	210 000	4 364 730	4 154 730
19	180 000	4 366 480	4 186 480
20	150 000	4 367 800	4 217 800
21	120 000	4 377 360	4 257 360
22	90 000	4 430 120	4 340 120
23	60 000	4 450 580	4 390 580
24	30 000	4 491 790	4 461 790
25	0	4 609 520	4 609 520
26	0	4 737 510	4 737 510
27	0	4 737 830	4 737 830
28	0	4 737 840	4 737 840
29	0	4 737 840	4 737 840
30	0	4 737 840	4 737 840

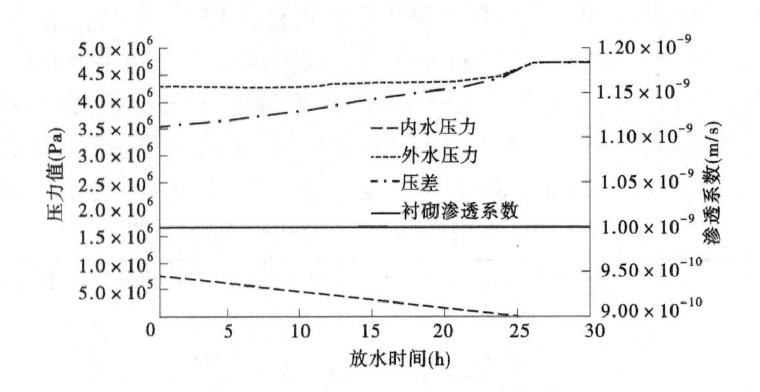

图 2-40　方案 BZDJX01 衬砌顶拱外表面渗透水压变化情况

在整个放水检修的过程中,衬砌的渗透系数保持不变,衬砌管片间六个接缝处的单元渗透系数减小,透水能力减弱,随着接缝的闭合,接缝的渗透系数减小到 1×10^{-9} m/s,达到渗流稳定状态时,接缝处与衬砌其他部位的单位面积渗流量相同。检修期在放水过程中,隧洞渗流量随充水时间变化,详见表 2-27 与图 2-41,在整个充水过程中,始终为外水内渗。在检修期渗流达到稳定状态时,隧洞的渗流量约为 0.025 L/(m·s)。

表 2-27　方案 BZDJX01 隧洞渗流量随放水时间变化

放水时间(h)	渗流量[L/(m·s)]	放水时间(h)	渗流量[L/(m·s)]
0	0.071 28	16	0.065 837
1	0.071 742	17	0.065 995
2	0.072 204	18	0.065 966
3	0.072 588	19	0.065 618
4	0.072 93	20	0.065 297
5	0.073 179	21	0.064 15
6	0.073 39	22	0.058 62
7	0.073 539	23	0.056 309
8	0.073 42	24	0.051 805
9	0.072 9	25	0.038 98
10	0.072 543	26	0.024 904
11	0.071 564	27	0.024 883
12	0.068 807	28	0.024 883
13	0.068 254	29	0.024 883
14	0.067 432	30	0.024 883
15	0.066 215	—	—

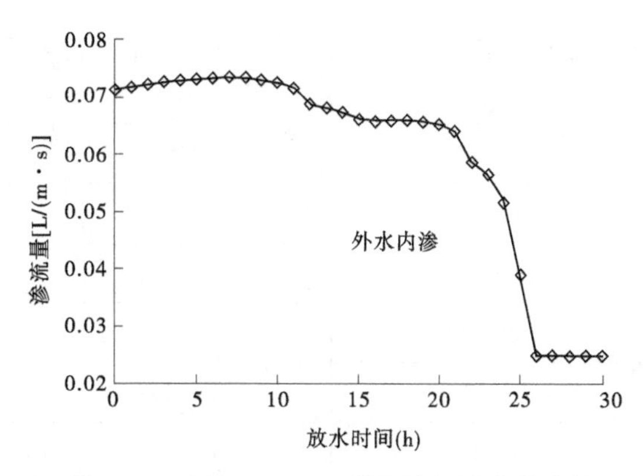

图 2-41　方案 BZDJX01 隧洞渗流量变化曲线

2.5.4.2　方案 BZDJX02

对于较低外水水位情况(20 m),放水过程中内水压力不断减小,衬砌接缝处逐渐闭合,接缝处渗透系数不断减小,衬砌管片部位的渗透系数保持不变。参考运行期计算结果分析,选取衬砌顶拱处以及腰部接缝 5 处为特征部位,研究孔隙水压力随时间的变化情况。

表 2-28 为衬砌腰部接缝 5 处外表面位置的孔隙水压力随着放水时间的变化情况,图 2-42 为衬砌腰部接缝 5 处的渗透系数、内水压力,腰部接缝 5 处的外水压力以及内、外水压差的变化情况。可以看出:随着放水过程的进行,内水压力不断减小,衬砌接缝处逐渐闭合,衬砌腰部接缝 5 处的渗透系数逐渐减小、透水能力逐渐减弱,放水过程初期接缝透水能力较强,内水压力大于外水压力;因此随着放水过程的持续进行,内水压力持续下降,外水压力大于内水压力,当内水压力减小到 0 之后,外水压力在一定时间之后也达到稳定状态,此时接缝单元的渗透系数减小为 1×10^{-9} m/s,透水能力较弱,渗流稳定时,外水压力高于内水压力,约为 0.158 MPa。

表 2-28　方案 BZDJX02 衬砌腰部接缝 5 处渗透水压分布情况

放水时间 (h)	衬砌内表面水压力 (Pa)	衬砌腰部外表面孔压值 (Pa)	衬砌内外表面压差 (外压-内压)(Pa)
0	750 000	749 051	−949
1	720 000	719 101	−899
2	690 000	689 150	−850
3	660 000	659 103	−897
4	630 000	629 044	−956
5	600 000	598 966	−1 034
6	570 000	568 895	−1 105
7	540 000	538 821	−1 179
8	510 000	508 719	−1 281

续表 2-28

放水时间 (h)	衬砌内表面水压力 (Pa)	衬砌腰部外表面孔压值 (Pa)	衬砌内外表面压差 (外压-内压)(Pa)
9	480 000	478 603	−1 397
10	450 000	448 516	−1 484
11	420 000	418 391	−1 609
12	390 000	388 190	−1 810
13	360 000	358 119	−1 881
14	330 000	328 012	−1 988
15	300 000	297 834	−2 166
16	270 000	267 818	−2 182
17	240 000	237 988	−2 012
18	210 000	208 329	−1 671
19	180 000	179 476	−524
20	150 000	152 282	2 282
21	120 000	128 225	8 225
22	90 000	119 282	29 282
23	60 000	108 533	48 533
24	30 000	108 617	78 617
25	0	133 723	133 723
26	0	157 571	157 571
27	0	157 758	157 758
28	0	157 787	157 787
29	0	157 793	157 793
30	0	157 794	157 794

表 2-29 为衬砌顶拱外表面位置的孔隙水压力随着放水时间的变化情况，图 2-43 为衬砌渗透系数、内水压力，顶拱外表面的外水压力以及内、外水压差的变化情况。可以看出：随着放水过程的进行，内水压力不断减小，衬砌（除接缝处）渗透系数保持不变，透水能力保持不变，在放水过程的初期内水压力大于外水压力；随着放水过程的进行，内水压力持续减小，外水压力大于内水压力，当内水压力减小到 0 之后，外水压力在一定时间之后也达到稳定状态，渗流稳定时，外水压力高于内水压力，约为 0. 141 MPa。

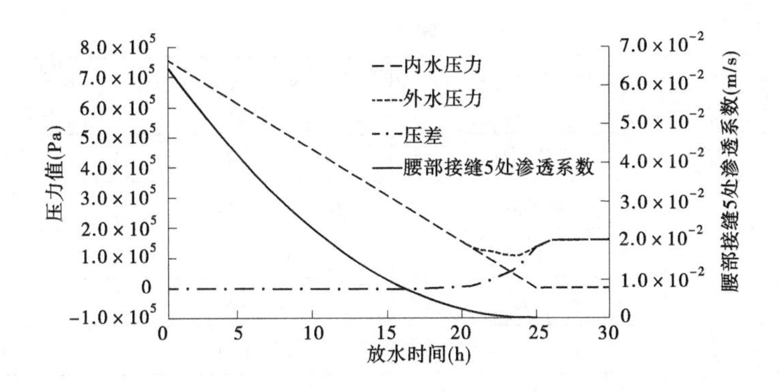

图 2-42 方案 BZDJX02 衬砌腰部接缝 5 处外表面渗透水压变化情况

表 2-29 方案 BZDJX02 衬砌顶拱渗透水压分布情况

放水时间（h）	衬砌内表面水压力（Pa）	衬砌顶拱外表面孔压值（Pa）	衬砌内外表面压差（外压-内压）（Pa）
0	750 000	290 465	-459 535
1	720 000	283 791	-436 209
2	690 000	276 990	-413 010
3	660 000	270 058	-389 942
4	630 000	263 077	-366 923
5	600 000	255 999	-344 001
6	570 000	248 912	-321 088
7	540 000	241 805	-298 195
8	510 000	234 486	-275 514
9	480 000	226 906	-253 094
10	450 000	219 627	-230 373
11	420 000	212 044	-207 956
12	390 000	203 570	-186 430
13	360 000	196 844	-163 156
14	330 000	190 197	-139 803
15	300 000	183 617	-116 383
16	270 000	177 559	-92 441
17	240 000	171 756	-68 244
18	210 000	165 981	-44 019
19	180 000	160 264	-19 736
20	150 000	154 632	4 632
21	120 000	149 190	29 190

续表 2-29

放水时间 (h)	衬砌内表面水压力 (Pa)	衬砌顶拱外表面孔压值 (Pa)	衬砌内外表面压差 (外压-内压) (Pa)
22	90 000	144 747	54 747
23	60 000	140 181	80 181
24	30 000	136 524	106 524
25	0	136 184	136 184
26	0	140 961	140 961
27	0	141 152	141 152
28	0	141 181	141 181
29	0	141 187	141 187
30	0	141 188	141 188

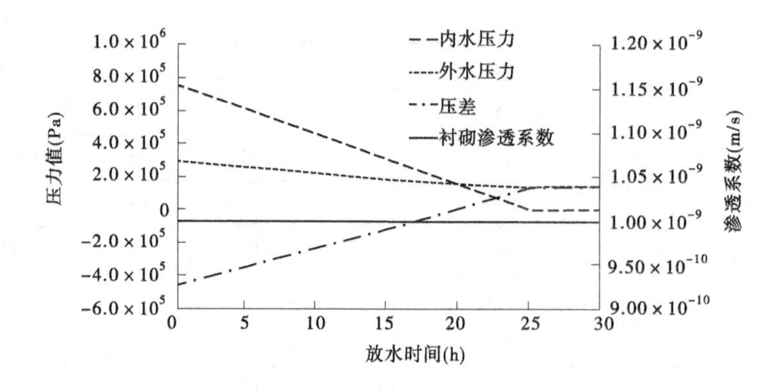

图 2-43 方案 BZDJX02 衬砌顶拱外表面渗透水压分布及渗透系数变化情况

在整个放水检修的过程中,衬砌管片的渗透系数保持不变,衬砌管片间六个接缝处的单元渗透系数减小,透水能力减弱,随着接缝的闭合,接缝的渗透系数减小到 1×10^{-9} m/s,达到渗流稳定状态时,接缝处与衬砌其他部位的单位面积渗流量相同。检修期在放水过程中,隧洞渗流量随放水时间变化情况详见表 2-30 与图 2-44,在放水过程的前 18 h,为内水外渗,之后为外水内渗。在检修期渗流达到稳定状态时,外水内渗,隧洞的渗流量为 8.72×10^{-4} L/(m · s)。

表 2-30 方案 BZDJX02 隧洞渗流量随放水时间变化

放水时间 (h)	渗流量 [L/(m · s)]	放水时间 (h)	渗流量 [L/(m · s)]
0	0.008 593	16	0.000 928
1	0.008 128	17	0.000 54
2	0.007 666	18	0.000 154
3	0.007 196	19	0.000 227

续表 2-30

放水时间(h)	渗流量[L/(m·s)]	放水时间(h)	渗流量[L/(m·s)]
4	0.006 723	20	0.000 599
5	0.006 243	21	0.000 951
6	0.005 763	22	0.001 198
7	0.005 281	23	0.001 462
8	0.004 784	24	0.001 625
9	0.004 268	25	0.001 416
10	0.003 774	26	0.000 872
11	0.003 258	27	0.000 872
12	0.002 678	28	0.000 872
13	0.002 227	29	0.000 872
14	0.001 778	30	0.000 872
15	0.001 334	—	—

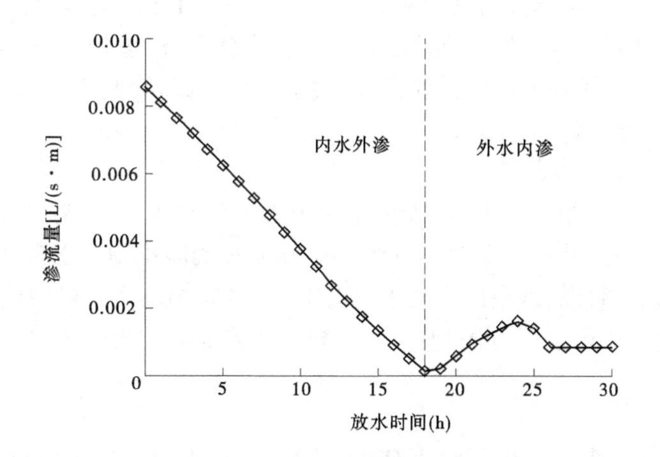

图 2-44　方案 BZDJX02 隧洞渗流量变化曲线

2.5.5　小结

对 TBM 标准洞段选取典型断面建立模型，根据不同的外水水位情况，计算结果如下。

2.5.5.1　运行期

1. 外水水位 543 m 工况

在衬砌腰部接缝 5 处，随着充水过程的进行，内水压力不断增大，衬砌接缝处发生张开现象，衬砌腰部接缝 5 处的渗透系数逐渐增大，透水能力逐渐增强，接缝处的内、外水压力差逐渐减小，由于外水水位为 543 m，相对较高，因此衬砌接缝处的外水压力一直大于衬砌内水压力，内水压力达到 0.75 MPa 的稳定状态之后，外水压力在一定时间之后也达到稳定状态，外水压力高于内水压力 7 589 Pa。在衬砌顶拱位置处，由于衬砌的渗透系数保持不变，透水能力较弱，因此内、外水压差较大，渗流稳定时，外水压力高于内水压力 3.55 MPa。在运行期渗流达到稳定状态时，外水内渗，隧洞的渗流量为 0.071 3 L/(m · s)。

2. 外水水位 20 m 工况

在衬砌腰部接缝 5 处，随着充水过程的进行，内水压力不断增大，衬砌接缝处发生张开现象，衬砌腰部接缝 5 处的渗透系数逐渐增大，透水能力逐渐增强，由于外水水位为 20 m，相对较低，充水初期外水压力大于内水压力，为外水内渗，随着内水压力的增大，内水压力大于外水压力，此时为内水外渗。内水压力达到 0.75 MPa 的稳定状态之后，外水压力在一定时间之后也达到稳定状态，渗流稳定时，内水压力高于外水压力 949 Pa。

在衬砌顶拱位置处，衬砌(除接缝处)渗透系数保持不变，内水压力达到 0.75 MPa 的稳定状态之后，内水压力大于外水压力 0.46 MPa，为内水外渗状态。隧洞的渗水量为 0.008 6 L/(m · s)。

2.5.5.2　检修期

1. 外水水位 543 m 工况

在衬砌腰部接缝 5 处，随着放水过程的进行，内水压力不断减小，衬砌接缝处逐渐闭合，渗透系数逐渐减小，透水能力逐渐减弱，接缝处的内、外水压力差逐渐增大，内水压力减小到 0 之后，外水压力在一定时间之后也达到稳定状态，渗流稳定时，外水压力高于内水压力 4.83 MPa。在衬砌顶拱位置处，渗流稳定时，外水压力高于内水压力 4.74 MPa。隧洞的渗水量为 0.025 L/(m · s)。

2. 外水水位 20 m 工况

外水水位为 20 m，相对较低，初期内水压力大于外水压力；随着放水过程的持续进行，内水压力持续下降，外水压力大于内水压力，内水压力减小到 0 之后，外水压力在一定时间之后也达到稳定状态，外水压力高于内水压力 0.158 MPa。在衬砌顶拱位置处，渗流稳定时，外水压力高于内水压力 0.141 MPa。隧洞的渗水量为 8.72×10^{-4} L/(m · s)(外水内渗)。

2.6　充水、过水与放空过程中衬砌管片结构安全问题研究

2.6.1　计算方案

本章采用三环计算模型和基本螺栓参数，拟定充水与放空计算方案，见表 2-31、表 2-32。

表 2-31 隧洞充水计算方案

计算方案	围岩类别与隧洞埋深	接缝处环向螺栓以及纵向螺栓	豆砾石弹性模量（GPa）	豆砾石与管片之间摩擦系数	内水（m）	外水（m）	内、外水压差（内高）（m）
CSSG01	Ⅲ类花岗岩、696 m	10.9 级 M24	3	0.5	5	0	5
CSSG02	Ⅲ类花岗岩、696 m	10.9 级 M24	3	0.5	15	0	15
CSSG03	Ⅲ类花岗岩、696 m	10.9 级 M24	3	0.5	25	0	25
CSSG04	Ⅲ类花岗岩、696 m	10.9 级 M24	3	0.5	35	0	35
CSSG05	Ⅲ类花岗岩、696 m	10.9 级 M24	3	0.5	45	0	45
CSSG06	Ⅲ类花岗岩、696 m	10.9 级 M24	3	0.5	55	0	55
CSSG07	Ⅲ类花岗岩、696 m	10.9 级 M24	3	0.5	65	0	65
CSSG08	Ⅲ类花岗岩、696 m	10.9 级 M24	3	0.5	75	0	75

表 2-32 隧洞放水计算方案

计算方案	围岩类别与隧洞埋深	接缝处环向螺栓以及纵向螺栓	豆砾石弹性模量（GPa）	豆砾石与管片之间摩擦系数	内水（m）	外水（m）	内、外水压差（外高）（m）
FSSG01	Ⅲ类花岗岩、696 m	10.9 级 M24	3	0.5	75	75	0
FSSG02	Ⅲ类花岗岩、696 m	10.9 级 M24	3	0.5	70	75	5
FSSG03	Ⅲ类花岗岩、696 m	10.9 级 M24	3	0.5	60	75	15
FSSG04	Ⅲ类花岗岩、696 m	10.9 级 M24	3	0.5	50	75	25
FSSG05	Ⅲ类花岗岩、696 m	10.9 级 M24	3	0.5	40	75	35
FSSG06	Ⅲ类花岗岩、696 m	10.9 级 M24	3	0.5	30	75	45
FSSG07	Ⅲ类花岗岩、696 m	10.9 级 M24	3	0.5	20	75	55
FSSG08	Ⅲ类花岗岩、696 m	10.9 级 M24	3	0.5	10	75	65
FSSG09	Ⅲ类花岗岩、696 m	10.9 级 M24	3	0.5	0	75	75

2.6.2 计算结果分析

2.6.2.1 充水过程中的结构分析

充水过程的最终状态即方案 FSSG09 分析结果与方案 YXSL16 基本一致。现将充水过程衬砌管片应力计算成果整理如表 2-33 所示，并绘制随水压差变化的应力曲线。

表 2-33 充水过程衬砌管片应力计算成果汇总

水压差(内高)(m)	衬砌应力最大值(MPa)			环向螺栓最大轴向应力值(MPa)
	管片中部环向应力最大值	拉应力最大值	径向应力最大值	
5	0.113	0.113	−0.420	11.93
15	0.124	0.124	−0.380	20.06
25	0.240	0.326	−0.549	38.13
35	0.296	0.504	−0.910	65.08
45	0.380	0.647	−1.184	84.18
55	0.456	0.779	−1.431	100.9
65	0.536	0.917	−1.665	116.7
75	0.616	1.056	−1.889	131.7

如图 2-45 所示,随着内、外水压差从 5 m 增至 75 m,管片中部环向最大拉应力也逐渐增大,当内压超过 15 m 后,基本呈稳定增长,当内压达到 75 m 时,管片中部环向应力最大值达到 0.616 MPa,远小于 C50 混凝土设计抗拉强度允许值(1.89/1.2=1.575 MPa)。衬砌整体最大拉应力也随内高增加而增加,出现在管片 A 凹槽底部或者螺栓与管片 A 连接处(这两处容易出现局部拉应力集中),内压达到 75 m 时,衬砌整体最大拉应力值达到 1.056 MPa,小于 C50 混凝土设计抗拉强度允许值(1.89/1.2=1.575 MPa)。以上结果表明,在充水过程中,管片受力良好。

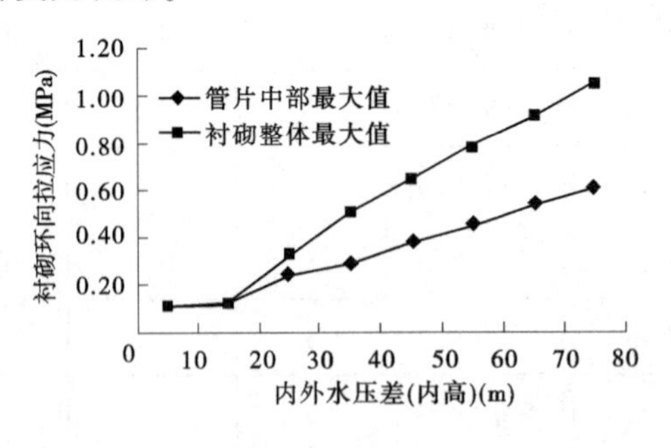

图 2-45 衬砌环向拉应力随内高变化曲线

如图 2-46 所示,随着内、外水压差从 5 m 增至 75 m,衬砌径向最大压应力基本呈增长趋势,内压达到 15 m 后,最大压应力基本稳定增长,当内压达到 75 m 时,最大压应力达到 1.889 MPa,远小于 C50 混凝土设计抗压强度允许值(23.1/1.2=19.25 MPa),管片受力良好。同时内压增加的过程中,径向最大压应力均出现在接缝面与螺栓相接处附近。如图 2-47 所示,环向螺栓最大轴向应力随内压的增大而增加,且最大值一直出现在衬砌底部的9号、11号螺栓,在75 m内压时最大轴向应力达到131.7 MPa,远小于螺栓设计抗拉强度允许值。以上结果表明,在充水过程中,螺栓受力良好。

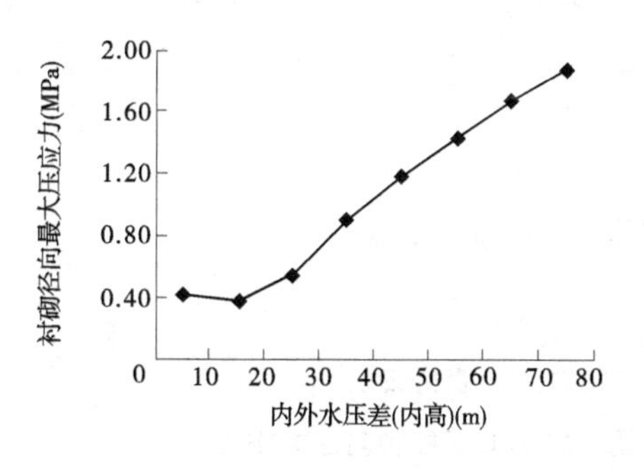

图2-46 衬砌径向最大压应力随内高变化

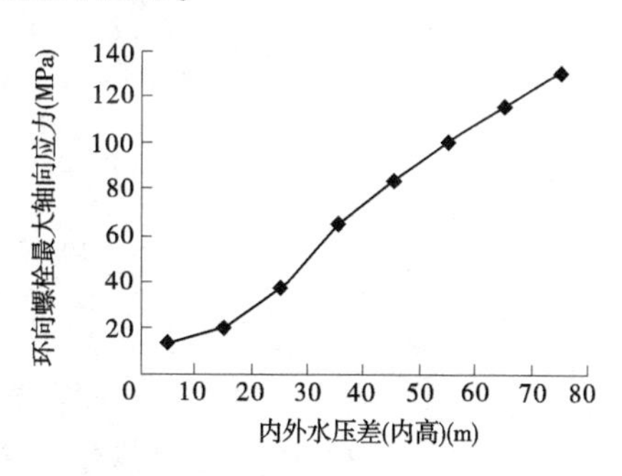

图2-47 环向螺栓最大轴向应力随内高变化

2.6.2.2 放水过程中的结构分析

放水过程中接缝处接触压力随水压差变化情况如表2-34所示,可以看出各接缝处接触压力在同一水压差下相差不大,且与水压差近似呈线性关系,总平均接触压力随水压差变化情况如图2-48所示,可以看出随水压差增加总平均接触压力稳定增长,水压差达到75 m时总平均接触压力达到5.27 MPa,说明在放水过程中,各接缝面闭合。

表2-34 内外水压差(外高)作用下的接缝面接触压力

水压差(m)	接缝面平均接触压力(MPa)						总平均接触压力(MPa)
	接缝面1	接缝面2	接缝面3	接缝面4	接缝面5	接缝面6	
0	1.08	1.34	1.27	1.33	1.35	1.08	1.24
5	1.40	1.65	1.49	1.52	1.66	1.39	1.52
15	1.83	2.34	2.19	2.20	2.36	1.96	2.14
25	2.22	2.82	2.92	2.77	2.83	2.21	2.63
35	2.51	3.19	3.12	3.14	3.19	2.49	2.94
45	3.35	4.17	3.72	3.74	4.17	3.31	3.74
55	3.90	4.33	4.36	4.38	4.33	3.84	4.19
65	4.45	4.96	4.99	4.71	4.96	4.37	4.74
75	5.00	5.59	5.26	5.30	5.59	4.90	5.27

放水过程环向螺栓轴向应力随水压差变化情况如表2-35及图2-49所示,可以看出放水过程中环向螺栓轴向应力值较小,75 m水头作用下螺栓轴向应力最大值仅为29.21 MPa。

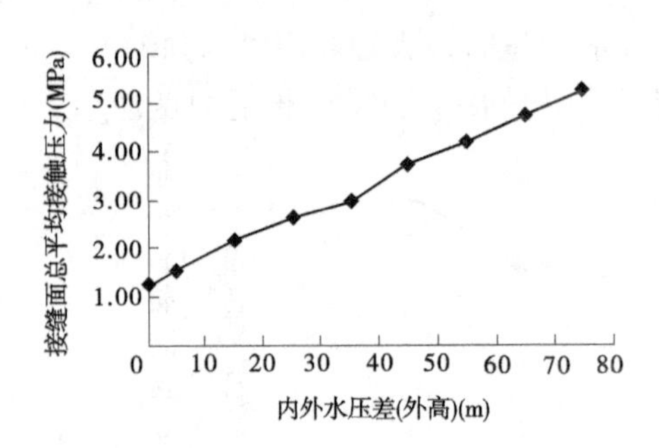

图 2-48 接缝面总平均接触压力变化曲线

表 2-35 内外水压差(外高)作用下的环向螺栓轴向应力统计

内外水压差(m)	螺栓轴向应力(MPa)											
	螺栓 1	螺栓 2	螺栓 3	螺栓 4	螺栓 5	螺栓 6	螺栓 7	螺栓 8	螺栓 9	螺栓 10	螺栓 11	螺栓 12
0	1.54	-2.08	0	-3.54	2.01	0.17	1.99	0.20	-1.70	-2.80	-1.68	-2.73
5	-1.87	-2.42	-3.47	-3.85	1.24	-1.88	1.24	-1.90	-3.36	-3.17	-3.35	-3.12
15	-7.15	-3.56	-8.73	-4.87	0.44	-4.32	0.75	-4.68	-6.51	-3.80	-6.49	-3.78
25	-11.32	-5.08	-12.94	-6.27	-1.89	-4.57	-1.34	-5.17	-9.44	-4.63	-9.44	-4.61
35	-13.21	-5.95	-14.83	-7.08	-2.93	-4.88	-2.40	-5.44	-10.86	-5.17	-10.85	-5.14
45	-18.34	-8.42	-19.96	-9.48	-5.95	-6.49	-5.45	-7.00	-15.13	-6.99	-15.10	-6.94
55	-21.51	-10.25	-23.13	-11.23	-7.92	-7.99	-7.40	-8.54	-17.96	-8.38	-17.92	-8.33
65	-24.60	-12.21	-26.21	-13.10	-9.91	-9.74	-9.39	-10.28	-20.77	-9.92	-20.74	-9.87
75	-27.61	-14.22	-29.21	-15.03	-11.96	-11.65	-11.45	-12.18	-23.57	-11.74	-23.53	-11.66

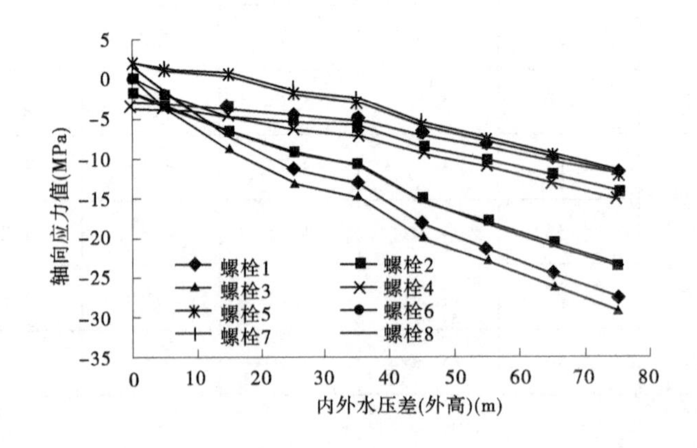

图 2-49 环向螺栓轴向应力随外高变化曲线

现将放水过程衬砌管片计算成果整理如表 2-36 所示,并绘制随水压差变化的应力应变曲线。

表 2-36　放水过程衬砌管片应力计算成果汇总

计算方案	环向位移最大值（mm）	径向位移最大值（mm）	环向压应力最大值（MPa）	径向压应力最大值(局部拉应力最大值)（MPa）	环向螺栓最大轴向应力值（MPa）
FSSG01	0. 064	−0. 151	−3. 509	−1. 261(0. 204)	−3. 535
FSSG02	0. 115	−0. 245	−3. 945	−1. 409(0. 359)	−3. 849
FSSG03	0. 212	−0. 428	−4. 796	−1. 716(0. 607)	−8. 735
FSSG04	0. 304	−0. 599	−5. 732	−1. 866(0. 816)	−12. 94
FSSG05	0. 348	−0. 682	−6. 160	−1. 840(0. 886)	−14. 83
FSSG06	0. 471	−0. 918	−7. 405	−1. 585(1. 040)	−19. 96
FSSG07	0. 546	−1. 060	−8. 225	−1. 639(1. 115)	−23. 13
FSSG08	0. 614	−1. 196	−9. 045	−1. 692(1. 264)	−26. 21
FSSG09	0. 680	−1. 327	−10. 15	−1. 704(1. 346)	−29. 21

从表 2-36 可以看出，在放水过程中，随着内外水压差从 0 增加至 75 m，衬砌位移值及应力值逐步增大，其中环向处于压应力状态，内外水压差增至 75 m 时，环向压应力达到 −10. 15 MPa；径向压应力水平较低，但接缝处出现局部拉应力集中，最大达到 1. 346 MPa；环向螺栓应力水平较低。

如图 2-50 所示，随着水压差的增加，环向及径向最大位移稳定增大，且在水压差 75 m 时达到最大，环向位移为 0. 680 mm，出现在管片 C、E 中部；径向位移为 1. 327 mm，出现在洞室顶部，方向向下。

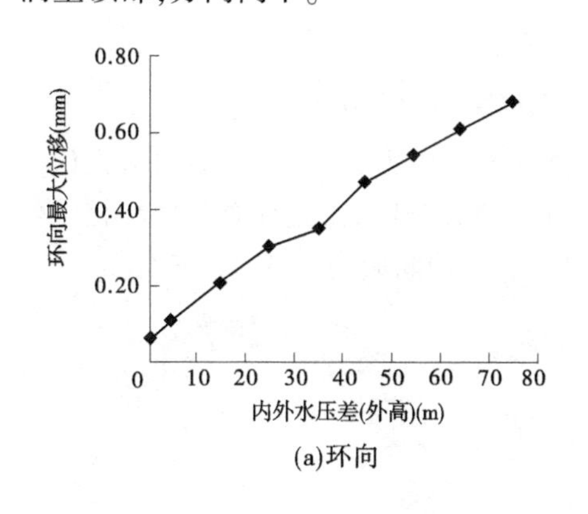

(a)环向

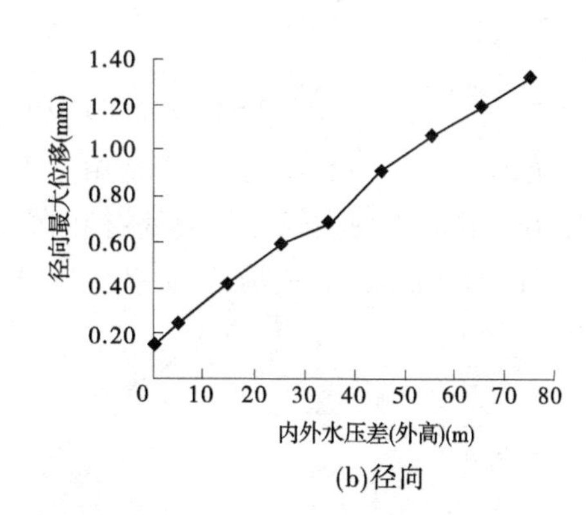

(b)径向

图 2-50　衬砌最大位移随外高变化

如图 2-51 所示，环向最大压应力随着水压差稳定增加，在外压达到 75 m 时最大，为 10. 15 MPa；而径向最大压应力量值较小，但在接缝处出现局部径向拉应力集中，最大达到 1. 346 MPa。

放水系列方案中内外水压差为 0 的方案 FSSG01 为正常过水方案，内外水压差为 75 m 的方案 FSSG09 为完全放空方案（忽略原有地下水的作用）。

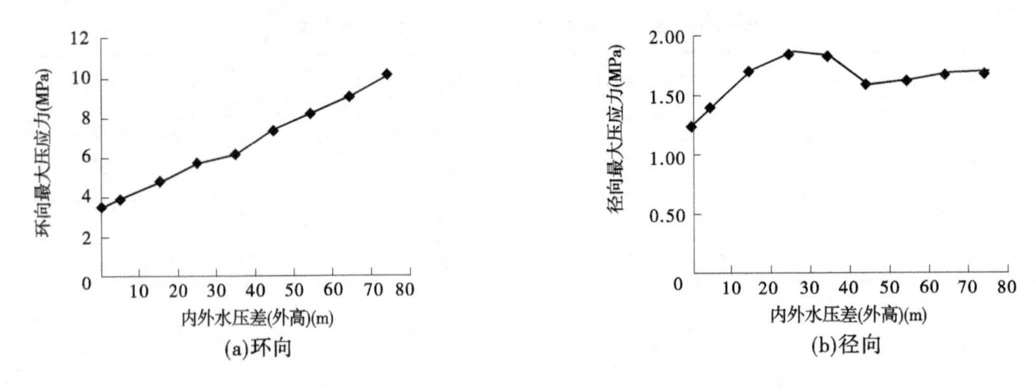

(a)环向 (b)径向

图 2-51 衬砌最大压应力随外高变化

对于方案FSSG01,内外水压均为75 m。如图2-52所示,环向位移较小,最大值为0.063 02 mm,出现在管片衬砌腰部两侧;径向位移最大值出现在洞室顶部,为-0.150 9 mm,衬砌整体朝内变形,且上部位移值普遍大于下部。

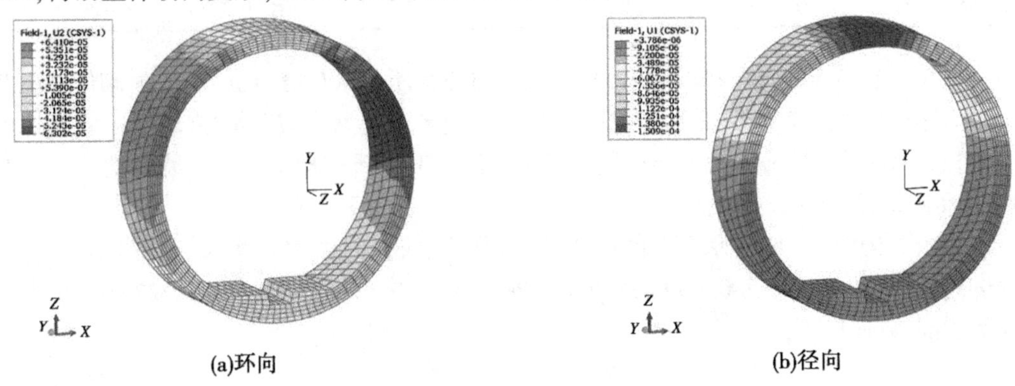
(a)环向 (b)径向

图 2-52 方案FSSG01衬砌环向、径向位移 (单位:m)

如图2-53、图2-54所示,管片由于水压作用整体处于压应力状态,环向应力最大值为-3.509 MPa,出现在管片接缝处;径向应力最大值为-1.261 MPa,出现在管片底部接缝位置。环向螺栓最大轴向应力为-3.535 MPa,纵向螺栓最大轴向应力为0.348 6 MPa。

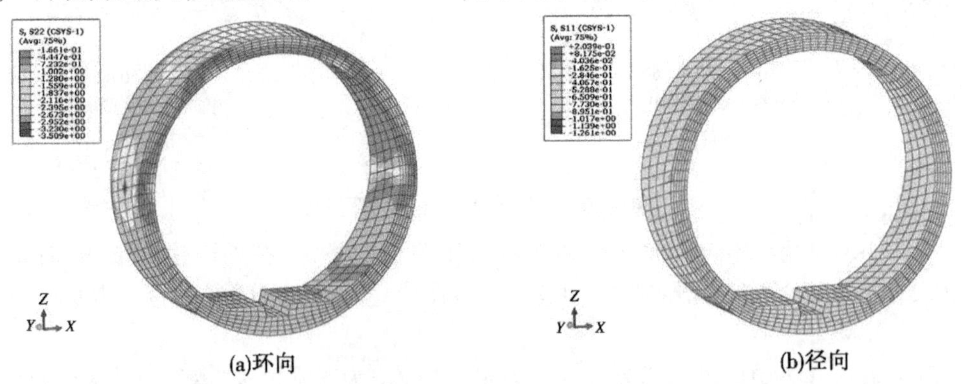
(a)环向 (b)径向

图 2-53 方案FSSG01衬砌环向、径向应力 (单位:MPa)

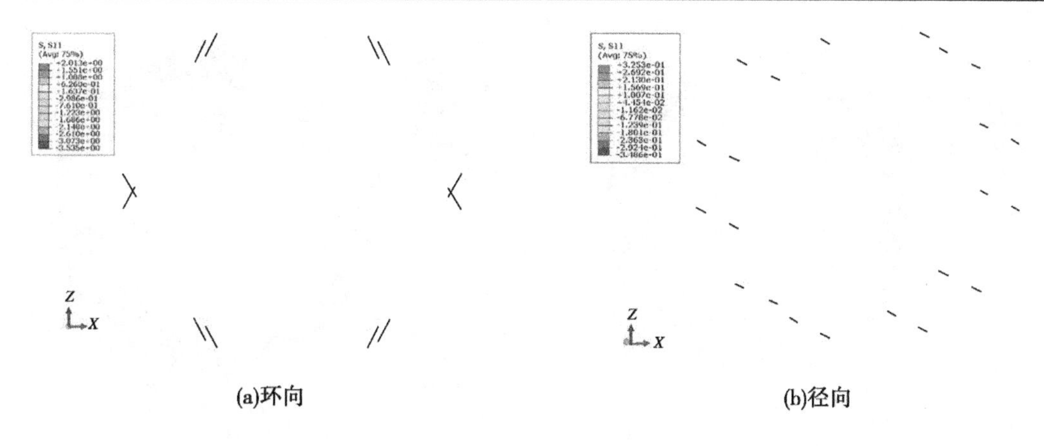

(a)环向 (b)径向

图2-54 方案FSSG01环向、径向螺栓轴向应力 （单位：MPa）

如图2-55所示，衬砌管片间的接触压力基本处于0~4.189 MPa，可见内、外水压力相同时，接缝基本闭合。

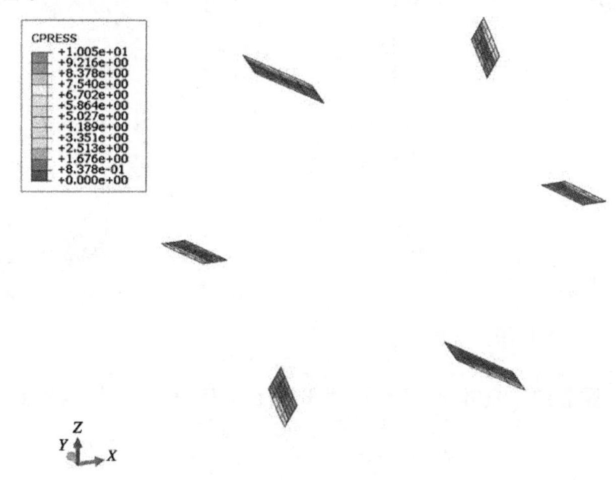

图2-55 衬砌管片间接触压力 （单位：MPa）

对于方案FSSG09，内水0，外水75 m。如图2-56所示，环向位移较小，最大值为0.680 mm，出现在管片C、E中部；径向位移最大值出现在洞室顶部，为-1.327 mm，衬砌整体朝内变形，且上部位移值普遍大于下部。

如图2-57、图2-58所示，在环向应力方面，管片整体处于压应力状态，最大值为-10.15 MPa，出现在管片底部接缝处；在径向应力方面，衬砌大部分处于受压状态，最大值为-1.704 MPa，出现在管片与螺栓连接处，局部拉应力集中，最大值为1.35 MPa。环向螺栓最大轴向应力为-29.21 MPa，纵向螺栓最大轴向应力为2.787 MPa。

如图2-59所示，衬砌管片间的接触压力均大于0，处于4.089~10.22 MPa，可见在放空时，接触完全闭合，各管片接触紧密。

2.6.3 小结

(1)在充水过程中，随着内外水压差从5 m增至75 m(内高外低)，管片中部衬砌环向

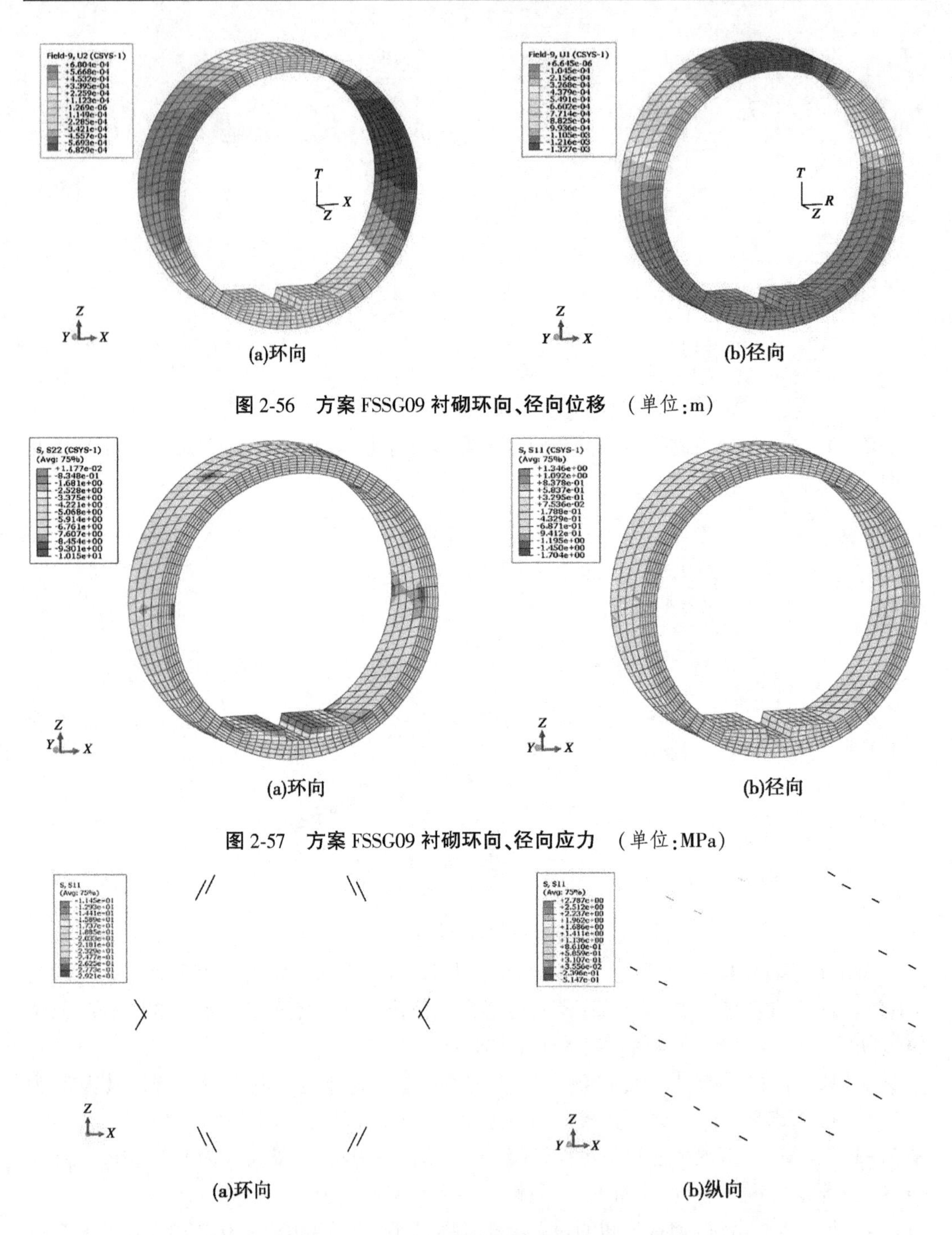

(a)环向　(b)径向

图 2-56　方案 FSSG09 衬砌环向、径向位移　(单位:m)

(a)环向　(b)径向

图 2-57　方案 FSSG09 衬砌环向、径向应力　(单位:MPa)

(a)环向　(b)纵向

图 2-58　方案 FSSG09 环向、纵向螺栓轴向应力　(单位:MPa)

应力从 0.113 MPa 逐渐增至 0.616 MPa,局部环向拉应力最大值也增至 1.056 MPa,径向处于压应力状态,最大应力值为-1.889 MPa。环向螺栓轴向应力值从 11.93 MPa 增至 131.7 MPa;各接缝张开度随水压差增加而增加,总平均张开度在 75 m 水压差时达到最大,为 0.114 mm。

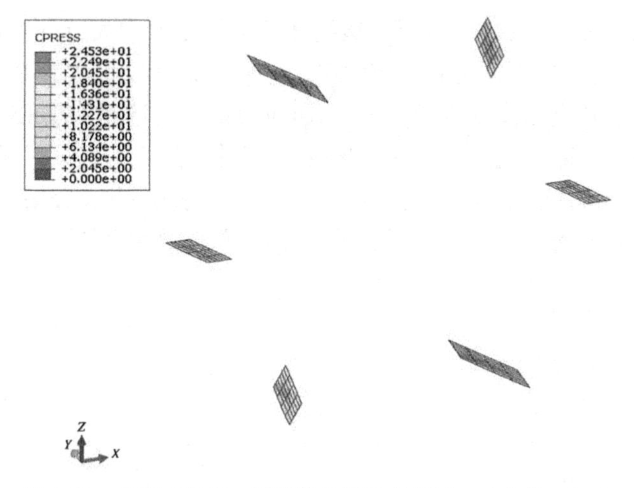

图2-59 方案FSSG09衬砌管片间接触压力 (单位:MPa)

(2)在放水过程中,随着内外水压差从0增加至75 m(外高内低),衬砌位移值及应力值逐步增大,其中环向处于压应力状态,内外水压差增至75 m时,环向压应力达到-10.15 MPa;径向压应力水平较低,接缝处出现局部径向拉应力集中,拉应力值达到1.346 MPa;环向螺栓应力水平较低;接缝处于闭合状态。

(3)内外水压均为75 m的正常过水方案,衬砌位移及应力值均较小,接缝基本闭合,螺栓应力量值较小。对于内水0、外水75 m的完全放空方案,位移及应力值相较过水方案均有所提高,环向位移较小,最大值为0.680 mm,径向位移最大值为-1.327 mm,衬砌整体朝内变形,在环向应力方面,管片处于压应力状态,最大值为-10.15 MPa,出现在管片底部接缝处,在径向应力方面,衬砌大部分处于受压状态,最大值为-1.704 MPa,出现在管片与螺栓连接处,管片接缝处局部有拉应力集中,最大值为1.35 MPa。环向螺栓及纵向螺栓的应力值较小。

2.7 小 结

(1)施工开挖期,隧洞开挖导致地下水位线下降,喷层、衬砌支护使得地下水位回升,开挖、喷层、衬砌支护对渗流场的扰动效应在隧洞周边区域表现最为明显,距离隧洞越远,扰动效应越小,并且扰动效应随着时间推移逐渐消散。对于滑行段而言,喷层起到一定的阻水作用,但支护后并不能使隧洞渗流场基本回到初始天然状态,仍需要进一步进行衬砌支护。

(2)施工开挖期仅考虑自重的影响时,衬砌应力值和变形均较小;考虑衬砌自重及衬砌与围岩共同承担开挖释放荷载后,衬砌位移及应力水平增大,且随着共同承担的开挖释放荷载的增加,衬砌位移及应力也逐渐增加;衬砌与围岩共同承担15%的开挖释放荷载时,衬砌位移及应力水平最大,环向位移最大值为0.323 mm,径向位移最大值为-1.219 mm,环向应力最大值为-17.77 MPa,径向应力最大值为-5.029 MPa。

(3)在充水过程中,衬砌应力值以及接缝张开度均逐渐增大,环向拉应力最大值达到 1. 056 MPa,径向压应力最大值为-1. 889 MPa,总平均张开度最大为 0. 114 mm。在放水过程中,衬砌位移值及应力值逐步增大,环向压应力最大值达到-10. 15 MPa,径向压应力水平较低,局部最大拉应力值达到 1. 346 MPa,接缝处于闭合状态。对于内外水压均为 75 m 的正常过水方案,管片位移及应力值均较小,对于内水 0、外水 75 m 的完全放空方案,位移及应力值相较过水方案均有所提高,管片接缝处局部拉应力集中,最大值为 1. 35 MPa。

第 3 章　豆砾石回填灌浆层联合承载机制及无损检测技术

3.1　国内外研究现状及存在的问题

TBM 施工过程中,围岩和管片之间会形成一个环形空隙,该空隙的及时回填对于管片稳定具有重要的意义,采用的回填材料也会对围岩与支护结构间的相互作用产生影响。所以,选择合适的回填材料对于受力体系的作用效果具有重要作用。国内豆砾石回填灌浆广泛应用于 TBM 施工预制管片衬砌的隧洞工程中,设计上希望通过豆砾石灌浆体,在预制管片衬砌外侧及围岩面之间形成一个过渡层,均匀传递岩体压力,并与衬砌实现整体防渗的效果。另外,在施工过程中,灌浆体还要承担支撑衬砌管片的作用。

夏定光探讨了掘进过程中的落渣及岩粉的影响。施工过程底部岩粉较厚,混凝土预制构件离开后护盾后下沉,底拱部空间很小,下落的豆砾石不易进入,因此隧洞底拱部灌浆质量大部分较差。侧顶拱部由于岩粉的存在导致灌注的水泥浆与豆砾石亲和力差,形成的水泥豆砾石结合体取芯样密而不坚,结石强度很低。顶部豆砾石回填不饱满,少量岩粉落在喷入豆砾石或衬砌预制构件外壁的表面上,形成较薄的一层隔离层,灌浆时就出现一个夹层或浆液渗不到豆砾石内,形成隔离层上的净水泥浆结块。

成保才等论述了施工过程中 TBM 机头产生岩石粉屑的原因,分析了粉屑对 TBM 施工以及对围岩稳定和结构安全的不利影响,提出岩石粉屑的清理办法。

豆砾石粒径范围一般为 4～16 mm,实践应用显示将豆砾石的粒径范围控制在 8～11 mm 可有效改善回填体的均质性。国内工程现场对回填豆砾石粒径要求为 5～10 mm,含泥量及其他杂质含量需控制在较低范围内,豆砾石需保持其表面湿润。对集料来源、母岩强度、人工碎石还是卵石等,没有系统的规定。除岩粉的影响外,对于其余豆砾石材料因素带来的影响,鲜有文献资料报道。

杨悦等基于均匀化理论和摄动技术,推导了水泥浆液和豆砾石两种材料混合而成的回填层的等效弹性模量解析表达式,进而应用弹性力学原理推导了衬砌和回填层的应力应变公式。该研究为 TBM 盾构施工隧道的衬砌设计提供了理论依据。赵大洲等通过数值计算对南水北调西线工程深埋长隧洞管片衬砌结构进行了受力分析,研究了围岩变形及水压力对管片衬砌结构的影响。研究结果为南水北调西线一期工程隧洞衬砌设计提供依据。

吴圣智等通过相似模型试验验证了这一结论。同时,吴圣智等推导了围岩—回填层等效弹性抗力系数,得出回填层弹性模量存在一个临界值,当回填层弹性模量大于临界值时,会强化围岩,对管片受力有利;反之,则对管片受力不利。

姜志毅等考虑实际情况下管片与隧洞的偏心导致回填层不均匀分布的条件(见图 3-1),得出在特定的围岩条件下,豆砾石填充层弹性模量和填充厚度对豆砾石—地层抗力系数具有重要影响。

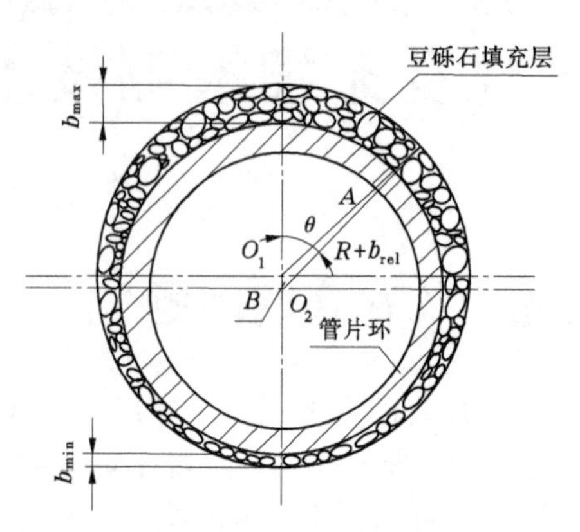

图 3-1　豆砾石回填层分布

在工程应用中,对豆砾石灌浆的指标提出三个要求,即填满全部空间、钻孔取芯在实验室内进行抗压和抗渗透试验,满足强度和防渗要求。厄瓜多尔 CCS 项目采用美国标准,对隧洞开挖管片衬砌后的豆砾石回填灌浆要求很高,必须达到满填满灌的标准,取芯检查合格;万家寨引黄工程设计上要求豆砾石回填灌浆体具有较高的强度和抗渗性能,例如 28 d 强度达到 20 MPa,渗透系数 $k \leqslant 0.5 \times 10^{-5} \sim 1.0 \times 10^{-5}$ cm/s。新疆大坂隧洞、引洮工程隧洞对豆砾石回填灌浆要求为回填灌浆 28 d 后的强度达到 C15;有的工程合同规定豆砾石回填灌浆 28 d(加粉煤灰为 90 d)后芯样抗压强度检测标准为 C10。

由上述分析可以看出,对于豆砾石回填灌浆体的质量,要求实现满填满灌,并满足一定的强度和渗透性要求。目前已建及在建输水隧洞豆砾石结石体强度一般按 C10、C15 或 C20 进行控制。但是为什么要有这样的强度要求?没有理论支撑,也没有明确的规范。豆砾石和水泥浆是回填灌浆体的组成材料,工程中要求豆砾石的粒径为 5~10 mm,水泥浆要有合理的配比,满足流动性和稳定性要求。实践中虽然认识到豆砾石和水泥浆材料性能的影响因素有哪些,但是这些因素对豆砾石回填灌浆体产生的影响,研究不足甚至没有开展相应的研究。

另外,工程实际中对于豆砾石回填灌浆层(简称回填层)的质量要求多采用经验法来确定,并未有严谨的科学论证作为依据,因此回填层的强度设计是否合理有待研究。对于豆砾石回填灌浆体的作用,设计上希望通过豆砾石灌浆体,在预制管片衬砌外侧及围岩面之间形成一个过渡层,均匀传递岩体压力,并与衬砌实现整体防渗的效果。在不同工程条件下如不同围岩类别时豆砾石回填灌浆体在联合受力体系中究竟发挥什么样的作用缺少理论研究和深入的分析。

由于 TBM 管片均为预制管片,直接对管片破坏取芯进行质量检测将破坏管片的结构特征。直接取芯将不利于大范围的回填灌浆质量检测,对管片回填灌浆的无损检测技术变得更加重要。目前,在 TBM 管片回填灌浆质量的无损检测的应用方面,国内外的研究均刚刚起步。国内外企业及高校通过地质雷达、超声波等手段进行了相关的研究工作,多局限于定性分析。

地质雷达在进行回填灌浆质量检测方面,赵永辉等曾在上海地铁首次进行回填灌浆质量检测,受制于管片中钢筋网密度的影响,地质雷达的电磁波信号绕射剧烈,尤其水利工程预制的TBM管片,钢筋网设计间隔为13 cm,严重影响了电磁波信号的传播,影响了应用效果。另外,由于绕射等问题的影响,地质雷达对管片的检测仅能进行定性分析。

超声波在进行回填灌浆质量检测方面,国内外曾利用冲击回波等多手段进行分析,但效果一般。在利用超声反射方面,单纯地利用单道反射无法彻底解决深层弱信号的问题。而利用超声阵列检测方面,由于在成像算法等方面存在较多问题,所以其效果仍无法定量甚至定性地分析回填灌浆质量。TBM回填灌浆质量检测仍处于初始阶段,因此在此领域应加大相关研究力度。

3.2　本章研究成果的主要内容

3.2.1　豆砾石回填灌浆体的力学性能研究

以兰州水源地建设工程项目为依托,对工程豆砾石样本进行物理参数指标测定及分析研究,并以此为基础,选定影响因素并分组进行模拟试验。

对豆砾石颗粒形态特征指标进行量化,利用Image-Pro Plus软件对量化指标值进行分析,探讨各形态特征量化指标与豆砾石堆积体空隙率的关系,分析堆积体空隙率对灌浆质量的影响,并选取部分敏感指标进行后续分析。

结合现场施工工艺,利用配制的不同类型豆砾石样本,进行豆砾石回填模拟和浆液灌注模拟试验,并对回填灌浆结石体取芯进行单轴压缩试验,得出不同豆砾石配制下的抗压强度,分析各影响因素和量化指标对豆砾石回填灌浆结石体抗压强度的作用效应。

以豆砾石形态特征量化指标和空隙率为主要控制指标和影响因素,分析其对结石体抗压强度的影响及三者间的相关关系,依据其函数关系进行豆砾石材料的质量控制,预估工程中特定条件下的结石体强度。

3.2.2　豆砾石回填灌浆层“管片—回填层—围岩”联合承载机制研究

通过单轴压缩试验和三轴压缩试验研究豆砾石灌浆结石体的材料性质,考虑施工过程的影响,利用弹性理论和弹塑性理论计算隧洞开挖围岩变形量,分析管片受力模式。

考虑回填层弹性模量、泊松比、厚度以及地应力侧压力系数等因素,研究不同强度回填层在联合支护体系中发挥的作用。同时,通过有限差分软件FLAC^{3D}对隧洞开挖、支护的全过程进行模拟,来修正理论计算所得到的管片应力变化规律。同时研究回填层的弹性模量、泊松比、厚度以及地应力侧压力系数等影响因素对管片上应力大小和分布的影响。

3.2.3　超声横波反射回填灌浆缺陷检测技术研究

基于阵列横波检测基本原理,通过声波传播的运动学和动力学特征,研究利用横波反射信号能量强弱来检测回填灌浆质量好坏;信号的噪声是影响信号信噪比的重要因素,分析声波信号的吸收扩散衰减和频域衰减特征,研究频域补偿的振幅保真方法对提高信号一致性能力的影响。

在波的成像理论和不同成像方法的优缺点分析基础之上,研究利用Kirchhoff的叠前偏移成像思路结合对信号保幅处理和叠前偏移成像,研究超声阵列信号的保幅叠前偏移成像实现流程,获取高保真情况下的结构体成像,并与传统的成像方式进行对比。基于上述研究成果,对实际管片回填灌浆区域取样检测,对比实际取样结果与理论研究的差异,探讨所提方法的技术可行性。

通过分析横波反射信号与回填灌浆龄期的关系,结构体横波速度对回填灌浆强度的影响,利用能量衰减强度分析方法,得出回填灌浆体的脱空、松散、未固结等因素对回填灌浆体受力的影响极大。

3.3　豆砾石回填灌浆体的力学性能研究

3.3.1　豆砾石材料特性试验分析

为定性描述豆砾石散体材料,以兰州水源地建设工程中TBM1、TBM2用工程豆砾石、西藏DXL隧道用工程豆砾石与天然卵石为试验材料,系统地开展了物性指标试验,包括:①表观密度和吸水率;②堆积密度和空隙率;③针、片状颗粒含量;④含泥量;⑤颗粒级配试验;⑥超、逊径颗粒含量;⑦压碎值指标。试验结果见表3-1~表3-3。

表3-1　各工程豆砾石颗粒级配

筛孔尺寸(mm)	TBM1		TBM2		DXL		天然卵石	
	筛余量(g)	累计筛余(%)	筛余量(g)	累计筛余(%)	筛余量(g)	累计筛余(%)	筛余量(g)	累计筛余(%)
16	0	100	0	100	0	100	0	100
10	1 761.6	91.53	2 497	84.4	65.06	95.6	0.267	99.99
5	18 188.3	3.99	12 703	5.01	9 814.2	29.19	13 467	0.007
2	702.1	0.61	430	2.32	3 797.0	3.50	0.09	0.001
<2	125.7	0	371	0	516.9	0	0.015	0

表3-2　各工程豆砾石超、逊径颗粒含量

项目	TBM1	TBM2	DXL	天然卵石
超径(%)	8.48	15.61	4.4	0.001
逊径(%)	3.98	5.01	29.19	0.007
总量(%)	12.46	20.62	33.59	0.008

表 3-3　各工程豆砾石物理参数指标值

项目	TBM1	TBM2	DXL	天然卵石
表观密度(kg/m^3)	2 812.15	2 981.81	2 794.87	2 632.96
吸水率(%)	1.935	7.235	2.21	1.28
压碎指标值(%)	11.06	13.12	11.57	2.53
紧密堆积密度(kg/m^3)	1 678.1	1 706.14	1 729.9	1 893.51
紧密堆积空隙率(%)	40.33	42.78	38.1	34.08
松散堆积密度(kg/m^3)	1 494.9	1 521.62	1 602.1	1 828.91
松散堆积空隙率(%)	46.84	48.97	42.68	36.54
针状含量(%)	0.41	9.64	0.13	1.4
片状含量(%)	2.77	3.34	0.12	0.025
含泥量(%)	1.14	1.52	1.89	0.3
含水率(%)	0.50	0.235	0.915	0.468

根据所测得的工程豆砾石材料的物理参数指标值，结合豆砾石选料的工程要求，对四种工程豆砾石进行质量评估：

(1)粒径。由试验结果可知：经人工挑选后的天然卵石粒径符合率为 99.983%；TBM1 和 TBM2 工程豆砾石的粒径符合率分别为 87.54%和 79.39%，就粒径来说，TBM1 工程料优于 TBM2。图 3-2 为四种工程豆砾石筛分试验结果柱状图。

(2)超、逊径颗粒含量。对于超、逊径颗粒含量试验结果进行分析可知：豆砾石样本中超径颗粒含量从大到小依次为：TBM2>TBM1>DXL>天然卵石，逊径颗粒的含量从大到小依次为：DXL>TBM2>TBM1>天然卵石。其中，TBM2 工程豆砾石的超径颗粒含量最大为 15.61%，逊径含量为 5.01%，均超出要求；DXL 逊径颗粒含量最大为 29.19%，致使样本整体粒径偏小，严重影响豆砾石材料质量。除天然卵石外，三种工程豆砾石均不符合工程豆砾石技术规范。图 3-3 为四种工程豆砾石超、逊径颗粒含量柱状图。

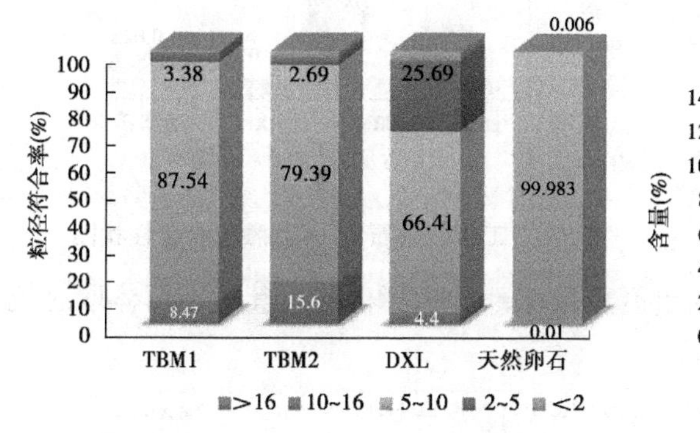

图 3-2　工程豆砾石筛分试验结果柱状图

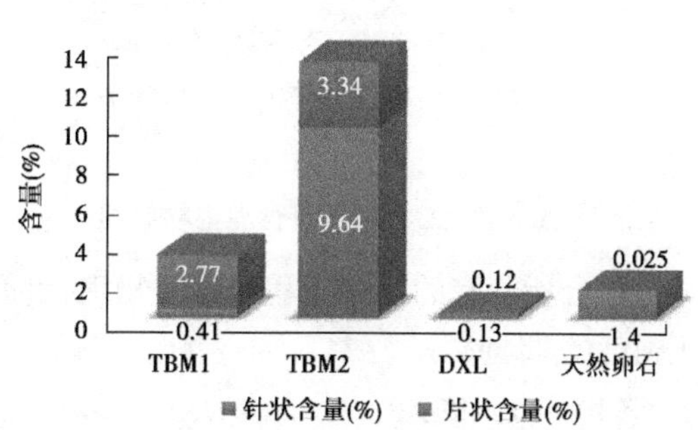

图 3-3　工程豆砾石超、逊径颗粒含量柱状图

(3)对四种工程豆砾石的表观密度、吸水率、含泥量和针、片状颗粒含量进行分析:

①工程要求中规定豆砾石样本表观密度不小于 2 550 kg/m³,四种工程豆砾石材料均符合,且 TBM2>TBM1>DXL>天然卵石;规定其吸水率不大于 1.5%,从图 3-4 中可知,除天然卵石外,其他三种工程豆砾石均不符合标准,其中 TBM2 工程料吸水率达到 7.235%,高于规定要求。图 3-4 为四种工程豆砾石的表观密度和吸水率柱状图。

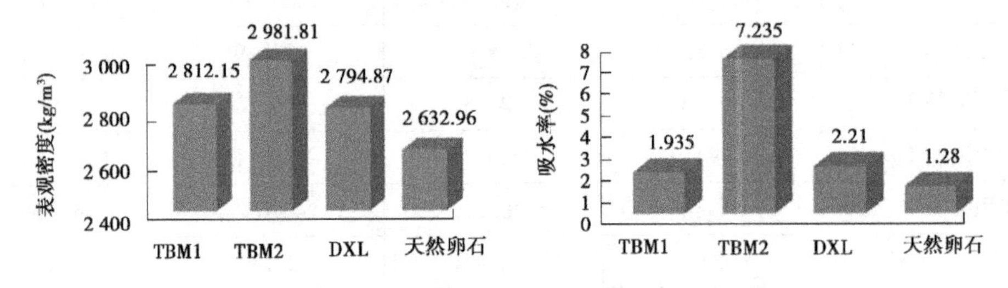

图 3-4　工程豆砾石表观密度和吸水率柱状图

②工程要求中规定豆砾石样本含泥量不超过 1%,但除天然卵石含泥量为 0.3%外,其他三种工程豆砾石含泥量均超出工程标准,TBM1 豆砾石含泥量为 1.14%,超出百分比较小;TBM2 豆砾石含泥量为 1.52%,超出规定含量 52%;而西藏 DXL 含泥量为 1.89%,超出百分比为 89%,与工程要求偏差过大,严重影响豆砾石材料质量。图 3-5 为四种工程豆砾石的含泥量柱状图。

③工程中规定豆砾石样本中针、片状颗粒含量不大于 15%,四种工程豆砾石均符合此标准。豆砾石样本中针、片状颗粒的含量从大到小依次为:TBM2 工程豆砾石>TBM1 工程豆砾石>天然卵石>DXL 工程豆砾石。其中,TBM1 豆砾石中针、片状颗粒含量较大,TBM2 工程豆砾石的针、片状颗粒含量最大为 9.64%、5.01%,而西藏 DXL 工程豆砾石和天然卵石因其形态规整,无明显针、片状等不规则形态颗粒。图 3-6 为四种工程豆砾石的针、片状颗粒含量柱状图。

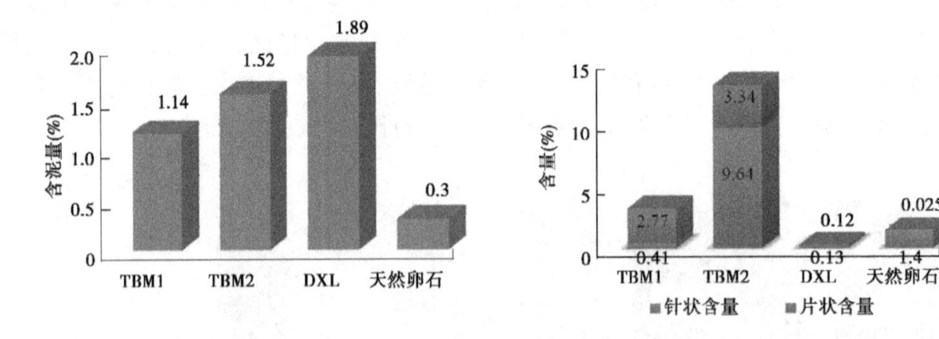

图 3-5　工程豆砾石含泥量柱状图　　图 3-6　工程豆砾石针、片状颗粒含量柱状图

结合所测定的四种工程豆砾石物理指标值,选取部分指标值分析其对结石体取芯抗压强度的影响效应:

(1)级配和粒径。除西藏 DXL 豆砾石外,其他三种工程豆砾石粒径分布大体均位于 5~10 mm,DXL 豆砾石稍有级配。

(2)超、逊径和针、片状颗粒含量。超径颗粒含量最大的是 TBM2 工程豆砾石,逊径颗粒含量最大的是 DXL 工程豆砾石,TBM2 针、片状颗粒含量最高。

(3)空隙率。选取与现场施工工艺造成的豆砾石堆积体生成条件相似的松散堆积试验,其松散堆积空隙率最大的是 TBM2 工程豆砾石,TBM1 空隙率略小于 TBM2 空隙率,DXL 与天然卵石空隙率相近。

(4)岩粉含量。在豆砾石吹填过程中,岩粉的来源主要有以下两种:在 TBM 向前掘进对前方掌子面进行开挖时,被破碎的岩块和围岩会掉落、产生岩粉;掘进时因机械振动对后方围岩产生扰动,掉落岩粉。岩粉会聚集在隧洞底部和覆盖在豆砾石表面,造成底部浆液无法灌入和堵塞流通通道,无法实现"满填满灌",从而结石体抗压强度降低。图 3-7 为手握 TBM1 工程豆砾石图以及浆液灌注不完全部位,可见岩粉含量较高。

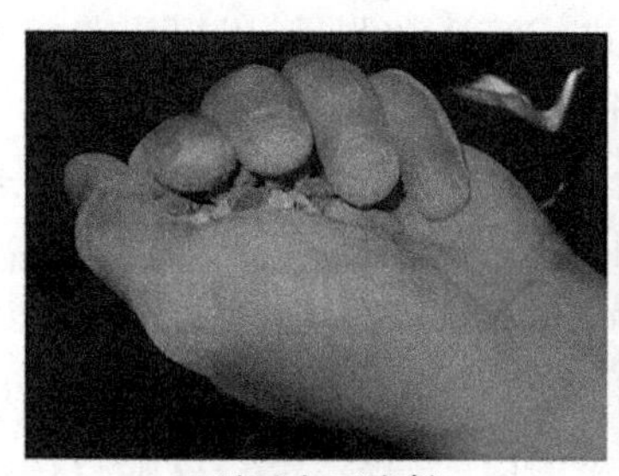
(a)豆砾石表面岩粉

(b)不密实的结石体

图 3-7　覆盖在豆砾石颗粒表面的岩粉和浆液灌注不完全的部位

造成不同工程豆砾石样本松散堆积空隙率差异的原因,是由于各样本中颗粒形状特征(针、片状等)的不同、粒径大小、岩粉含量的多少以及超、逊径颗粒含量的多少,这些综合作用的结果,从而导致抗压强度的差别。因此,以上述因素为基础研究对象,来分析空隙率与抗压强度的关系。

3.3.2　豆砾石形态特征指标的选定与量化

3.3.2.1　试验材料及研究思路

要分析颗粒粒径、形状特征和棱角特征作为影响因子对结石体抗压强度的作用效应,这些特征指标就必须有一个直观的、定量的参数,来体现样本中颗粒的差异。其中,颗粒粒径是定量的,以颗粒最小截面直径尺寸为量值,可以通过多种物理手段得知。但对于豆砾石颗粒的形状特征和棱角指标,目前尚未有规范明确指出颗粒的形状和棱角特征,指标的选择和定量化也无统一定论。本节以探明豆砾石颗粒形状、棱角特征为目标,参考现有研究成果,以 TBM1、TBM2、西藏 DXL 工程豆砾石和天然卵石为例,确定各豆砾石样本中的形态特征量化指标。

目前,在描述颗粒外形特征时,通常用三个不同层次的特征分量来描述:形状、棱角与纹理,如图 3-8 所示。第一层次特征是形状,反映的是颗粒在大小方面的变化,即集料中颗粒宏观上变化特征与状态;第二层次特征是棱角,反映的是颗粒在某个拐角处表层走向的变化,即集料中颗粒局部的变化特征与状态;第三层次特征是纹理,描述颗粒在一个范围内的表面不规则性,其影响与颗粒形状和棱角相比很小,反映集料中颗粒微观尺度范围内的变化状况。

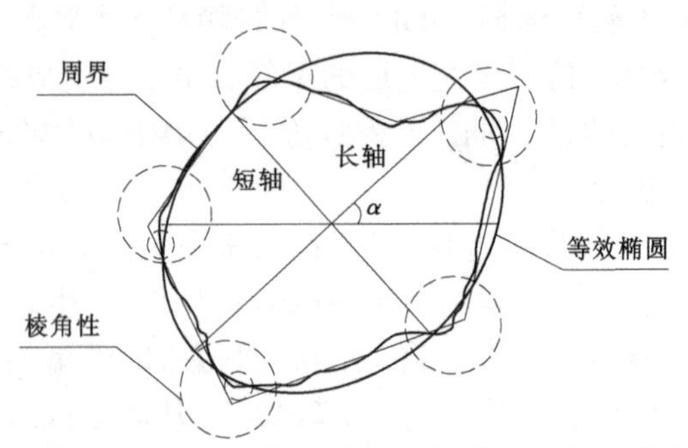

图 3-8　粗集料颗粒外形特征组成:形状、棱角和纹理(林辉,2007)

进行图像识别是为了通过对图像中对象进行筛选和测量,以提取图像中想要获取对象的参数信息,从而对目标对象进行分类和评价。

采用惠普 HP PCL 6 激光一体打印机,扫描类型为平板式,光学扫描分辨率达 1 200×1 200 dpi。扫描时将豆砾石摆放在扫描仪平板玻璃上,且颗粒间不能有重叠,避免小颗粒相互重叠形成大颗粒,致使统计不准确。

图 3-9 为豆砾石扫描图和经 Photoshop 处理后的二值图。由图 3-9 可以看出,经过扫描的图像豆砾石颗粒分布均匀,未见重叠,但从图中能明显看出,豆砾石颗粒与背景色色相相差不大,致使颗粒的棱角在图像中不能明显区分,导致的后果就是将图像导入 Image-Pro Plus 后,软件不能从背景中有效地区分豆砾石颗粒或者不能将颗粒完整地提取出来,尤其是边缘部分。这样造成的结果就是颗粒分析不准确。经过 Photoshop 处理,将扫描图像转化为二值图,方便软件处理。

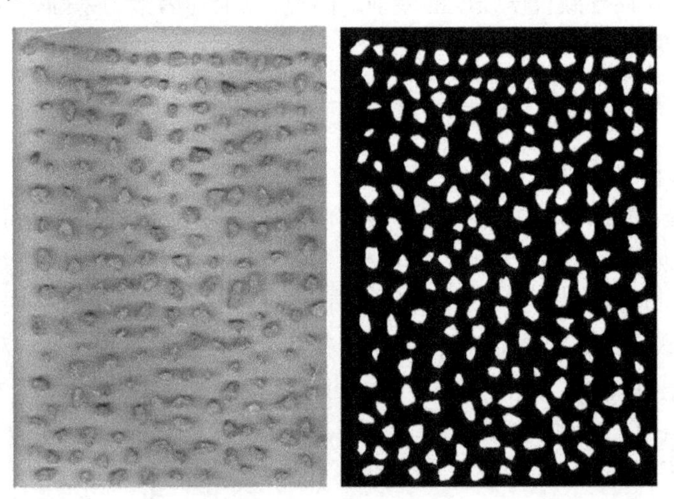

图 3-9　工程豆砾石扫描图和二值图(以 TBM1 豆砾石为例)

3.3.2.2　豆砾石颗粒形态特征的量化指标

要定量或简化研究豆砾石材料对回填灌浆结石体性能的影响,首先要将豆砾石颗粒形态特征的研究纳入定量的范畴,必须对豆砾石的特性进行数值表征,赋予适当的数值指标,将形态特征量化是在豆砾石形态与豆砾石灌浆结石体性质之间建立定量函数关系的先决条件。

针对豆砾石的特殊粒径——5~10 mm，无级配、单粒径的情况，量化颗粒形态指标时，要对颗粒的轮廓形态、棱角形态以及粒径指标进行统计分析。

在粗集料棱角性量化研究中，建议棱角性指标应具有以下性质：

(1)必须与颗粒的大小无关；

(2)对颗粒的方向性不敏感；

(3)必须有一定的物理意义和与材料的力学性质相关；

(4)必须对颗粒的轮廓变化很敏感；

(5)各形状特征量化指标在数学定义上必须互不相关。

选取豆砾石颗粒的轮廓形状、棱角性以及粒径大小三个特征，前两个是对粗集料而言影响较大的形状特征，后者是针对豆砾石单粒径的特点。轮廓形状表征的是颗粒的整体形状尺寸比例，与颗粒的大小和具体轮廓线无关；而棱角性则体现在轮廓线上角度的变化上，角度变化越锐利，则棱角性越突出，如图3-10(a)所示。图3-10(b)反映了颗粒轮廓形状和棱角性之间的关系，不同轮廓形状的颗粒可能有相同的棱角性变化，而轮廓形状类似的颗粒可能棱角性差别很大。

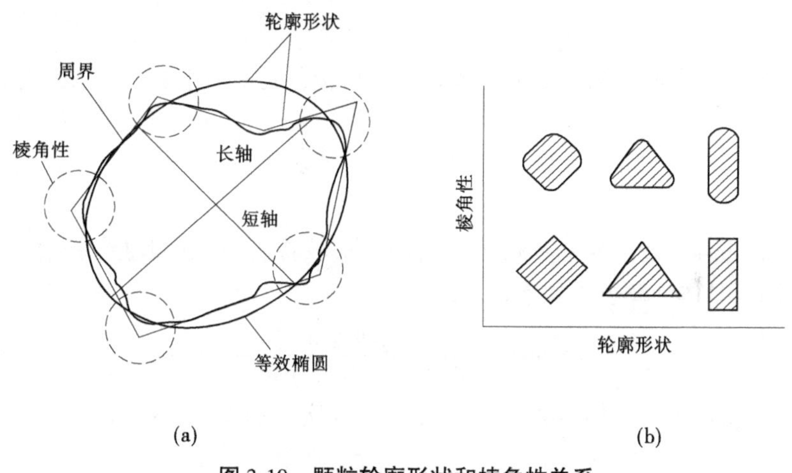

图3-10　颗粒轮廓形状和棱角性关系

通过IPP对图像进行分析，得到上述颗粒几何形体的数据，利用数学计算和转化，将所得数据组合形成颗粒的形状、棱角和粒径参数。

1. 针度与扁平度

在试验中，对于粗集料的针度和扁平度，国内外研究和规范都基本达成一致，即测定粗集料中针、片状颗粒的含量。鉴于此，本书在轮廓形状的量化研究中，也将针度(Elongation)和扁平度(Flakiness)作为量化指标引入。针度和扁平度的计算公式如下：

$$Elongation = \frac{L}{W} \tag{3-1}$$

$$Flakiness = \frac{T}{W} \tag{3-2}$$

式中：L、W、T分别表示一个集料颗粒的最长尺寸、次长尺寸和最短尺寸(见图3-11)。

2. 分形维数

分形维数是分形几何理论及应用中最为重要的内容,它是度量物体或分形体复杂性和不规则性的最主要指标,是定量描述分形自相似性程度大小的参数。本书采用小岛法对集料颗粒的分形维数进行测量计算。对于封闭的分形曲线 C,可以通过 C 的周长 P 和 C 包围区域的面积 A 来计算分形维数 D,这种方法称为小岛法,又称周长面积法。根据量纲分析结果,当 P_{E} 为 C 的欧氏长度时,有

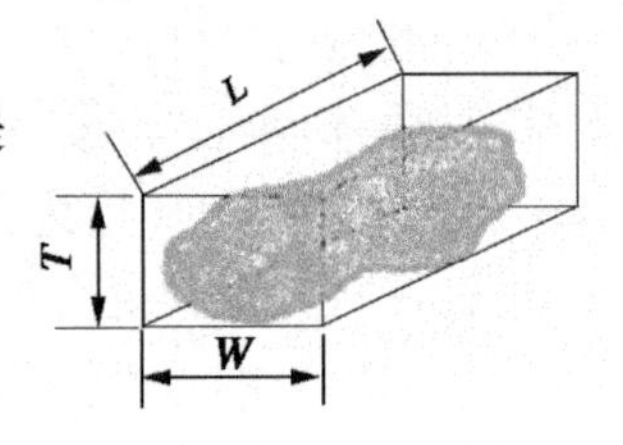

图 3-11　颗粒的主尺寸

$$P^{\frac{1}{D}}{}_{\mathrm{E}} = a_0 \delta^{(1-D)/D} A^{\frac{1}{2}} \tag{3-3}$$

式中:δ 为测量码尺;a_0 为无量纲常数,称作形状因子。

则分形维数的计算公式可以表示为

$$D = \frac{\lg \dfrac{P_{\mathrm{E}}}{\delta}}{\lg a_0 + \lg \dfrac{A^{\frac{1}{2}}}{\delta}} \tag{3-4}$$

若只测量一个几何图形,取不同的码尺 $\delta_i\,(i=1,2,\cdots,n)$,测得 n 个周长值 $P_{\mathrm{E}i}$ 和面积 A_i。由于对给定集合图像,D 和 a_0 为常数,只须对 $\lg \dfrac{P_{\mathrm{E}i}}{\delta_i}$ 和 $\lg \dfrac{A_i^{1/2}}{\delta_i}$ 作线性回归就可求出 D。

3. 圆度

圆度(Roundness)表征的是所测颗粒的整体形状接近于圆的程度,其值越接近 1,则形状越接近圆。具体计算公式如下:

$$Roundness = \frac{perimeter^2}{4 \times \pi \times Area(polygon)} \tag{3-5}$$

式中:*Area*(*polygon*)为实际物体的面积;*Perimeter* 为实际物体的外在周长。

4. 凹度

凹度(Convexity Ratio),IPP 可以直接测得单个颗粒的实际面积和颗粒的外接多边形的面积,将颗粒的实际面积与外接多边形面积进行比值,并计算开平方,其结果命名为凹度。具体计算公式如下:

$$Convexity\ Ratio = \sqrt{\frac{A_{\mathrm{polygon}}}{A_{\mathrm{convex}}}} = \sqrt{\frac{Area}{box}} \tag{3-6}$$

式中:*Area*/*box* 为颗粒实际面积与颗粒外接多边形面积的比值。

5. 粗糙度

颗粒的实测周长与其相应外切多边形周长之间的差异定义为粗糙度(Roughness),用来表征颗粒的棱角特性,粗糙度越大,则说明颗粒的棱角性越强。计算公式如下:

$$Roughness = \left(\frac{Perimeter}{Perimeter_{\mathrm{convex}}}\right)^2 \tag{3-7}$$

式中:*Perimeter* 为颗粒的实测周长;$Perimeter_{\mathrm{convex}}$ 为颗粒的外接多边形周长。

6. 棱角参数

颗粒外切多边形的周长与其等效椭圆的周长之间的差异定义为棱角参数(Angularity Parameter),它表征颗粒的棱角特性。所得颗粒的棱角参数值越大,体现出颗粒的棱角越丰富。计算公式如下:

$$Angularity\ Parameter = \left(\frac{Perimeter_{\mathrm{convex}}}{Perimeter_{\mathrm{ellipse}}}\right)^2 \tag{3-8}$$

式中:$Perimeter_{\mathrm{ellipse}}$ 为颗粒的等价椭圆周长。

7. 粒径指标

粒径表征的是颗粒的大小。针对豆砾石这一特殊的具有特定粒径的颗粒,规定粒径区间为5~10 mm,但实际中颗粒粒径与设想有偏差,如超、逊径颗粒的存在等,故需要对样本中的颗粒粒径进行分析。

3.3.2.3　豆砾石体积模型下样本形态特征量化指标

在对豆砾石颗粒进行扫描时,将逐粒摆放豆砾石,使之以最稳定的方式放置在扫描仪平板玻璃上,以保证扫描到的颗粒图像是颗粒投影面积最大的面,其中包含颗粒最长尺寸 L 和次长尺寸 W,如图3-12所示。从扫描图像中获取的都是颗粒平面的参数,而对于要表征粗集料的形态特征指标,就必须获取到颗粒的三维主尺寸和体积,因此研究从二维图形中获取三维信息的方法。

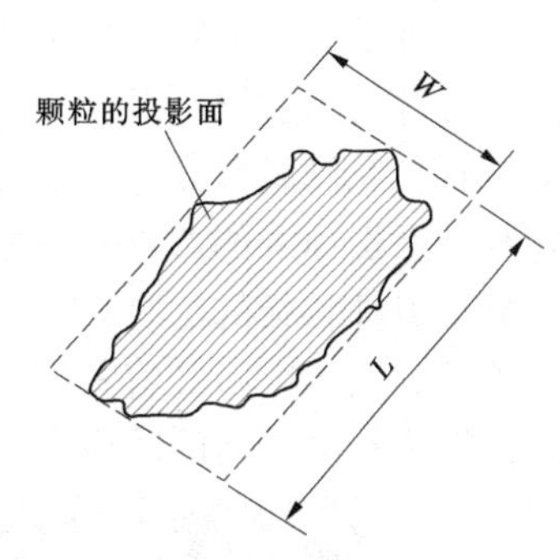

图3-12　豆砾石颗粒的投影示意图

认定同一个料场的同种集料有大致相同的形状特征。因此,可以从现有的颗粒尺寸估计颗粒的平均厚度 mT:

$$mT = \lambda \times W \tag{3-9}$$

式中:λ 为粗集料的平均扁平度;W 为颗粒的次长尺寸。

根据式(3-9),颗粒的体积可以由下式推得:

$$V = A \times mT = \lambda \times A \times W \tag{3-10}$$

式中:A 为颗粒的投影面积。

对于质量为 M、毛体积密度为 ρ 的一个粗集料样本,有:

$$M = \rho \times \sum_{i=1}^{n}(A_i \times W_i) = \rho \times \lambda \times \sum_{i=1}^{n}(A_i \times W_i) \tag{3-11}$$

$$\lambda = \frac{M}{\rho \times \sum_{i=1}^{n}(A_i \times W_i)} \tag{3-12}$$

因为对于面积 A 和颗粒次长尺寸 W 都能从二维图像中测量到,因此可以根据式(3-12)求出集料的平均厚度 λ。将 λ 值代入式(3-9)、式(3-10)就可估计出每个颗粒的厚度和体积。但需要说明的是,由于在豆砾石图像中,无法获取每个豆砾石颗粒的厚度值,因此采用同一个厚度值 λ 来反映集料样本中颗粒的平均扁平状况,该值与前面所定义的颗粒轮廓形状量化指标中扁平度相同。

对豆砾石颗粒进行形态特征分析,是为了研究颗粒的形态特征对颗粒总体宏观性能和集料质量的影响。前文中获取的是单个颗粒的形态特征指标,反映的是颗粒自身的特征而不是集料总体,因此需要获取能够反映集料样本的形态指标。一般来说,体积大的颗粒对集料总体的宏观性能影响更大,因此对于豆砾石颗粒总体的形态特征量化指标应该采用对体积进行加权平均的方式得到。公式如下:

$$\text{豆砾石样本形状特征加权指标} = \frac{\sum_{i=1}^{n}(V_i \times Index_i)}{\sum_{i=1}^{n} V_i} \tag{3-13}$$

式中:*Index* 为豆砾石颗粒样本中第 i 个颗粒的形状特征指标;V_i 为第 i 个颗粒的面积;n 为这个豆砾石样本的总颗粒数。

以工程豆砾石的颗粒量化指标为例,对于 TBM1、TBM2、DXL 这三种工程豆砾石和经过人工挑选的天然卵石,扫描并经过处理得到二值图后,就能导入 Image-Pro Plus 软件进行豆砾石颗粒测量与分析。选定前文提到的测量参数后,IPP 将会自动对图像进行分析,确定符合所选标准的对象——豆砾石颗粒,并对颗粒进行测量。测量结束后,在工作界面将会显示目标颗粒的轮廓,同时还会对颗粒自上而下进行编号。将 TBM1、TBM2、DXL 工程豆砾石和天然卵石二值图导入 IPP 软件进行颗粒的测量与分析,图 3-13 是对豆砾石颗粒二值图进行测量后的图像。

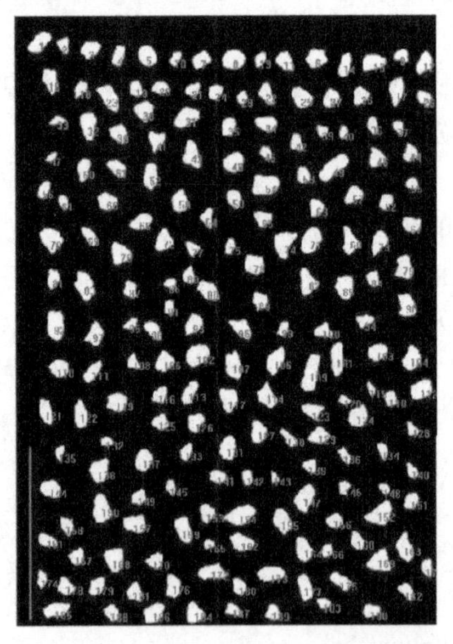
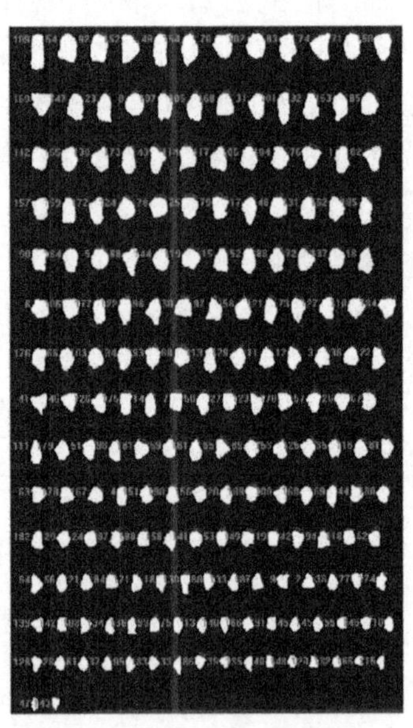

图 3-13 豆砾石二维图像颗粒测量(以 TBM1 工程豆砾石为例)

为了获取各豆砾石样本的颗粒形态特征,除岩粉含量分组外,对每一组豆砾石颗粒都进行了与上述四种工程豆砾石一样的二维图像采集、处理、导入 IPP 进行分析的步骤,得到了不同分组下豆砾石颗粒的测量结果与颗粒形状特征量化指标。表 3-4 中列出了豆砾石颗粒不同配比下的样本形态特征量化指标。

3.3.2.4　豆砾石样本形态特征量化指标值验证

在前文中，通过颗粒筛分试验得到了不同工程豆砾石颗粒样本的粒径分布情况，因此可以用所得出的颗粒的筛分试验结果来验证所假设体积模型的准确性。

为了对比两种筛分试验结果，利用 Image-Pro Plus 软件分析所得到的豆砾石颗粒的统计分析结果，针对于豆砾石颗粒粒径的统计数据，选取与筛分试验一样的标准：5 mm、10 mm、16 mm 这三个标准尺寸，对粒径数据进行排序，并统计通过这三个尺寸的颗粒个数，分析如表 3-5 所示，表中的百分数表示通过相应筛孔的质量百分数。

表 3-4　不同配比豆砾石样本的形态特征量化指标

影响因素	分组	针度	分形维数	圆度	粒径	凹度	粗糙度	棱角参数
工程豆砾石	TBM1	1.53	1.07	1.12	8.03	0.83	1.028 4	0.99
	TBM2	1.59	1.07	1.30	8.76	0.83	1.033 6	1.02
	DXL	1.46	1.07	1.06	7.22	0.85	1.026 5	0.94
	天然卵石	1.44	1.06	1.05	7.81	0.87	1.021 0	0.96
样本颗粒超、逊径（%）	超径 0、逊径 0	1.55	1.07	1.25	7.38	0.84	1.027 8	1.00
	超径 0、逊径 2	1.57	1.07	1.26	6.84	0.83	1.027 9	0.99
	超径 0、逊径 5	1.54	1.07	1.25	7.24	0.83	1.029 4	0.99
	超径 0、逊径7.5	1.53	1.07	1.26	6.73	0.83	1.030 7	0.98
	超径 2、逊径 5	1.49	1.07	1.13	7.31	0.82	1.034 4	1.00
粒径（mm）	天然卵石 5~10	1.45	1.06	1.05	8.02	0.86	1.020 7	0.96
	天然卵石 8~12	1.38	1.06	1.04	9.61	0.87	1.019 4	0.96

表 3-5　豆砾石筛分试验结果与 IPP 分析结果比较（累计百分数）　（%）

粒径 样本	筛分试验结果			IPP 软件分析结果		
	5 mm	10 mm	16 mm	5 mm	10 mm	16 mm
TBM1	3.99	91.53	100	6	94	100
TBM2	5.01	84.4	100	4	84	100
DXL	29.19	95.6	100	27	96	100
天然卵石	0.007	99.99	100	0	100	100

结合表 3-5 所示的数据，根据筛分试验筛孔尺寸：5 mm、10 mm、16 mm，将上述数据划分为区间颗粒占总样本的质量百分数，如表 3-6 所示。

天然卵石的 IPP 粒径分析结果与物理试验最为接近，TBM2 工程豆砾石与 DXL 工程豆砾石 IPP 粒径分析结果符合筛分试验结果，最大误差产生在 TBM1 工程豆砾石的 5 mm 筛孔上，误差为 3.001%，误差产生的原因是在人工挑选摆放的过程中，造成小颗粒的遗失。以上表明基于豆砾石颗粒二维图像的体积模型假设是合理的。

表 3-6　豆砾石筛分试验结果与 IPP 分析结果比较(区间百分数)　　(%)

粒径 样本	筛分试验结果			IPP 软件分析结果		
	5 mm	10 mm	16 mm	5 mm	10 mm	16 mm
TBM1	3.99	87.54	8.47	6	88	6
TBM2	5.01	79.39	15.6	4	80	16
DXL	29.19	66.41	4.4	27	69	4
天然卵石	0.007	99.983	0.001	0	100	0

获取豆砾石颗粒的二维图像时,采用平板扫描仪扫描豆砾石颗粒,后经过 Photoshop 处理,将扫描图像转化为二值图,再将所得豆砾石二值图导入 Image-Pro Plus 软件进行分析和统计。

在选取豆砾石颗粒形态特征的量化指标时,分为三个方面:①颗粒的轮廓形状指标,包括针度、分形维数和圆度;②颗粒的棱角指标,包括凹度、粗糙度和棱角参数;③颗粒粒径。

在将单个豆砾石颗粒的量化指标转化为样本量化指标时,需要考虑到样本的单个颗粒之间的联系。本书采用豆砾石颗粒体积模型,对豆砾石样本中颗粒的厚度定义一个平均厚度 λ,来反映样本颗粒的平均扁平状况,以此求出单个颗粒的体积,对于豆砾石颗粒总体的形态特征量化指标,单个颗粒的形态特征指标值采用对颗粒体积进行加权平均的方式得到。

3.3.3　豆砾石形态特征量化指标与空隙率的相关性

通过软件分析得到工程豆砾石和试验配制豆砾石样本的量化指标值后,量化指标值的变化反映的是豆砾石样本中颗粒形态特征的改变。在前文中提到,颗粒形态特征等的差异都会造成豆砾石堆积体空隙率的变化,而空隙率在回填灌浆环节时,浆液的流动、结石体的成型等对灌浆质量有重要影响,因此要对颗粒形态的量化指标与堆积体空隙率进行相关性分析,挑选其中部分敏感性较高的形态量化指标,为后续研究抗压强度的影响因素做大体衡量和判断。

本节选择未压实空隙率试验结果与前面建立的豆砾石形态特征量化指标进行相关性分析,然后进行指标相关性评价,对量化指标进行降维。

3.3.3.1　豆砾石样本空隙率试验

豆砾石空隙率是指豆砾石样本中空隙体积占样本总体积的百分率;未压实指的是豆砾石颗粒在堆积过程中不受外力作用;未压实空隙率是指在容器内有侧限的自由堆积状态下,豆砾石堆积体中的空隙率。试验原理是:在容器内,豆砾石处于有侧限的自由堆积状态下,测定堆积体中空隙率的大小。选择前文中不同配制下的分组作为豆砾石未压实空隙率试验的样本,进行空隙率试验,得到不同配制豆砾石样本的未压实空隙率,试验结果见表 3-7。

表 3-7　豆砾石样本未压实空隙率

影响因素	分组	空隙率(%)
岩粉含量	2.5%	41.77
	5%	40.88
	7.5%	39.88
超、逊径	超径 0、逊径 0	42.36
	超径 0、逊径 2%	40.08
	超径 0%、逊径 5%	39.59
	超径 0、逊径 7.5%	39.40
	超径 2%、逊径 5%	43.91
粒径	天然卵石 5~10 mm	36.25
	天然卵石 8~12 mm	36.57
DXL 工程豆砾石	DXL 工程豆砾石	42.01

注:表中未注明样本颗粒来源的样本皆为 TBM1 豆砾石。

图 3-14 为不同配制豆砾石空隙率的试验结果柱状图。可以看出,人工挑选后的天然卵石空隙率最小,且 5~10 mm 粒径的豆砾石样本空隙率要小于粒径为 8~12 mm 的豆砾石,这与球体填充规律中球体半径越大、空隙率越大的规律相符。

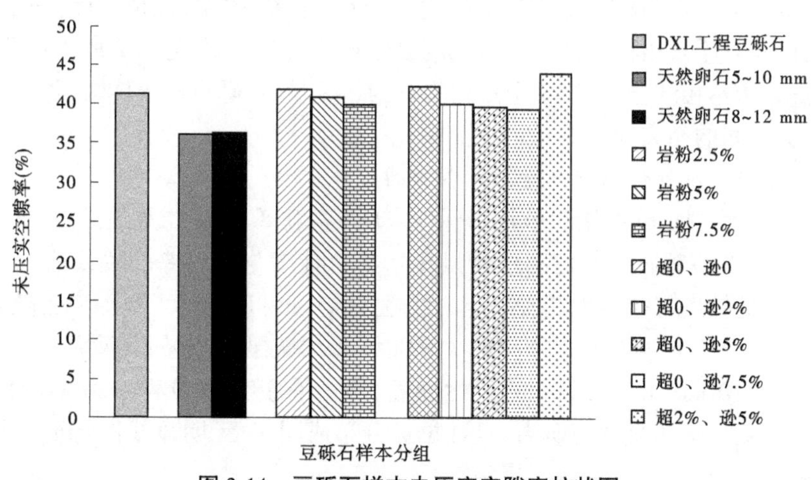

图 3-14　豆砾石样本未压实空隙率柱状图

DXL 豆砾石空隙率较天然卵石高,又稍小于 TBM1 豆砾石空隙率,原因是 DXL 豆砾石中针、片状颗粒含量最少,颗粒整体呈球状,球度更接近 1。除因逊径颗粒嵌入大粒径颗粒之间外,球状颗粒在堆积时有 6 个相邻接触,类推 DXL 豆砾石,故在堆积时 DXL 豆砾石空隙率较大。而 TBM1 豆砾石针、片状颗粒含量大,棱角丰富,这些与类球体相比,会产生较大的空隙率。

超、逊径颗粒含量变化造成豆砾石堆积体空隙率的改变，随逊径颗粒含量的增大，空隙率变小，超径颗粒含量增大时空隙率变大。

岩粉造成的空隙率变化规律较明显：随豆砾石样本中岩粉含量的增加，空隙率减小。

在进行未压实空隙率试验时，为验证空隙率试验数据的准确性，将已知松散堆积空隙率的 DXL 工程豆砾石和粒径为 5～10 mm 的天然卵石，同时进行空隙率试验。对比以上两组在不同的试验方法下所得出空隙率数据，分析空隙率数据是否存在误差及误差存在的合理性。表 3-8 列出了通过测定堆积密度及表观密度，并通过公式计算得出的空隙率物理指标值，以及通过空隙率试验得出的空隙率值，二者进行对比分析。

表 3-8　豆砾石空隙率试验结果与物性检测结果比较　(%)

样本	物理公式计算值	空隙率试验值	差值	误差
DXL 工程豆砾石	42.68	41.41	1.27	2.97
天然卵石(粒径 5～10 mm)	36.54	36.25	0.29	0.79

注：误差值 = 差值/物理公式计算值×100%。

可以看出，两种方法所得到的松散堆积空隙率与未压实空隙率试验所得值基本相同，平均误差为 1.88%，存在的原因在于选取的样本有差异，虽然材料相同，但由于取样位置不同、样本数量不同而造成两种方法下空隙率值有所差异。

3.3.3.2　豆砾石形态特征单变量指标与空隙率相关性分析

对于豆砾石颗粒的形态特征量化指标与空隙率的相关性分析，前文介绍了所选取的 7 个量化指标，分别是轮廓形状量化指标：针度、分形维数、圆度，棱角指标：凹度、粗糙度、棱角参数，以及豆砾石颗粒粒径。将得到的豆砾石分组空隙率，与第 2 章中各分组豆砾石形态特征量化指标相结合，以这 7 个量化指标为自变量，豆砾石堆积体未压实空隙率为因变量，探讨二者间的相关性。

1. 轮廓形状特征量化指标与空隙率相关性

根据表 3-4 绘制豆砾石轮廓形状指标与未压实空隙率关系曲线，见图 3-15。

图 3-15(a)为豆砾石颗粒轮廓形状量化指标中针度与空隙率的关系曲线，从图中能看出样本颗粒的针度与空隙率具有一定的线性关系，随针度的增大空隙率也随之变大。

图 3-15(b)为分形维数与空隙率的关系曲线，图中数据点分布成两块，左下角样本分别是粒径为 5～10 mm、8～12 mm 的天然卵石样本；右上角颗粒样本为 TBM1、TBM2 和 DXL 工程豆砾石等人工破碎豆砾石，且数据点分布成团状，无明显线性特征，回归方程中相关性较低。

图 3-15(c)为圆度与空隙率的关系曲线，可以看出圆度数据分散，与空隙率相关性小，无明显研究价值。因此，忽略圆度这一形态特征量化指标，并对比针度和分形维数，参考相关文献，结合豆砾石工程定义，取针度代表颗粒轮廓形状特征量化指标进行分析。

图 3-15 数据点的分布中，左下角数据点为天然卵石材料，明显异于其他人工碎石豆砾石，天然卵石颗粒具有的特征是颗粒表面较为平滑，无明显不规则变化，各形态量化指标值偏小，趋近于圆球状。

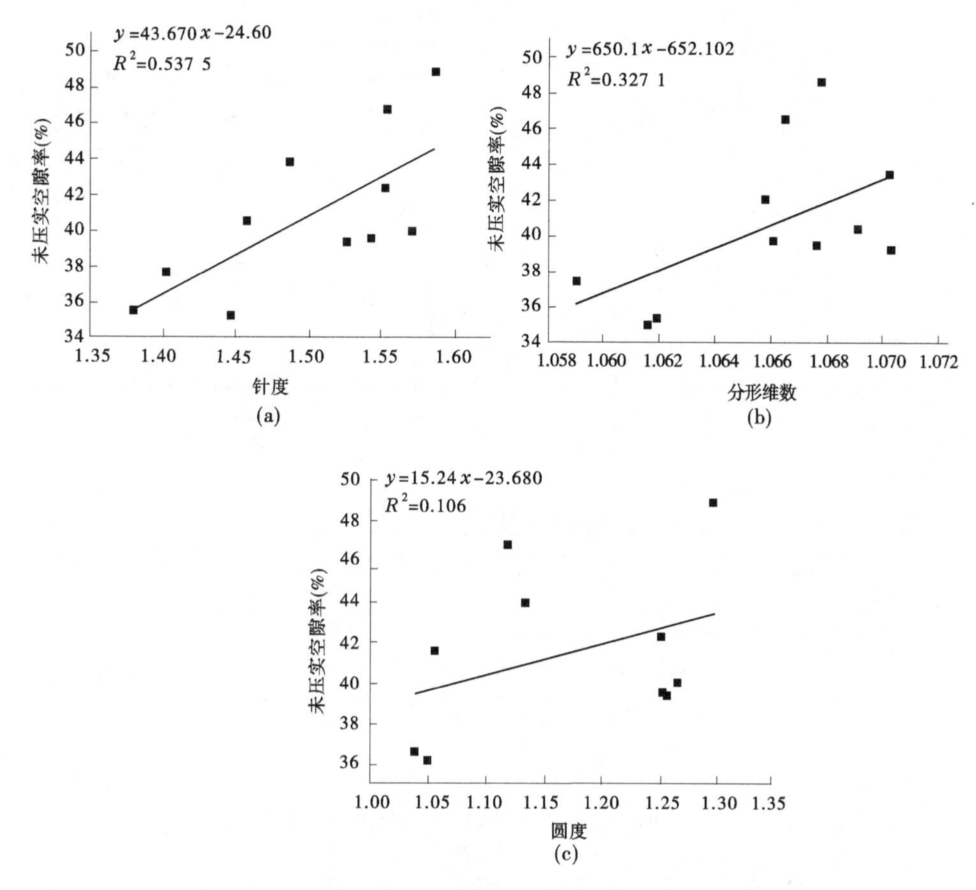

图 3-15　豆砾石轮廓形状指标与未压实空隙率关系曲线

2. 颗粒棱角特征量化指标与空隙率相关性

根据表 3-4 绘制豆砾石棱角指标与未压实空隙率关系曲线,见图 3-16。

3. 豆砾石颗粒粒径单变量分析

在分析颗粒粒径对豆砾石堆积体未压实空隙率的影响时,考虑到天然卵石与其他类豆砾石堆积体空隙率相差较大,且对于天然卵石来说,粒径对于其空隙率敏感性并不大,故忽略天然卵石的数据。根据表 3-7 绘制豆砾石粒径与未压实空隙率关系曲线,如图 3-17 所示。可以看出,空隙率与粒径大小成正比关系,相关系数为 0.820。

3.3.3.3　豆砾石形态特征多变量指标与空隙率相关性分析

由上述分析可以看出,豆砾石堆积体空隙率相关性较高的是颗粒针度、棱角参数及颗粒粒径三个指标,堆积体空隙率的变化是多种形态指标共同作用的结果,不能仅考虑单一变量。在粒径一定情况下,颗粒形状中针度与棱角参数是影响豆砾石堆积体空隙率的重要因素,针度与棱角参数这二者之间相互独立却有一定的相关性,如当颗粒针度较大时,棱角参数一般也会较大,但若颗粒并无明显针状,而表面棱角多且相交角度较大时,棱角参数仍较大。虽然针度与棱角参数均与空隙率成正比关系,但并不意味着针度越大、棱角参数越大,豆砾石堆积体空隙率就越大。综合分析豆砾石形态指标对空隙率的作用效应,现对这三个形态量化指标与空隙率进行三元回归分析。选用进行拟合回归的方程为

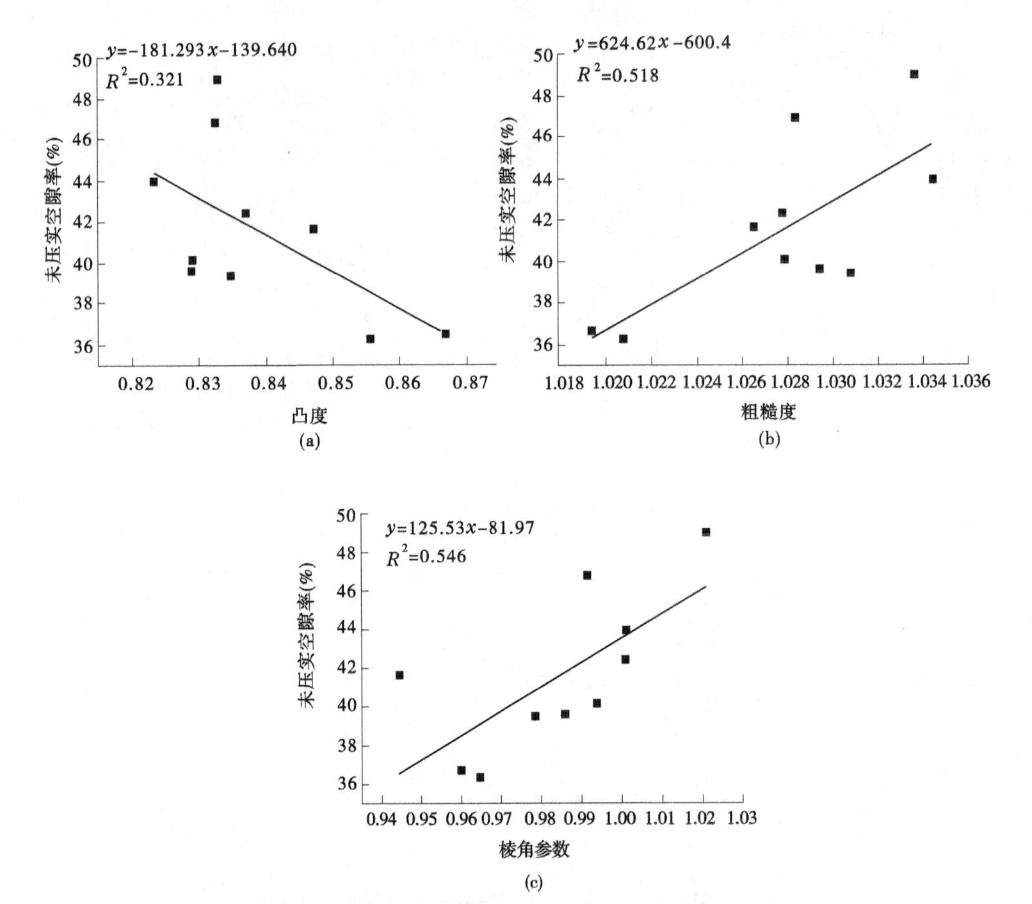

图 3-16　豆砾石棱角指标与未压实空隙率关系曲线

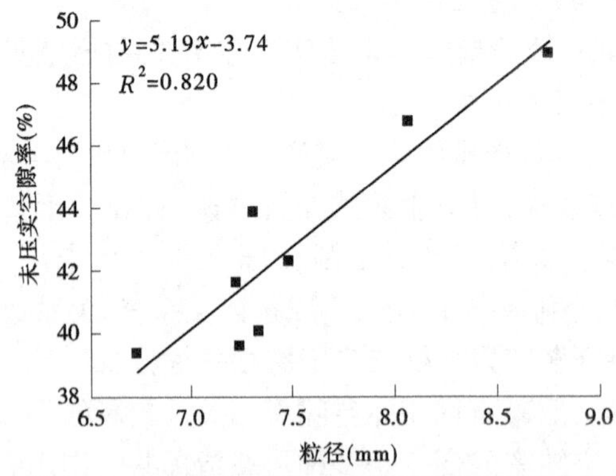

图 3-17　豆砾石粒径与未压实空隙率关系曲线

$$y = ax_1^b + cx_2^d + ex_3^f + g \tag{3-14}$$

式中：x_1 为豆砾石样本针度；x_2 为豆砾石样本棱角参数指标；x_3 为豆砾石样本粒径指标；y 为豆砾石堆积体未压实空隙率；a、b、c、d、e、f、g 均为待定系数。

对所有分组样本进行多元回归分析，得到的回归方程为

$$y = 1.996x_1^{4.719} + 1.186\ 10^{-9}x_2^{-376.537} - 3.705x_3^{-1.049} + 27.262 \tag{3-15}$$

相关系数 $R^2=0.645$。

豆砾石空隙率对多变量回归方程与原始数据的相关性系数仅为0.645,大于空隙率对针度和棱角参数进行回归的相关性系数,但小于对豆砾石粒径的回归系数,说明在其他影响因素不变的情况下,针度和棱角参数对空隙率的影响比颗粒粒径要小,即豆砾石堆积体空隙率对颗粒粒径的敏感性较大。此方程亦可初步粗略预计样本堆积体的空隙率。

3.3.4 豆砾石回填灌浆体强度影响因素研究

3.3.4.1 试验材料

在上述研究的基础上,选定豆砾石颗粒各形态特征指标为结石体抗压强度分析对象,以样本中粒径及超、逊径颗粒含量和岩粉含量为试验变量,配制豆砾石样本(见表3-9),自主设计并分组进行浆液灌注环节的模拟试验,以及后续结石体养护。28 d后对结石体取芯进行单轴压缩试验,得到不同配制下结石体抗压强度。

表3-9 豆砾石材料对结石体强度的影响因素及分组

影响因子	分组	说明
工程豆砾石	TBM1	采用425#水泥
	TBM2	采用425#水泥
	DXL	采用425#水泥
	天然卵石	采用425#水泥
样本颗粒超、逊径(%)	超径0、逊径0	采用TBM1颗粒,425#水泥
	超径0、逊径2	采用TBM1颗粒,425#水泥
	超径0、逊径5	采用TBM1颗粒,425#水泥
	超径0、逊径7.5	采用TBM1颗粒,425#水泥
	超径2、逊径5	采用TBM1颗粒,425#水泥
岩粉含量(%)	0	采用TBM1颗粒,425#水泥
	2.5	采用TBM1颗粒,425#水泥
	5	采用TBM1颗粒,425#水泥
	7.5	采用TBM1颗粒,425#水泥
颗粒粒径(mm)	5~10	采用天然卵石,425#水泥
	8~12	采用天然卵石,425#水泥

3.3.4.2 豆砾石回填灌浆模拟试验及成果

1. 试验装置

为模拟现场灌浆工艺,达到与之类似的灌浆效果,借鉴工程现场的施工工艺对围岩—管片间隙和豆砾石吹填环节、回填灌浆环节分别进行以下设计:

(1)围岩—管片间隙:在兰州水源地建设工程中,TBM隧道开挖洞径为6.48 m,衬砌管片外径 6.2 m,围岩—管片间隙径向长度为 0.14 m。

试验用可完全密封的立方体箱子模拟间隙,为实现灌浆的可视化,立方体模型箱体两侧采用厚度为 10 mm 的钢化玻璃;为进行后期结石体取芯,将模型箱体宽度设计较实际宽度更宽为 26 mm,高度设计为 1 m。

(2)豆砾石吹填:实际工程中,细小的豆砾石在围岩—管片间隙内下落时可能仍有部分速度,因此试验时人为将豆砾石提高到 1.5 m 处,自然倾倒,而后稍加平整豆砾石颗粒表面。

(3)回填灌浆:单侧灌浆孔为 1#和 5#孔,试验进行时,若采取双孔灌浆,对模型高度和灌浆设备要求较高,故只模拟单孔灌浆,选取 5#孔作为灌浆孔位置。为达到有压灌浆,本书设计泵送浆液,水泵的扬程为 21 m,泵口压力为 0.2 MPa,输送管道直径为 15 mm。为达到浆液在有灌浆压力下,液面提升的实际情况,在倒入豆砾石前,先将浆液的输送管放入试验立方体模型箱体距离底部 5 cm 处。图 3-18 为自主设计的回填灌浆模拟系统。

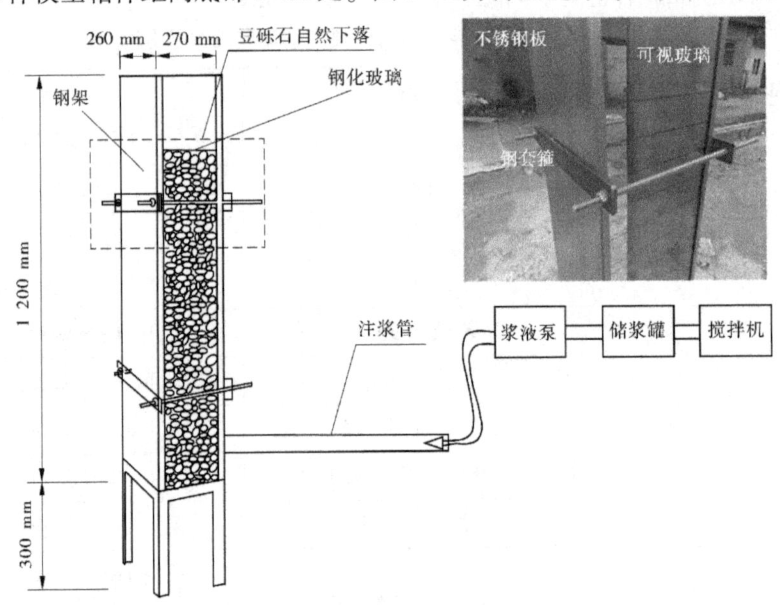

图 3-18　豆砾石回填灌浆模拟系统

2. 回填灌浆模拟试验过程

(1)准备试验所需仪器有水泵、灌浆管,搭建脚手架等。

(2)立方体模型箱的组装,模型箱高 1.2 m,长、宽各为 27 cm 和 25 cm,钢化玻璃厚 10 mm,高 1 m,宽各为 26 mm 和 24 mm。将设计加工好的两片钢化玻璃和另两侧合金板内表面涂抹黄油并拼接成模型箱,注意在合金板的凹槽处垫放防潮垫条,其目的一是方便模型箱玻璃与合金板的快速组装,保护钢化玻璃不受强烈挤压;二是保证组装时密封性好,具有预防漏浆的效果,如图 3-18 所示,并将模型箱体与底部金属板连接,放入底座上,整个过程注意密封。

(3)准备试验用豆砾石。按试验分组,配制并称取豆砾石,倒入立方体模型箱中,并稍加平整豆砾石表面。

(4)拌制水泥浆液。试验浆液水灰比为 0.6:1,水泥标号为 425#。称取 30 kg 水泥和 18 kg 的水,依次倒入搅拌桶内,开启搅拌机自动搅拌。

试验的前期准备完成后,为防止已经拌和好的水泥浆液硬化,对灌浆质量造成影响,应快速进行灌浆工作。以下是灌浆试验的步骤:

(1)将灌浆管与水泵出水孔相连,并把水泵放入水泥搅拌桶中,注意要将泵身全部淹没,防止水泵烧毁电机。

(2)开启水泵,注意观察立方体模型箱中浆液的上升情况,待浆液液面抬升至高出豆砾石表面 10 cm 处时,关闭水泵,并将水泵提出搅拌桶进行清洗,以待下一次使用,图 3-19 为灌浆过程图。

(3)灌浆结束后,将模型箱顶部覆盖纸板,以预防降雨造成灌浆结石体强度的影响。

(a)装填豆砾石　(b)灌浆进行中　(c)灌浆完成

图 3-19　灌浆过程

在灌浆完成后的 24~48 h 内进行拆模,将豆砾石结石体放置在阴凉处,覆盖塑料薄膜并浇水养护,养护过程持续 28 d,如图 3-20 所示。

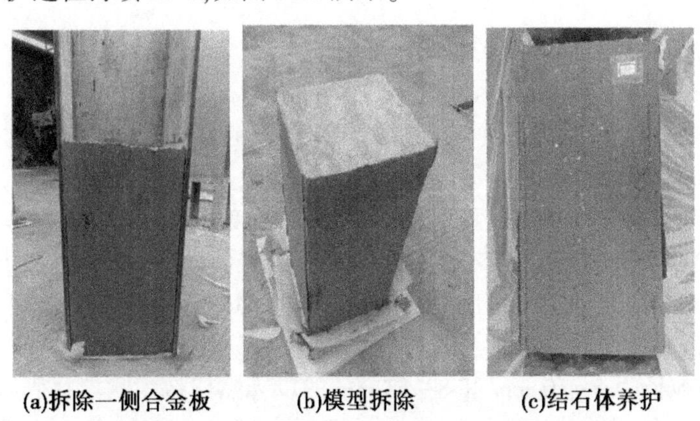

(a)拆除一侧合金板　(b)模型拆除　(c)结石体养护

图 3-20　豆砾石回填灌浆结石体拆模及养护

3. 豆砾石结石体取芯单轴压缩试验

按照上述试验过程,完成不同分组豆砾石样本的灌浆模拟并形成结石体。豆砾石回填灌浆结石体养护结束后,经室内加工成高径比为 2:1的标准抗压试样。每个试件的加工精度(包括平行度、平直度和垂直度)均控制在《水电水利工程岩石试验规程》(DL/T 5368—2007)规定范围之内。试样取芯部位自结石体底部开始,自上而下以高度划分为 4 个部位,每个部位取两个试样,具体试件的取样位置见图 3-21。

图 3-21　豆砾石结石体试件取芯

豆砾石回填灌浆结石体取芯抗压试验仪器分为两部分,每组取一个中间位置试件使用 MTS815 型数字程控伺服岩石力学刚性试验机进行单轴压缩试验。其他试件采用 WHY-2000 微机控制全自动压力试验机进行单轴抗压试验。

表 3-10 中为采用 MTS815 型数字程控伺服岩石力学刚性试验机进行结石体芯样的单轴压缩试验结果。表 3-11~表 3-13 为使用 WHY-2000 微机控制全自动压力试验机进行单轴抗压试验的结石体取芯抗压强度。表 3-11 为样本粒径分别是 5~10 mm 和 8~12 mm 的天然卵石样本,表 3-12、表 3-13 分别为不同岩粉含量及不同超、逊径颗粒含量的豆砾石样本所形成的回填灌浆结石体取芯进行单轴压缩试验,得到不同部位的结石体抗压强度结果。

3.3.4.3　粒径变化对抗压强度的影响

由试验结果可以看出,5~10 mm 粒径的豆砾石结石体抗压强度较高, 8~12 mm 粒径的抗压强度较低,结石体底部位置的芯样抗压强度较上方高度位置处芯样抗压强度低,且天然卵石回填的豆砾石回填灌浆结石体的抗压强度较其他组的强度偏低。从弹性模量和泊松比来看,两者的弹性模量较豆砾石结石体设计强度等级所对应的的弹性模量较小,刚度不够;泊松比小,环向变形量较小。由于天然卵石表面光滑,无明显突出棱角,故而卵石表面与水泥浆液的咬合力小,一旦受压,沿主力链方向的卵石与浆液的接触面会开裂,从而试件失去承载力。

图 3-22 为粒径为 5~10 mm 和 8~12 mm 的以天然卵石为吹填豆砾石的灌浆结石体取芯,试件进行单轴压缩试验后的照片,可明显看出裂纹、裂缝较多,试件发生破碎情况严重。有部分试件甚至沿破裂面脱离母体,且粒径为 8~12 mm 的豆砾石结石体破碎情况更为严重。就这两者相比,粒径为 5~10 mm 的抗压试件,其弹性模量较大、泊松比小。

表 3-10　豆砾石结石体取芯抗压试验(MTS 岩石力学刚性试验机)结果

影响因素	分组	抗压强度测值(MPa)	弹性模量(GPa)	泊松比
工程豆砾石	TBM1	14.57	4.13	0.34
	TBM2	17.59	5.21	0.21
	天然卵石	5.12	2.09	0.15
	DXL	12.60	2.63	0.36
超、逊径颗粒含量(%)	TBM1 超 0、逊 0	11.61	2.71	0.21
	TBM1 超 0、逊 2	12.27	4.15	0.31
	TBM1 超 0、逊 5	12.95	3.56	0.24
	TBM1 超 0、逊 7.5	12.91	3.50	0.20
	TBM1 超 2、逊 5	12.08	4.20	0.23
颗粒粒径(mm)	天然卵石粒径 5~10	4.29	1.14	0.11
	天然卵石粒径 8~12	3.14	1.77	0.11
龄期	TBM1 底部+60 d	32.36	5.24	0.29
岩粉含量(%)	TBM1 岩粉 0	12.80	3.68	0.26
	TBM1 岩粉 2.5	12.37	2.83	0.24
	TBM1 岩粉 5	14.04	3.27	0.19
	TBM1 岩粉 7.5	12.04	3.61	0.14

表 3-11　不同粒径的豆砾石结石体取芯抗压试验结果　(单位:MPa)

<table>
<tr><th>分组</th><th>抗压强度测值</th><th>同一取芯部位
抗压强度平均值</th><th>抗压强度平均测值</th></tr>
<tr><td>天然卵石 5~10 mm</td><td>7.29</td><td>7.29</td><td rowspan="5">7.25</td></tr>
<tr><td>天然卵石 5~10 mm</td><td>8.13</td><td>8.13</td></tr>
<tr><td>天然卵石 5~10 mm</td><td>7.40</td><td rowspan="2">7.63</td></tr>
<tr><td>天然卵石 5~10 mm</td><td>5.87</td></tr>
<tr><td>天然卵石 5~10 mm</td><td>7.96</td><td>7.96</td></tr>
<tr><td>天然卵石 8~12 mm</td><td>7.20</td><td>7.20</td><td rowspan="5">5.89</td></tr>
<tr><td>天然卵石 8~12 mm</td><td>7.10</td><td rowspan="2">5.28</td></tr>
<tr><td>天然卵石 8~12 mm</td><td>4.46</td></tr>
<tr><td>天然卵石 8~12 mm</td><td>5.57</td><td>5.57</td></tr>
<tr><td>天然卵石 8~12 mm</td><td>5.50</td><td>5.50</td></tr>
</table>

表 3-12　不同岩粉含量的豆砾石结石体取芯抗压试验结果　（单位：MPa）

分组	抗压强度测值	同一取芯部位抗压强度平均值	抗压强度平均测值
岩粉 0	12. 19	12. 19	11. 97
岩粉 0	11. 74	11. 74	
岩粉 2. 5%	14. 59	14. 59	13. 035
岩粉 2. 5%	11. 48	11. 48	
岩粉 5%	10. 51	10. 51	10. 73
岩粉 5%	10. 95	10. 95	
岩粉 7. 5%	10. 04	10. 04	10. 04

表 3-13　不同超、逊径颗粒含量的豆砾石结石体取芯抗压试验结果　（单位：MPa）

分组	抗压强度测值	同一取芯部位抗压强度平均值	抗压强度平均测值
超 0、逊 0	12. 46	12. 46	12. 07
超 0、逊 0	10. 29	10. 29	
超 0、逊 0	11. 26	11. 58	
超 0、逊 0	11. 90		
超 0、逊 0	13. 95	13. 95	
超 0、逊 2%	13. 40	13. 40	12. 82
超 0、逊 2%	13. 64	12. 72	
超 0、逊 2%	12. 12	12. 96	
超 0、逊 2%	12. 28		
超 0、逊 2%	12. 20	12. 20	
超 0、逊 5%	11. 88	11. 88	12. 17
超 0、逊 5%	12. 46	12. 46	
超 0、逊 7. 5%	11. 92	11. 92	11. 29
超 0、逊 7. 5%	11. 02	11. 02	
超 0、逊 7. 5%	10. 93	10. 93	
超 2%、逊 5%	12. 86	12. 86	12. 90
超 2%、逊 5%	12. 53	12. 53	
超 2%、逊 5%	12. 63	12. 87	
超 2%、逊 5%	13. 11		
超 2%、逊 5%	13. 34	13. 34	

(a)5~10 mm粒径

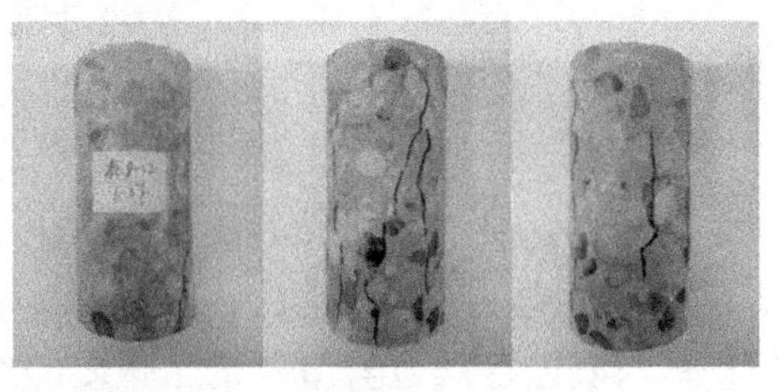

(b)8~12 mm粒径

图 3-22　天然卵石灌浆结石体试件试验后照片

3.3.4.4　岩粉含量对抗压强度的影响

试验结果显示,当岩粉含量小于2.5%时,结石体取芯抗压强度高于未掺岩粉的抗压强度;当岩粉含量为2.5%时,强度最高。造成此种情况的原因是:当岩粉含量较低(不高于2.5%)时,因岩粉本身粒径(试验中取粒径小于1.25 mm的颗粒)就很小,将岩粉掺入豆砾石样本中时,岩粉会附着在豆砾石表面和落在模型箱体底部,灌浆时因含量小而对浆液的流动并无阻碍,相反还会因增大浆液的浓度而提高结石体强度。而当岩粉过大时,因岩粉附着于豆砾石表面,一是会导致浆液向下流动时受到阻碍不能充分灌浆,致使成型后的结石体或出现类似米花糖状结构,如图3-23所示,或下方豆砾石仍是离散颗粒,不具有结构性,不能承受外力,完成力的传递;二是浆液不能与豆砾石表面充分接触,接触面形成的咬合力减小,当所受压力过大时,豆砾石表面未能与浆液充分接触的面会首先开裂,产生裂缝,当这种裂缝过多且连通时,试件则失去承载力。根据试验结果,作岩粉含量下豆砾石结石体取芯抗压强度柱状图,如图3-24所示。

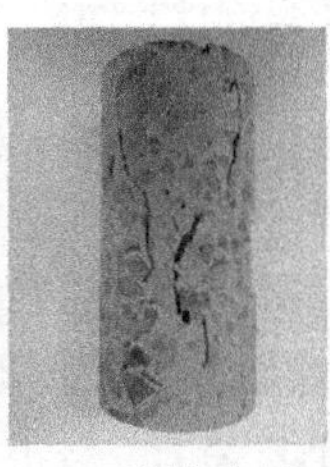

(a)岩粉含量2.5%

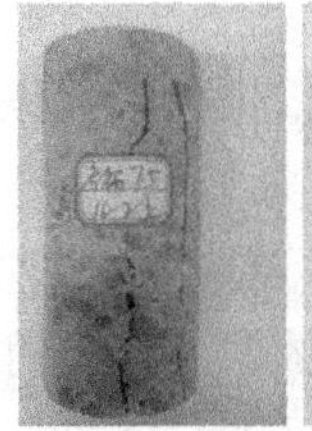
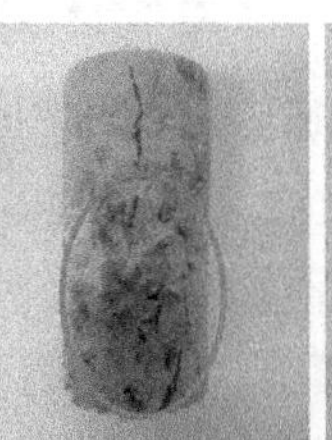
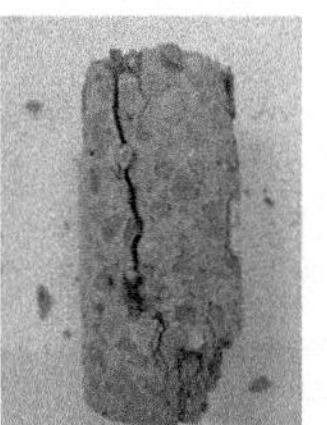

(b)岩粉含量7.5%

图 3-23　岩粉含量2.5%和7.5%时结石体试件试验后照片

综上所述,对于由岩粉含量变化产生的空隙率而言,当岩粉含量控制在一定值

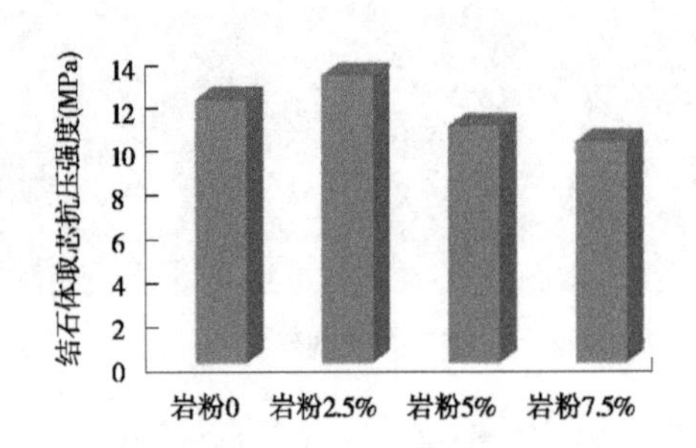

图 3-24 不同岩粉含量下结石体取芯抗压强度柱状图

(2.5%)以下时,空隙率与结石体取芯抗压强度呈反比;当岩粉含量高于此值时,空隙率与结石体取芯抗压强度呈正比,即空隙率越小,抗压强度越低。

3.3.4.5 超、逊径颗粒含量对抗压强度的影响

由试验结果可以看出,豆砾石样本中超、逊径颗粒含量的变化对结石体取芯抗压强度影响较大。在样本颗粒无超径的情况下,逊径颗粒含量小于 2%时,颗粒因有少量级配,堆积时较为排列紧密,骨架较为密实,结石体抗压强度较大。当逊径颗粒含量过大时,随逊径颗粒增多,结石体取芯抗压强度减小。

图 3-25 为不同超、逊径颗粒含量下结石体强度柱状图,图 3-26 为不同超、逊径颗粒含量下结石体取芯作单轴压缩后试件图,从图中可看出,超径为 0、逊径颗粒含量为 5%和 7.5%时的结石体试件抗压后裂缝较多。

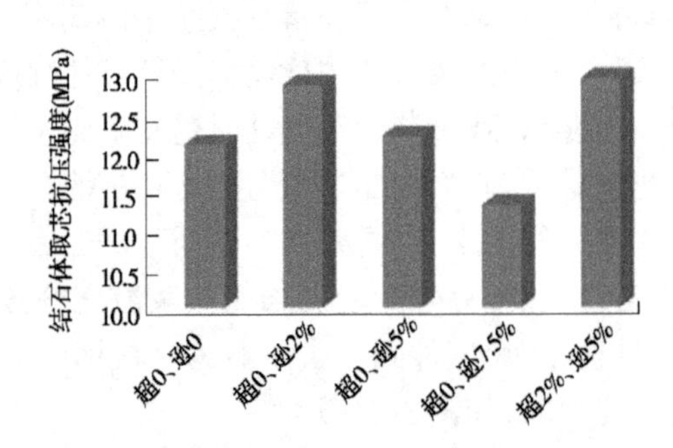

图 3-25 不同超、逊径颗粒含量下结石体取芯抗压强度柱状图

3.3.4.6 豆砾石形态特征量化指标对强度的影响分析

1. 粒径变化对抗压强度的影响

将豆砾石回填灌浆模拟试验得出的抗压强度与前文中豆砾石形态特征量化指标、空隙率等参数相结合,做结石体抗压强度对豆砾石粒径和空隙率的相关性分析。因天然卵石样本少,且与 TBM1 所用豆砾石母岩材料有差异,抗压强度差值大,为提高相关性分析的准确性,在分析时忽略天然卵石材料,生成三者的关系曲线图,结果见表 3-14、图 3-27。

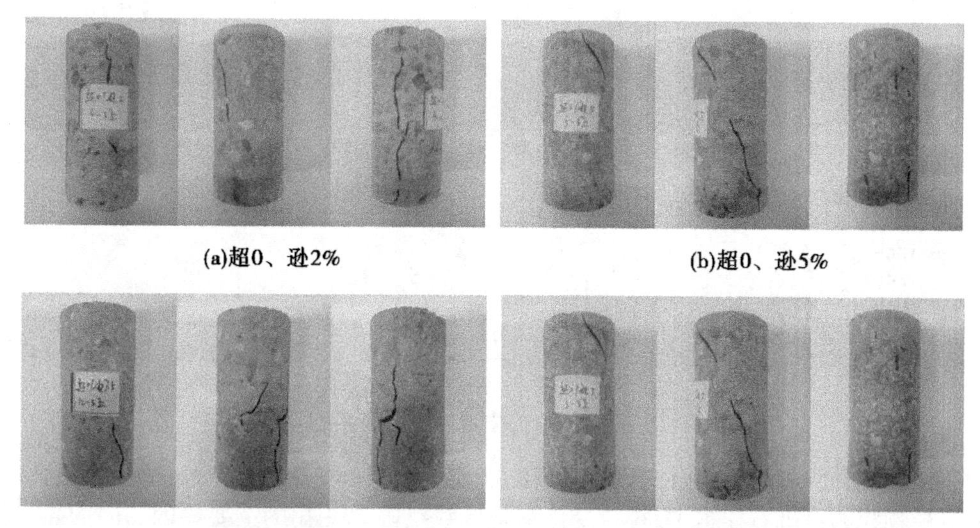

(a)超0、逊2%　(b)超0、逊5%

(c)超0、逊7.5%　(d)超2%、逊5%

图3-26　不同超、逊径颗粒含量下结石体试件试验后图片

表3-14　豆砾石针度指标、棱角参数、空隙率和抗压强度统计

编号	分组	针度指标	棱角参数	加权粒径	空隙率(%)	抗压强度测值(MPa)
2	TBM1 原状	1.525 39	0.991 62	8.072 4	47.84	12.84
3	TBM2 原状	1.586 05	1.020 89	8.760 06	48.97	14.09
6	天然卵石 5~10 mm	1.447 15	0.964 58	8.02	37.25	7.25
8	天然卵石 8~12 mm	1.379 45	0.959 39	9.61	37.57	5.89
7	TBM1 超 0、逊 0	1.551 72	1.000 99	7.38	42.36	12.07
4	超 0、逊 2%	1.571 98	0.993 65	7.84	40.08	12.82
11	超 0、逊 5%	1.543 23	0.985 44	7.24	39.59	12.17
12	超 0、逊7.5%	1.526 88	0.978 58	7.73	39.40	11.29
5	超 2%、逊 5%	1.486 59	1.001 04	7.31	43.91	12.90

由图3-27中得知,豆砾石粒径分析中,空隙率与结石体抗压强度成正比例关系,二者之间的回归方程为$y=1.265x+2.926$,相关性系数仅为0.137。而粒径与结石体抗压回归方程为

$$y = 0.305\,5x - 0.638 \tag{3-16}$$

相关性系数为0.893。反映结石体抗压强度与样本粒径量化指标值呈正比,即粒径越大,豆砾石回填灌浆结石体抗压强度越大;粒径变化造成的空隙率和结石体抗压强度呈正比,空隙率越大,抗压强度越高。综合分析就是,除豆砾石材料为天然卵石外,其他人工豆砾石样本颗粒粒径越大,结石体强度越高。

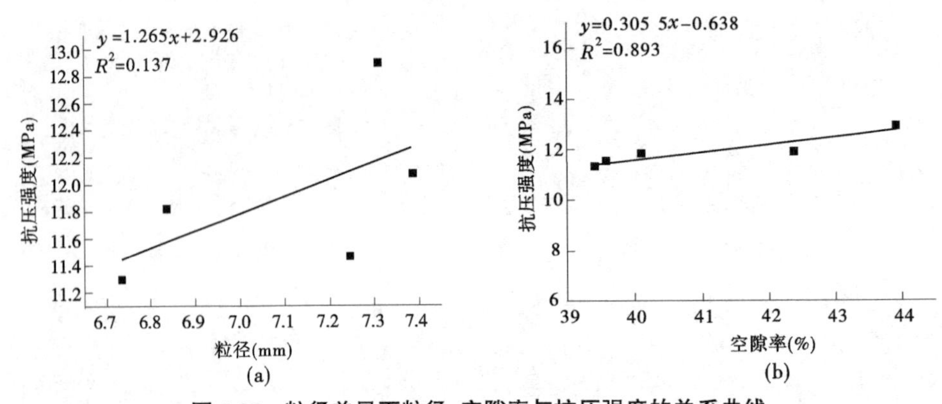

图 3-27　粒径差异下粒径、空隙率与抗压强度的关系曲线

上述两个回归方程相关性系数相差较大,说明在 5~10 mm 这一粒径区间内,在含有超、逊径颗粒的豆砾石样本中,粒径变化不是导致空隙率变化的主要原因。因为超、逊径颗粒的存在,当颗粒粒径整体变大时,逊径颗粒会填充在大颗粒之间的间隙中,致使空隙率变化与粒径变化没有明显的因果关系。

2. 颗粒形态指标中针度和棱角指标差异对抗压强度的影响

对于单级配或少许超、逊径颗粒的豆砾石,以 TBM1 豆砾石回填灌浆结石体为例,选用超、逊径颗粒含量分组和 TBM1 工程豆砾石,根据表 3-14 中数据,样本中针度指标和棱角参数指标与结石体取芯抗压强度的关系如图 3-28 所示。

从图 3-28(a)、(b)中能看出,豆砾石颗粒的形态特征中的针度指标和棱角参数指标与结石体取芯抗压强度值有明显正相关性,相关性系数达到 0. 783 和 0. 935。这说明在单粒径级配豆砾石中,颗粒的形态特征对结石体强度影响较大,颗粒的针度反映针状颗粒的含量,棱角参数指标反映的是颗粒的表面棱角的丰富程度。

对于空隙率和抗压强度的关系,如图 3-28(c)所示,豆砾石堆积体未压实空隙率和结石体取芯抗压强度的相关性曲线为抛物线型,回归方程为

$$y = -0.077x^2 + 7.071x - 147.806 \tag{3-17}$$

相关性系数为 0. 800。通过方程推算,当堆积体空隙率为 45. 9%时,有峰值强度 14. 418 MPa。这能反映出:对于单粒径级配或有少许超、逊径的豆砾石样本,颗粒的形态特征指标越大,堆积体中空隙率越大,浆液灌入后的填充度越高,所形成结石体后抗压强度越大。

3. 豆砾石形态特征量化指标多变量对强度的影响分析

在前文中提到,结石体抗压强度是受多种材料因素共同影响,而非单一因素决定的,将空隙率作为主要控制指标,结合颗粒形态特征量化指标综合分析。前文中分析了豆砾石单形态特征量化指标对强度的影响,以特征量化指标与结石体抗压强度的单变量分析为基础,将三个量化指标与抗压强度之间的相关性系数,由小到大排序为粒径、针度、棱角参数。以此三个变量作为结石体取芯抗压强度的影响因素进行多变量分析,采用三元多项式作为回归方程进行拟合:

$$y = ax_1^b + cx_2^d + ex_3^f + g \tag{3-18}$$

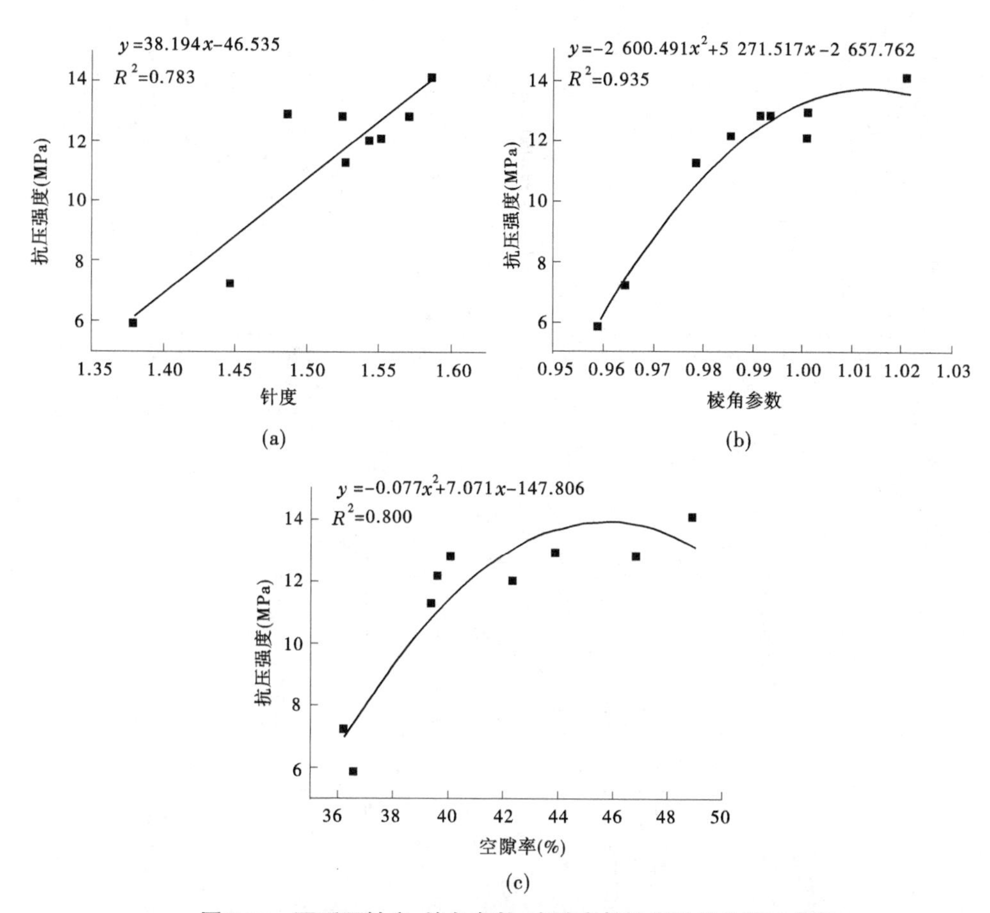

图 3-28　豆砾石针度、棱角参数、空隙率与抗压强度的关系曲线

式中:x_1 为针度指标;x_2 为样本棱角参数指标;x_3 为样本粒径指标;y 为回填灌浆结石体取芯抗压强度;a、b、c、d、e、f、g 为待定系数。

对之前的 9 组豆砾石样本做多元回归分析,可以确定回归方程的待定系数和相关性系数,拟合回归曲线(见图 3-29),回归方程为

$$y = 4\ 781.447x_1^{0.006} + 5\ 568.099x_2^{0.013} - 5\ 166.426x_3^{-1.786\times10^{-6}} - 5\ 183.767 \quad (3\text{-}19)$$

相关性系数 $R^2=0.621$。

在粒径与结石体抗压强度回归分析中,二者相关性较小,且豆砾石为单一粒径,故选取颗粒形态指标中针度和棱角参数,采用二元多项式进行多元函数拟合:

$$y = ax_1^b + cx_2^d + e \quad (3\text{-}20)$$

式中:x_1 为针度指标;x_2 为豆砾石样本棱角参数指标;y 为豆砾石回填灌浆结石体取芯抗压强度;a、b、c、d、e 为待定系数。

对之前的 9 组豆砾石样本做多元回归分析,可以确定回归方程的待定系数和相关性系数,拟合回归曲线(见图 3-30),回归方程为

$$y = 4\ 199.771x_1^{0.007} + 4\ 931.562x_2^{0.015} - 9\ 131.959 \quad (3\text{-}21)$$

相关性系数 $R^2=0.810$。

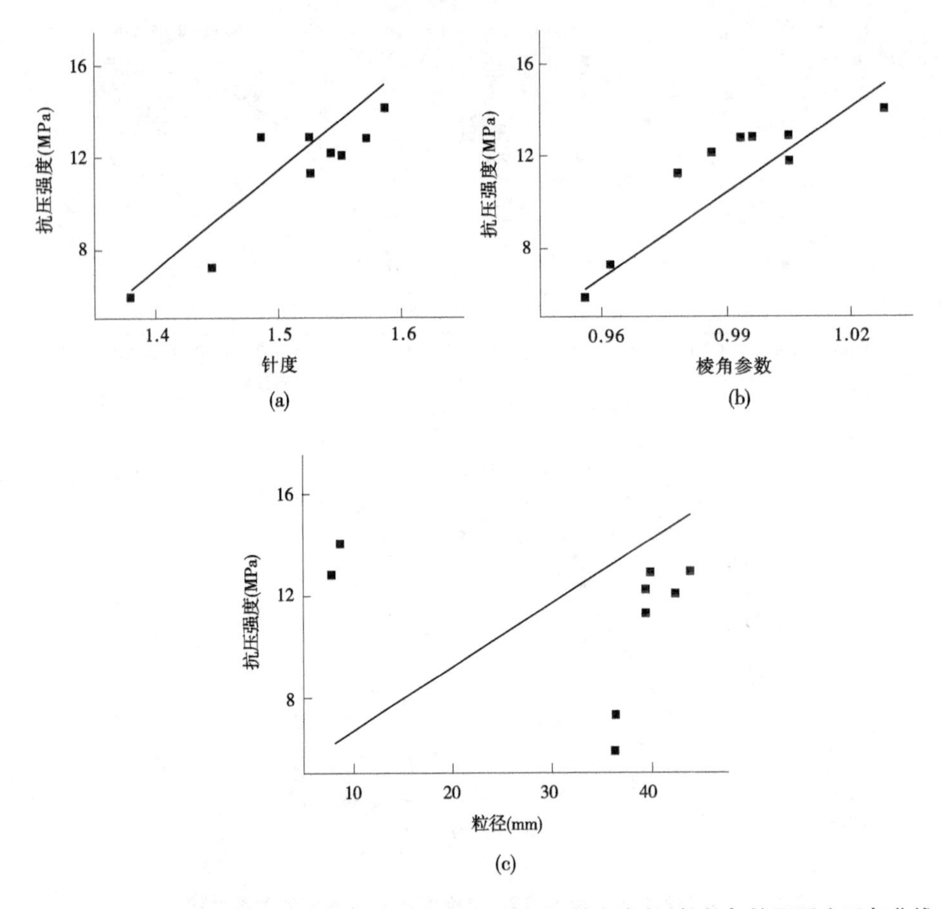

图 3-29　结石体取芯抗压强度三元分析中对针度、棱角参数、粒径与抗压强度回归曲线

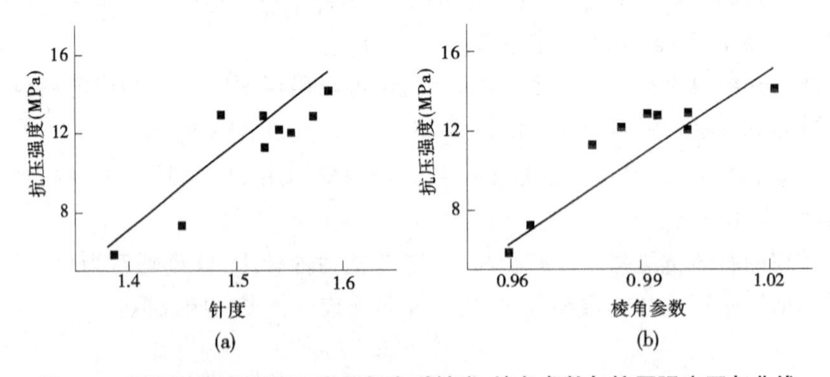

图 3-30　结石体取芯强度二元分析中对针度、棱角参数与抗压强度回归曲线

对比回归方程式(3-19)和式(3-21),在不考虑粒径情况下,做二元回归分析时,所得回归曲线更贴合原数据,相关性系数更大。针对豆砾石这一特殊粒径粗集料,选取形态特征指标中针度和棱角参数为变量,采用式(3-21),在已知豆砾石形态特征量化指标值时,预估豆砾石回填灌浆结石体抗压强度。

3.4 豆砾石回填灌浆层“管片—回填层—围岩”联合承载机制研究

3.4.1 豆砾石回填层物理力学特性试验分析

通过单轴压缩试验和三轴压缩试验研究豆砾石灌浆结石体的材料性质,主要分为两个部分。第一部分,通过单轴压缩试验对现场采集试样和室内制备试样进行研究,两者的试验结果相互校正,得出豆砾石灌浆结石体的弹性模量、泊松比与单轴抗压强度的关系。第二部分,通过不同围压条件下的三轴压缩试验,获得材料的强度参数,并分析其变形破坏特征。

3.4.1.1 试验样品制备

为了保证试验结果的准确性和合理性,试验样品包含现场取芯制样和室内预制试样两个部分,两种试样的试验结果可相互校正,综合取值。

因现场条件所限,现场取样位置均为监理指定。监理指定取样位置的方式为:灌浆28 d后,每50 m洞段由监理人指定3个孔位钻取豆砾石灌浆结石体芯样,经过筛选,最终选取22根芯样,经过室内加工,将现场采集的22根芯样加工成27个高径比为2∶1的标准试件。制备过程见图3-31。

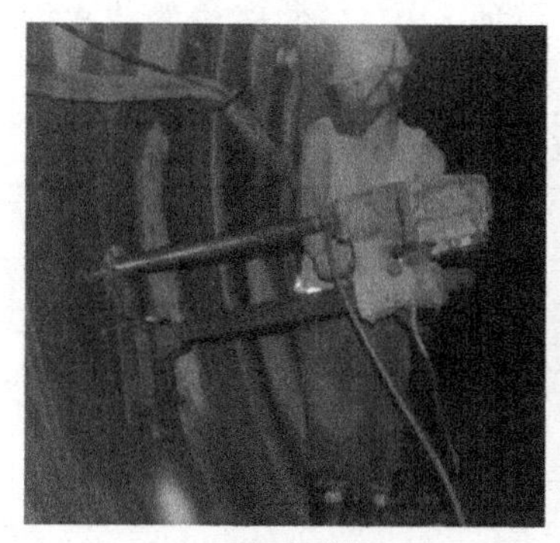

(a)取芯现场

(b)取出的芯样

(c)筛选芯样

(d)试样加工(高径比为2∶1)

图3-31　现场试样获取过程

在室内预制试样的制备过程中,为了得到不同强度条件下回填层材料的物理力学参数,自主设计试验模具(见图3-32),即可观察浆液的流动性,又能确认是否满填满灌。整个模具为 1 个长方体,上部开口,用不锈钢板分隔成 6 个长方体空间,尺寸为 15 cm ×10 cm,长边两侧边缘处设置卡槽,用以固定钢化玻璃。这样设计的目的是可以同时利用不同配比的浆液来制作豆砾石灌浆结石体,加快试验进程,方便对比其不同的属性,同时一个预制豆砾石灌浆结石体试块可取两个标准试样。

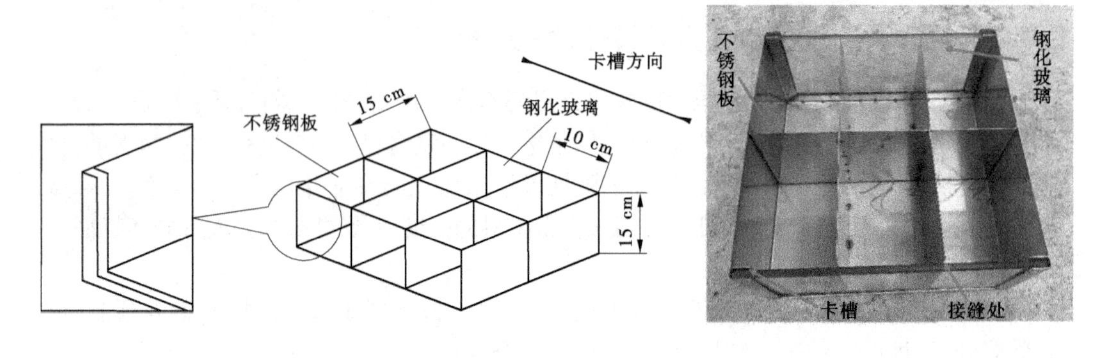

(a)模具设计示意图　　(b)模具实体成品图

图 3-32　室内制样模具

为了能够设计合理的浆液配比,进行了不同水灰比浆液的流动度试验(见表 3-15),根据试验结果,结合现场施工情况进行分析,得出 0.5 的水灰比掺入 0.4%聚羧酸减水剂的浆液最适合注浆。若 0.6 的水灰比浆液渗透缓慢则可加入 0.3%的聚羧酸减水剂,0.7 的水灰比浆液不应加入减水剂。

表 3-15　不同水灰比、减水剂掺量浆液流动度试验结果统计

外加剂品种	外加剂掺量(%)	水灰比	流动度(mm)
聚羧酸外加剂	0	0.6	225×225
	0.3		300×300
	0.4		385×370
	0.5	0.5	350×350
	0.4		310×312
	0.3		264×260
	0.2		240×240
	0.1		220×220
	0.4	0.55	350×350

为了获取 C5、C10、C15 和 C20 强度条件下豆砾石灌浆结石体的物理力学参数,根据试验结果,以水灰比和减水剂为影响因子进行分组配制水泥浆液,注入试验模具,在完成灌浆后 24~48 h 内进行模具的拆除,将豆砾石灌浆结石体置入装满水的水桶,采用浸水养护的方式进行养护,养护过程持续 28 d,然后加工成高径比为 2∶1的标准试样。室内试样的制备过程如图 3-33 所示。

(a)组装模具　(b)筛除杂质　(c)装填豆砾石　(d)灌浆

(e)拆模　(f)养护　(g)试样加工(高径比为2:1)

图 3-33　室内试样的制备过程

室内预制样共计 13 个,其中水灰比为 0.7 的有 4 个,编号为 7-1~7-4;水灰比为 0.6 且加入 0.4%聚羧酸减水剂的共计 9 个,编号为 1-1~1-9。

3.4.1.2　单轴压缩试验结果及分析

1. 现场采集芯样

现场采集得到的豆砾石灌浆结石体试样的单轴压缩试验采用 MTS815 型数字程控伺服岩石力学刚性试验机进行,试验结果见表 3-16,其中试件 09-1 和 09-2 是纯水泥砂浆。

表 3-16　豆砾石灌浆结石体试件单轴压缩试验结果

编号	抗压强度(MPa)	变形模量(MPa)	弹性模量(MPa)	泊松比
01	6.81	1 378.63	1 849.52	0.34
02	11.30	1 713.11	2 781.94	0.31
03	20.99	3 228.12	4 720.43	0.27
04	21.97	3 290.15	6 324.94	0.27
05-1	15.24	2 411.56	4 386.19	0.29
05-2	26.80	3 774.30	6 815.76	0.25
06	9.63	1 811.16	2 358.51	0.30
07-1	13.14	2 141.35	3 361.84	0.29
07-2	8.76	1 138.30	1 179.79	0.34
08	20.75	3 389.56	5 810.98	0.25
10	21.97	3 108.69	5 928.90	0.25
11	19.47	2 785.98	4 582.21	0.26
12	20.88	2 998.90	3 716.50	0.27
13	21.33	2 855.73	4 478.97	0.26

续表 3-16

编号	抗压强度(MPa)	变形模量(MPa)	弹性模量(MPa)	泊松比
14	18.55	2 596.79	4 310.72	0.29
15-1	25.83	3 688.11	5 360.60	0.24
15-2	20.20	2 782.28	3 804.94	0.26
16	31.36	4 835.50	7 604.75	0.22
17-1	22.12	2 690.82	5 223.30	0.27
17-2	19.24	2 619.44	4 721.41	0.29
18	23.92	3 524.51	7 592.22	0.28
19	28.71	4 115.76	6 210.89	0.25
20	25.45	3 550.29	6 089.35	0.24
21	5.91	1 376.30	1 551.11	0.35
22	25.19	3 752.11	5 030.80	0.26
09-1	28.79	2 803.19	5 150.26	0.26
09-2	30.98	3 092.45	3 974.66	0.24

由表3-16可知,不同部位豆砾石灌浆结石体的单轴抗压强度差异较大,如编号为21的试件单轴抗压强度仅有5.91 MPa,而22号试件单轴抗压强度则高达25.19 MPa。同时,取芯位置相同的情况下,在回填层厚度方向豆砾石灌浆结石体的单轴抗压强度也有不同,如编号为07-1和07-2的两个试件单轴抗压强度分别为13.14 MPa和8.76 MPa,这可能是外水对灌浆浆液进行稀释所造成的。

在25个豆砾石灌浆结石体试样中,单轴抗压强度小于10 MPa的试件比例为16%,10 MPa≤单轴抗压强度≤15 MPa的试件占比为8%,15 MPa≤单轴抗压强度≤20 MPa的试件比例为16%,单轴抗压强度大于20 MPa的试件比例为60%,具体见图3-34。在15个单轴抗压强度大于20 MPa的试件中,试件单轴抗压强度大都接近20 MPa,一般不超过26 MPa,除编号为16的试件单轴抗压强度为31.36 MPa外,只有编号为05-2和19的试件单轴抗压强度略大于26 MPa,可以看出试件的单轴抗压强度主要集中在20 MPa左右。

由于隧洞顶部的空间限制,隧洞顶部区域未取样,而实际工程中顶管片位置的灌浆效果会相对差一些,因此试验结果偏乐观。由编号为09-1和09-2的两个试件的试验结果可知,纯水泥砂浆相对密度较小而平均单轴抗压强度更大,但由于其凝固需要一个过程,不能起到及时支护的作用,因此隧洞主体部分还是采用豆砾石回填灌浆的方式进行。

对豆砾石灌浆结石体单轴抗压强度和变形模量进行相关性分析,对数据进行线性拟合之后得到回归方程 $y=129.94x+349.04$,其相关性系数高达0.946 2,所以基本可以认为豆砾石灌浆结石体单轴抗压强度和变形模量呈正比例关系,即单轴抗压强度越高,相应的变形模量也越高,具体相关性见图3-35。

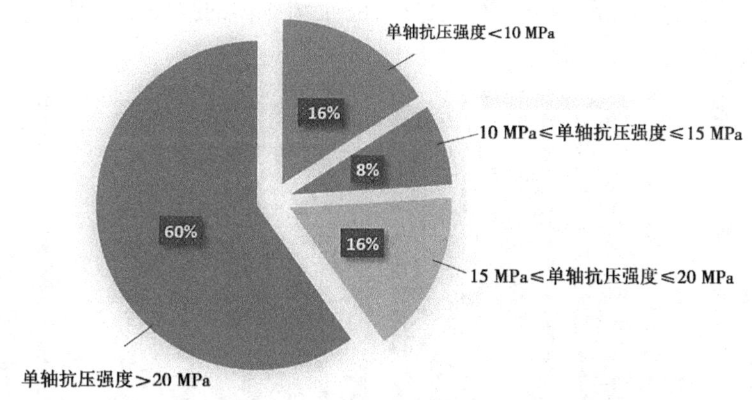

图 3-34　豆砾石灌浆结石体单轴抗压强度分区饼状图

对豆砾石灌浆结石体单轴抗压强度和弹性模量进行相关性分析,对数据进行线性拟合之后得到回归方程 $y=236.53x+57.058$,其相关性系数高达 0.838,所以基本可以认为豆砾石灌浆结石体单轴抗压强度和变形模量成正比例关系,即单轴抗压强度越高,相应的弹性模量也越高,具体相关性见图 3-36。

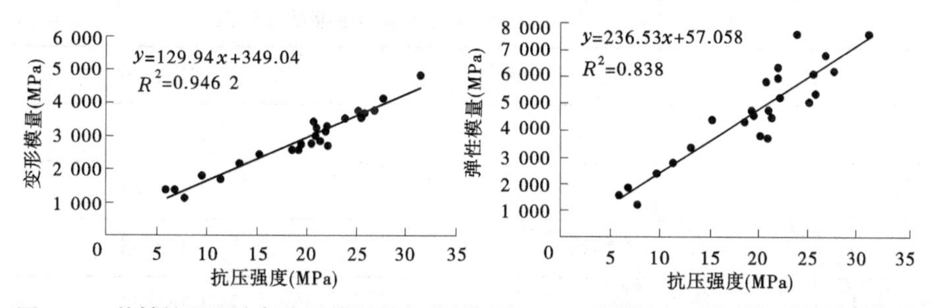

图 3-35　单轴抗压强度与变形模量的相关性　图 3-36　单轴抗压强度与弹性模量的相关性

对豆砾石灌浆结石体单轴抗压强度和泊松比进行相关性分析,对数据进行线性拟合之后得到回归方程 $y=-0.004\,5x+0.363\,1$,其相关性系数高达 0.872 9,所以基本可以认为豆砾石灌浆结石体单轴抗压强度和泊松比呈线性负相关,即单轴抗压强度越高,相应的泊松比越小,具体相关性见图 3-37。

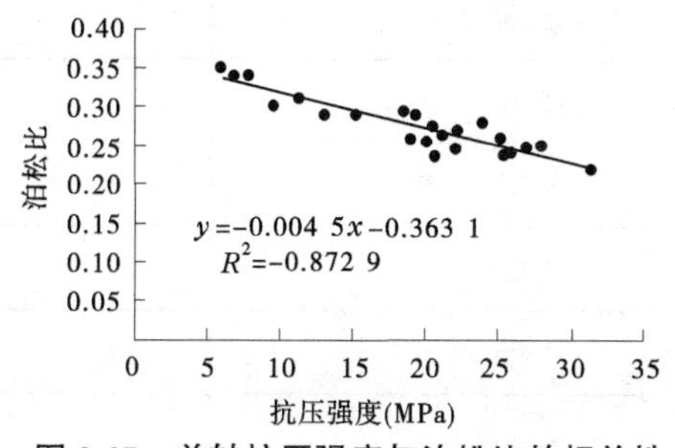

图 3-37　单轴抗压强度与泊松比的相关性

试验完成后,豆砾石灌浆结石体试样典型破坏裂隙如图 3-38 所示。由图可知,不同部位豆砾石灌浆结石体试样的破坏类型主要为张性破坏。同时,裂缝主要是沿着豆砾石和水泥浆液的接触界面发展的,这说明豆砾石灌浆结石体的强度主要是受水泥浆液与豆砾石的黏结力和咬合力控制的。

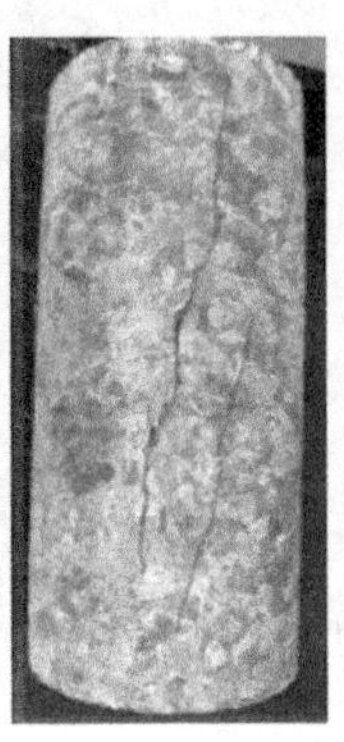
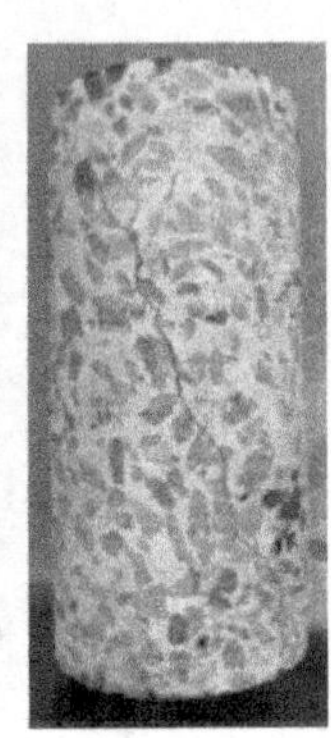

图 3-38 单轴压缩试件破坏迹象

2. 室内预制样

室内制备试样采用微机液压压力试验机进行单轴压缩试验,设备型号为 YAS-600,试验结果见表 3-17。

表 3-17 豆砾石灌浆结石体试件单轴压缩试验结果 (单位:MPa)

编号	抗压强度	弹性模量
1-1	15.24	3 075.71
1-2	22.67	4 518.43
1-3	23.35	4 108.55
1-4	9.29	1 344.63
1-5	20.68	3 578.04
1-6	18.45	2 304.10
1-7	11.50	2 208.31
1-8	15.95	2 621.21
1-9	15.08	2 210.38
7-1	8.81	489.75
7-2	8.09	591.01
7-3	8.93	936.97
7-4	4.44	795.19

从试验结果来看,除试件 1-4 外,水灰比为 0.6 且加入 0.4%减水剂的试件单轴抗压强度均在 10 MPa 以上,主要集中在 15~25 MPa;水灰比为 0.7 的试件单轴抗压强度主要

分布在5~10 MPa。兰州水源地项目灌浆所采用的水灰比为0.6,但依然出现了较多单轴抗压强度为5~15 MPa的低强度芯样。这可能是外水对灌浆浆液不同程度稀释所引起浆液水灰比增大导致的。

对豆砾石灌浆结石体单轴抗压强度和弹性模量进行相关性分析,对数据进行线性拟合之后得到回归方程$y=207.99x-657.87$,其相关性系数高达0.908 1,所以基本可以认为豆砾石灌浆结石体单轴抗压强度和弹形模量呈正比例关系,即单轴抗压强度越高,相应的弹性模量也越高,具体相关性见图3-39。

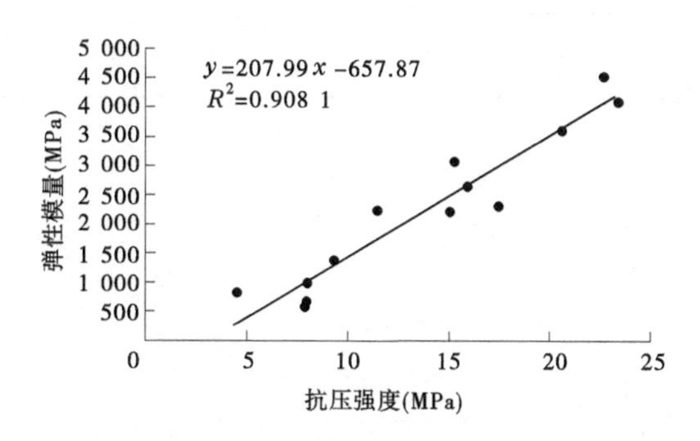

图3-39 室内预制豆砾石灌浆结石体单轴抗压强度与弹性模量的相关性

室内预制试样的单轴抗压强度与弹性模量相关性很好,线性拟合回归方程的斜率为208.99,现场采集芯样试验结果所拟合的方程斜率为236.53。两个方程斜率相差不大,考虑到试验样本数量有限,可以基本认为两者的斜率一致,即豆砾石灌浆结石体弹性模量随单轴抗压强度变化的规律是一致的,这证明现场采集芯样所得到的试验数据是可靠的。

3.4.1.3 三轴压缩试验结果及分析

豆砾石灌浆结石体三轴压缩试验采用MTS815型数字程控伺服岩石力学刚性试验机进行。试验样品均为室内试验制备,试样采用0.6水灰比的水泥浆液和现场采集的豆砾石制成,共计4个试样,均制备成高100 mm、直径50 mm的标准试件,如图3-40(a)所示。

(a)试验前试样　(b)试验后试件破坏迹象

图3-40 三轴压缩试验样品照片

在稳定围压条件下给试件加载,试验开始时先以3 MPa/min的速率等速加载围压,直至预定值并保持围压不变,再以0.1 mm/min的速率施加轴向位移,直到试件破坏。分别设置3 MPa、6 MPa、9 MPa和12 MPa四个等级的围压给试件加载,试验结果如表3-18所示,试件应力—应变关系曲线见图3-41,图3-40(b)展示了试件试验后的破坏迹象。

表 3-18　三轴压缩试验结果

编号	围压 σ_3(MPa)	极限轴向应力 σ_1(MPa)	σ_1-σ_3(MPa)	轴向应变 ε_{as}
1-1	3	45.104	42.104	0.011
1-2	6	59.768	53.768	0.014
1-3	9	68.252	59.252	0.020
1-4	12	76.511	64.511	0.023

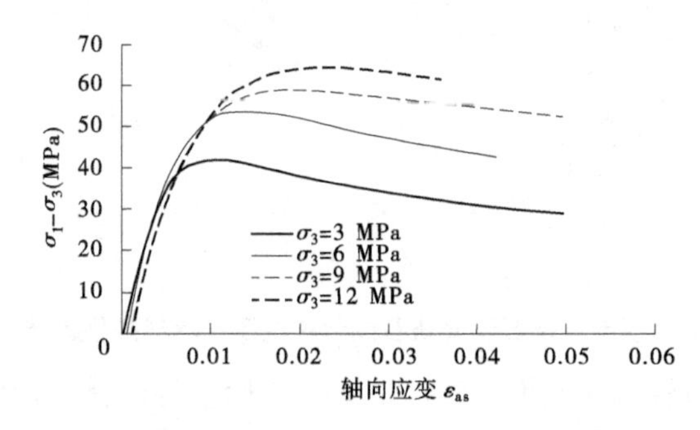

图 3-41　试件应力—应变关系曲线

试件破裂迹象如图 3-40(b)所示,从图中可以看出试件以塑性破坏为主,有较大的横向变形,裂缝主要是沿着豆砾石和水泥浆液的接触界面发展的。在围压等于 3 MPa 和 6 MPa 时,裂缝表现出张性破坏特征;在围压等于 9 MPa 时,裂缝表现出剪性破坏特征。同时,结合试件应力—应变关系曲线(见图 3-41)来看,试件表现出明显的应变软化特征。

$$\left.\begin{aligned} c &= \frac{\sigma_c(1-\sin\varphi)}{2\cos\varphi} \\ \varphi &= \arcsin\frac{m-1}{m+1} \end{aligned}\right\} \tag{3-22}$$

式中:m 为最佳关系曲线的斜率;c 为黏聚力,MPa; φ 为内摩擦角,(°)。

从表 3-18 中的结果可以知道,极限轴向应力随围压的增大而增大,其取值区间为 45~77 MPa。依据试验结果绘制摩尔应力圆包络线,然后利用最小二乘法绘制 σ_1—σ_3 最佳关系曲线,并根据式(3-22)求出豆砾石灌浆结石体的值,求得的黏聚力为 9.92 MPa,内摩擦角为 33°。σ_1—σ_3 最佳关系曲线和摩尔应力圆包络线如图 3-42 所示。

3.4.2　“围岩—回填层—管片”联合作用弹性理论分析

3.4.2.1　理论基础及计算模型

1. 圆形隧洞弹性理论

隧洞围岩应力及变形与开挖前的初始应力状态、隧洞形状、岩体及支护结构的物理力

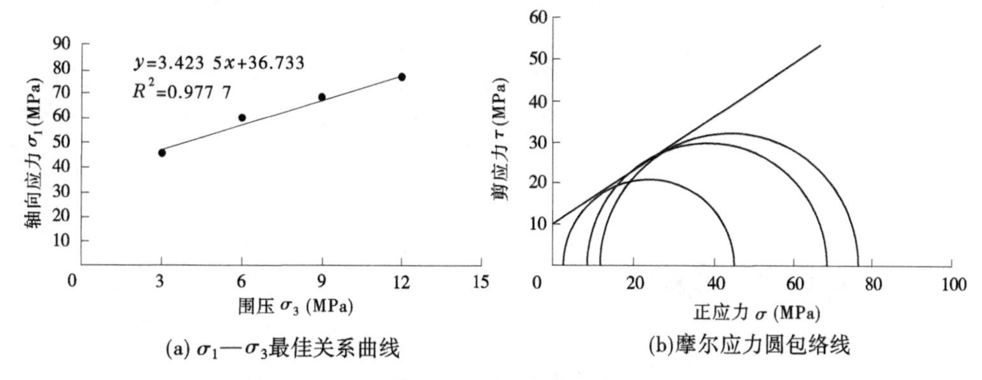

图 3-42　σ_1—σ_3 最佳关系曲线和摩尔应力圆包络线

学特性等因素有关(于学馥,1983)。

对模型进行简化,在力学处理上将边界上的力,考虑为均匀分布的垂直荷载和水平荷载。这样简化所导致的误差是不大的,并随埋深的增大而减小,当埋深大于 10 倍洞径时可忽略不计。

在此研究中围岩满足完全弹性、连续、均匀、小变形、各向同性等古典线弹性理论的假定。自然界中严格来说是没有完全满足以上假定的岩体的,但运用线弹性理论得到的结果可以作为其他分析的基础。采用极坐标系统进行分析,计算简图如图 3-43 所示。

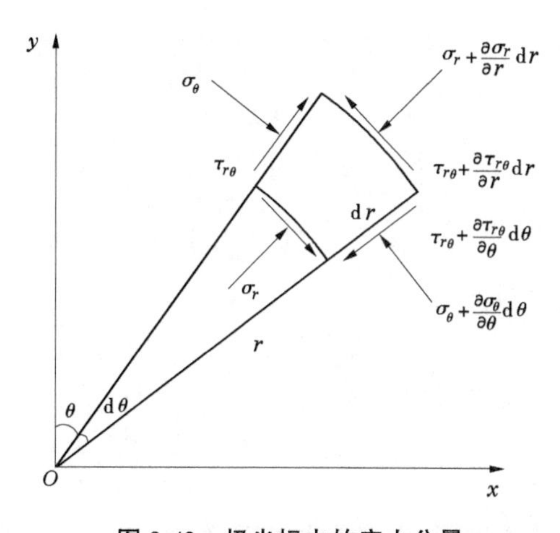

图 3-43　极坐标中的应力分量

(1)平衡方程:

$$\left.\begin{aligned}\frac{\partial \sigma_r}{\partial r}+\frac{1}{r}\frac{\partial \tau_{r\theta}}{\partial \theta}+\frac{\sigma_r-\sigma_\theta}{r}=0\\ \frac{1}{r}\frac{\partial \sigma_\theta}{\partial \theta}+\frac{\partial \tau_{r\theta}}{\partial r}+\frac{2\tau_{r\theta}}{r}=0\end{aligned}\right\}\tag{3-23}$$

(2)几何方程：

$$\left.\begin{aligned}\varepsilon_r &= \frac{\partial u}{\partial r}\\ \varepsilon_\theta &= \frac{1}{r}\frac{\partial v}{\partial \theta} + \frac{u}{r}\\ \gamma_{r\theta} &= \frac{1}{r}\frac{\partial u}{\partial \theta} + \frac{\partial v}{\partial r} - \frac{v}{r}\end{aligned}\right\} \tag{3-24}$$

式中：u 和 v 分别为径向位移和环向位移。

(3)物理方程：

$$\left.\begin{aligned}\varepsilon_r &= \frac{1-\mu^2}{E}\left(\sigma_r - \frac{\mu}{1-\mu}\sigma_\theta\right)\\ \varepsilon_\theta &= \frac{1-\mu^2}{E}\left(\sigma_\theta - \frac{\mu}{1-\mu}\sigma_r\right)\\ \gamma_{r\theta} &= \frac{2(1+\mu)}{E}\tau_{r\theta}\end{aligned}\right\} \tag{3-25}$$

(4)变形协调方程：

$$\frac{1}{r^2}\frac{\partial^2 \varepsilon_r}{\partial \theta^2} - \frac{1}{r}\frac{\partial \varepsilon_r}{\partial r} + \frac{2}{r}\frac{\partial \varepsilon_\theta}{\partial r} + \frac{\partial^2 \varepsilon_\theta}{\partial r^2} - \frac{1}{r^2}\frac{\partial}{\partial r}\left(r\frac{\partial \gamma_{r\theta}}{\partial \theta}\right) = 0 \tag{3-26}$$

若引入应力函数 $U(r,\theta)$，令

$$\left.\begin{aligned}\sigma_r &= \frac{1}{r}\frac{\partial U}{\partial r} + \frac{1}{r^2}\frac{\partial^2 U}{\partial \theta^2}\\ \sigma_\theta &= \frac{\partial^2 U}{\partial r^2}\\ \tau_{r\theta} &= -\frac{\partial}{\partial r}\left(\frac{1}{r}\frac{\partial U}{\partial \theta}\right)\end{aligned}\right\} \tag{3-27}$$

则变形协调方程可以写成

$$\nabla^2\nabla^2 U = 0 \tag{3-28}$$

式中，∇^2 是拉普拉斯算子，在极坐标中有

$$\nabla^2 = \frac{\partial^2}{\partial r^2} + \frac{1}{r}\frac{\partial}{\partial r} + \frac{1}{r^2}\frac{\partial^2}{\partial \theta^2} \tag{3-29}$$

经过一系列的复杂求解过程，在考虑衬砌和回填层时，将边界条件代入可以得到围岩、回填层和衬砌内的径向应力、环向应力、切应力、径向位移和环向位移，计算简图如图 3-44 所示。

对于衬砌，相应的应力、位移分量以及材料常数用角标 c 表示，其应力及位移为

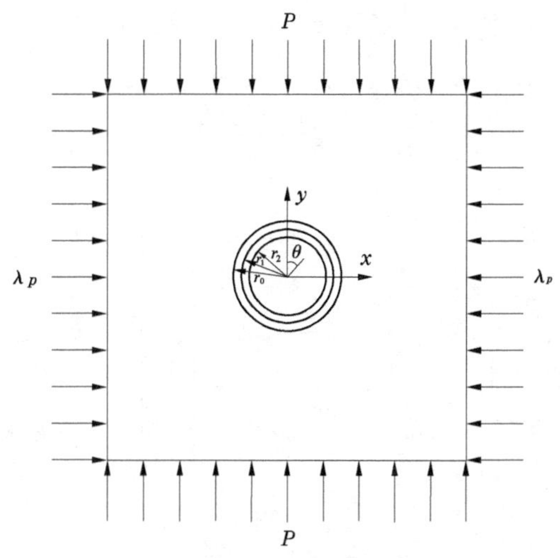

图3-44　考虑回填层和衬砌的圆形隧洞计算简图

$$\left.\begin{aligned}
\sigma_{cr} &= (2A_1 + A_2r^{-2}) - (A_5 + 4A_3r^{-2} - 3A_6r^{-4})\cos2\theta \\
\sigma_{c\theta} &= (2A_1 - A_2r^{-2}) + (A_5 + 12A_4r^2 - 3A_6r^{-4})\cos2\theta \\
\tau_{cr\theta} &= (A_5 + 6A_4r^2 - 2A_3r^{-2} + 3A_6r^{-4})\sin2\theta \\
u_c &= \frac{1}{2G_c}\{[(k_c - 1)A_1r - A_2r^{-1}] + [(k_c - 3)A_4r^3 - A_5r + (k_c + 1)A_3r^{-1} - A_6r^{-3}]\cos2\theta\} \\
v_c &= \frac{1}{2G_c}[(k_c + 3)A_4r^3 + A_5r - (k_c - 1)A_3r^{-1} - A_6r^{-3}]\sin2\theta
\end{aligned}\right\} \tag{3-30}$$

式中：G_c、k_c 分别为围岩、回填层和衬砌的材料常数，其中 $k_n=3-4\mu_n$，μ_n 为相应介质材料的泊松比，G_n 为相应介质材料的剪切模量，且 $G_n=\dfrac{E_n}{2(1+\mu_n)}$，$E_n$ 为相应介质材料的弹性模量；γ、β、δ、A_1、A_2、A_3、A_4、A_5、A_6 为待定常数，由边界条件确定。

边界条件为

$$\left.\begin{aligned}
&当\ r=r_0\ 时，\sigma_{r0}=\sigma_{br0},u_{r0}=u_{br0},\tau_{r\theta}=\tau_{br\theta}=0 \\
&当\ r=r_1\ 时，\sigma_{br1}=\sigma_{cr1},u_{br1}=u_{cr1},\tau_{br\theta}=\tau_{cr\theta}=0 \\
&当\ r=r_2\ 时，\sigma_{cr2}=0,\tau_{cr\theta}=0
\end{aligned}\right\} \tag{3-31}$$

及无穷远处的应力和位移条件。

将应力和位移代入边界条件，可以得到15个线性方程，从而解出这15个待定常数。利用 Visual Basic 软件将以上公式编写成一款小程序，用以计算不同边界条件和材料参数情况下联合受力体系的受力和变形。小程序中需要输入的参数包括开挖半径 r_0、回填后半径 r_1、衬砌后半径 r_2、上覆围压 P、水平围压与上覆围压比值 λ、内水压力 P_0 以及围岩、回填层、衬砌的弹性模量和泊松比。计算程序参数输入界面如图3-45所示。

2. 联合支护体系中计算参数的确定

输水隧洞 TBM1 掘进段实际围岩分类主要为Ⅱ类，中间包含少量Ⅲ类和Ⅳ类围岩。

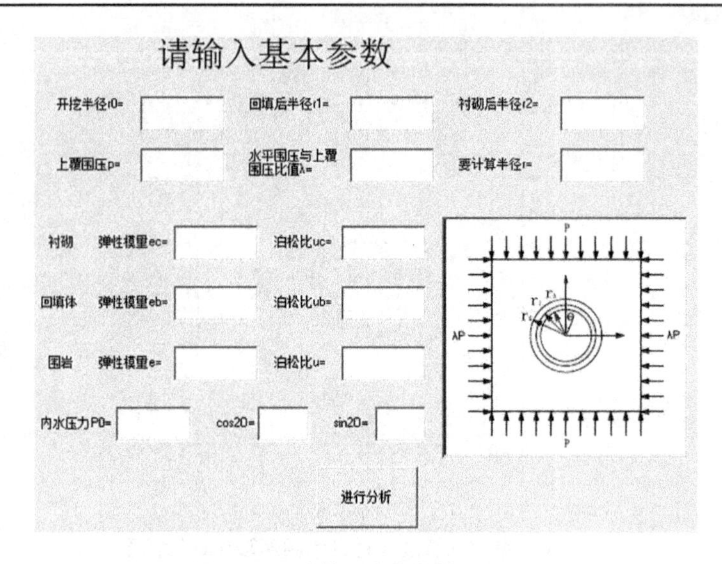

图 3-45　计算程序参数输入界面

其中，Ⅱ类和Ⅲ类围岩采用 A 型管片进行支护，Ⅳ类围岩采用 B 型管片进行支护。A 型管片和 B 型管片的区别在于，A 型管片采用的混凝土强度等级为 C50，而 B 型管片采用的混凝土强度等级为 C60。管片参数信息见表 3-19。围岩综合物理力学参数取值见表 3-20。

表 3-19　管片参数信息

序号	管片类型	管片宽度(m)	管片厚度(cm)	管片内径(m)	管片外径(m)	混凝土强度等级	每环管片混凝土量(m^3)	每环管片配筋量(t)	弹性模量(GPa)
1	A	1.5	30	4.6	5.2	C50	6.943	0.731	34.5
2	B	1.5	30	4.6	5.2	C60	6.943	0.731	36.0

表 3-20　围岩综合物理力学参数取值

土/围岩类别	围岩分类	天然密度(t/m^3)	饱和密度(t/m^3)	单轴饱和抗压强度(MPa)	抗拉强度(MPa)	黏聚力(MPa)	摩擦角(°)	弹形模量(GPa)	变形模量(GPa)	泊松比
综合围岩	Ⅱ类	2.71	2.73	68	10	1.6	58	17	12	0.21
	Ⅲ类	2.68	2.69	62	7	1.0	50	14	10	0.27
	Ⅳ类	2.64	2.66	43	4	0.6	43	7	5	0.31

在 3.2 节中得出了豆砾石灌浆结石体单轴抗压强度与弹性模量、泊松比的线性拟合回归方程，分别为

$$\left.\begin{aligned} y &= 236.3x + 57.058 \\ y &= -0.0045x + 0.3631 \end{aligned}\right\} \tag{3-32}$$

依据式(3-32)中的回归方程,可以得出不同单轴抗压强度条件下的豆砾石灌浆结石体的物理力学参数。在实际工程中,回填层的单轴抗压强度检测结果显示,其强度一般分布在5~20 MPa,因此此处选取C5、C10、C15、C20强度的豆砾石灌浆结石体进行分析比较,具体计算参数见表3-21。

表3-21　回填层物理力学参数取值

序号	抗压强度等级	单轴抗压强度(MPa)	弹性模量(GPa)	泊松比
1	C5	5	1.2	0.34
2	C10	10	2.4	0.32
3	C15	15	3.6	0.30
4	C20	20	4.8	0.27

3. 地应力场特征及取值

现场采用水压致裂法对工程区域的地应力条件进行测试。钻孔ST06位于加里东期侵入岩体中,最大水平主应力与铅直应力之比为1.5~2.9;钻孔ST10位于奥陶系逆冲变质岩地层中,最大水平主应力与铅直应力之比为1.2~2.5。说明两者所处地层均发生过较强烈的地质构造运动,地应力场以水平向构造应力为主导,最大主应力方向为NE69°~NE73°,这也与区域构造应力场分析研究结论基本一致。钻孔ST08位于白垩系沉积岩地层中,且距离区域性断裂较远,受地质构造影响较小,最大水平主应力与铅直应力之比为0.9~1.3,显示白垩系沉积岩区埋深380 m以内主应力以水平向构造应力为主导,在埋深大于380 m后则转变为铅直应力场为主导。具体测试成果见表3-22。

表3-22　水压致裂测试成果

钻孔	深度(m)	最小水平主应力(MPa)	最大水平主应力(MPa)
ST06	78	3.4	4.5
	82.5	3.9	5
	91	3.7	5.7
	127.7	5.5	7.5
	145.5	6.8	9.9
	161.3	9.8	12.7
	173.3	6.0	7.1
	188	7.4	10.6

续表 3-22

钻孔	深度(m)	最小水平主应力(MPa)	最大水平主应力(MPa)
ST08	205	4.1	6.1
	216.3	5.3	6.2
	230	5.4	7.5
	367	9.1	10.8
	381.5	7.5	11
	393.5	7.6	9.6
	407.8	7.4	9.2
	497.5	9.9	11
ST10	205	9.1	13.4
	223	9.8	13.7
	238	9.7	14.2
	260.4	11.3	17.5
	279.1	10.0	14.9
	293	10.2	15.5
	419.7	13.6	19.3

因 ST06 和 ST10 测试孔数据比较接近,将两个测试孔数据联合分析。将数据进行拟合,分别得到两条埋深与最大、最小水平主应力关系的拟合曲线,用得到的拟合曲线确定最大、最小水平主应力的区间,如图 3-46 所示。最大水平主应力上、下边界的曲线方程分别为

$$\sigma_{H,\max} = -0.000\,1x^2 + 0.094\,6x - 2.225\,5 \qquad R^2 = 0.894\,4 \tag{3-33}$$

$$\sigma_{H,\min} = 0.017\,4x + 3.070\,1 \qquad R^2 = 0.803\,7 \tag{3-34}$$

最小水平主应力上、下边界的曲线方程分别为

$$\sigma_{h,\max} = -4\times10^{-5}x^2 + 0.049\,6x - 0.006\,2 \qquad R^2 = 0.922\,0 \tag{3-35}$$

$$\sigma_{h,\min} = 0.014\,7x + 1.820\,6 \qquad R^2 = 0.911\,9 \tag{3-36}$$

隧洞轴线方向为 NE50°,与最大主应力方向夹角约为 20°,约 8 km 长的隧洞埋深大于 600 m,最大埋深约 1 000 m,属深埋隧洞。因此,本次计算中在考虑地应力的情况下,地应力按 600 m 深度进行计算,即最大水平主应力$\sigma_H = 13.51 \sim 19.53$ MPa,最小水平主应力为$\sigma_h = 10.64 \sim 15.35$ MPa,与洞轴线方向垂直的水平地应力$\sigma_c = 14.62 \sim 20.76$ MPa,与洞轴线方向平行的水平地应力$\sigma_p = 16.33 \sim 22.66$ MPa,取中间值进行计算,即$\sigma_c = 17.69$ MPa,$\sigma_p = 19.50$ MPa。埋深 600 m 处铅直应力对应Ⅱ、Ⅲ、Ⅳ类围岩分别为 $\sigma_{v1} = 16.26$ MPa、$\sigma_{v2} = 16.08$ MPa、$\sigma_{v3} = 15.84$ MPa,即侧压力系数 $\lambda = 1.1$。

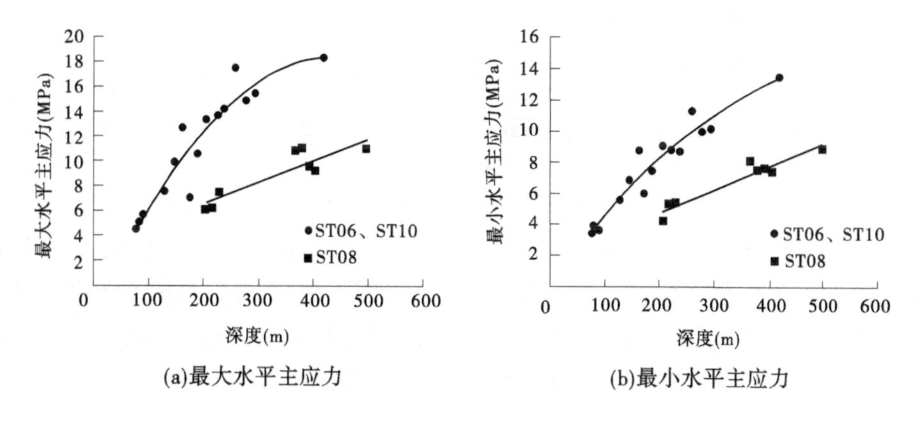

(a)最大水平主应力 (b)最小水平主应力

图 3-46 最大、最小水平主应力与深度关系

4. 支护体系受力模式分析

圆形隧洞弹性理论假定开挖与支护是同时完成的,即未考虑围岩应力释放的过程。隧洞开挖所引起的围岩应力全部施加在支护结构上,导致计算出的管片和回填层的内力远大于实际受力情况。

隧洞开挖之后围岩即开始变形,但由于管片外径和开挖半径之间还有一段预留变形空间,所以分为两种模式来考虑。

1)模式一

在不考虑支护结构的情况下,围岩径向位移大于开挖半径和管片外径的差值。在这种模式下,围岩的位移可以分为如下三段:

(1)开挖时围岩产生的卸荷回弹。

(2)隧洞开挖后,TBM 继续掘进,在端面效应(掌子面开挖空间效应)作用下围岩继续释放变形,直到与管片外侧充分接触,这段时间内的围岩变形。

(3)围岩与管片充分接触后的协同变形。

前两段变形均为围岩的自由变形,第三段变形为围岩与管片的协同变形,管片提供支护抗力。前两段变形主要受端面效应控制,而第三段变形还需要考虑围岩流变特性的影响,变形特征极为复杂。在此模式下豆砾石回填灌浆难以进行。

2)模式二

在不考虑支护结构的情况下,围岩径向位移小于开挖半径和管片外径的差值。在这种模式下,围岩的位移可以分为如下三段:

(1)开挖时围岩产生的卸荷回弹。

(2)隧洞开挖后,围岩继续变形,直到豆砾石吹填灌浆所形成的回填层彻底成型,这段时间内的围岩变形。

(3)回填层和管片提供支护抗力后的围岩变形。

据 Lee YK 和满志伟研究,远离开挖区域围岩变形迅速减小,最后趋于稳定。张常光等比较了等值地应力条件下各种现有理论对圆形隧洞位移释放分析的结果,得出弹性围岩和塑性围岩的端面效应不同，可根据 Panet 在 1995 年利用弹性有限元理论给出的隧洞壁位移释放公式进行简单的计算，计算公式如下：

$$\frac{u_r}{u_r^M} = 0.25 + 0.75\left[1 - \left(\frac{0.75}{0.75 + x/R}\right)^2\right] \tag{3-37}$$

式中：u_r^M 为最大位移；u_r 为径向位移；x 为到掌子面的距离；R 为开挖半径。

兰州水源地工程所采用的 TBM 主机部分长为 10 m，后配套部分的长度共计 335 m，豆砾石吹填部位位于后配套的后半段，而灌浆部位则在后配套之后。在上述第二种情况下，回填层和管片发挥支护作用至少是在 345 m 之后，即 $x \geq 345$ m。由隧洞开挖半径为 2.73 m，可以得出 $x/R \geq 126$。根据式(3-37)可以分析得出围岩位移释放系数与至掌子面的距离关系曲线，如图 3-47 所示。

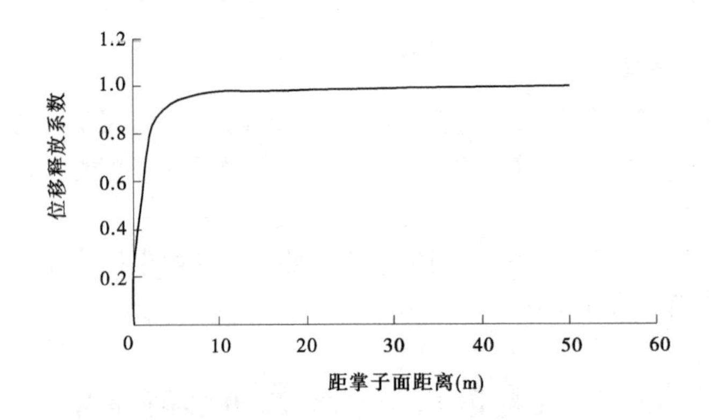

图 3-47　围岩位移释放系数与至掌子面的距离关系曲线

由图 3-47 可知，在距掌子面 10 m 以上距离的位置，围岩位移已基本释放完成，可以不考虑端面效应的影响，故围岩由于隧洞开挖，应力重分布所引起的荷载在上述第二种模式下基本不会施加到管片和回填层上。但考虑到围岩流变的影响，在利用弹性理论进行计算时，对于Ⅱ、Ⅲ、Ⅳ类围岩条件，分别考虑 2%、4%和 6%的初始地应力。由于考虑的初始地应力百分比不够准确，计算结果与实际情况会有所偏差，但管片上应力的变化规律应当是一致的。

5. Ⅱ、Ⅲ、Ⅳ类围岩条件下支护体系受力模式分析

对围岩变形进行线弹性分析，无衬砌时，根据圆形隧洞弹性理论，在洞壁处由开挖而引起的围岩径向位移可由式(3-38)表示，计算公式如下：

$$u = \frac{Pr_0}{4G}[(1 + \lambda) + (1 - \lambda)(3 - 4\mu)\cos 2\theta] \tag{3-38}$$

式中：μ 为围岩泊松比；r_0 为隧洞开挖半径；P 为上覆围岩压力。

将计算所得的不同类别的围岩计算参数和地应力条件代入，可以得到围岩在顶点、极角 45°点和侧点的径向位移，计算结果见表 3-23。

表 3-23　围岩变形的线弹性分析结果

围岩类别	位移(mm)		
	0°(顶点)	45°	90°(侧点)
Ⅱ	2.98	3.32	3.66
Ⅲ	3.80	4.18	4.56
Ⅳ	7.79	9.50	9.21

注:开挖半径 2.73 m,侧压力系数 1.1。

对围岩变形进行弹塑性分析时,依据鲁宾涅特方程,即一般圆形隧洞弹塑性解,总塑性区半径为轴对称塑性区半径和与 θ 有关的塑性区半径的叠加。因此,一般圆形隧洞弹塑性位移的计算公式可以写成

$$u=\frac{1}{4Gr}\left[R_p^2+(1-\lambda)R_p f(\theta)\right]\times$$
$$\left\{\sin\varphi\left[p_0(1+\lambda)+2c\cot\varphi\right]\left[1+\frac{(1-\lambda)\sin\varphi}{R_p(1-\sin\varphi)}f(\theta)\right]-p_0(1-\lambda)\cos2\theta\right\} \tag{3-39}$$

其中

$$R_p=R_0\left\{\frac{\left[p_0(1+\lambda)+2c\cot\varphi\right](1-\sin\varphi)}{2p_1+2c\cot\varphi}\right\}^{\frac{1-\sin\varphi}{2\sin\varphi}} \tag{3-40}$$

$$f(\theta)=\frac{2R_p(1-\sin\varphi)p_0}{\left[p_0(1+\lambda)+2c\cot\varphi\right]\sin\varphi}\cos2\theta \tag{3-41}$$

式中:p_1 为支护抗力,在不考虑支护结构的情况下等于 0;c、φ 为围岩的黏聚力和摩擦角;R_0 为隧洞开挖半径;p_0 为地应力垂直分量;λ 为侧压力系数;R_p 为塑性区半径。

围岩变形的弹塑性分析结果见表 3-24。

表 3-24　围岩变形的弹塑性分析结果

围岩类别	位移(mm)		
	0°(顶点)	45°	90°(侧点)
Ⅱ	3.21	3.39	3.57
Ⅲ	4.22	4.48	4.75
Ⅳ	9.95	9.58	10.24

注:开挖半径 2.73 m,侧压力系数 1.1。

上述计算成果是在满足均质、各向同性、围岩参数不随塑性区改变且塑性区体积应变为零和不考虑剪胀作用等假设的条件下得出的。而实际上围岩条件十分复杂,其中包含节理、层面等结构面,是一种复杂的地质体,因此计算结果并不能代表实际情况,但可以作为支护结构受力模式分析的参考。

从表 3-23 和表 3-24 可以看出,线弹性分析得到的围岩最大变形均位于洞壁侧点处,最大为Ⅳ类围岩条件下的 9.21 mm,Ⅱ、Ⅲ类围岩条件下的变形差异较小,Ⅳ类围岩变形

较大；弹塑性分析得到的围岩最大变形也位于洞壁侧点处，最大为Ⅳ类围岩条件下的 10.24 mm。考虑弹性变形和塑性屈服产生的变形与仅考虑弹性变形得出的变形量相差不大，均在 1.5 mm 以内。

工程中预留给回填层的空间一般不会小于 100 mm，兰州水源地工程的设计回填层厚度为 130 mm，比围岩洞壁最大变形量大一个数量级，因此支护结构的受力模式为模式二。

3.4.2.2　回填层弹性模量对管片受力的影响

回填层强度的提高本质上是弹性模量的提高和泊松比的减小，而泊松比的变化主要是影响变形，对应力分布的影响较小。因此，本节对围岩、回填层、管片的材料弹性模量进行改变，研究管片受力与三种材料弹性模量比值之间的关系，围岩、回填层和管片的弹性模量分别用 E、E_b 和 E_c 表示。

保持 E_c/E 不变的条件下，改变回填层弹性模量来改变 E_b/E 和 E_b/E_c。因为管片在同一工程中一般只有固定的几种型号，所以 E_c 的值在某种工况下一般是固定的，所以采用 E_b/E 与管片上的应力建立关系。回填层弹性模量取值范围为 1 000～78 000 MPa，E_b/E 的取值范围为 0.143～11.143。具体计算参数见表 3-25，计算结果如图 3-48 所示。

表 3-25　计算参数选取

计算参数	字母代号	取值
开挖半径(mm)	r_0	2 650～3 650
管片外径(mm)	r_1	2 600
管片内径(mm)	r_2	2 300
侧压力系数	λ	1.1
围岩弹性模量(MPa)	E	7 000
围岩泊松比	ν	0.31
回填层弹性模量(MPa)	E_b	1 000～78 000
回填层泊松比	ν_b	0.1～0.4
管片弹性模量(MPa)	E_c	36 000
管片泊松比	ν_c	0.167
上覆围岩压力(MPa)	P	0.950 4

由图 3-48 可知，当 E_b/E 小于 0.714 时，管片径向应力和切向应力随 E_b/E 的增加而递增，在此阶段应尽量降低回填层的强度，来降低管片上的应力。而当 E_b/E 大于 0.714 时，管片上的应力随 E_b/E 的增大而降低，在此阶段应尽量提高回填层的强度。因此，回填层作用的发挥与三种材料之间的弹性模量比有关。

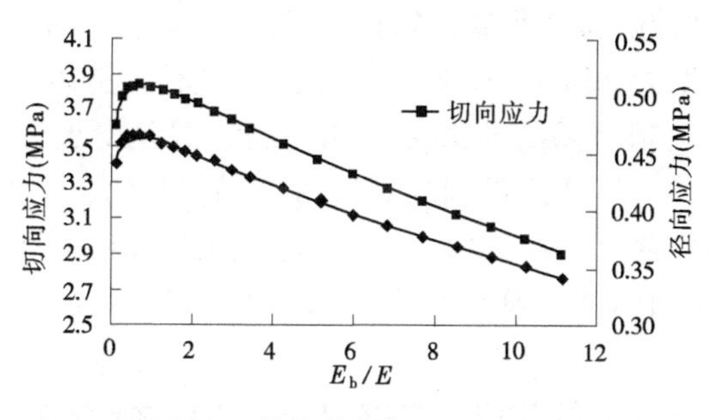

图 3-48　管片应力与 E_b/E 的关系

在图 3-48 中可以明显看到管片应力与 E_b/E 的曲线上存在明显的临界点，临界点所对应 E_b 的值可以称作弹性模量临界值，用符号 E_{K1} 表示。当 E_b 小于临界值 E_{K1} 时，管片应力随回填层强度的提高而提高；当 E_b 大于临界值时，则管片应力随回填层强度的提高而降低。小于临界值时应尽量减小回填层强度，大于临界值时应尽量增大回填层强度。

临界值受到围岩条件、尺寸和地应力等因素的影响，在分析具体问题时可以先通过试算求得这个临界值，再根据施工工艺等条件进一步确定是采用高强度回填层还是采用低强度回填层。

3.4.2.3　回填层泊松比对管片受力的影响

本节讨论回填层泊松比的变化对管片受力的影响，建立管片应力与回填层泊松比的曲线。计算回填层弹性模量分别为 3.6 GPa、10 GPa、20 GPa、30 GPa 的情况，改变回填层泊松比，取值分别为 0.15、0.2、0.25、0.3、0.35、0.4、0.45。观察泊松比变化对不同弹性模量的回填层的影响，计算结果如图 3-49 所示。

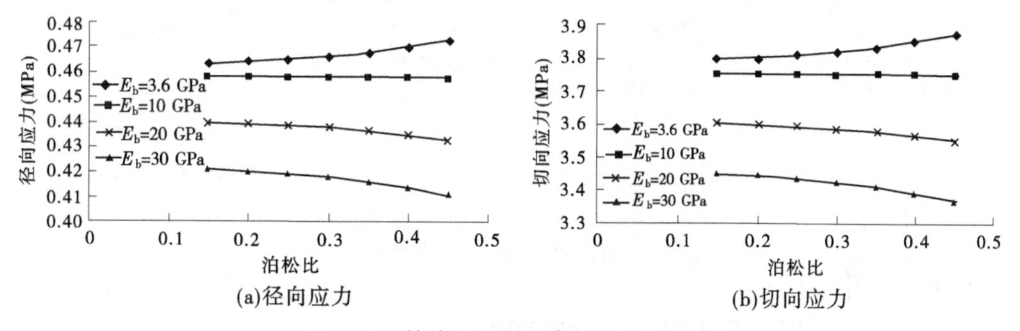

图 3-49　管片应力与回填层泊松比的关系

从图 3-49 中可以看出：

(1)径向应力和切向应力随泊松比变化的规律一致。

(2)当回填层弹性模量较小时(例如 E_b = 3.6 GPa)，管片应力随泊松比的增加而增加；当回填层弹性模量较大时(例如 E_b = 30 GPa)，管片应力随泊松比的增加而降低。当回填层弹性模量在某一范围内时(例如 E_b = 10 GPa)，泊松比变化对管片应力几乎没有影响。

(3)泊松比变化对管片应力的影响与回填层弹性模量有关，弹性模量存在一个临界值。当回填层弹性模量小于临界值时，对地层起削弱作用，管片应力随泊松比的增大而增大,且弹性模量越小,这种趋势越明显;当回填层弹性模量大于临界值时,对地层起增强作用,管片应力随泊松比增大而降低,且弹性模量越大,这种趋势越明显。需要注意的是,当 $E_b = 10$ GPa 时,管片应力依然随泊松比的增加而增加,只是增加的幅度非常小,这说明回填层弹性模量达到 10 GPa 依然还没到临界值,临界值应略大于 10 GPa。在前文的研究中,回填层弹性模量临界值大约在 7 GPa,因此这两个临界值是不同的。将本节这个关于泊松比对管片应力影响的回填层弹性模量临界值用 E_{K2} 表示,E_{K2} 值受到多种因素的共同影响。

(4)虽然泊松比的变化对管片应力有影响,但影响是很小的。如上述 4 种弹性模量条件下,泊松比从 0.1 增加到 0.5,应力变化量最大的为 $E_b = 30$ GPa 的条件,径向应力减小了 0.014 MPa,切向应力减小了 0.117 MPa。因此,可以认为泊松比并不是影响管片受力的主要因素。

3.4.2.4　回填层厚度对管片受力的影响

本节讨论回填层厚度的变化对管片受力的影响,建立管片内力与回填层和管片厚度比值 t_2/t_1 的曲线。保持管片厚度不变(t_1 值不变)为 300 mm,增加回填层的厚度(增加 t_2 值),来改变 t_2/t_1 的值。回填层厚度分别取 50 mm、150 mm、250 mm、350 mm、450 mm、550 mm、650 mm、750 mm、850 mm、950 mm、1 050 mm,t_2/t_1 的取值范围为 0.167~3.500,计算结果如图 3-50 所示。

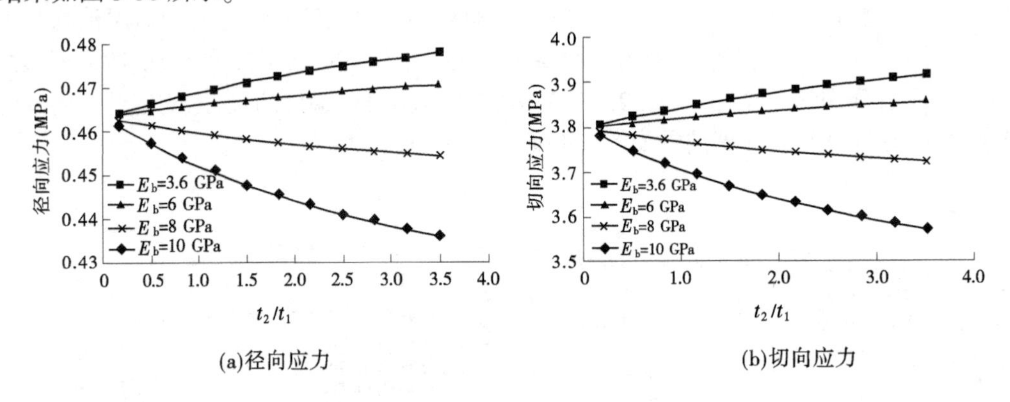

(a)径向应力　　(b)切向应力

图 3-50　管片应力与回填层厚度的关系

从图 3-50 中可以看出:

(1)径向应力和切向应力随 t_2/t_1 变化的规律一致。

(2)当回填层弹性模量较小时(例如 $E_b = 3.6$ GPa),管片应力随 t_2/t_1 值的增加而增加;当回填层弹性模量较大时(例如 $E_b = 10$ GPa),管片应力随 t_2/t_1 值的增加而降低。

(3)回填层厚度变化对管片应力的影响与回填层弹性模量有关,弹性模量存在一个临界值。当回填层弹性模量小于临界值时,对地层起削弱作用,管片应力随 t_2/t_1 值的增大而增大,且弹性模量越小,这种趋势越明显;当回填层弹性模量大于临界值时,对地层起增强作用,管片应力随 t_2/t_1 值的增大而减小,且弹性模量越大,这种趋势越明显。当 $E_b =$ 6 GPa 时,管片应力随 t_2/t_1 值增大的速率已经比较小,而当 $E_b = 8$ GPa 时,管片应力随 t_2/t_1 值的增大而减小,因此临界值处于 6~8 GPa。这个临界值与 E_{K1} 和 E_{K2} 均不同,将本节这个关于回填层厚度对管片应力影响的回填层弹性模量临界值用 E_{K3} 表示。

(4)回填层厚度的变化对管片应力的影响较大,是影响管片应力大小的一个主要因素。

3.4.2.5　地应力侧压力系数对管片受力的影响

保持其余条件不变的情况下,改变地应力侧压力系数,λ 在 0.3~1.8 每 0.1 取一次值。在管片外径上分别取极角(极坐标系下的偏转角度)为 0°、45°和 90°的 3 个点来研究管片应力与侧压力系数的关系。计算结果见图 3-51。

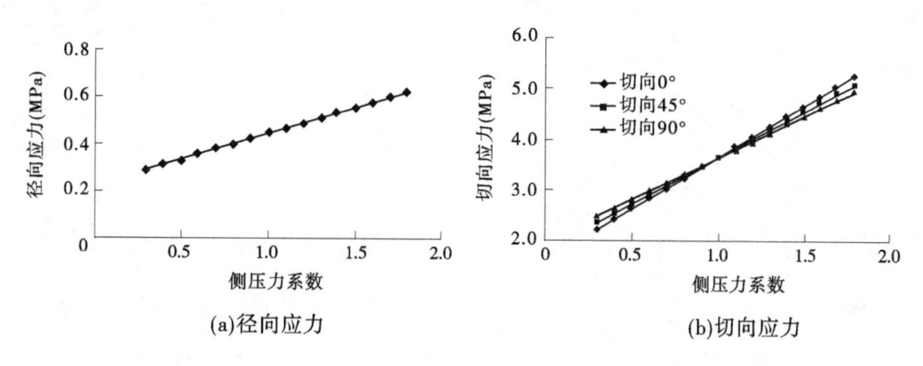

(a)径向应力　　(b)切向应力

图 3-51　管片应力与侧压力系数的关系

由于径向应力的计算结果在极角为 0°、45°和 90°时基本一致,因此只选取极角为 0°时的数据作曲线。从图 3-51 可以看出,径向应力和切向应力都是随着侧压力系数的增加而线性增加,但切向应力增加得更快。其中,洞顶处(极角 0°)切向应力斜率最大,侧点处(极角 90°)斜率最小,即洞顶处切向应力随侧压力系数增加最快,侧点处最慢。在侧压力系数小于 1 时,管片最大应力出现在侧点处;当侧压力系数大于 1 时,管片最大应力出现在洞顶处。

3.4.3　“围岩—回填层—管片”联合作用数值模拟分析

在 3.4.2 节弹性力学分析中,管片应力与侧压力系数、尺寸因素以及围岩、回填层、管片材料弹性模量比之间呈现良好的规律性。不同强度的回填层在不同的组合工况之下对管片应力的影响也展现出不同的规律。但需要注意的是,弹性力学圆形隧洞弹性理论所采用的计算模型是一种高度概化的模型。这个计算模型认为地应力是施加在无限域的边界上的,且没有考虑自重应力的影响。同时,该理论认为隧洞在开挖的瞬间即完成管片支护,导致计算的应力偏大,虽然通过地应力的折减解决了这个问题,但这导致了最终的计算结果是没有考虑围岩地应力在开挖后的重分布的。

本节通过有限差分软件 $FLAC^{3D}$ 对隧洞开挖、支护的全过程进行模拟,来修正 3.3 节中所得到的管片应力变化规律。同时,研究不同条件下管片上的应力分布规律,以及应力分布随回填层弹性模量、泊松比、厚度以及地应力侧压力系数等影响因素变化的规律。

3.4.3.1　数值模型及模拟过程介绍

数值模型中围岩、回填层和管片均采用实体单元进行模拟,围岩的本构模型采用摩尔-库仑模型,管片和回填层采用弹性模型。隧洞开挖直径为 5.46 m,参考已有经验,考虑边界效应模型的计算范围取 3～5 倍洞径，以隧洞中心线向 X 轴和 Z 轴的正负方向分别取 20 m，沿隧洞轴线方向取一环的宽度，即 1.5 m。

建立的几何模型及网格分布见图 3-52，Y 方向为隧洞掘进方向，每 0.3 mm 划分一次网格，Z 方向为铅垂方向，与隧洞走向正交方向为 X 方向。不考虑隧洞开挖对围岩物理力学指标及地下水渗流的影响。

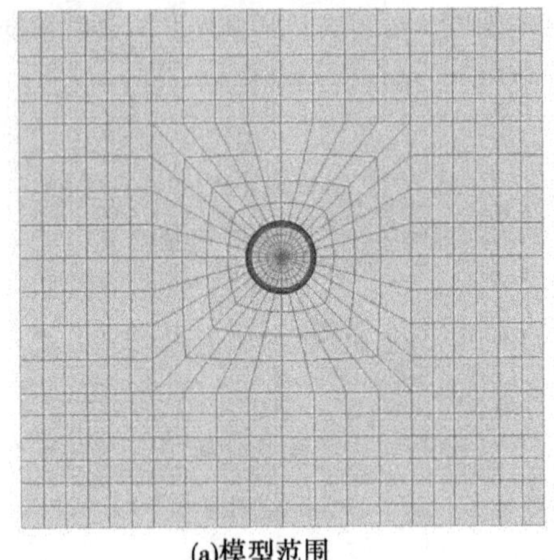

(a)模型范围

(b)结构详图

图 3-52　数值分析几何模型及网格分布

位移边界条件：分别在 X、Y、Z 方向的 6 个端面上施加法向位移约束。应力边界条件：除了在探讨地应力侧压力系数对管片受力的影响时，地应力边界条件会变化。其余情况下，侧压力系数均取 1.1，则 Z 方向施加大小为 15.84 MPa 的地应力，X、Y 方向施加大小为 17.42 MPa 的地应力。

围岩最大不平衡力的释放系数均取 0.9，即围岩在支护之前已释放 90%的地应力。

数值模拟过程：整个模拟过程分为三个步骤。首先考虑初始地应力状态，然后进行隧洞开挖，待到地应力释放重分布完成后进行管片支护和回填层施工。相比连续介质理论分析，考虑到了隧洞开挖造成的应力重分布影响，反映了更真实的情况。此处以回填层弹性模量等于 7 GPa 情况下的模拟全过程进行展示(见图 3-53)，后文则不再给出模拟过程中前两个步骤的结果。

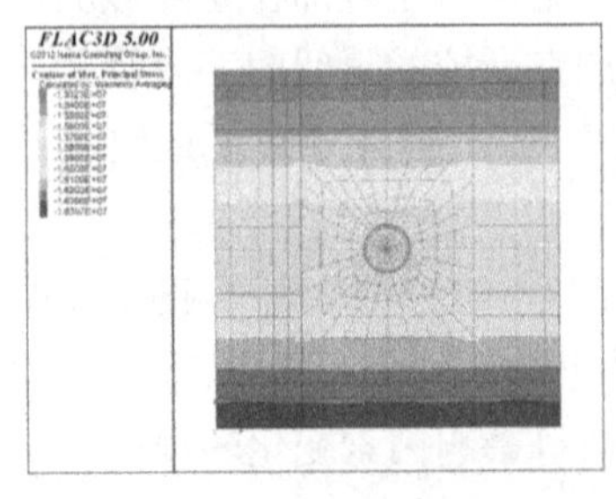

(a)初始地应力状态

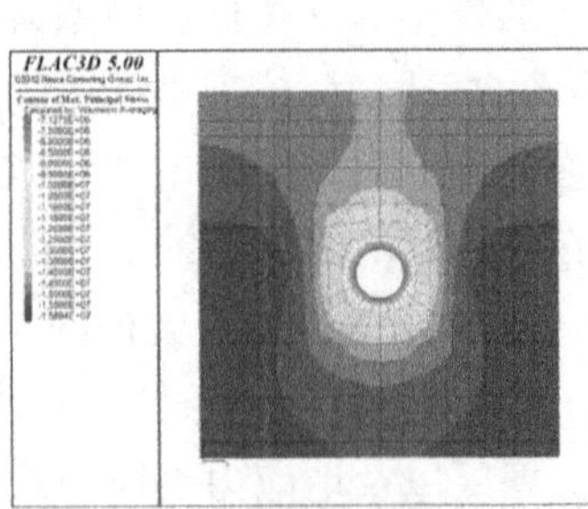

(b)开挖后应力状态

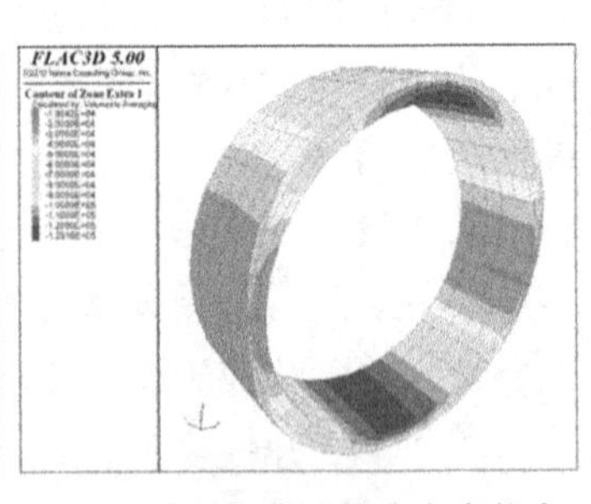

(c)支护后管片应力状态

图 3-53　数值模拟过程

3.4.3.2　回填层弹性模量对管片的影响

1. 回填层弹性模量对管片受力的影响

本节讨论回填层弹性模量 E_b 的变化对管片受力的影响，建立管片内力与回填层和围岩弹性模量比值 E_b/E 的曲线。保持其余条件不变的情况下，通过改变回填层弹性模量来改变 E_b/E。回填层弹性模量 E_b = 1 GPa、3 GPa、5 GPa、7 GPa、9 GPa、13 GPa、24 GPa、60 GPa，E_b/E 的取值范围为 0.143～8.571。取洞顶、极角 45°点、侧点以及洞底的结果进行分析，计算结果见图 3-54。

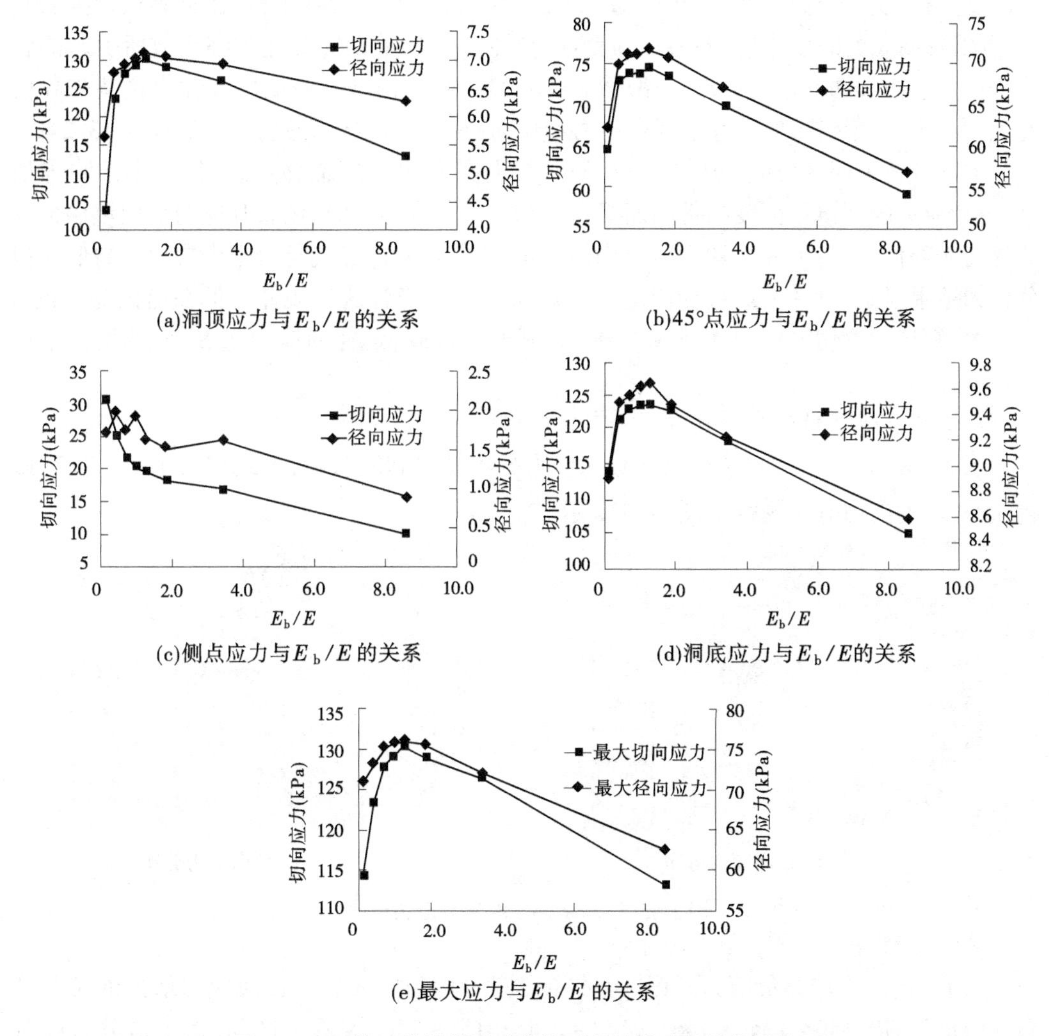

图 3-54　回填层弹性模量对管片受力的影响数值模拟结果

从图 3-54 中可以看出：

(1)洞顶、45°点(极角 45°)以及洞底处，径向应力与切向应力随回填层弹性模量的升高，先增大后减小，存在一个明显的临界点，临界点所对应的 E_b 值为 9 GPa。需要注意的是，当 E_b 小于临界值时，管片应力随回填层强度的提高而增加的速率大于 E_b 大于临界值时管片应力随回填层强度提高而减小的速率。洞顶和洞底处切向应力的量值及变化幅度远大于径向应力，而 45°点处径向应力和切向应力的量值及变化幅度大致相当。

（2）侧点处切向应力随回填层弹性模量的升高而降低，下降速率先快后慢。当 E_b 值小于 13 GPa 时，切向应力与 E_b/E 的曲线形状类似于反比例函数；当 E_b 值大于 13 GPa 时，切向应力随 E_b/E 增大大致上是线性减小的关系。侧点处径向应力随 E_b/E 的变化没有明显的规律性，但总体上是随 E_b/E 增大而减小的。同时径向应力的量值非常小，最大的一个计算值只有 1.95 kPa。

（3）取每种计算条件下管片上最大的径向应力与切向应力进行分析，即管片上最危险的点。径向应力与切向应力也是随 E_b/E 的增大，先增加后减小，存在临界点，与洞顶、45°点以及洞底处的变化规律一致。回填层弹性模量从 1 GPa 变化到临界值所引起的管片上径向应力和切向应力的增长率分别为 6.99%和 14.10%；回填层弹性模量从临界值变化到 60 GPa 所引起的管片上径向应力和切向应力的减少率分别为 17.91%和 13.24%。

上述分析表明，管片应力与 E_b/E 的曲线上存在明显的临界点。当 E_b 小于临界值时，管片应力随回填层强度的提高而提高；当 E_b 大于临界值时，则管片应力随回填层强度的提高而降低，且应力在管片上大致均匀分布，所有位置的点均符合这个规律。数值模拟分析的结果显示，管片上最大径向应力与切向应力也符合这一规律。但在监测分析的 4 个点中，侧点位置切向应力随回填层弹性模量升高而降低，径向应力随 E_b/E 的增加呈振荡式下降。

2. 回填层弹性模量对管片应力分布的影响

当 E_b/E 极小时，回填层弹性模量对应力分布规律有所影响，继续增大则基本没有影响，管片上的应力分布规律如图 3-55 所示。

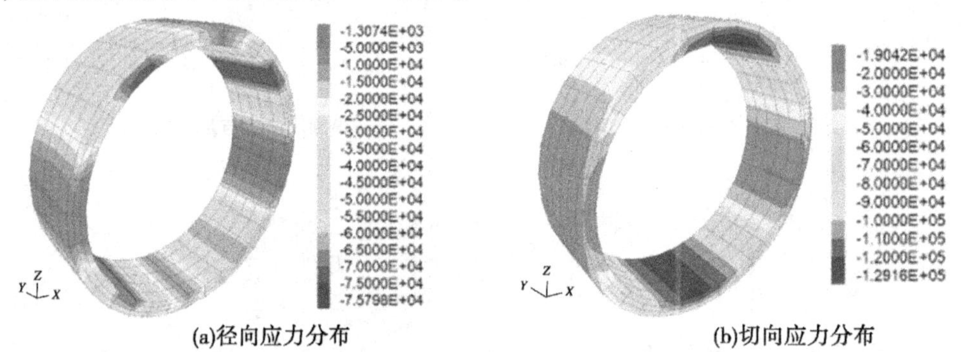

(a)径向应力分布　　(b)切向应力分布

图 3-55　E_b = 7 GPa 时管片应力分布

从图 3-55 中可以看出：

（1）径向应力均为负值，即管片上的径向应力均为压应力。径向应力最大的位置分布在极角为 34°~45°、135°~146°、214°~225°、315°~326°这四个区间；最小值分布在洞顶、洞底以及左右两个侧点的位置。

（2）切向应力均为负值，即管片上的切向应力均为压应力。切向应力最大值分布在洞顶和洞底，左右两侧点处最小。

（3）当 E_b/E = 0.143 时，最大径向应力位于极角约 214°处，最大切向应力位于洞底处。之后随着 E_b/E 的增加，最大径向应力稳定在极角约 34°处，最大切向应力稳定在洞顶。

3.4.3.3　回填层泊松比对管片的影响

1. 回填层泊松比对管片受力的影响

本节讨论回填层泊松比的变化对管片受力的影响，建立管片内力与回填层泊松比的曲线。保持其余条件不变的情况下，改变回填层泊松比，取值分别为 0.1、0.15、0.2、0.25、0.3、0.35、0.4。取洞顶、极角 45°点、侧点以及洞底的结果进行分析，计算结果见图 3-56。

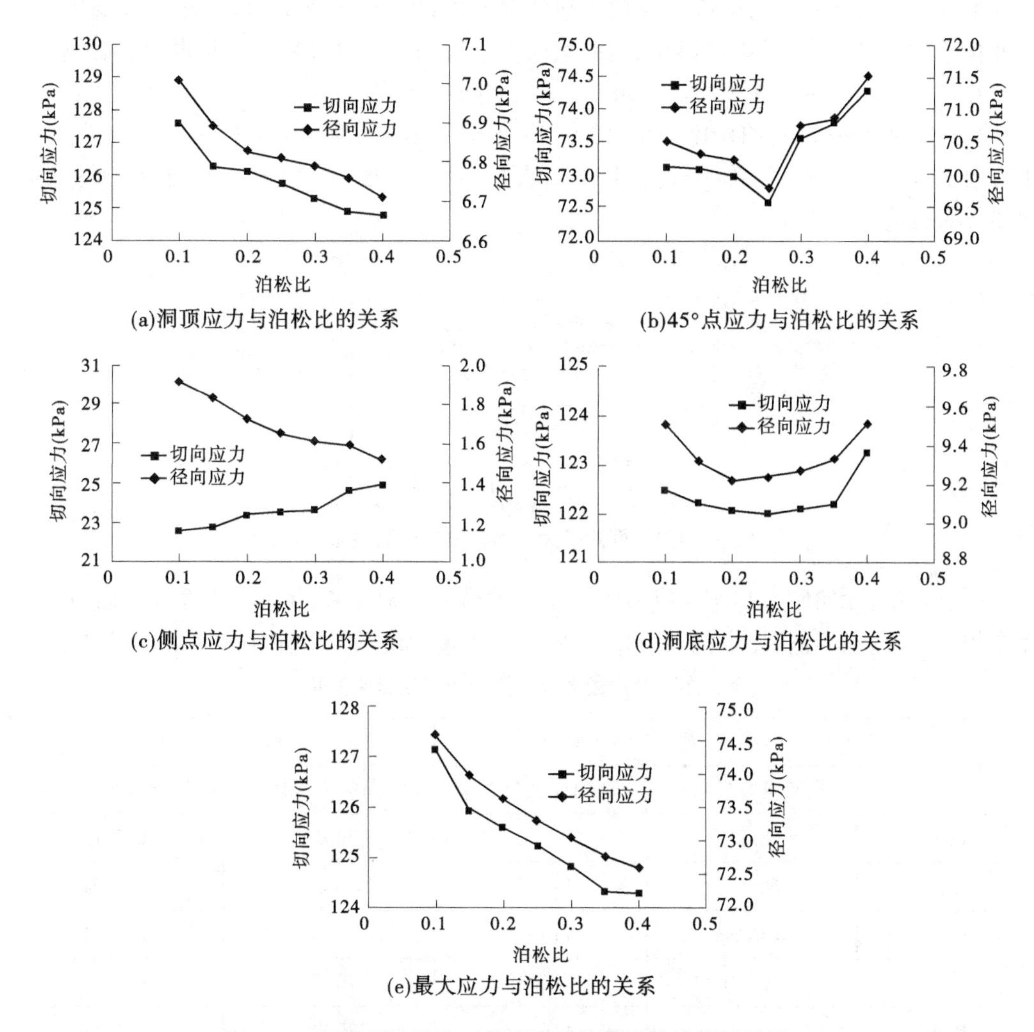

图 3-56　回填层泊松比对管片受力的影响数值模拟结果(一)

从图 3-56 中可以看出：

(1)洞顶处径向应力与切向应力随回填层泊松比升高而减小。切向应力变化的量值较径向应力大，但总体变化幅度都很小。

(2)45°点和洞底处径向应力与切向应力都随回填层泊松比的升高先减小后增加。但变化幅度都很小，特别是洞底处，变化量几乎可以忽略不计。

(3)侧点处径向应力随回填层泊松比升高而降低,切向应力则随回填层泊松比升高而升高。

(4)取每种计算条件下管片上最大的径向应力与切向应力进行分析,即管片上最危险的点。径向应力和切向应力随回填层泊松比的升高单调递减,但径向应力与切向应力的变化都非常小。由此可以判定,回填层泊松比的变化不是影响管片受力的主要因素。

实际上,回填层的泊松比取值范围大致在 0.25~0.40。当回填层的泊松比在这个范围内变化时,所引起的管片应力变化是很小的(回填层泊松比从 0.1 变化到 0.4 所引起的管片上径向应力和最大切向应力的减少率分别为 2.68%和 2.26%,与弹性模量变化引起的变化率相比极小)。所以可以认为,回填层泊松比的改变对管片受力基本没有影响。

2. 不同弹性模量条件下回填层泊松比对管片受力的影响

3.3 节的研究表明,泊松比变化对管片应力的影响与回填层弹性模量有关。因此,本小节取 $E_b=1$ GPa 进行计算,分析管片上最大径向应力和最大切向应力随泊松比变化的规律,结果如图 3-57 所示。

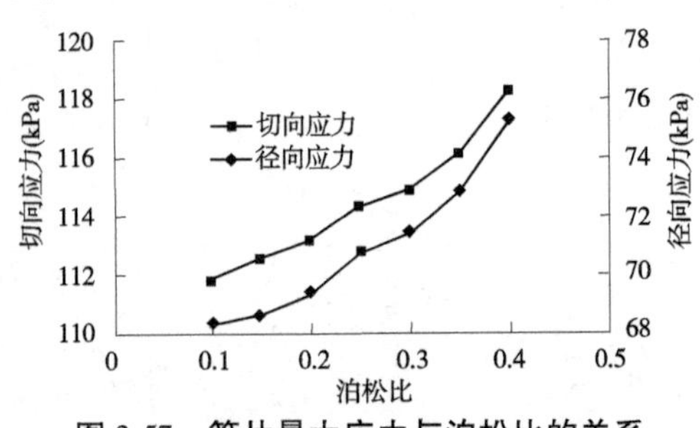

图 3-57 管片最大应力与泊松比的关系

可以看出,径向应力和切向应力随泊松比的增大单调递增,与 $E_b=3.6$ GPa 时的结果完全相反,说明临界值 E_{K2} 处于 1~3.6 GPa。两种情况的结果对比见表 3-26 和图 3-58。

表 3-26 管片最大应力随回填层泊松比变化

泊松比	$E_b=1$ GPa		$E_b=3.6$ GPa	
	径向应力(kPa)	切向应力(kPa)	径向应力(kPa)	切向应力(kPa)
0.1	68.22	111.86	74.59	127.15
0.15	68.59	112.56	73.97	125.94
0.2	610.32	113.17	73.62	125.61
0.25	70.70	114.35	73.30	125.23
0.3	71.40	114.92	73.04	124.83
0.35	72.83	116.14	72.77	124.33
0.4	75.29	118.32	72.59	124.28

3. 回填层泊松比对管片应力分布的影响

泊松比的变化对应力分布规律几乎没有影响,管片上的应力分布规律如图 3-59 所

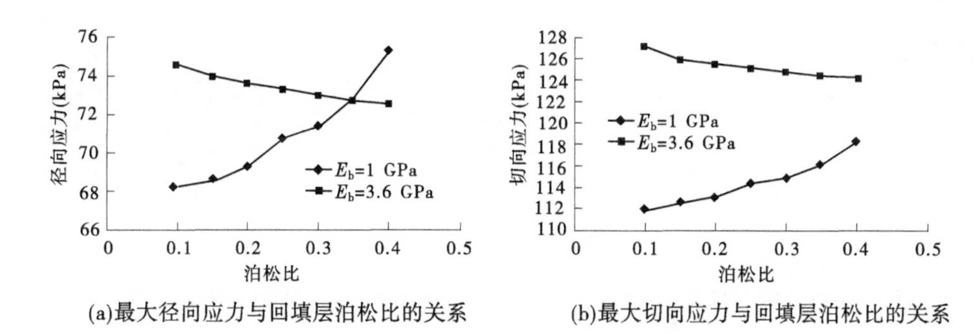

(a)最大径向应力与回填层泊松比的关系 (b)最大切向应力与回填层泊松比的关系

图3-58 回填层泊松比对管片受力的影响数值模拟结果(二)

示。可以看出:

(1)径向应力均为负值,即管片上的径向应力均为压应力。径向应力最大的位置分布在极角为34°~45°、135°~146°、214°~225°、315°~326°这四个区间;最小值分布在洞顶、洞底以及左右两个侧点的位置。

(2)切向应力均为负值,即管片上的切向应力均为压应力。切向应力最大值分布在洞顶和洞底,左右两侧点处最小。

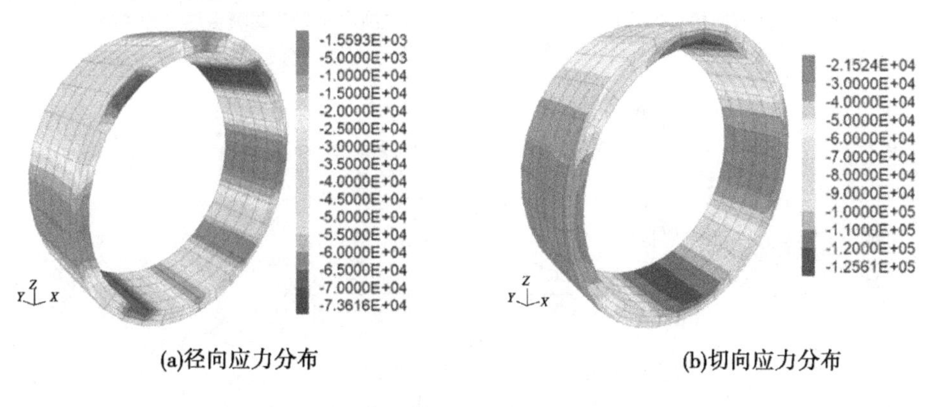

(a)径向应力分布 (b)切向应力分布

图3-59 泊松比等于0.2时管片应力分布

3.4.3.4 回填层厚度对管片的影响

1. 回填层厚度对管片受力的影响

本节讨论回填层厚度 t_2 的变化对管片受力的影响,建立管片内力与回填层和管片厚度比值 t_2/t_1 的曲线。保持其余条件不变的情况下,通过改变回填层厚度来改变 t_2/t_1。回填层厚度 t_2=50 mm、200 mm、400 mm、600 mm、800 mm、1 000 mm,t_2/t_1 的取值范围为0.167~3.333。取洞顶、极角45°点、侧点以及洞底的结果进行分析,计算结果见图3-60。

从图3-60可以看出:

(1)洞顶、45°点以及洞底处,径向应力与切向应力都随回填层厚度的增加而降低。洞顶及洞底处切向应力的量值远大于径向应力;而45°点处径向应力与切向应力相差不大,变化幅度也基本相同。

(2)侧点处,管片径向应力和切向应力随回填层厚度的增加先增加,再减小,最后再

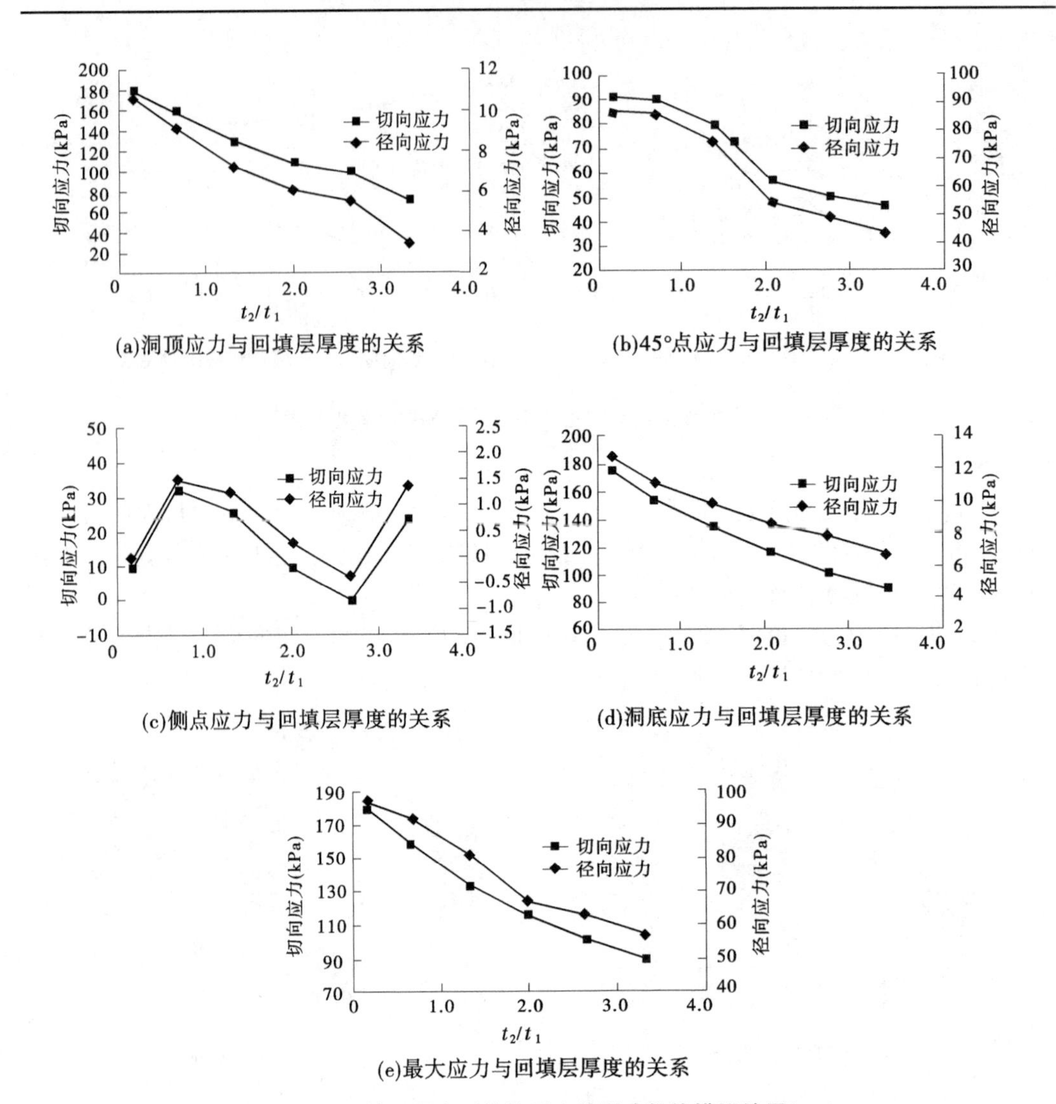

(a)洞顶应力与回填层厚度的关系

(b)45°点应力与回填层厚度的关系

(c)侧点应力与回填层厚度的关系

(d)洞底应力与回填层厚度的关系

(e)最大应力与回填层厚度的关系

图 3-60　回填层厚度对管片受力的影响数值模拟结果(一)

增加。当 t_2/t_1 的值为 0.167~0.667 时,管片应力随 t_2/t_1 值的增加而增加;当 t_2/t_1 的值为 0.667~2.667 时,管片应力随 t_2/t_1 值的增加而减小;当 t_2/t_1 的值大于 2.667 时,管片应力随 t_2/t_1 值的增加而增加。侧点处径向应力和切向应力的量值相对其他监测点均较小,应力变化的幅度也较小。

(3)管片上的最大径向应力和最大切向应力均随 t_2/t_1 值的增加而减小。当 $t_2/t_1=0.167$ 时,管片最大径向应力值为 96.67 kPa,最大切向应力值为 1 710.19 kPa。而当 $t_2/t_1=3.333$ 时,最大径向应力和最大切向应力分别为 57.03 kPa 和 810.39 kPa。可以看出,随着回填层厚度的增加,管片上的应力降低幅度非常大,$t_2/t_1=3.333$ 时的值比 $t_2/t_1=0.167$ 时几乎降低了 50%(径向应力减少率 41.01%;切向应力减少率 50.11%)。但需要注意的是,在工程实际中,TBM 扩挖的厚度一般不会超过管片的厚度,即 $t_2/t_1\leqslant 1$。

2. 不同弹性模量条件下回填层厚度对管片受力的影响

在前文的研究中,得出了回填层弹性模量是影响管片应力的一个主要因素的结论。

因此，为了研究回填层厚度增加对管片应力的削减作用是否与回填层的弹性模量有关，本节选取 E_b=0.5 GPa、3.6 GPa、60 GPa 的情况进行分析，结果见图 3-61。

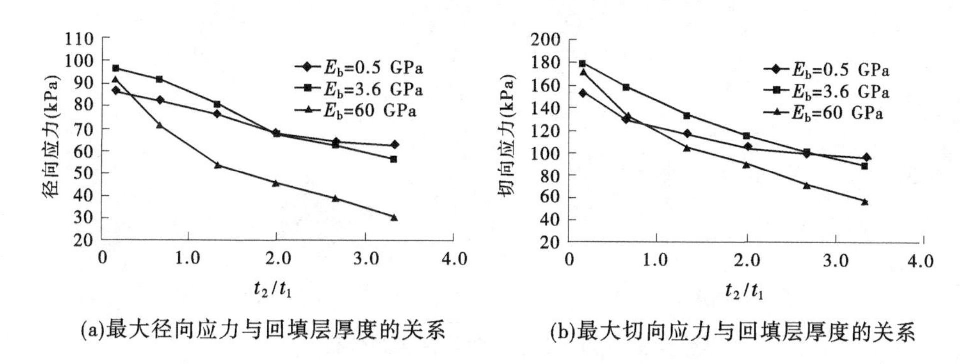

(a)最大径向应力与回填层厚度的关系　(b)最大切向应力与回填层厚度的关系

图 3-61　回填层厚度对管片受力的影响数值模拟结果(二)

从图 3-61 中可以看出：

(1)在回填层弹性模量较高时，管片上的径向应力与切向应力随回填层厚度的增加而降低，速度较快，而回填层弹性模量较低时则较慢。因此，可以得出这样一条结论：回填层弹性模量越大，回填层厚度增加对管片上径向应力和切向应力的削减作用越明显。

(2)当 t_2/t_1=0.167 时，管片上的径向应力与切向应力按由大到小排序所对应的回填层弹性模量分别为 3.6 GPa、60 GPa、0.5 GPa。而当 t_2/t_1=3.333 时，由大到小排序的顺序则变为 0.5 GPa、3.6 GPa、60 GPa。由此可以知道，回填层厚度的变化会改变弹性模量临界值的大小，从而导致相同弹性模量的回填层对管片受力的作用效果不同。管片应力受到回填层的多种影响因素相互作用的影响，必须具体问题具体分析。

3. 回填层厚度对管片应力分布的影响

回填层厚度的变化对管片应力分布有所影响，t_2/t_1=0.167 和 t_2/t_1=3.333 时的管片应力分布情况见图 3-62 和图 3-63。可以得出以下结论：

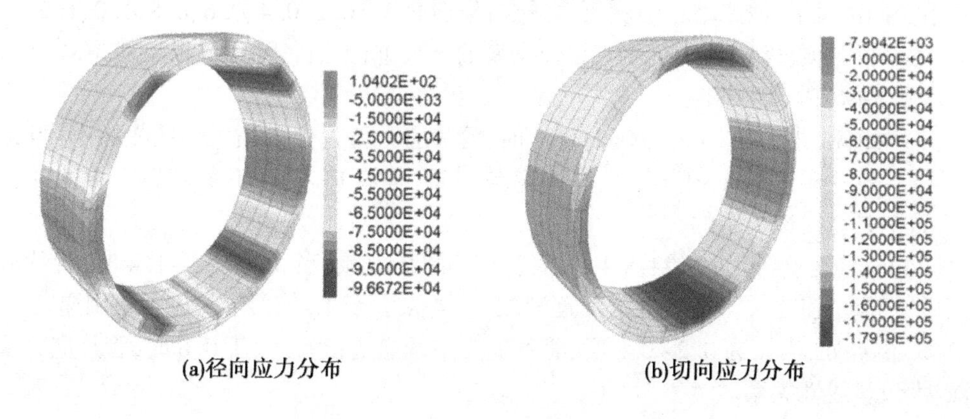

(a)径向应力分布　(b)切向应力分布

图 3-62　t_2/t_1=0.167 时管片应力分布

(1)当 t_2/t_1=0.167 时，径向应力最大的位置分布在极角为 34°~45°、135°~146°、214°~225°、315°~326°这四个区间；最小值分布在洞顶、洞底以及左右两个侧点的位置。

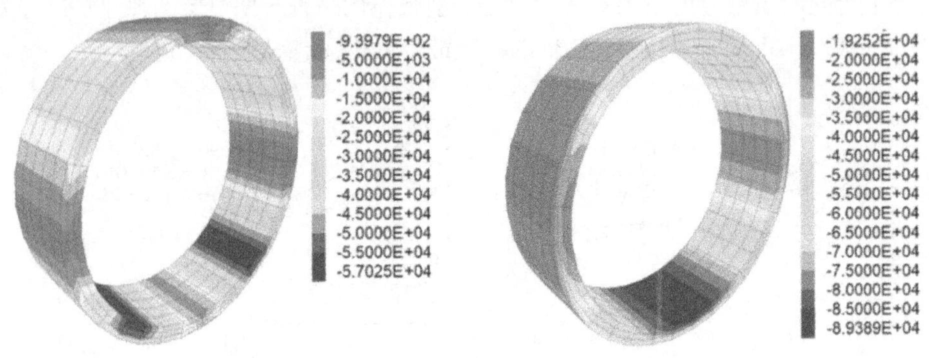

(a)径向应力分布 (b)切向应力分布

图 3-63 $t_2/t_1=3.333$ 时管片应力分布

切向应力最大值分布在洞顶和洞底,左右两侧点内侧最小。

(2)当 $t_2/t_1=3.333$ 时,径向应力最大的位置分布在极角为 135°~146°、214°~225°这两个区间;最小值分布在洞顶、洞底以及左右两个侧点的位置。切向应力最大值分布在洞底,左右两侧点处最小。

(3)管片上的最大径向应力在 $t_2/t_1 \leqslant 1.333$ 时,分布在极角约 34°的位置,而当 $t_2/t_1 \geqslant 2.0$ 时转移到极角约 214°的位置;最大切向应力在 $t_2/t_1 \leqslant 0.667$ 时,分布在洞顶处,而当 $t_2/t_1 \geqslant 1.333$ 时转移到洞底。可以看出,随着 t_2/t_1 值的增加,管片上的最大应力从上部往下部转移。

3.4.3.5 地应力侧压力系数对管片的影响

1. 侧压力系数对管片受力的影响

在前面的章节中已经得出了,回填层弹性模量及厚度是影响管片受力的主要因素。但同时,地应力侧压力系数的改变也会对管片上的应力及应力分布造成较大影响。本节讨论侧压力系数 λ 的变化对管片受力的影响,建立管片内力与 λ 的关系曲线。保持其余条件不变的情况下,改变地应力侧压力系数,分别取 $\lambda=0.2$、0.4、0.6、0.8、1.0、1.2、1.4、1.6、1.8。取洞顶、极角 45°点、侧点以及洞底的结果进行分析,计算结果见图 3-64。

从图 3-64 中可以看出:

(1)洞顶和洞底处,当 λ 为 0.2~0.4 时,管片应力随 λ 值的增大而缓慢减小;当 λ 大于 0.4 时,管片应力随 λ 值的增大单调递增,若忽略掉 $FLAC^{3D}$ 不平衡力产生的计算误差,大致上是呈线性关系的。

(2)45°点处,当 λ 为 0.2~0.4 时,管片应力单调递减;当 λ 为 0.4~1.4 时,管片应力单调递增,但增速在 λ 大于 0.8 之后逐渐放缓;当 λ 大于 1.4 时,管片应力单调递减。

(3)侧点处,当 λ 为 0.2~0.6 时,管片应力单调递增;当 λ 大于 0.6 时,管片应力单调递减,大致呈线性关系。

(4)最大径向应力处,当 λ 为 0.2~0.4 时,管片应力单调递减;当 λ 为 0.4~1.6 时,单调递增;最后当 $\lambda=1.8$ 时降低。最大切向应力在 λ 小于 1.0 时起伏不定,但总体呈振荡上升的趋势;当 λ 大于 1.0 时,单调递增。

(5)当 λ 在 0.2~1.8 区间内变化时,径向应力的最大值和最小值分别为 105.98 kPa

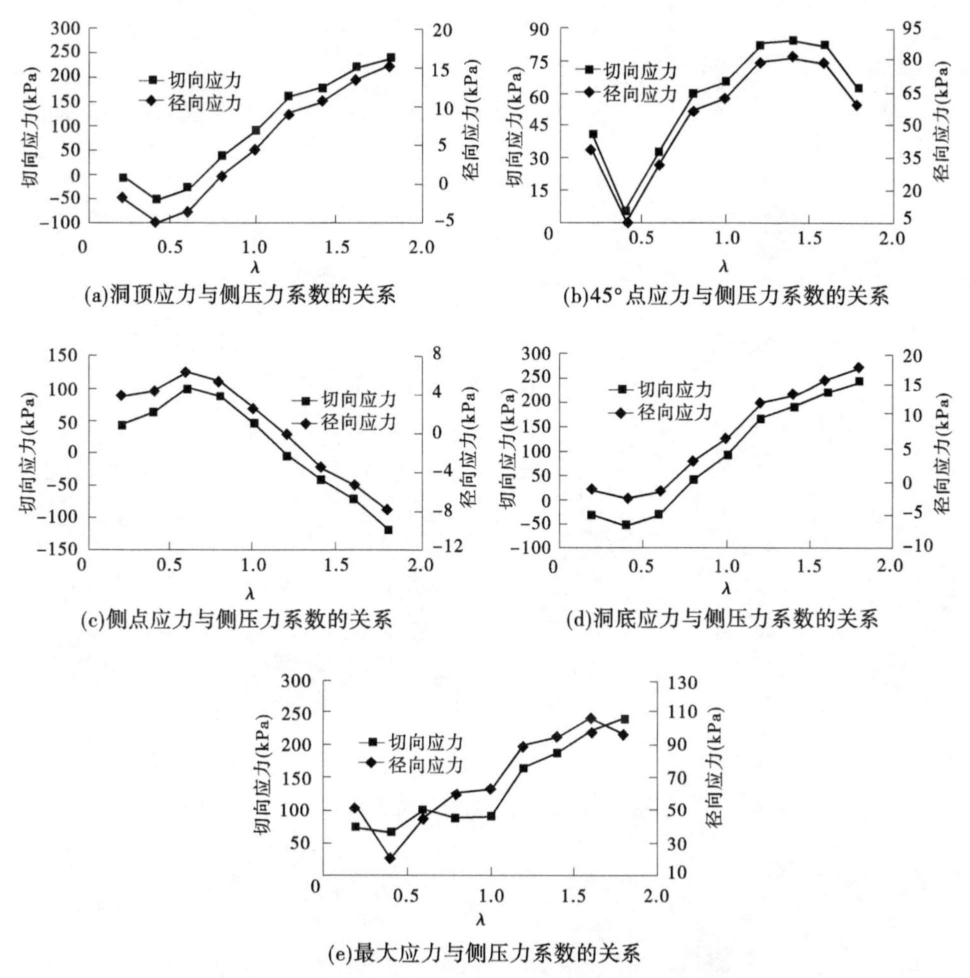

(a)洞顶应力与侧压力系数的关系　(b)45°点应力与侧压力系数的关系

(c)侧点应力与侧压力系数的关系　(d)洞底应力与侧压力系数的关系

(e)最大应力与侧压力系数的关系

图 3-64　侧压力系数对管片受力的影响数值模拟结果

和 20.28 kPa，切向应力的最大值和最小值分别为 2 310.26 kPa 和 64.31 kPa，变化的幅度很大（径向应力增长率 85.48%；切向应力增长率 2 210.33%）。由此可以看出，侧压力系数的变化对管片受力的影响十分大。

2. 侧压力系数对管片应力分布的影响

侧压力系数的变化不仅对管片应力的大小有极大影响，对应力的分布规律也有极大影响，这是隧洞开挖围岩应力重分布导致的，λ 分别为 0.2、1.0、1.8 时管片应力分布情况分别见图 3-65～图 3-67。

可以看出：

（1）当 $\lambda=0.2$ 时，径向应力最大的位置分布在极角为 45°～67°、293°～315°这两个区间；最小值分布在极角为 146°～169°、191°～214°这两个区间，径向应力最小值为正值，即管片底部径向应力为拉应力。切向应力最大值分布在极角为 56°～79°、281°～304°这两个区间；最小值位于管片底部内侧，为拉应力。

（2）当 $\lambda=1.0$ 时，径向应力最大的位置分布在极角为 34°～56°、124°～146°、214°～

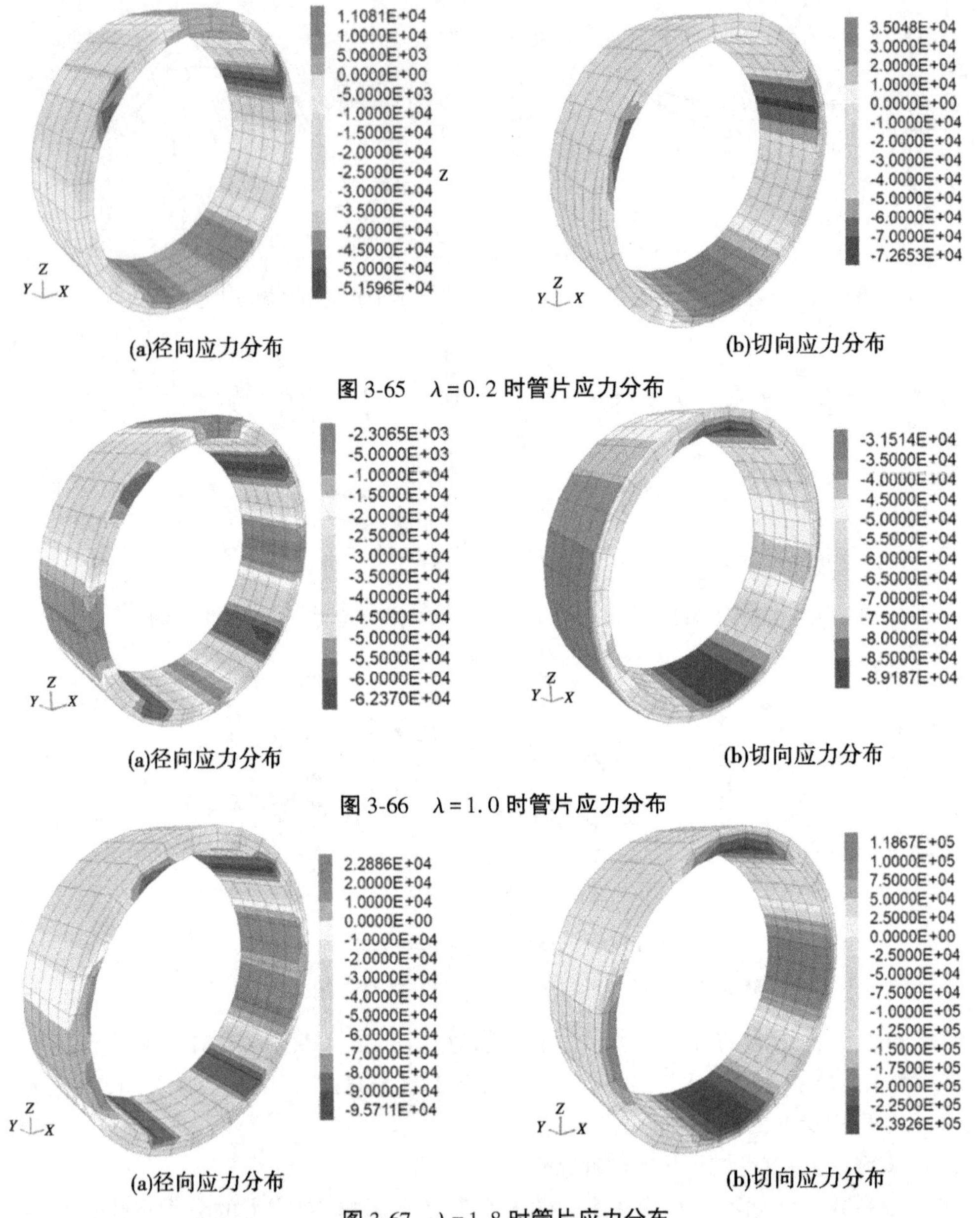

(a)径向应力分布　　(b)切向应力分布

图 3-65　$\lambda=0.2$ 时管片应力分布

(a)径向应力分布　　(b)切向应力分布

图 3-66　$\lambda=1.0$ 时管片应力分布

(a)径向应力分布　　(b)切向应力分布

图 3-67　$\lambda=1.8$ 时管片应力分布

236°、304°~326°这四个区间；最小值分布在洞顶、洞底以及左右两个侧点的位置。切向应力最大值分布在洞顶和洞底，最小值均匀分布在左右两侧的外半径上。管片上所有应力均为压应力。

(3)当 $\lambda=1.8$ 时，径向应力最大的位置分布在极角为 22°~45°、135°~158°、202°~225°、315°~338°这四个区间；最小值分布在极角为 66°~88°、92°~114°、246°~268°、272°~294°这四个区间，最小值为正值，即为拉应力。切向应力最大值分布在洞顶和洞底，最小值在左右侧点内侧，为拉应力。

(4)最大径向应力随 λ 的提高从极角约56°处转移到极角约67°处,最后稳定在极角约34°处,是一个逐渐向上部转移的过程;最大切向应力从极角约67°处逐渐向管片底部转移,最后到达管片顶部。同时,4个监测点除洞顶与洞底规律一致外,其他监测点的应力变化规律都不一致。

(5)可以看出,当 $|\lambda-1|$ 的值位于0附近时,管片上的应力均为压应力,这对管片是有利的;$|\lambda-1|$ 的值越大,管片受力越不均匀,当达到一定大小时,管片上会出现拉应力,对管片不利。

3.4.3.6 理论计算与数值模拟结果对比分析

因弹性理论计算时是直接按照6%的初始地应力进行考虑的,地应力的大小是存在偏差的,故本节将理论计算的结果与数值模拟的结果进行对比分析时,只对比管片应力随影响因素变化的规律,而不考虑量值的大小是否一致。利用数值模拟得出的结果中管片上的最大径向应力和最大切向应力进行分析。

1. 回填层弹性模量影响对比分析

理论计算和数值模拟结果对比如图3-68所示。可以得到这样的结论:

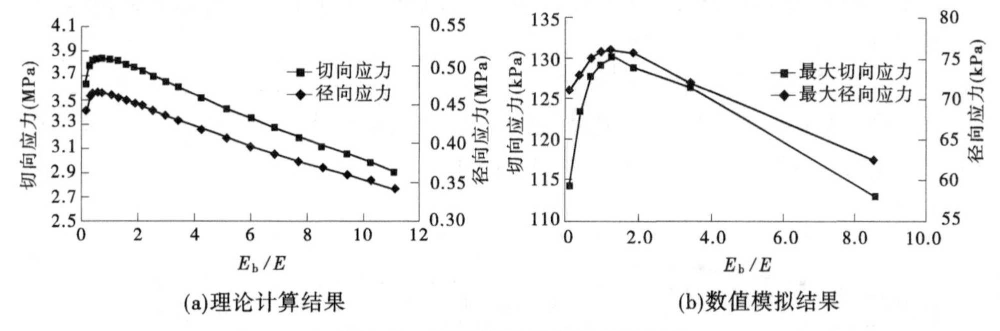

(a)理论计算结果 (b)数值模拟结果

图3-68 回填层弹性模量影响对比

(1)理论计算和数值模拟结果均显示,管片应力与 E_b/E 的曲线存在临界值 E_{K1}。当 E_b/E 小于临界值 E_{K1} 时,管片应力随回填层强度的提高而提高;当 E_b/E 大于临界值时,则管片应力随回填层强度提高而降低。

(2)临界值 E_{K1} 的大小不同,理论计算所得到的临界值为0.714,而数值模拟得到的临界值为1.286。这可能是数值模型采用摩尔-库仑模型导致的。

(3)虽然临界值 E_{K1} 的大小不同,但两种计算方式所得到的管片应力随回填层弹性模量变化的规律是一致的,同时也与吴圣智(2017)的研究成果吻合。

2. 回填层泊松比影响对比分析

因径向应力与切向应力的变化规律一致,故只取切向应力进行分析即可。理论计算和数值模拟结果对比如图3-69所示。得到结论如下:

(1)理论计算和数值模拟结果均显示,泊松比变化对管片应力的影响与回填层弹性模量有关,弹性模量存在临界值 E_{K2}。当回填层弹性模量小于 E_{K2} 时,对地层起削弱作用,管片应力随泊松比的增大而增大;当回填层弹性模量大于 E_{K2} 时,对地层起增强作用,管片应力随泊松比的增大而降低。

(2)临界值 E_{K2} 的大小不同,理论计算结果显示,E_{K2} 的值应略大于10 GPa;而数值模

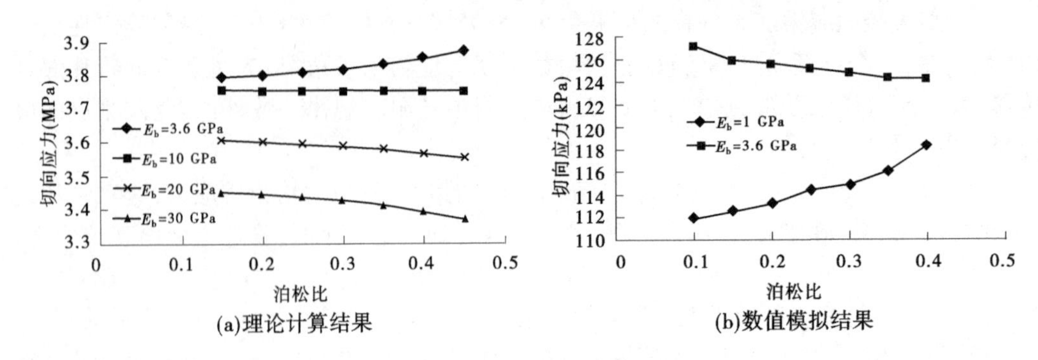

图 3-69 回填层泊松比影响对比

拟结果显示,E_{K2} 的值处于 1~3.6 GPa。

(3)数值模拟的 E_{K1} 值为 1.286,对应的回填层弹性模量为 9 GPa,两种计算情况 E_b 均小于 9 GPa;而理论计算的 E_{K1} 值为 0.714,对应的回填层弹性模量为 5 GPa,4 种计算情况分属 E_{K1} 两侧。因此,图 3-69(a)和(b)中曲线的分布情况不同。

(4)虽然两种计算方式得到的结果有所不同,但总体规律是一致的,因此可以认为结论是可靠的。

3. 回填层厚度影响因素对比分析

因径向应力与切向应力的变化规律一致,故只取切向应力进行分析即可。理论计算和数值模拟结果对比如图 3-70 所示。得到结论如下:

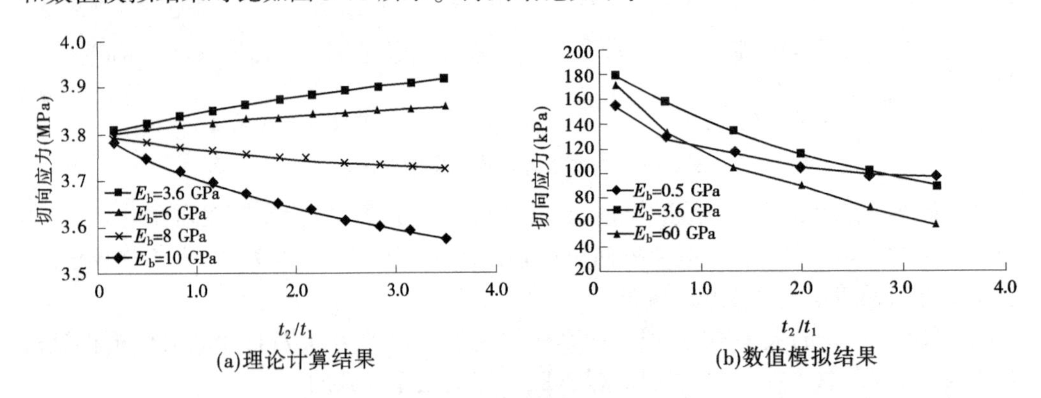

图 3-70 回填层厚度影响对比

(1)理论计算的结果显示,回填层厚度变化对管片应力的影响与回填层弹性模量有关,弹性模量存在临界值 E_{K3}。当回填层弹性模量小于 E_{K3} 时,对地层起削弱作用,管片应力随 t_2/t_1 值的增大而增大,且弹性模量越小,这种趋势越明显;当回填层弹性模量大于 E_{K3} 时,对地层起增强作用,管片应力随 t_2/t_1 值的增大而减小,且弹性模量越大,这种趋势越明显。

(2)数值模拟的结果显示,管片上的应力随 t_2/t_1 值的增大单调递减,且回填层弹性模量越大,回填层厚度增加对管片上径向应力和切向应力的削减作用越明显。数值模拟的结果与理论计算回填层弹性模量大于 E_{K3} 时的结果一致,这说明数值模拟结果的 E_{K3} 小于 0.5 GPa。而理论计算 E_{K3} 值为 6~8 GPa。

(3)虽然理论计算与数值模拟所得到的 E_{K3} 值差距较大,但规律是一致的,可以认为结论是可靠的。

4. 侧压力系数影响对比分析

理论计算结果显示,径向应力与切向应力均随侧压力系数提高线性增加,故只取径向应力进行分析即可。理论计算和数值模拟结果对比如图 3-71 所示。可以得出以下结论:

(1)最大径向应力在 λ 为 0.2~0.4 时,单调递减;当 λ 为 0.4~1.6 时,单调递增;最后当 λ=1.8 时降低。最大切向应力在 λ 小于 1 时起伏不定,但总体呈振荡上升的趋势;当 λ 大于 1 时,单调递增。径向应力与切向应力总体上是随 λ 增大而增大的。

(2)回填层弹性模量、泊松比、厚度对管片受力的影响规律,两种计算方式得到的结果比较一致。而侧压力系数的影响规律,虽然总体趋势是一致的,但差异还是比较大,这是由于弹性理论认为隧洞在开挖的瞬间即完成支护,没有考虑隧洞开挖地应力重分布所导致的。

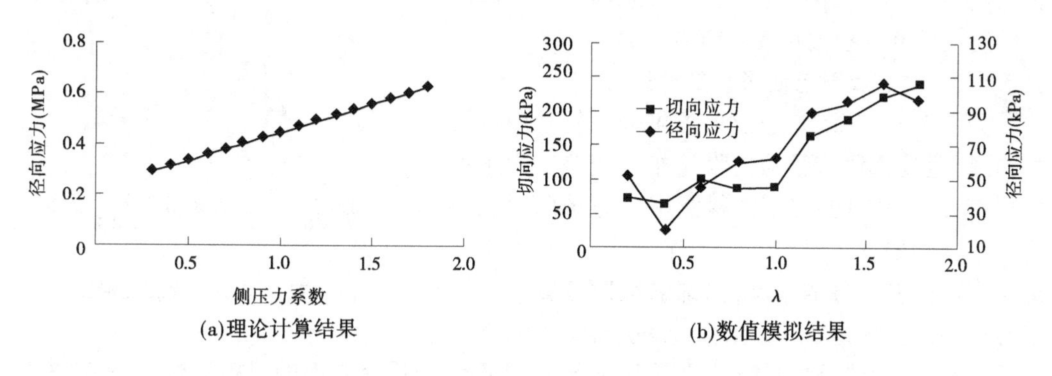

图 3-71　侧压力系数影响对比

3.5　超声横波反射回填灌浆缺陷检测技术研究

3.5.1　阵列横波检测基本原理

3.5.1.1　横波原理

弹性体受到冲击后,会产生两类弹性波从源向外传播。一类波依靠在介质中交替的挤压和扩张而进行传递,这种波称之为压缩波,也称为纵波。液体、气体和固体岩石一样能够被压缩,同样类型的波能在水体如海洋和湖泊及固体地球中穿过。另外一类波即横波。在 S 波通过时,岩石的表现与在 P 波传播过程中的表现相当不同。因为 S 波涉及剪切而不是挤压,使颗粒的运动横过运移方向。这些运动可在一垂直向或水平面里,它们与光波的横向运动相似。P 波和 S 波同时存在使弹性波列成为具有独特的性质组合,使之不同于光波或声波的物理表现。因为液体或气体内不可能发生剪切运动,S 波不能在它们中传播。

影响介质传播速度的主要因素为介质的剪切模量、压缩模量、密度等信息,介质中波的传播速度可表示为如下公式:

$$v_p = \sqrt{\frac{\lambda + 2\mu}{\rho}} = \sqrt{\frac{E(1-\sigma)}{\rho(1+\sigma)(1-2\sigma)}} \tag{3-42}$$

$$v_s = \sqrt{\frac{\mu}{\rho}} = \sqrt{\frac{E}{2\rho(1+\sigma)}} \tag{3-43}$$

式中：λ 为拉梅系数；μ 为剪切模量；E 为杨氏模量；σ 为泊松比。

以混凝土为例，其纵波速度约 5 000 m/s，横波速度约 2 500 m/s。在这种情况下，横波反射的时差出现时间将是纵波时差的 2 倍，因此可有效地把底部结构的反射波分离出来。如图 3-72 所示为利用 10 kHz 横波对管片结构进行检测的结果。如图 3-72 所示的数据，为发射点不动，接收点按照 Δx 的距离依次挪动，获得的直达波和反射波可实现有效分离。

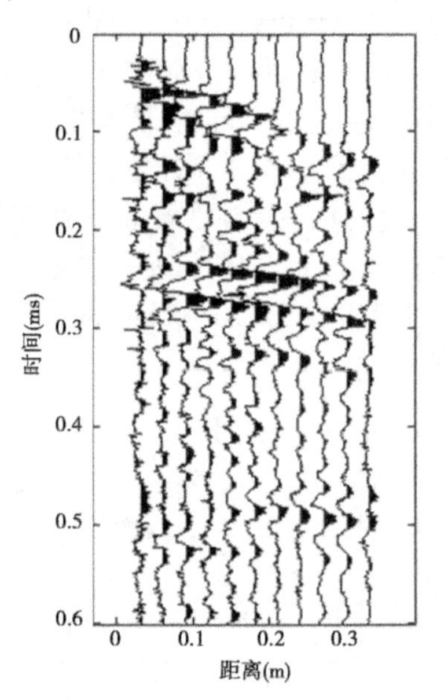

图 3-72　10 kHz 横波反射图

3.5.1.2　**垂直反射与信号叠加反射**

如图 3-73 所示，单道反射即可表示管片底界面等的情况，但是这种信号的信噪比相对较差。为了增加反射信号的信噪比，在地震探测中一边采用多次叠加方式来进行处理。考虑上述工作方式，本章也重点研究了多道横波信号的采集，内部的反射位置可以进行信号的多次叠加，从而有效地剔除仪器本身噪声等带来的干扰，大大地提高弱信号的可识别能力，从而增加反射界面的可拾取性。图 3-73 为在同一位置测量获得的单道超声反射数据和进行叠加后获得的超声反射数据。图中方框所示为信号的第一层反射同相轴，图中圆框所示为信号的第二层反射同相轴。图 3-73(a)所示的单道反射，该方式属于自激自收的工作方式，由于第一个反射层本身的反射界面较强，因此获取的反射同相轴也较强，这些特征与图 3-73(b)类似。而对于圆弧所示的深部反射，图 3-73(a)所示的反射界面明显变弱，几乎已经无法识别，而图 3-73(b)所示的结构依然清晰。这是由于采用多道叠加，可有效地突出弱信号并压制噪声干扰，提高信号的信噪比，这对于获得高精度的检测数据十分重要。

3.5.1.3　**阵列信号采集**

根据上述分析和仪器设备特点，本章重点研究了多次覆盖的阵列信号采集，以提高现场检测效率。整个超声横波成像中采用如图 3-74 所示的观测系统，该采集系统共有 12 个探头，分别可进行发射和接收。工作中，首先第 1 个探头进行信号的发射，之后的 11 个探头进行接收。之后第 2 个探头进行发射，由于反射向第 1 个探头传播的信号已经与第 1 个发射探头和第 2 个接收探头产生的信号重合，因此从第 2 个探头开始只有后面的探头进行信号的接收。所以累计的接收通道为 11+10+9+…+3+2+1=66 道数据。

图 3-75 为图 3-74 所示的观测系统获得的原始超声阵列反射信号数据，采集的信号为 66 道。综合信号分析可知，在 0.3 ms 左右存在一个较为明显的反射同相轴，但这个反射同相轴的反射能量在横向上存在一定的不一致，在信号的前段反射信号能量较弱，在后部

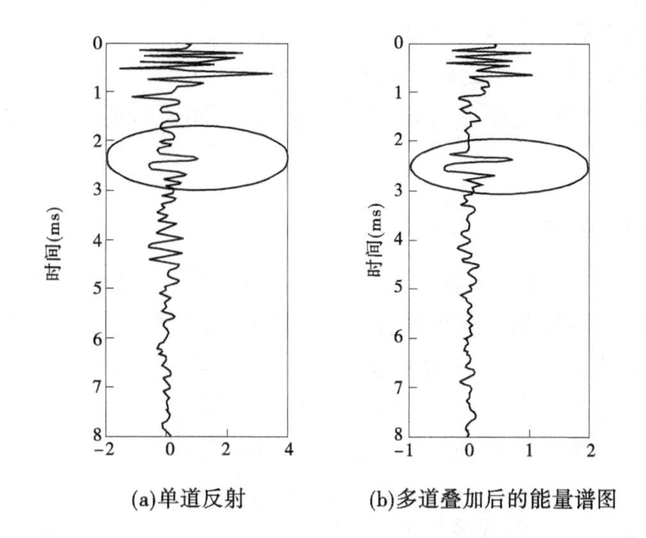

图 3-73　单道反射和多道叠加后的对比

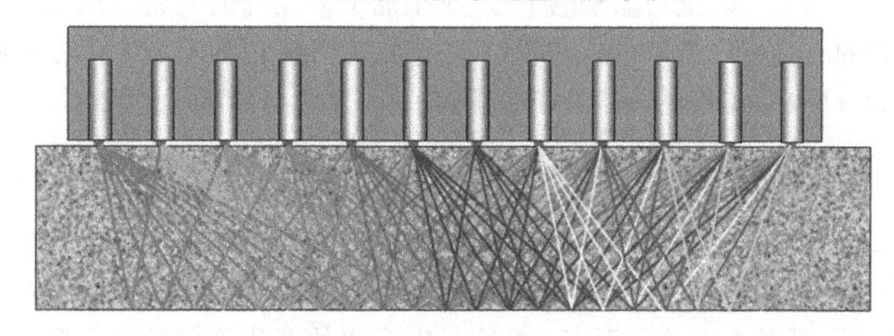

图 3-74　检测中采用的多通道反射信号的观测系统

反射能量较强。这一定程度地反映了在测量界面上深部的反射介质性质存在一定的横向变化,如何了解这种介质在横向的变化,则需要对信号进行成像,并分析其反射能量。

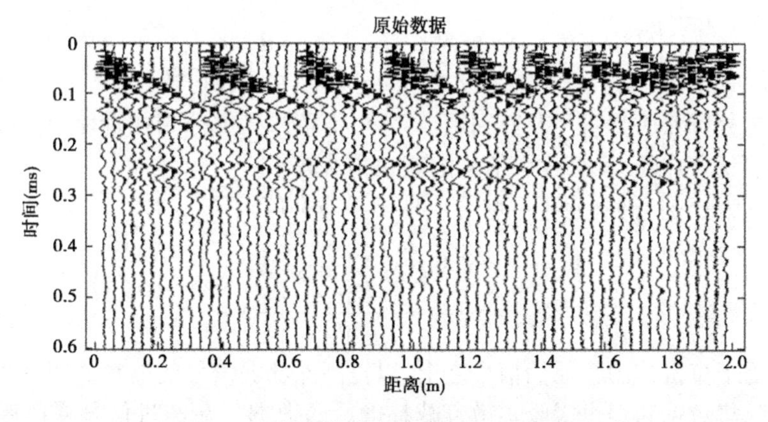

图 3-75　多通道阵列采集获得的观测数据

图 3-75 即为一个典型的原始多道地震数据,为进行叠加,即叠前数据。在常规的地震采集数据处理中,需要对上述数据进行速度分析、动校正等一系列流程,则上述数据的处理时间将会变长。为了提高信号的处理效率,可通过叠前偏移成像的方向将该地震数

据直接进行成像处理，提高数据的处理效率。

如何将上述数据进行快速成像，以保持管片回填灌浆信息，是本章重点研究内容。考虑采集仪器的信号衰减、快速处理、标准化处理等，本章将重点研究信号的保幅、去噪和深度偏移成像处理技术。

3.5.2　信号保幅处理技术研究

弹性波在地下均匀介质中传播时，可以假设波前面是一个以震源为中心的球面，随着传播距离的增大、波前球面的不断扩张，由震源发出的总弹性能逐渐分散在一个表面积不断扩大的球面上，单位面积上能量密度逐渐减小，使振幅不断地减弱。根据一般波动理论，波在介质中传播的那一部分介质的能量等于动能 E_K 与位能 E_P 之和。假设波通过介质的体积为 W，介质的密度为 ρ，则波的总能量 E 可以表示为

$$E = E_P + E_K \propto A^2 f^2 W\rho \tag{3-44}$$

式中：A 为波的振幅；f 为波的频率。

式(3-44)说明波的能量与振幅的平方、频率的平方及介质的密度成正比。包含在介质中单位体积的能量称之为波的能量密度 ε，亦正比于振幅的平方。单位时间内通过单位面积上的能量称之为能通量密度或波的强度。如果在时间 dt 内通过单位面积 ds 的能量为 $\varepsilon V^o \rho \mathrm{d}t\mathrm{d}s$，则波的强度 I 为

$$I = \varepsilon V^o \rho \mathrm{d}t\mathrm{d}s / \mathrm{d}t\mathrm{d}s = \varepsilon V^o \rho \propto A^2 \tag{3-45}$$

由式(3-45)可知，波的强度也正比于波的振幅的平方。对于球形对称源，它发出的波在地层模型中传播，最初通过靠近源的波前面上，其区域与射线路径相关，如果假定传播中没有能量损失，可以通过单位面积上的能量密度率的变化推导球面发散的能量变化情况，以往许多文献对于不同地质模型情况下的球面扩散补偿方法给出了比较明确的数学表达方式，并且也给出了一些理论上的模拟。对于地层倾角为 θ 的地层，球面扩散补偿因子为

$$D_{x,\theta} = \left[\frac{2x\cos^2\theta_1}{\sin^2\theta_1}\sum_{i=1}^{n}\frac{h_i\sin\theta_i}{\cos^3\theta_i} + \frac{2x\sin\theta}{\sin\theta_1\cos(\theta+\theta_1)}\sum_{i=1}^{n}\frac{h_i\sin\theta_i}{\cos\theta_i}\right]^{\frac{1}{2}} \tag{3-46}$$

由于主要分析介质为管片及其回填灌浆体，而信号大部分为在管片中传播的信号，可认为是管片层状存在的，且管片中信号的衰减相对较小。

当倾角 θ 为 0°时，得到水平层状介质球面扩散补偿因子：

$$D_{x,\theta} = \frac{\left[x^2 + 2x\sum_{i=1}^{n} h_i\tan^3\theta_i\right]^{\frac{1}{2}}}{\tan\theta_1} \tag{3-47}$$

将上述因子直接作用于原始信号之上，以提高深部弱信号的能量。图 3-76 与图 3-77 分别为原始采集数据和经过吸收扩散衰减补偿后的数据。在经过信号补偿后，底部的弱信号得到进一步的增强，尤其 0.5 ms 附近的反射波信号得到有效加强，这将有益于获取更多有效信号。

经过吸收扩散衰减补偿的数据，可以认为克服了由于球面发散等因素带来的信号衰减，但接收信号能量的强弱是由多重因素引起的，包括仪器疲化引发的发射能量不一致、

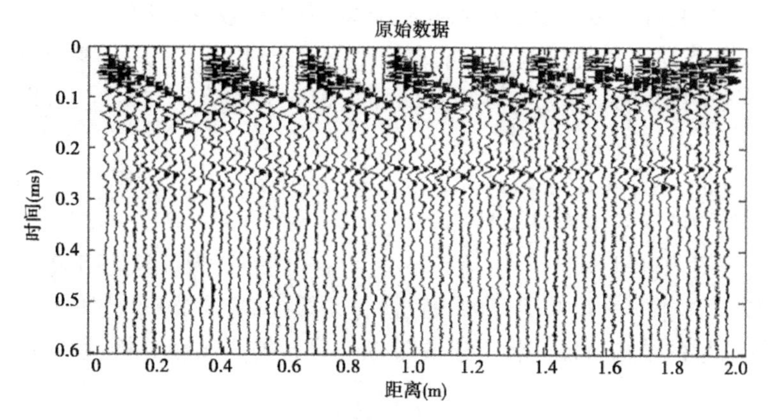

图3-76　原始采集获取的管片检测数据

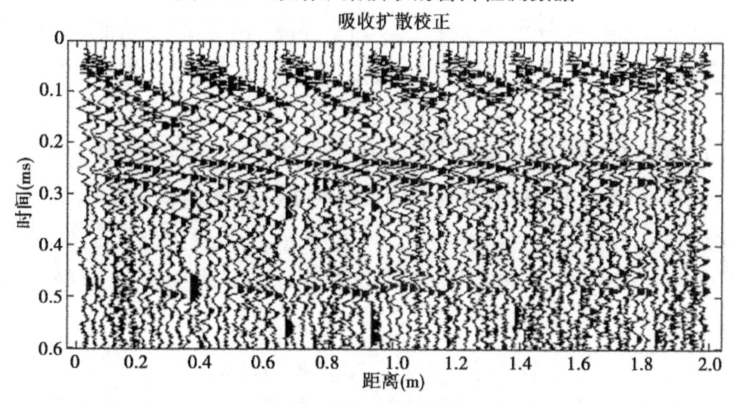

图3-77　经过吸收扩散校正的数据

仪器参数设置带来的发射能量差别、检测表面的平整程度等引起的发射能量不一。如何消除上述干扰,提取一个标准化的信号对于信号的标准化解释具有重要意义。

一个完整的采集信号可认为是地质体结构与发射子脉冲的响应褶积,从数学上可以给出一个信号的褶积模型:

$$x(t)=w(t)*e(t)+n(t) \tag{3-48}$$

式中:$x(t)$为地震记录;$w(t)$为基本地震子波;$e(t)$为地层脉冲响应;$n(t)$为随机环境噪声;$*$为褶积符号。

如上述模型,信号在受到吸收扩散衰减的同时,外界带来的影响也十分重要。如超声阵列采集过程中的信号能量问题、仪器内部的损耗等带来的发射能量不一致、测试面不一致带来的信号传播问题等,这些问题都将影响后续的标准化分析。综合上述的褶积方程,可以给出褶积模型的另一种表达形式是基于地表一致性谱分解。在该表达式中,采集信号被分解成发射传感器、接收传感器、偏移距和地层脉冲响应的褶积结果,因此需要考虑震源的周围条件、检波器的周围条件和震源与检波器的间距引起的子波波形的变化。下面的方程描述了地表一致性褶积模型:

$$x_{ij}(t)=s_j(t)*h_l(t)*e_k(t)*g_i(t)+n(t) \tag{3-49}$$

式中:$x_{ij}(t)$为采集信号记录模型,$s_j(t)$为与发射信号位置j有关的波形分量;$g_i(t)$为与接

收传感器位置 i 有关的波形分量;$h_l(t)$ 为与偏移距有关的波形分量。

如上所示,影响信号传播的基本因素被归结为发射、接收等的基本影响因素。由于本章采用的阵列发射中偏移距固定,因此由偏移距带来的影响是固定的,可以不作为重点考虑。

综合上述分析,就是要消除 $s_j(t)$ 和 $g_i(t)$ 带来的外界干扰因素影响,可以认为仪器信号本身带来的影响就涵盖在发射信号 $s_j(t)$ 之中。

对于时间域褶积可以表示,但信号另外一个重要的表征为信号的频域表征,可通过频域的主频分布、振幅谱等来反映信号的一致性,同时频域信号带来的相位信息也一定程度地反映了时域信号的结构特征。将上述的时域信号转换为频域分析,则频率域褶积模型可以表征为

$$Ax(\omega) = Aw(\omega)Ae(\omega) \tag{3-50}$$

式中:$Ax(\omega)$、$Aw(\omega)$、$Ae(\omega)$ 分别为 $x(t)$、$w(t)$ 和 $e(t)$ 相应的振幅谱,即时域的褶积相当于频率域中的乘积。这意味着采集信号的振幅谱等于地震子波的振幅谱与管片脉冲响应的乘积。

综上分析,仪器信号的外界影响衰减等表征等都可通过频率方程进行表征,考虑上述方式,将仪器内部耗损带来的信号衰减、发射或接收面的接触程度均认为是一个频域影响因子,通过在频域进行反滤波的手段达到信号的一致性处理。所要研究的目的层信息为 $Ae(\omega)$,考虑设备发射信号在相位、能量等方面的一致性,本研究认为最终的信号在频域的组成可以表征为

$$Ax(\omega) = Aw(\omega)Ag(\omega)Ae(\omega) \tag{3-51}$$

式中:$Aw(\omega)$ 为由仪器本身带来的子波特征和子波能量,是一个仪器参数的综合表征;$Ag(\omega)$ 为采集过程中由于接触面、人为对仪器设备的按压等操作带来的信号不一致性,是工作场地的一个综合表征;$Ax(\omega)$ 为最终获取的数据。

在 $Ax(\omega)$ 已知的情况下,如何获取一致性的 $Ae(\omega)$ 十分重要,本次研究主要集中在以下几个方面:

仪器采集模型的建立,本次研究首先选用固定空管片作为测试对象,利用不同发射能量进行并直接提取了直达波道集,给出了不同发射能量下的振幅记录,通过对多个记录的对比和振幅谱分析,给出了标准化的采集端能量模型道集,以此解决 $Aw(\omega)$ 的问题,给出标准化的能量谱,并使得其他发生能量能够直接校正至标准能量图。

建立了标准炮模型,本次研究通过采用标准化的能量发生方式,在不同的异常体和空管片模型进行试验,采集获取了日常检测获取的各个频率区间的能量分布范围,以此为基础,对多个记录进行加权平均,给出了标准化的模型信号时频域分布信息 $Ag(\omega)$。在后续信号处理过程中,将采用频率分解的方式将不同信号的信息与标准炮模型信息进行对比分析并求取各频率区间的补偿系数,以此对上述信号进行反滤波。

基于快速成像思路,本书将上述的标准化模型炮至于算法之中,进行自主计算。通过上述方式获取的原始记录标准化处理如图 3-78、图 3-79 所示。

通过频域信号处理,一定程度上可以压制高频段干扰信号,使得有效频段信号获得进一步增强,也可以达到一定的去噪目的。而保幅处理的关键在于,通过信号的保幅处理,

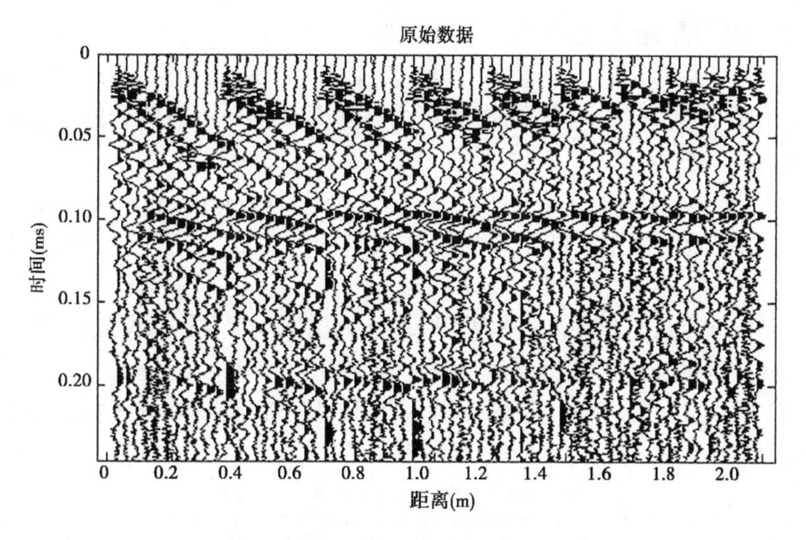

图 3-78　超声反射原始数据

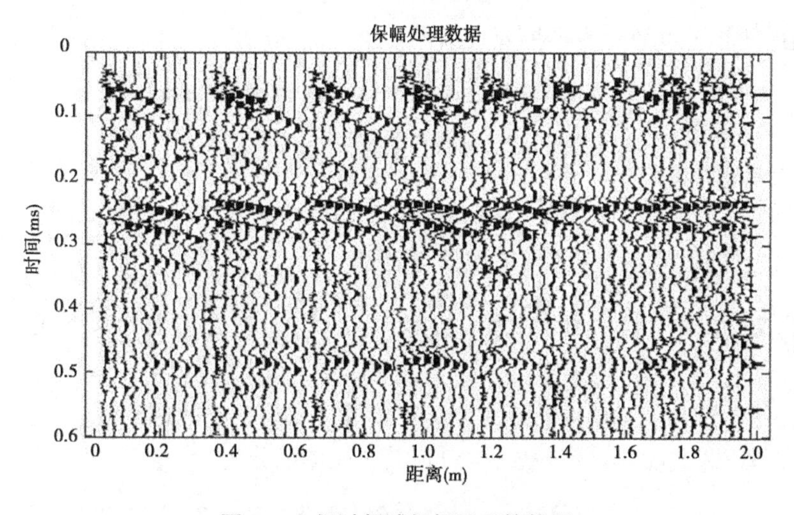

图 3-79　经过频域保幅处理的数据

信号的接收能量将统一到一个标准的能量轴上，尤其直达波段的接收能量将趋于一致，这可以认为信号已经克服了仪器、外界等因素带来的干扰，其振幅信息可以一定程度地反映管片地层能量特性。

3.5.3　保幅叠前深度偏移技术研究

如何将多道原始采集数据快速成像为断面结构图以便于后期数据解释，需要考虑弹性波传播基本理论，将采集的原始波形信息归集为可以与结构对应的断面结构“B”超数据，这需要借助弹性波的偏移成像理论实现。目前常规的偏移成像多是针对大深度地震勘探进行的研究及应用，其处理步骤偏多、处理方法复杂、包含参数偏多，因此如何在 10 kHz 的频率区间解决 50 cm 内的快速、高精度成像问题是本章的重点研究内容。本章将针对弹性波成像基本理论，研究横波快速成像的模式。

3.5.3.1　**偏移成像原理**

一般弹性波任意时刻的波前面上的每一点看成一个新的点源，由这个新点源发出的元波可以认为是一种广义的绕射子波，而下一波前面上某一点观测到的总扰动也就是这些绕射子波的叠加总和。

如果在围绕着震源所在的某一闭合面 Q 上已知位移位 $\varphi(x,y,z,t)$ 及其导数，且这些值是连续的（无奇点），则据此可算出 Q 面外任意一点 $M(x,y,z,t)$ 上由震源引起的位移位 φ 的解。

Kirchhoff 积分方法是惠更斯-费涅尔原理的数学概括，其基本思想是：空间某点 M 的波扰动是二次震源的波干涉的结果。

设 $u(M)$ 和 $G(M)$ 是 M 点坐标的复函数，在体积 V 和包围 V 的 S 面上具有连续的一阶和二阶偏导数。由格林定理：

$$\int_V (G\Delta u - u\Delta G)\,\mathrm{d}V = \int_S \left(G\frac{\partial u}{\partial n} - u\frac{\partial G}{\partial n}\right)\mathrm{d}S \tag{3-52}$$

式中：$\frac{\partial}{\partial \mathrm{n}}$为沿体积 V 外法线方向的方向导数。

设函数 u 是波动场的复振幅，并在体积 V 内满足齐次 Helmholtz 方程

$$\Delta u + k^2 u = 0 \tag{3-53}$$

函数 G 满足方程

$$\Delta G + k^2 G = -4\pi^2\delta(|R - R_1|) \tag{3-54}$$

式中：R 为 M 点的矢径；R_1 为体积 V 中动点 O 的矢径。

无限均匀介质中，脉冲源的格林函数解为：$G=\frac{\mathrm{e}^{ikr}}{\vec{r}}$。它是球坐标系下式（3-54）的解，其中 $\vec{r}=|R-R_1|$为源点至场点的距离。显然 G 描述单位振幅的球面波。

将式（3-53）和式（3-54）代入式（3-52），其右端体积分为

$$\int_V \{G\cdot(-k^2u) - u\cdot[-k^2G - 4\pi\delta(|\vec{R} - \vec{R}_1|)]\}\,\mathrm{d}V_1$$

$$= \int_V 4\pi u(\vec{R})\,\delta(|\vec{R} - \vec{R}_1|)\,\mathrm{d}V_1$$

$$= 4\pi\int_V u(\vec{R})\,\delta(|\vec{R} - \vec{R}_1|)\,\mathrm{d}V_1$$

式中：V_1 为经场源互换后的积分体积，R_1 点处存在一个脉冲，因此有

$$4\pi\int_V u(\vec{R})\,\delta(|\vec{R} - \vec{R}_1|)\,\mathrm{d}V_1 = \int_S \left(G\frac{\partial u}{\partial n} - u\frac{\partial G}{\partial n}\right)\mathrm{d}S \quad 或$$

$$u(\vec{R}) = \frac{1}{4\pi}\int_S \left(G\frac{\partial u}{\partial n} - u\frac{\partial G}{\partial n}\right)\mathrm{d}S \tag{3-55}$$

式（3-59）称为 Kirchhoff-Helmholtz 公式。

设表面 S 由带孔屏的半平面 S_1 和以 M 点为中心的球面 S_2 组成。

对积分面 S_2，外法线与半径方向相同，即

$$\frac{\partial}{\partial n}=\frac{\partial}{\partial r},\frac{\partial G}{\partial n}=\frac{\partial}{\partial r}\cdot\frac{e^{ikr}}{r}=\left(ikr-\frac{1}{r}\right)\frac{e^{ikr}}{r}\approx ik\frac{e^{ikr}}{r}$$

直观地看,当球面半径很大时,S_2 的面积分对点 M 的波场贡献很小,因此

$$\lambda_{\substack{im\\ r\to\square}}\int_{4\pi}\left(\frac{\partial u}{\partial r}-iku\right)\frac{e^{ikr}}{r}r^2\mathrm{d}\Omega=0 \tag{3-56}$$

式中:Ω 为以点 M 为顶点的立体角。

如果函数 u 满足

$$\lambda_{\substack{im\\ r\to\infty}}r\left(\frac{\partial u}{\partial r}-iku\right)=0 \tag{3-57}$$

则当 $r\to\infty$ 时,式(3-56)中的积分趋于零。式(3-57)称为索末菲辐射条件。它保证式(3-55)的解是唯一的。

对 S_2 的积分变成零,M 点的场仅由孔和屏阴影面上的函数值及其一阶导数决定。索末菲提出:合适地选取格林函数,无须同时给定场和场的导数。

Helmholtz 方程[式(3-53)]的格林函数应是式(3-54)的解且满足辐射条件。此外还应满足下列边界条件之一:

$$\text{(a)}\quad G_1\Big|_S=0 \qquad\qquad \text{(b)}\quad \frac{\partial G_2}{\partial n}\Big|_S=0$$

第一个条件中 G_1 为格林函数,第二个条件中 G_2 为第二格林函数。对很简单的几何关系,格林函数才是已知的。格林函数的形式取决于表面形状和媒介性质,且不依赖于辐射源的位置和源在屏上建立的场。因此,对平面屏可取 $M(x,y,z)$ 点和镜源点 $M_1(x,y,-z)$ 上的点源产生的场之差作为格林函数。

$$G_1=\frac{e^{ikr}}{r}-\frac{e^{ikr_1}}{r_1} \tag{3-58}$$

式中:$r=[(x-\xi)^2+(y-\eta)^2+(z-\zeta)^2]^{\frac{1}{2}}$,$r_1=[(x-\xi)^2+(y-\eta)^2+(z+\zeta)^2]^{\frac{1}{2}}$

在屏面上,当 $\zeta=0$ 时,$G_1=0$

$$\frac{\partial G_1}{\partial n}=2\frac{\partial}{\partial n}\frac{e^{ikr}}{r}=-2\frac{\partial}{\partial \zeta}\frac{e^{ikr}}{r} \tag{3-59}$$

得频率-空间域中的 Kirchhoff 积分公式为

$$u(x,y,z,\omega)=\frac{k}{2\pi i}\iint_{\Sigma}u(\xi,\eta)\frac{z}{r}\cdot\frac{e^{ikr}}{r}\mathrm{d}\xi\mathrm{d}\eta \tag{3-60}$$

若取格林函数 $G_2=\frac{e^{ikr}}{r}+\frac{e^{ikr_1}}{r_1}$,则当 $\zeta=0$ 时有

$$\frac{\partial G_2}{\partial n}=0,\quad G_2=\frac{2e^{ikr}}{r} \tag{3-61}$$

得频率-空间域中的 Kirchhoff 积分公式为

$$u(x,y,z,\omega)=-\frac{1}{2\pi}\iint_{\Sigma}\frac{\partial}{\partial \zeta}u(\xi,\eta,\zeta)\mid_{\zeta=0}\frac{e^{ikr}}{r}\mathrm{d}\xi\mathrm{d}\eta \tag{3-62}$$

式(3-59)和式(3-61)即为惠更斯原理的数学表达式。它们均描述波的正向传播过程,产生绕射波。它们均表示在频率-空间域,是 Helmholtz 方程[式(3-53)]的解。

3.5.3.2 Kirchhoff **积分偏移**

地震波的偏移过程是波传播的逆过程。已知地面上观测点波的震动记录,要确定反射面上作为二次震源的点的空间位置。对于波动式(3-52)的解 $u(x,y,z,t)$ 当把 t 改变为 $-t$ 时,$u(x,y,z,-t)$ 仍满足式(3-52)。前者描述时间"向前"的问题;后者描述时间"倒退"的问题。把地面上的接受点作为二次震源,将这些信息值时间"倒退"到原来状态,寻找反射界面上的波场函数,以达到对反射面进行成像的目的。式(3-62)描述时间"倒退"的波传播问题时,就是 Kirchhoff 积分偏移公式。

假设地表波场为 $u(r_0,t_0)$,由式(3-62)可得地下任意一点的成像值为

$$u(r,t)=-\frac{1}{2\pi}\int \mathrm{d}A_0\,\frac{\cos\theta}{Rv}\left[u'(r_0,t_0)+\frac{v}{R}u(r_0,t_0)\right]\Big|_{t_0=t+\frac{r}{v}} \tag{3-63}$$

其中,$\cos\theta=\dfrac{z}{r}$为倾斜因子,表示振幅随出射角的变化;$t_0=t+\dfrac{r}{v}$为延迟时间。

本章应用的 Kirchholff 积分偏移的另一种形式:

$$u(x,y,z,t)=\frac{1}{2\pi}\iint_A \frac{\cos\theta}{R}\left\{\frac{v}{R}u\left(x_0,y_0,0,t+\frac{R}{v}\right)+\frac{\partial u\left(x_0,y_0,0,t+\frac{R}{v}\right)}{\partial t}\right\}\mathrm{d}x_0\mathrm{d}y_0 \tag{3-64}$$

$$\cos\theta=\frac{z}{R}=\frac{z}{\sqrt{(x-x_0)^2+(y-y_0)^2+z^2}} \tag{3-65}$$

$$u(x,y,z,t)=\frac{1}{2\pi}\int \mathrm{d}t_0\iint_A \mathrm{d}A\cdot u\left(x_0,y_0,0,t+\frac{R}{v}\right)\cdot\frac{\partial}{\partial t_0}\left[\frac{\delta\left(t-t_0+\frac{R}{v}\right)}{R}\right] \tag{3-66}$$

由于获取的是常速介质的格林函数,故上述导出的 Kirchhoff 积分偏移公式仅适用于常速介质。而对于管片回填灌浆成像来说,进行速度分析势必耗损计算时间,而且对于海量的检测数据来说,这种人工的速度分析实质是很难实现的,而管片介质速度相对一致。因此,对于回填灌浆成像,相对合理的方式即通过前期一定的工作基础,获取结构的速度模型,并依靠此模型作为后续偏移成像的基本速度模型,以实现快速计算。

3.5.3.3 **叠前偏移方法**

所谓叠前偏移,即原始采集的阵列数据不经过动校正等分析处理,直接利用原始数据进行成像。在依靠速度等信息的情况下,其可以直接从原始单道数据进行偏移成像,形成一个完整的介质反射界面。传统的弹性波数据处理基本顺序为原始数据→增益补偿→速度分析→动校正→叠加→偏移成像。

其中,动校正的目的是校正由于偏移距的变化引起的地震走时的变化,并将不同距离的走时校正到固定的炮检距之上,之后利用叠加的方式增加信号的信噪比和弱信号的反映能力。在对波场理论认识的基础之上,可通过波动的基本走时原理和波的传播原理来消除这种在偏移距上的差异。因此,叠前偏移实际是包含了动校正相关的内容,在包含倾

角状态下，也包含了倾角校正相关的内容，所以叠前偏移的基本流程可以表述为原始数据→增益补偿→速度模型→叠前偏移成像。

其中速度模型将针对整个管片进行宏观的分析，在各检测点利用统一的速度模型进行成像。

所有叠前偏移可以认为是动校正和叠加的一个合成体。另外，对于信号叠加而言，其要求抽取信号的 CRP 等相关道集，以达到抽取共反射点的目的。而对于叠前地震而言，其对道集的要求相对较低，其主要是通过速度等参数获取波场的传播路径，并依靠传播路径对原始数据进行反传播，从而达到对目标体进行成像的目的，这也一定程度提高了自动化处理能力和整体工作效率。

从理论上讲叠前时间偏移只能解决共反射点叠加的问题不能解决成像点与地下绕射点位置不重合的问题，因此叠前时间偏移主要应用于地下横向速度变化不太复杂的地区。当速度存在剧烈的横向变化、速度分界面不是水平层状时，只有叠前深度偏移能够实现共反射点的叠加和绕射点的归位。叠前深度偏移是一种真正的全三维叠前成像技术，但它的成像效果必须依赖于准确的速度。考虑成像范围中速度结构相对单一，且结构成像的目的是获取深度方向的成像界面，因此本章主要依靠分析速度对原始数据进行深度偏移。

Kirchhoff 叠前深度偏移方法的具体实现过程如下：

首先把管片和回填灌浆体划分成一个个的面元网格。

然后利用射线追踪形成走时表，计算出地下成像点到地面炮点和接收点的走时 $t_s(x,y,z)$ 和 $t_r(x,y,z)$ 以及相应的几何扩散因子 $A(x,y,z)$。

弹性波信号的走时可利用式(3-67)进行计算：地表记录到的地震数据 $d(t,x,h)$ 与双程旅行时 t、中点 x 和半偏移距 h 有关。设在(t_0,x_0)处存在一绕射点，与其对应的偏移成像数据为 $r(t_0,x_0,h)$，t_0 为炮点和检波点同时位于绕射点 x_0 的正上方时的双程旅行时

$$T_D(t_0,x-x_0,h)=\frac{1}{v_s}\left[\left(\frac{t_0v_s}{2}\right)^2+(x-x_0-h)^2\right]^{1/2}+\frac{1}{v_s}\left[\left(\frac{t_0v_s}{2}\right)^2+(x-x_0+h)^2\right]^{1/2} \tag{3-67}$$

式中，v_s 为仅存在垂向变化、横向无变化的叠加速度，即 v_s 是 t_0 的函数。

Kirchhoff 积分法叠前时间偏移概念上很简单。具体实现就是利用前面讨论的 Kirchhoff 积分法公式进行。旅行时的计算由式(3-67)规定。两个最重要的问题是：偏移孔径和反假频。偏移孔径的选择可以利用下面介绍的方法。反假频的方法很多，比较常用的是随反射界面倾角增大，反射信号的高频成分逐渐降低。

最后在孔径范围内，对地震数据沿由 $t_s(x,y,z)$ 和 $t_r(x,y,z)$ 确定的时距曲面进行加权叠加，实现偏移成像。

偏移计算中的主要问题是偏移孔径 $x-x_0$ 的确定。通常在共偏移距剖面上能够观察到的最大反射倾角随旅行时和偏移距的增大而减小，因此对于不同的偏移距和 t_0，可以仅对其最大倾角范围内的数据进行叠前时间偏移计算，这样不仅能够得到更加满意的成像效果，而且大大减少了计算时间。对于每个需要偏移的 t_0，最大倾角的正切，即最大慢度由下式计算：

$$p_{m}=\frac{2}{v_{s}}A \tag{3-68}$$

其中 A 为孔径因子，表示为

$$A=\frac{X-h}{[4(X-h)^{2}+v_{s}^{2}t_{0}^{2}]^{1/2}}+\frac{X+h}{[4(X+h)^{2}+v_{s}^{2}t_{0}^{2}]^{1/2}} \tag{3-69}$$

$$X=(x-x_{0})_{max} \tag{3-70}$$

给定 p_{m}，根据式(3-69)、式(3-70)可以计算出与 p_{m} 对应的最大偏移孔径 $(x-x_{0})_{max}$。

Kirchhoff 叠前深度偏移方法相对于其他的叠前深度偏移算法而言，其主要优点是速度较快，能够适应快速成像需求。

由于 Kirchhoff 偏移在计算效率等方面的优势，在超声反射横波成像过程中将主要利用 Kirchhoff 方式进行叠前偏移成像效果的研究。

3.5.3.4 偏移成像的影响因素

1. 空间采样的均匀性

严格地讲，采集信号的成像就是把接收到的反射信号输出到成像空间中。所有这些输出的结果互相叠加就形成成像剖面。但采集信号成像处理对数据空间规则化的要求是比较严格的。否则，这些输出到成像空间的反射信息就不能进行有效的干涉，使得成像结果进行有效的增强或减弱。因此，超声阵列采集为 12 个标准探头组合，从而可以保障其在空间采样上的均匀性，也一定程度地降低了空间不均匀带来的问题。但采集剖面两侧由于叠加次数原因，无法有效地获取多次叠加数据，故在实际应用中仅可利用中间覆盖次数多的数据，这也对后续的采集方式提出了要求。

2. 采集数据的频带展布与信噪比

采集数据的频带展布及优势频段的位置决定了成像的分辨率。叠前地震数据偏移成像能做到保持原信号的频带就已经达到其成像分辨率的极限，速度场的任何不准确都会降低成像结果的分辨率，因此建立管片相对准确的速度模型十分重要。信号的信噪比将一定程度地影响叠加效果，因此利用去噪后的数据进行叠加其成像效果会更佳。

3. 速度问题

偏移成像仅依赖于宏观速度场。考虑管片宏观结构，本章的速度分析考虑利用均值速度模型，速度参数通过横波直达和发射波分析两种方式综合获取，最终获取成像的均值速度为 2 450 m/s。

考虑上述因素，对去噪后的数据进行叠前深度偏移，获取的偏移图像如图 3-80 所示。

如图 3-81 所示的深度偏移数据，获取的是以中心最大叠加次数为 0 点的深度方向断面。通过深度成像可有效地获取管片的底界面位置(0.3 m 深度)，而相关性信号成像不受钢筋等影响。由于管片底部无介质存在，而横波不在空气中传播，因此在管片底部界面会产生二次反射和三次反射等，相关信号在深度成像图中均可有一定表征。如图 3-80 所示的 0.58 m 和 0.85 m 深度即由于底部强反射引起的多次波现象。

通过上述的研究，可以依靠保幅度的方法，在选定参数后快速将原始数据转换为结构面的深度成像数据，为后续的分析打下了基础。

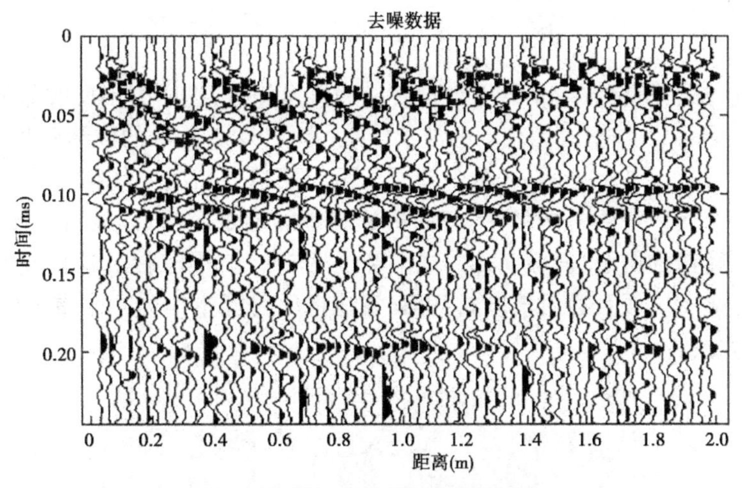

图 3-80　需要进行偏移的原始数据

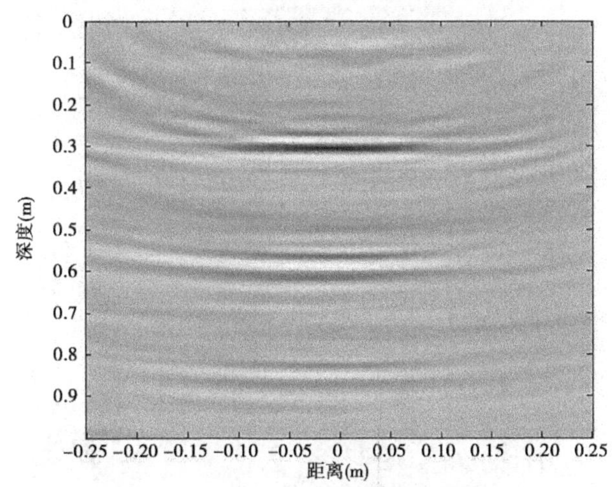

图 3-81　管片结构的深度偏移成像数据

3.5.4　回填层缺陷信号提取

由于超声反射采用的是脉冲信号,因此信号以脉冲正负强弱的变化来表征目标体的信号特征,但这种表现并不直观,从而一定程度地影响了信号的解释。根据超声反射的信号传播理论,与信号相关的三个要素为信号的振幅、频率、相位等,这些参数的变化对目标体的表征比脉冲信号更易于分辨目标体规模。尤其是振幅特征,可一定程度地避免由于信号正负变化所带来的解释误差。振幅信号的获取可通过希尔伯特变化获得。

在数学与信号处理的领域中,一个实值函数的希尔伯特变换(Hilbert transform)是将信号 $f(t)$ 与 $1/(\pi t)$ 做卷积,以得到 $f'(t)$。因此,希尔伯特变换结果 $f'(t)$ 可以被解读为输入是 $f(t)$ 的线性时不变系统(linear time invariant system)的输出,而此系统的脉冲响应为 $1/(\pi t)$。这是一项有用的数学,用在描述一个以实数值载波做调制的信号的复数包络(complex envelope)。希尔波特变换的数学形式可以表征为

$$H[f(t)] = \hat{f}(t) = \frac{1}{\pi}\int_{-\infty}^{\infty} \frac{f(\tau)}{t-\tau}\mathrm{d}\tau \tag{3-71}$$

根据上述方式,可将波形信号有效地转换为能量信号,进而突出反射部位的特征。

如图 3-82 所示为常规成像获取的波形信息,如图 3-82 所示的波形数据,管片壁后的异常波形反射表征不是十分明显,图中圆框所示为面板背后的一场体模型。通过希尔伯特变换可以获取面板背后的能量图,将面板的斜率加上之后,可以获得如图 3-83 所示的能量图。根据能量图所示,面板底部的缺陷部位反映十分明显,因此这种成果展示方式要明显优于波形显示。而且通过该方式,可有效地将反射能量作为一个重要的评判指标对结构破坏进行分析。

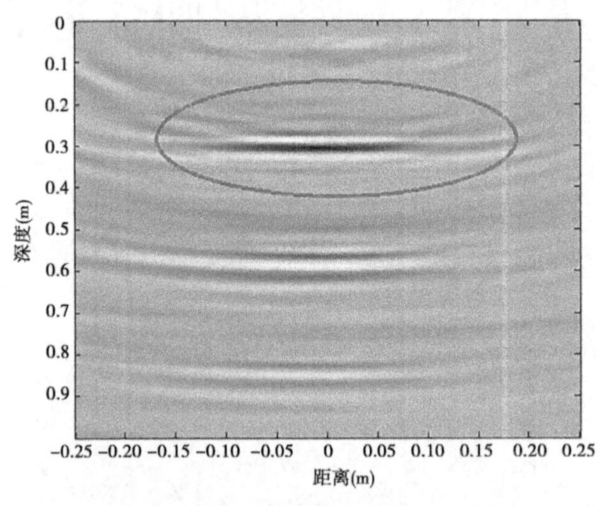

图 3-82　信号处理后显示的振幅谱图形

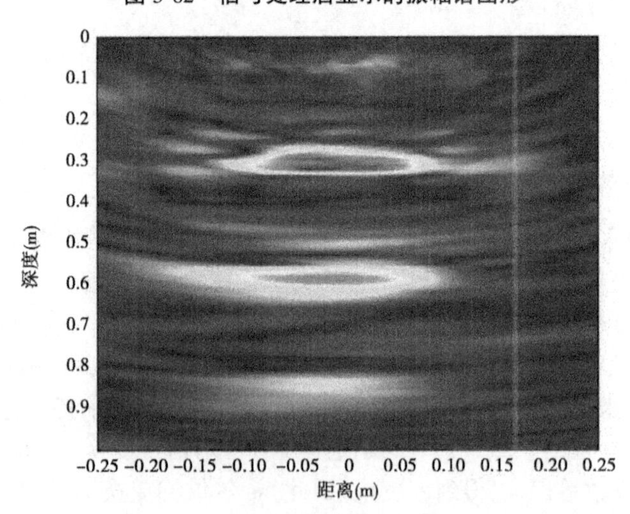

图 3-83　信号处理后显示的能量图

根据上述波场偏移理论,可设计如图 3-84 所示的保幅偏移成像算法流程。

此流程中,为提高计算效率,可以认为整体介质为一个均匀介质,整体速度变化较小,

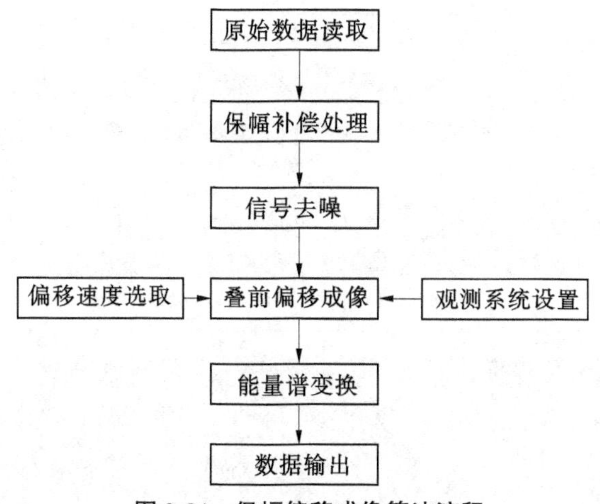

图 3-84　保幅偏移成像算法流程

因此可以选取固定的速度作为偏移速度。根据上述理论,计算的成果与未经过保幅处理的结果对比如图 3-85 所示。

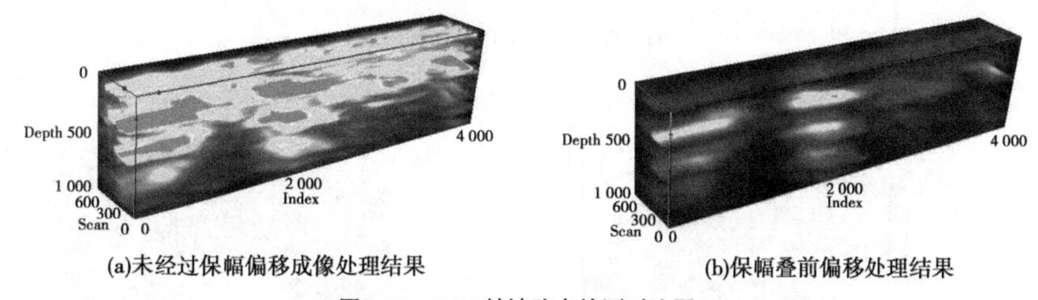

(a)未经过保幅偏移成像处理结果　(b)保幅叠前偏移处理结果

图 3-85　TBM 某缺陷点检测对比图

图 3-86、图 3-87 所示为在 TBM 施工和地铁施工中不同缺陷位置应用保幅叠前偏移和仪器自带处理软件的对比结果。根据理论分析,在有缺陷部位的反射能量明显强于灌浆效果较好的部位。如图 3-86、图 3-87 所示的仪器自带处理软件结果,其所处理的数据无法有效地分辨能量的变化,导致灌浆良好区域和灌浆缺陷区域整体的反射均较强,无法识别缺陷位置。对比采用保幅叠前偏移的处理结果,由于充分考虑了地震传播中的信号损失等因素,所获得的反射信号能量区分明显,可根据反射能量的区别有效地划分缺陷区域。

3.5.5　检测数据验证

图 3-88 为回填灌浆质量检测的原理图,在有回填灌浆体和无回填灌浆体的区域,二者接收到的反射信号的能量是不一致的。如图 3-88 所示,在发射能量相同的情况下,在界面处会根据介质的不同而发生一定的变化。由于空气属于流体,不传播横波,因此未进行回填灌浆的区域信号无法进入回填灌浆层,所有信号均被反射回去。而对于有回填灌浆体的部位,由于大部分信号被吸收,仅有少部分信号被反射回去,因此可根据回填灌浆体与管片界面之间的反射能量来对回填灌浆体的性质进行初步评价。由于在信号的处理中采用了保幅叠前偏移成像技术,因此信号的处理具有一定的保真性,可有效地反映界面

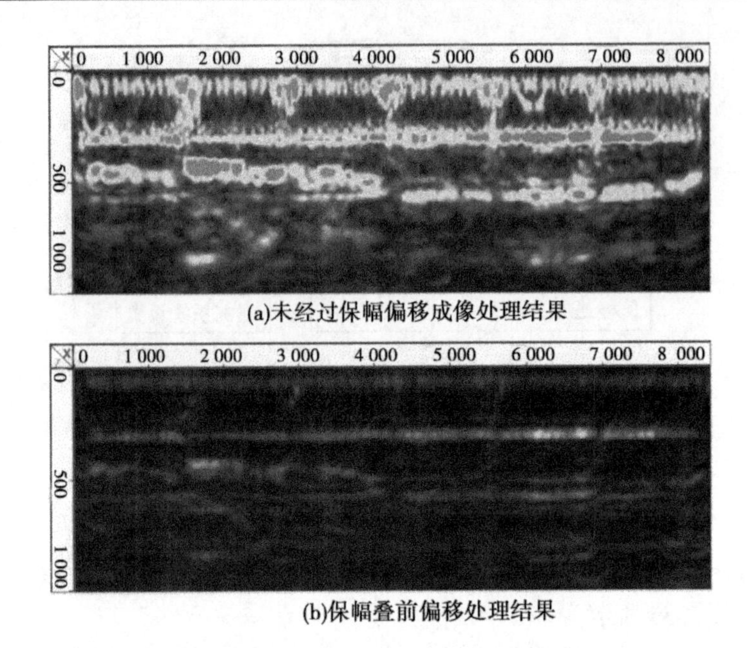

(a)未经过保幅偏移成像处理结果

(b)保幅叠前偏移处理结果

图 3-86　TBM 某区域检测成果

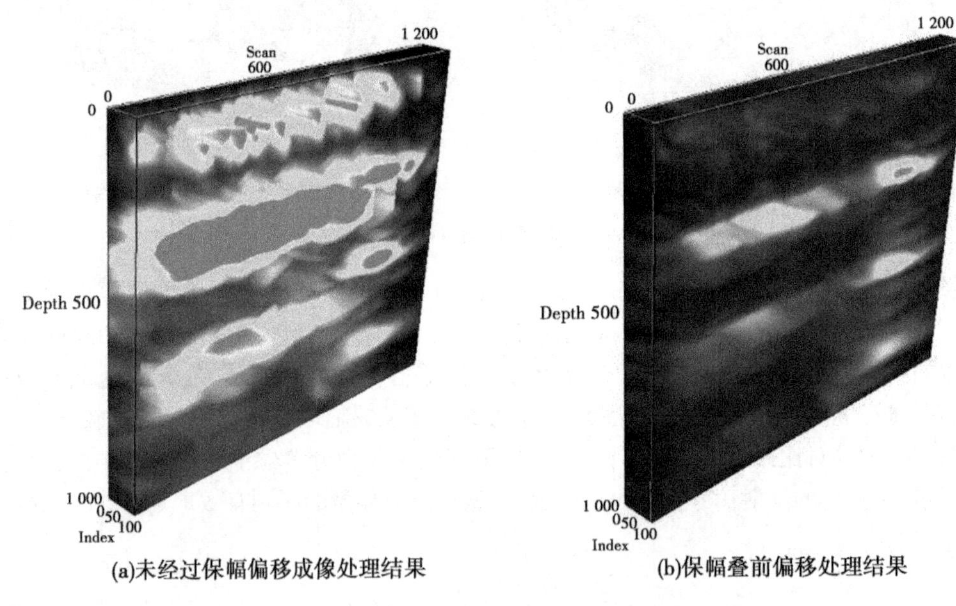

(a)未经过保幅偏移成像处理结果　　(b)保幅叠前偏移处理结果

图 3-87　地铁某缺陷点检测对比图

处的反射能量。

图 3-89 为检测成果及其剖面解释图。在-300 mm 深度有一个明显的反射同相轴,该同相轴表示的为管片与豆砾石之间的界面。在约-400 mm 深度处有一个明显的反射同相轴,根据介质的物性差异及设计资料显示,该处表示的是回填灌浆体与围岩的界面。根据上述特征,可划出反射界面的解释图。

结合上述信号解释原则,对不同反射能量的数据进行取样处理,图 3-90～图 3-92 为

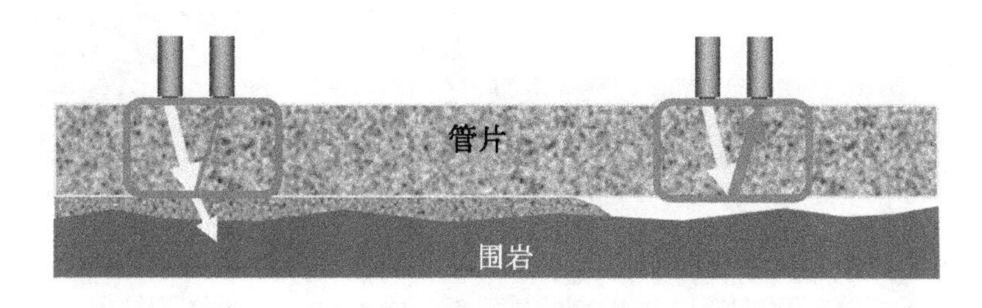

图3-88　回填灌浆质量检测原理

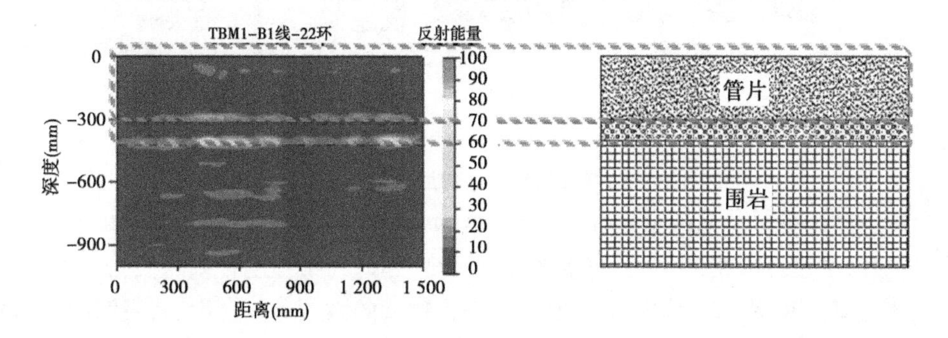

图3-89　检测成果的剖面解释图

典型能量区域的取样结果。

图3-90为反射能量较强的区域,其取样结果见图3-90(b)。管片与回填灌浆体之间的反射能量很强,且二次波、三次波发育明显,结合信号的传播特征分析,在该区域整体回填灌浆质量较差。结合上述分析,在管片位置进行取样作业,获得的取样结果见图3-90(b),整个管片底部没有任何浆液迹象,且整个回填灌浆体没有取出。根据现场观测结果,管片中没有浆液充填。

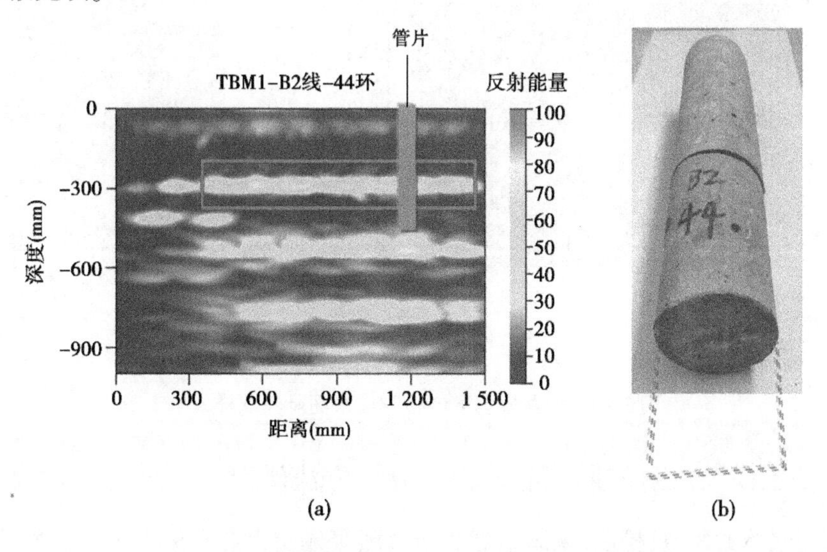

图3-90　能量较强区域检测成果图及其取样成果

图3-91为能量稍弱区域的取样结果,图3-91(b)为取样结果。根据检测成果图分析,

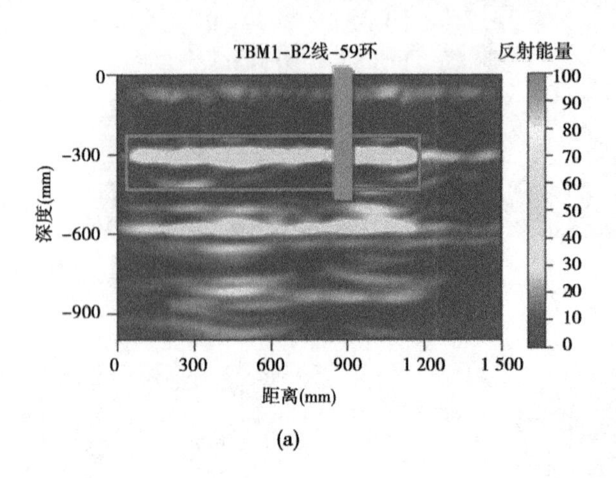

(a)

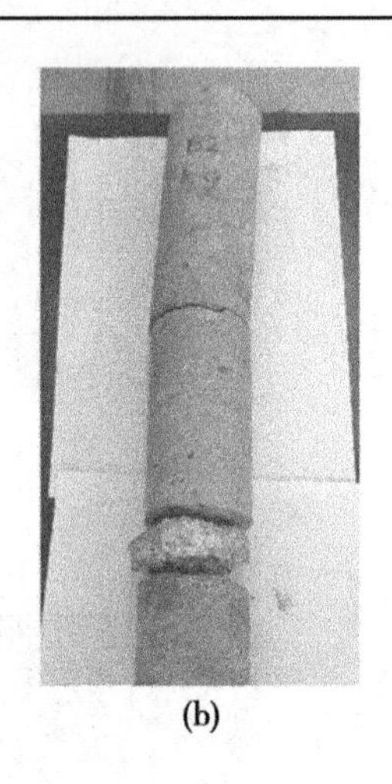
(b)

图 3-91　能量稍弱区域检测成果图及其取样成果

管片与回填灌浆体区域的能量较强,二次波整体发育明显,但三次波发育不明显。根据能量分析,该区域已经有浆液注入,但浆液分布较少,整体固结程度较差。根据上述分析,回填灌浆体与管片和围岩均剥离,由于取样中钻头扰动的因素等综合影响,表明回填灌浆体与管片、围岩的胶结程度较差,回填灌浆体本身质量也较差。根据现场取样成果,回填灌浆体中存在较多的孔隙,表明虽然豆砾石中有浆液的充填,但充填并不充分。

图 3-92 为能量较弱区域的取样成果,如图 3-92 所示反射能量很弱,根据信号分析,由于回填灌浆体质量较好,大部分能量被进入回填灌浆体。结合回填灌浆体的取样结果,回填灌浆体在钻头的扰动下与管片并无脱落,整体密实性良好。

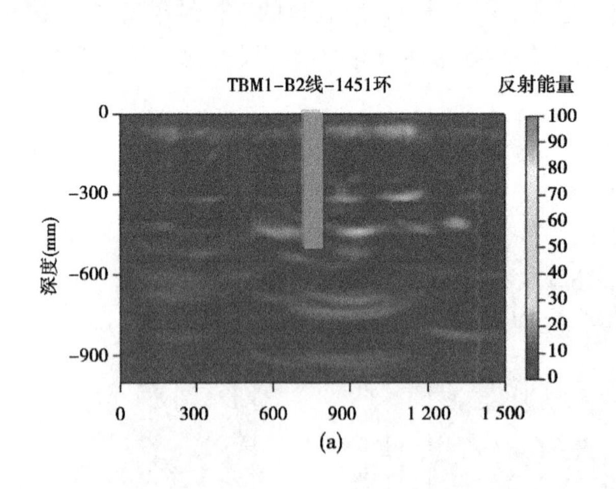

(a)

(b)

图 3-92　能量较弱区域检测成果图及其取样成果

3.5.6　基于横波反射的回填灌浆强度分析方法研究

回填灌浆体的脱空、松散、未固结等对回填灌浆体受力会有极大影响。另外,回填灌浆体的强度直接影响力的传递,对于回填灌浆体质量也具有重要影响。本节以回填灌浆强度为基础,分析了基于回填灌浆信号的灌浆强度分析方法。

3.5.6.1　横波反射信号与回填灌浆龄期的关系

龄期直接决定了混凝土介质的强度，分析信号与龄期的关系，一方面可以为回填灌浆提供一个检测时间，另一方面可以分析信号与强度是否有一定关联性。

本次检测试验根据检测与灌浆时间选定兰州水源地 TBM1 支洞 100 环作为试验管片。管片结构布置如图 3-93 所示，TBM 每环由 6 片管片组成，本次试验选定的管片为 E 环和 F 环管片，100 环灌浆时间为 5 月 20 日。试验测线布置在第 100 环 E 环和 F 环之间，共布置两条测线，分别为 100-1#测线和 100-2#测线，实际测线位置如图 3-94 所示。

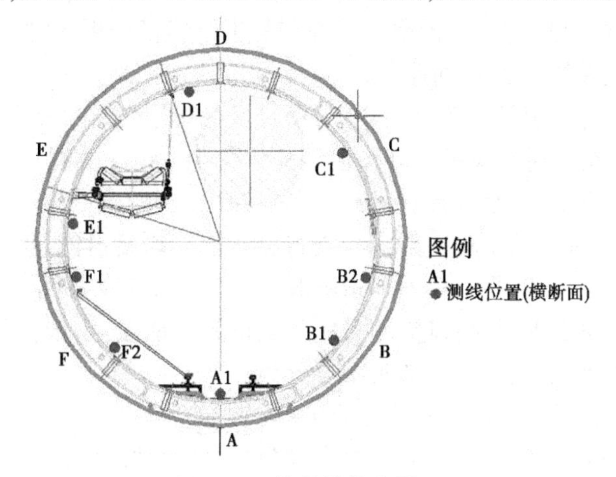

图 3-93　管片结构布置

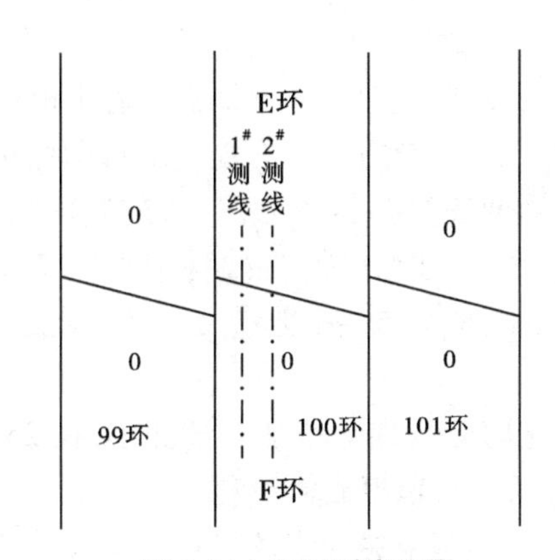

图 3-94　实际测线位置

测线布置如图 3-94 所示，其中 1#测线距 99 环和 100 环边界分别为 20 cm，1#测线与 2#测线的间距为 20 cm。1#测线顶端距 100 环 E 管片与 F 管片边界为 50 cm，2#测线顶端与 1#测线顶端高度相同。

TBM 管片采用 C50 或 C60 混凝土，其横波速度较高，空气属于流体，流体中不传播横波。当管片背后有不密实体或脱空时，横波部分穿透或无法穿透管片背后介质，其能量大部分被反射回来并被接收探头接收，进而得到反射能量较强的反射界面，据此对异常体大小和范围进行划分。

由于低频横波传播受钢筋影响小，因此在检测 TBM 管片后豆砾石回填灌浆质量方面有独特优势。

由于管片横波速度较高,不密实体含空气较多,整体横波速度较低。当灌浆效果较好时,横波反射回来的能量较弱。随着灌浆效果变差,管片后部空隙等逐渐增多,横波反射回来的能量逐渐变强。

数据处理采用偏移成像技术,将所有反射信号的能量定义在 0~100 区间,不同程度的异常体应对应不同的反射能量。

管片标准厚度为 300 mm,管片与基岩之间的距离从 50 mm 至 200 mm 不等。因此,从检测成果图上重点对 300 mm 深度的反射信号进行能量分析,并提取相应的异常部位。不同时间测检测成果如图 3-95 所示。

在管片背部进行回填灌浆后,为研究龄期对反射能量衰减的影响,提取一个典型测点和管片底部的平均能量进行分析。典型测点位置位于 100-1 测线自上至下 1 200 mm 处,分析成果如图 3-96 所示。为消除个别测点在采集过程中由于耦合等问题引起的反射能量不稳定,提取管片底部的平均反射能量进行分析。平均反射能量表示所有试验段管片底部的反射能量的平均值,平均反射能量随时间变化如图 3-97 所示。

如图 3-96、图 3-97 所示,小圆圈为实际测量得到的能量点,根据能量衰减规律,设能量的衰减满足指数衰减,能量的指数衰减公式为

$$p = a + be^{-ct} \tag{3-72}$$

式中:p 为反射能量;t 为时间;a、b、c 为拟合参数。3 个参数中,a 是与最小反射能量相关的量,b 是与最大反射能量相关的量,c 是与日期相关的量。

由于不同测点反射能量不一致,所以对于不同测点 a、b 值均会不同。而 c 是与日期相关的量。由于龄期与日期相关,因此对于不同测点 c 值应相对稳定。

根据上述关系,采用最小二乘拟合方法拟合能量随日期变化的指数衰减曲线,黑色曲线为拟合得到的指数衰减函数曲线。图 3-96 和图 3-97 拟合得到的 3 个参数值见表 3-27。

综合两次拟合曲线,采用 $c=0.181\,2$ 为与龄期相关的参数。由于 a、b 与不同测点有关,取两个测点的中间值,设 $a=25$、$b=50$,则能量及能量变化随龄期的变化规律如图 3-98 所示。

如图 3-98 所示,能量变化随着日期的增加逐渐变小,在 25 d 后,反射能量变化趋于 0,因此建议在回填灌浆 25 d 后进行超声成像检测。

根据 100-1 环 1 200 mm 处能量衰减及平均能量衰减及其拟合分析,在回填灌浆 25 d 超声成像能量趋于一致,即能量可开展超声成像检测工作。

不同龄期超声成像能量与不同龄期强度进行对比,探索反射能量与强度之间的关系。

3.5.6.2　结构体横波速度与回填灌浆强度的关系

速度是表征弹性体最重要的一个定量特征,也是表征物体特性的一个重要性质。相对其他能获取的参数,速度都是一个很基本的参数。根据相关研究经验,速度与强度之间存在一定的宏观对应关系,但在管片存在的情况下如何获取管片背后回填灌浆体的速度,是本节的重点研究内容。

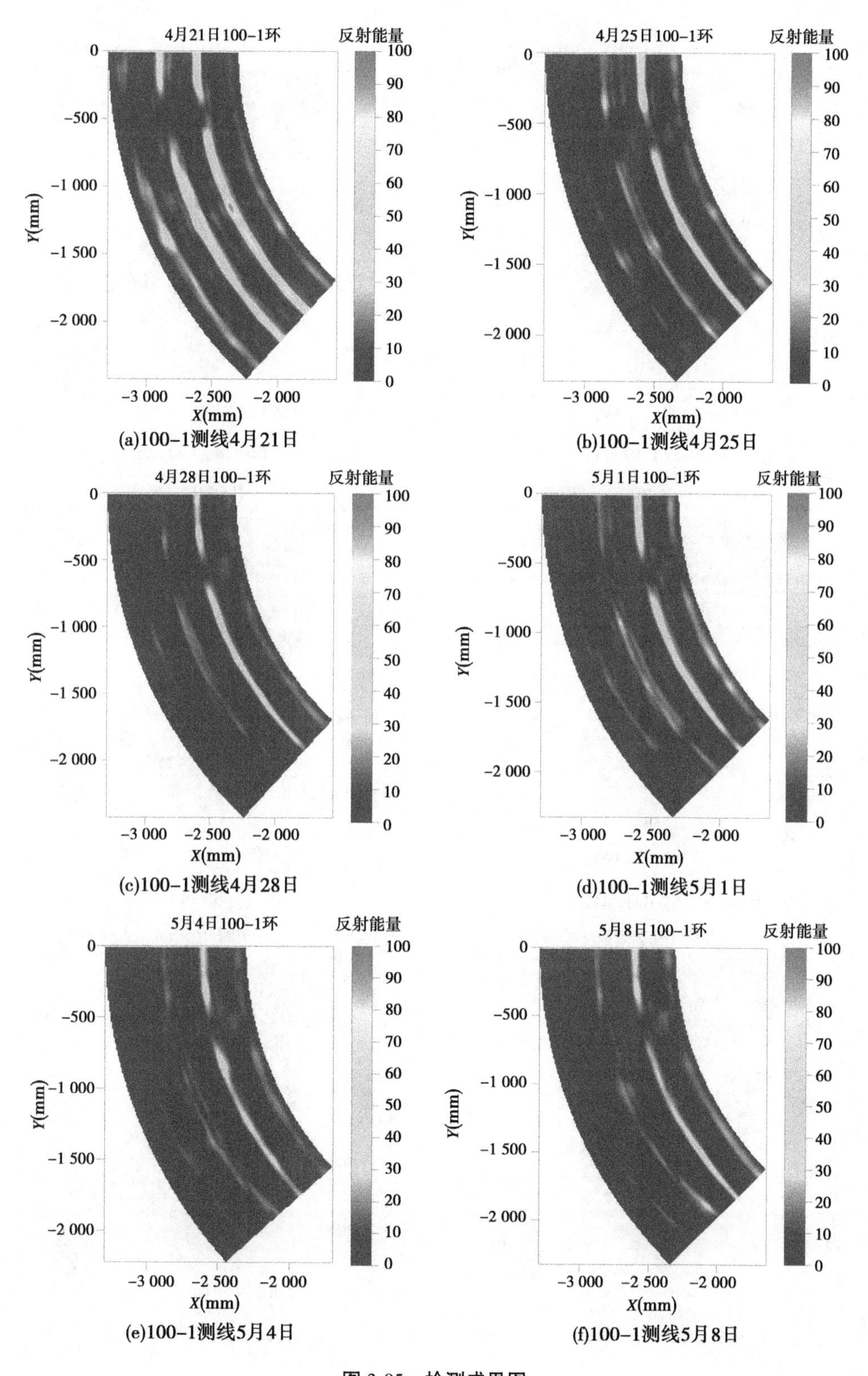

(a)100-1测线4月21日　(b)100-1测线4月25日

(c)100-1测线4月28日　(d)100-1测线5月1日

(e)100-1测线5月4日　(f)100-1测线5月8日

图 3-95　检测成果图

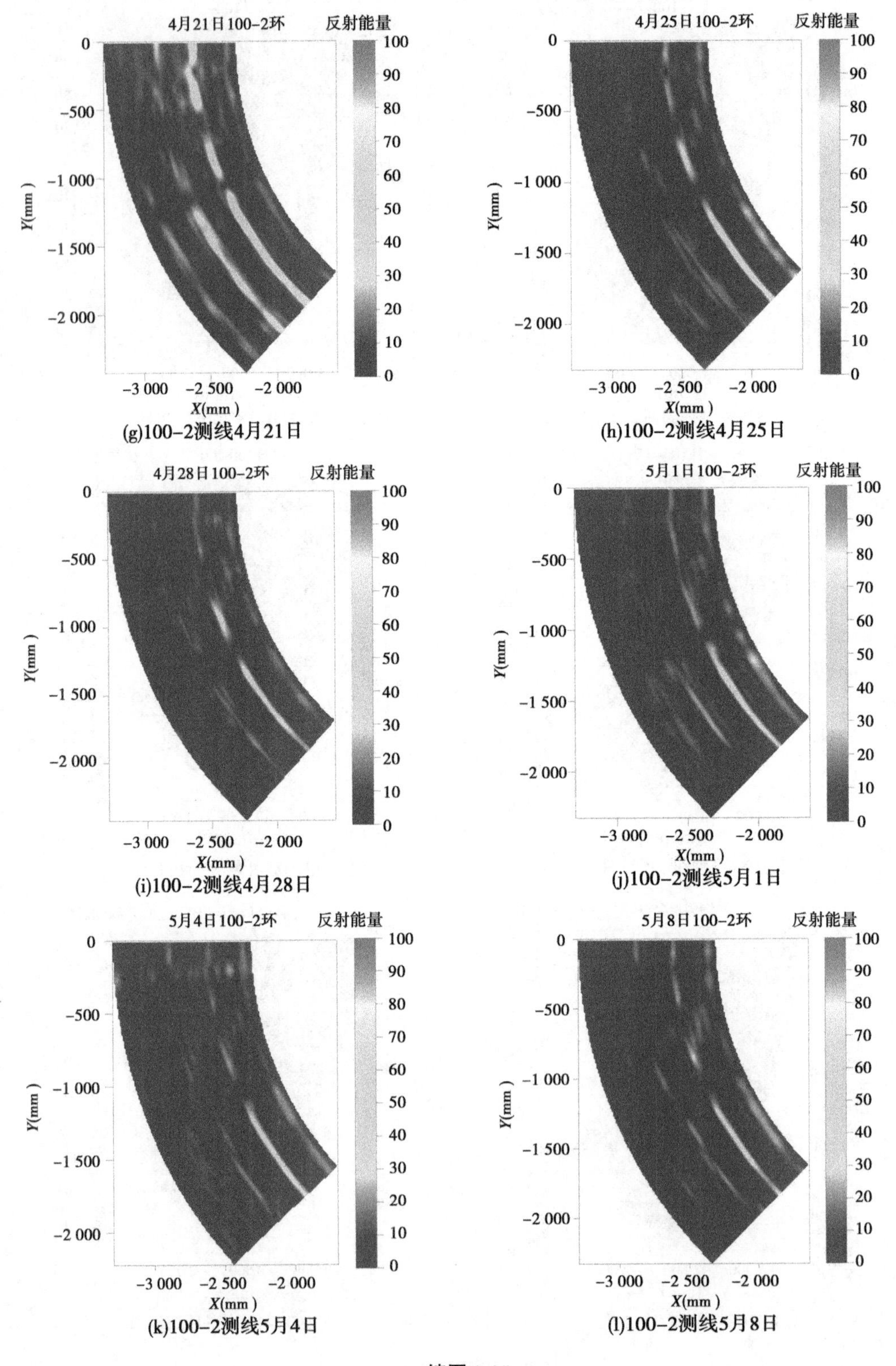

(g)100-2测线4月21日

(h)100-2测线4月25日

(i)100-2测线4月28日

(j)100-2测线5月1日

(k)100-2测线5月4日

(l)100-2测线5月8日

续图 3-95

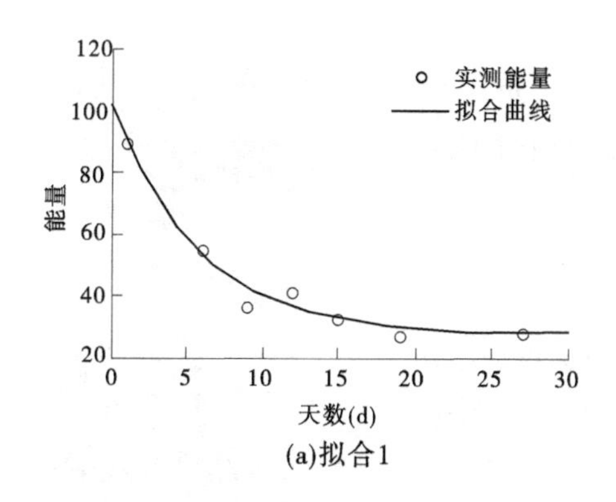

(a)拟合1

图 3-96　测点 1 底界面反射能量随时间衰减

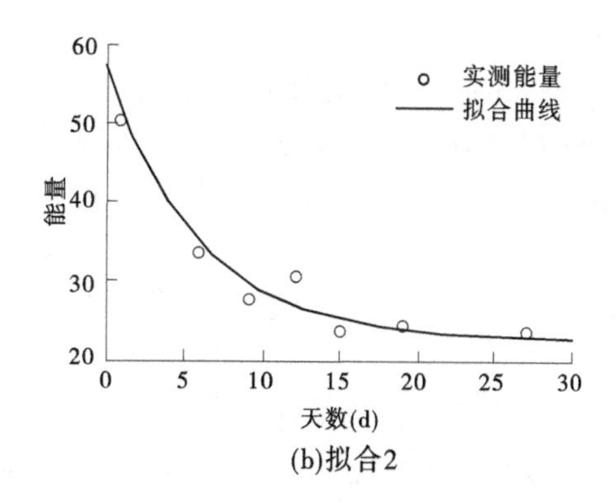

(b)拟合2

图 3-97　管片底界面平均反射能量随时间衰减

表 3-27　拟合得到的 3 个参数值

参数	120 mm 处测点	平均反射能量
a	27.922 4	22.922 4
b	75.098 7	35.276 3
c	0.181 2	0.180 8

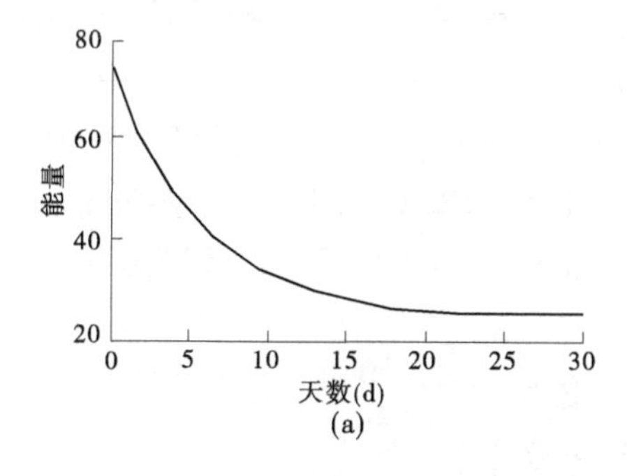

(a)

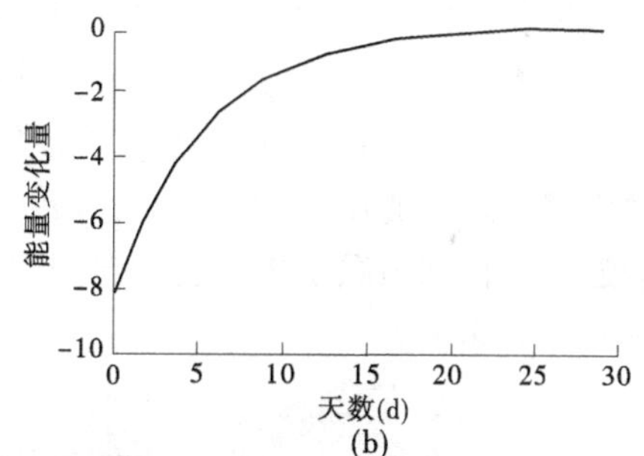

(b)

图 3-98　能量衰减及能量变化量随日期的变化

由于回填灌浆体属于隐蔽工程,因此考虑利用弹性波的运动学特征获取回填灌浆层的速度信息。根据上述对弹性波传播的分析,不同层的速度特征将影响反射双曲线的曲率,因此通过原始数据中的双曲线曲率特征可有效地获取速度信息,但这种速度是多个层速度的一个综合反映,即是一个综合反映。因此,如何在诸多的速度中寻找回填灌浆层的具有重要意义,在弹性波中可通过速度转换的方式来获取层速度特征。利用速度评价灌浆体强度的首要问题,即获取回填灌浆层速度。

综合上述分析,获得一个层速度信息的一个基本条件是获得该反射层底部的反射界面,通过此界面可计算信号通过该目标层后的速度变化信息和由速度变化引起的同相轴变化信息。由于回填灌浆是在 TBM 掘进机中进行的,因此可认为管片背后的回填灌浆层的厚度在同一界面是均匀的,不存在一定的倾斜,可排除由倾斜地层带来的解释误差。根据上述分析,项目提取了在空管片(未进行回填灌浆处理的管片)进行试验分析,以获取管片的层速度分布,并与平测获得的速度对比。图 3-99 为获得的空管片检测的原始数据。

如图 3-99 所示,在 210 ms 位置处有一明显的反射同相轴,同时在 420 ms 位置处有相同的同相轴分布。通过上述分析可认为,210 ms 处的反射为管片底部的反射,420 μs 处的反射为管片底部反射的多次波。根据地震信号的运动学特征,通过此反射可有效地获取管片的层速度分布。

图 3-100 为在管片上进行速度分析获得的速度,图中的黑色曲线表示在当前速度情况下的双曲线分布,可根据此双曲线分布来确定速度的大小。由于此数据仅有 11 道,因此信号数据量本身较小,所以直接计算的速度谱离散程度较高,仅能依靠不同速度的双曲线与实际采集双曲线的对比获取速度。由于仅有一个反射层,因此此时获得的叠加速度即层速度特征。根据获得的速度特征,获得层速度的大小为 2 479 m/s。通过平测获得速度信息为 2 450 m/s,通过上述分析,二者获取的速度大小是一致的,但由于穿透深度中介质的不同,且砾石含量较大,所以层速度大于平测速度。

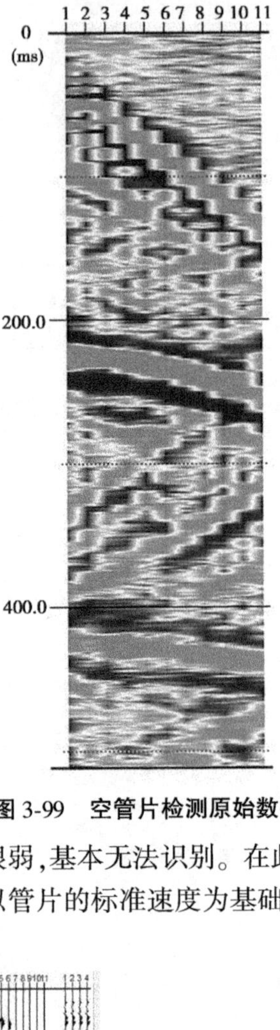

图 3-99　空管片检测原始数据

根据上述获得的第一层速度作为标准速度,来研究回填灌浆层的速度。图 3-101 为某回填灌浆体和管片综合速度表征的一个反射双曲线。由于灌浆质量较好,因此在管片与回填灌浆体之间的速度差异很小,导致反射同相轴能量很弱,基本无法识别。在此情况下只能通过分析回填灌浆体与管片之间的综合速度,同时以管片的标准速度为基础,分析回填灌浆体的速度。

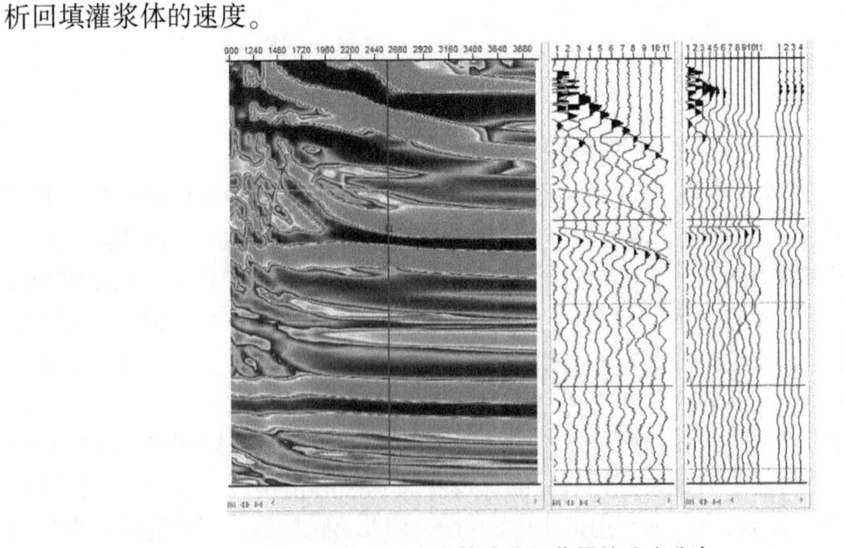

图 3-100　空管片分析获得的速度分布

图 3-102 为速度直接通过双曲线获取的速度信息,同时将管片作为标准的回填灌浆

体,控制其真实的深度和速度值,通过上述方式获取的回填灌浆层速度为1 937 m/s。

综上分析,通过运动学速度追踪的方式可有效地获取反射层速度的大小,但是这种速度的获取是有前提的,即必须获得回填灌浆层底部的反射速度。实际检测数据发现,对于空管片可通过试验等方式获得其标准速度,但是对于回填灌浆层往往无法获取其反射数据信息,这是由于在信号传播的过程中,回填灌浆层本身对信号有较大的吸收,从而导致信号衰减极大,无法在回填灌浆层与基岩界面形成有效反射,也无法有效地获取回填灌浆层的速度,因此此技术思路在实现上存在巨大的技术难度。

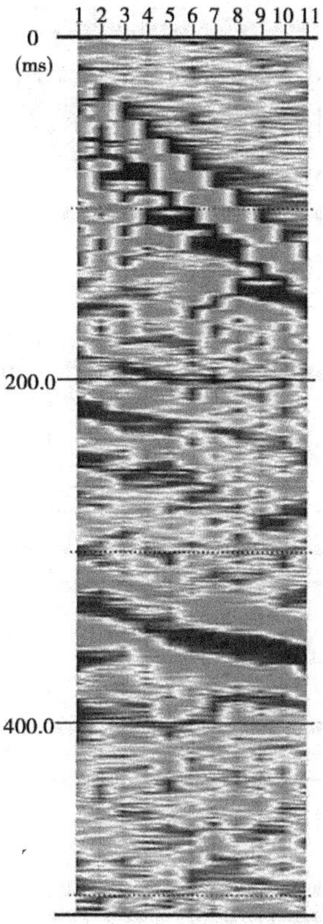

图3-101　回填灌浆后的管片检测原始数据

3.5.6.3　基于能量衰减的强度分析方法研究

通过对利用超声反射检测回填灌浆体质量可以发现,两个界面处的反射能量也可以一定程度地表征回填灌浆层的速度等信息,并依靠此信息来推断回填灌浆层固结质量的好坏。这是由于本身管片的结构、速度等是稳定性存在的,因此反射系数的顶界面是可控的,而底界面的性质将影响反射系数能量的大小。根据此技术思路,项目将研究利用管片与回填灌浆层之间反射能量的大小来获取对强度的分析方式。

根据上述试验思路,项目根据TBM2豆砾石层取芯抗压试验结果,抽取小于10 MPa、10~15 MPa、大于15 MPa共3组,每组3个芯样。对芯样来源管片进行物探检测,检测位置贴近取芯孔。之后对取芯孔附近反射能量进行计算提取,并与芯样抗压强度值进行对比分析。

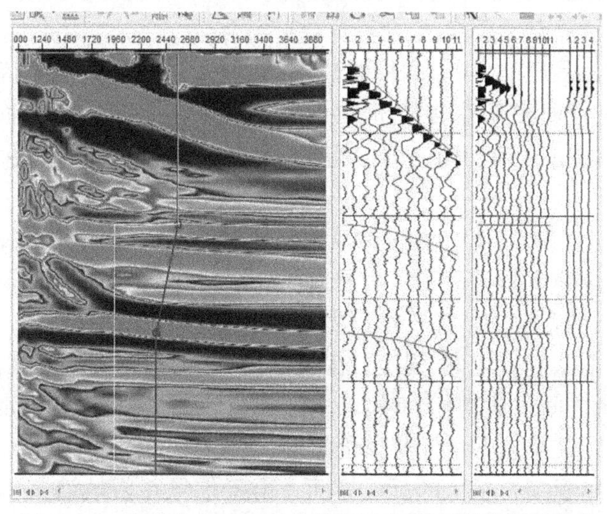

图3-102　在管片速度已知的情况下分析回填灌浆层速度

表 3-28 所示的对比资料,在三个区间中的反射能量并没有呈现随着强度的增大,反射系数减小的趋势,这是由于在 10~15 MPa 有一个巨大的反射能量存在。但是细分每个反射系数与强度的关系,这种关系也不明显。若仅考虑反射系数特征,而反射系数本身是表示了胶结面处的回填灌浆信息,对于回填灌浆体中信号的传播考虑较少。而回填灌浆体中的信号衰减速率,明显影响了强度的变化,因此单纯依靠反射系数来表征回填灌浆体强度也不太可行。

表 3-28　取样结果与试验结果对比

分组	<10 MPa			10~15 MPa			>15 MPa		
取芯孔位	122 环 9 号孔	62 环 5 号孔	600 环 5 号孔	35 环 4 号孔	57 环 4 号孔	582 环 5 号孔	312 环 5 号孔	241 环 5 号孔	348 环 5 号孔
抗压强度(MPa)	6.80	8.00	8.30	12.30	12.30	13.70	19.00	20.80	25.20
均值	7.70			12.80			21.70		
反射能量(%)	34.30	21.96	29.33	49.35	15.32	21.35	24.93	17.88	18.34
均值	28.53			28.67			20.18		

根据上述分析,通过波速对回填灌浆体强度进行估算,虽可大致估算强度信息,但回填灌浆体的速度获取难度比较大。而直接利用反射界面的能量大小进行反射强度的估算,受界面胶结等的影响较大,但对整体回填灌浆层的表征较小,鉴于上述因素,需要重新寻找一种可有效地对强度关系进行表征的大参数。针对此分析,分别列取了不同强度回填灌浆体的反射能量示意图。

图 3-103~图 3-105 为不同灌浆强度所获取的检测成果图。分析各成果图的分布,其具备一定的规律性,这种规律性代表了强度对信号的一种表征,因此如果获取这些参数,对于强度的综合评估具有重要意义。

图 3-103 为强度大于 15 MPa 的检测成果图,图中存在一种信号特征,即在管片与豆砾石界面,反射能量很弱或几乎没有,但在豆砾石与围岩界面,反射界面较强。

图 3-104 为强度在 10~15 MPa 的检测成果图,在管片与豆砾石界面反射界面几乎没有,同时在豆砾石与围岩界面,反射信号很弱或几乎没有。

图 3-105 为反射强度小于 10 MPa 的反射信号,如图 3-105 所示的反射信号,在管片与豆砾石之间具有明显的反射界面和二次波,且豆砾石和围岩之间的界面是不明显的。

综合上述特征,结合波的传播特征可做如下分析:

在回填灌浆体整体质量较好、强度较大的情况下,管片与回填灌浆体之间的反射系数差异较小,因此二者之间反射同相轴较弱,由于灌浆体质量较好,且强度较高,所以信号在回填灌浆体中的衰减很小。回填灌浆体的强度、速度等总体要弱于围岩,因此在回填灌浆体与围岩之间将会出现一个较大的反射界面。由于信号在回填灌浆体中的衰减很小,因此回填灌浆体与围岩之间的反射可被有效地传播回来。鉴于管片本身强度较高,信号衰减较小,因此在回填灌浆体质量较好的情况下,回填灌浆体与围岩之间的反射能量较大。

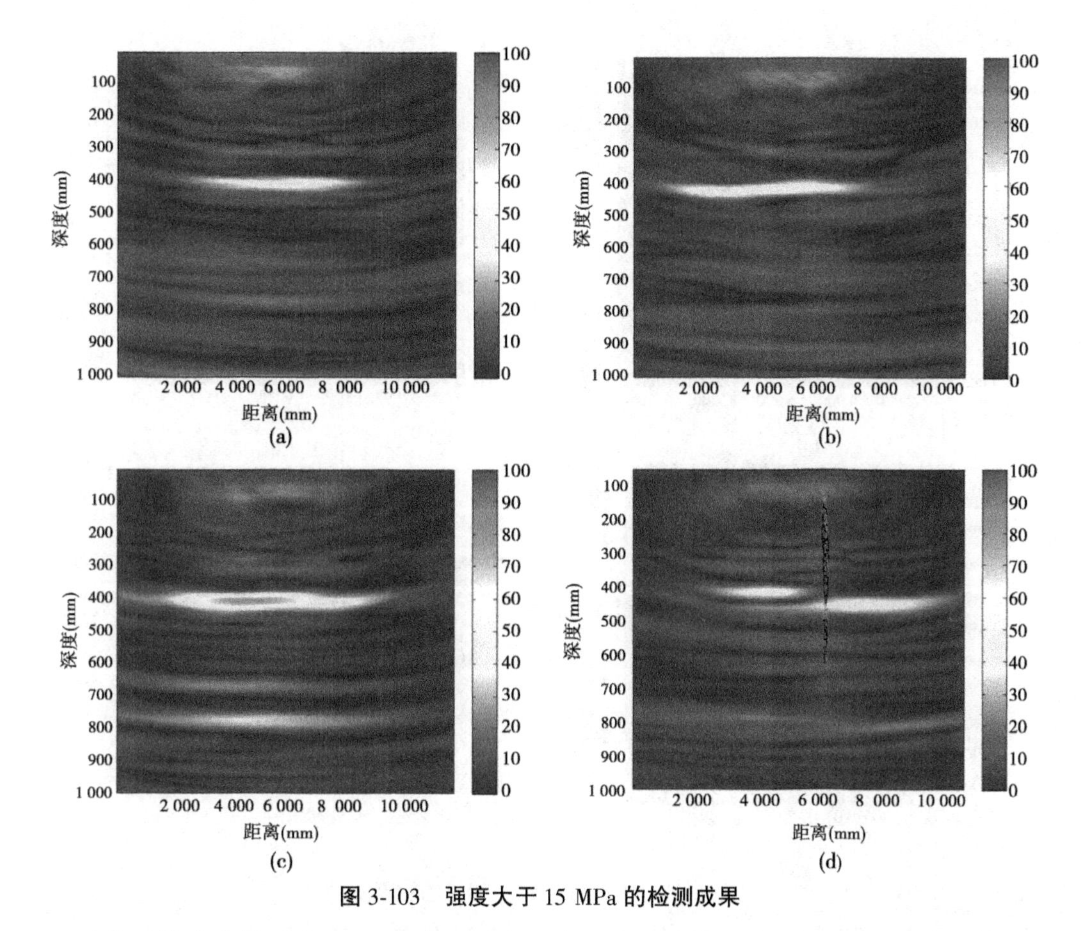

图 3-103　强度大于 15 MPa 的检测成果

随着回填灌浆体质量变差,强度也随之变小。在这种情况下,管片与回填灌浆体的反射系数变大,信号通过管片与围岩回填灌浆体之间时被反射回去的信号较多,随着回填灌浆体质量的变差,整体信号在回填灌浆体中的衰减变大,导致回填灌浆体与围岩之间反射回来的信号大部分被衰减,几乎没有信号传播到回填灌浆与围岩的界面处。因此,随着回填灌浆质量的变差,首先回填灌浆体与围岩之间的反射界面变弱,直至没有。随着回填灌浆质量继续变差,回填灌浆体与管片之间的反射能量开始逐渐增大。

但上述情况是对三大类信号的总体分析,对于具体的回填灌浆值,是否符合上述规律,项目针对信号的衰减特性,给出了一个与回填灌浆体信号衰减相关的参数对信号的衰减进行表征。

图 3-106 为信号在界面处的传播示意图,根据接收原则,仅信号沿射线传播的基本方式。根据射线理论,在界面处的信号发生反射与透射两种信号,这与信号的反射系数与透射系数相关。根据能量守恒原理,反射系数与透射系数的和为 1,表示能量没有损失。随着上、下两层界面物性差异的变大,信号在界面处的反射系数变大,根据能量守恒原理,即信号在界面处的透射能量减小。表现在具体信号中,在入射信号一定的情况下,反射信号能量逐渐增大,透射信号能量逐渐减小。这里的信号变化不考虑信号在介质中的损失。

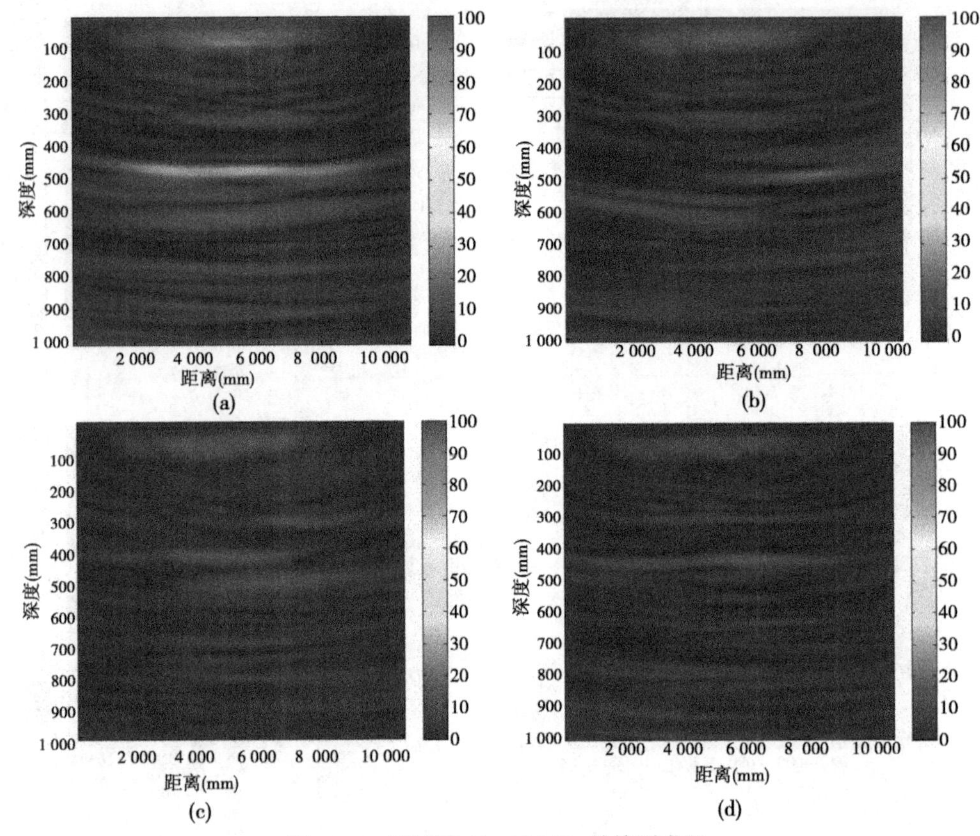

图 3-104　强度在 10～15 MPa 的检测成果

信号在介质中传播的衰减主要影响因素有三个方面，分别为球面扩散衰减、散射衰减、介质衰减。

(1)球面扩散衰减。如图 3-107 所示，根据菲涅尔原理，信号在震源位置是呈球面传播的，即球面波。根据能量守恒原理，在不考虑介质对信号衰减的情况下，信号在不断的扩散过程中，位于球面某点的能量在传播过程中不断减小。这种能量的衰减称为球面扩散衰减，这种衰减是呈几何性质的，在不考虑介质不均匀的情况下，可以认为扩散是呈现一定规律的。因此，对于这种小尺度的检测问题，同样可以认为是呈现几何扩散的，可以通过一定的手段进行校正。

(2)散射衰减。主要是介质中由于孔隙、胶结不密实等引起的信号散射，散射信号无法被反射回来从而引起的衰减。这种衰减主要与回填灌浆体的密实程度相关，如回填灌浆体不密实，则回填灌浆体的强度也不高，则信号在回填灌浆体中的散射衰减较大，信号无法被发射回来。

(3)介质衰减。这是与介质本身的属性相关的参数，如声波信号在相同长度的水中与混凝土中的能量衰减是不同的，这就与介质本身的性质息息相关。由于回填灌浆体质量的不同，因此信号在其中的衰减也会发生一定的变化。

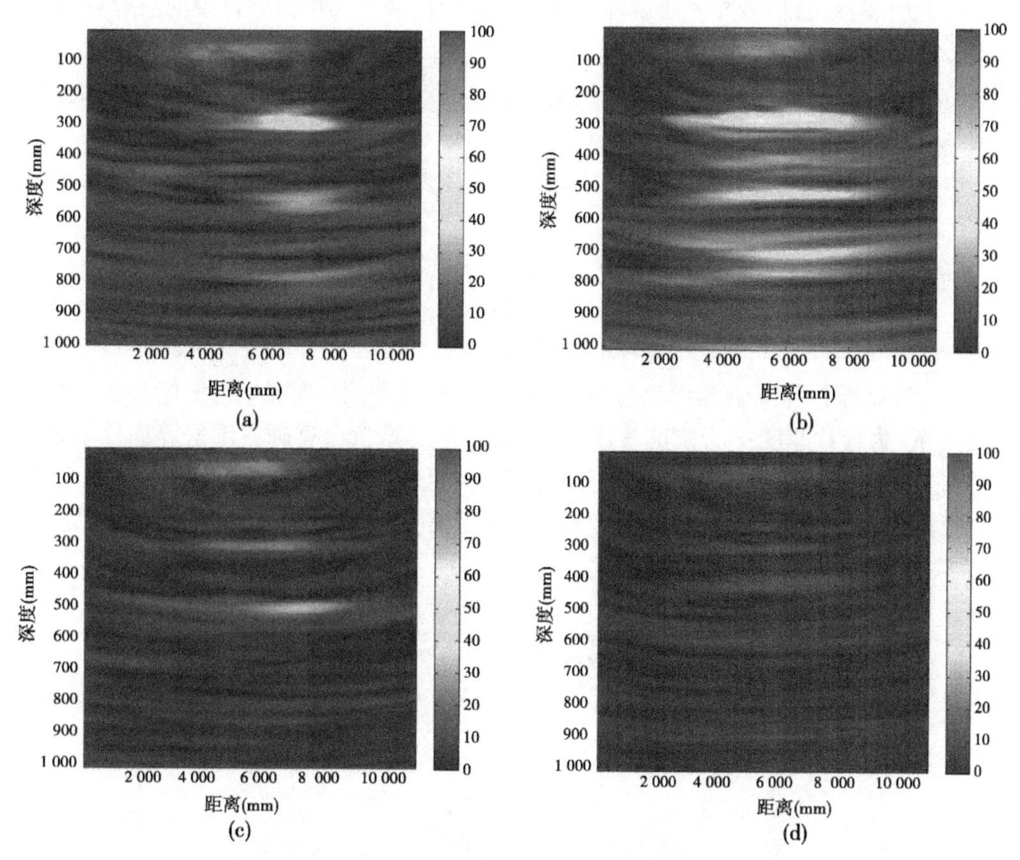

图 3-105　强度小于 10 MPa 的检测成果

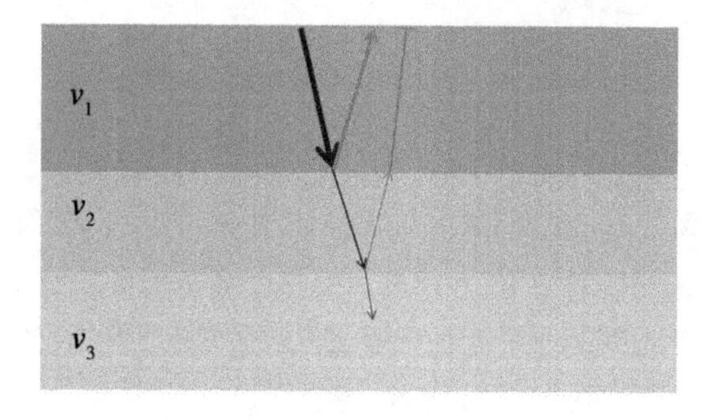

图 3-106　信号在界面处的衰减

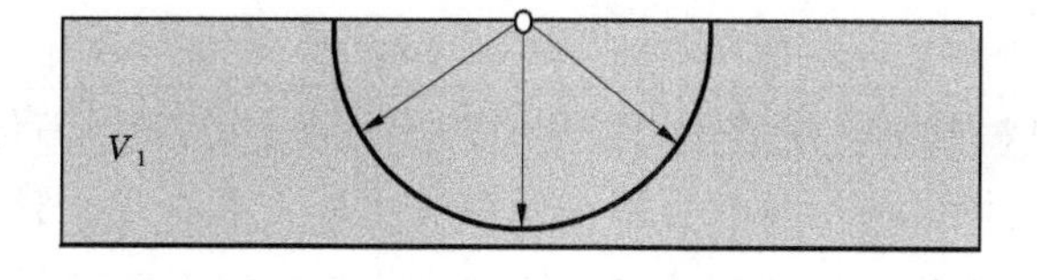

图 3-107　信号的球面扩散

综上所述,结合信号与介质属性本身的衰减和信号在回填灌浆体中的散射衰减,可有效地分析衰减系数与强度之间的基本关系。

由于管片属于标准件,前期试验证明,信号在管片中的传播速度、衰减系数相对是一致的,所以可以排除管片中信号衰减对豆砾石中信号衰减的影响。

因此,影响超声横波在豆砾石中衰减计算的主要因素有两个,即豆砾石与围岩胶结程度和围岩性质。

综上所述,引入衰减系数 α,可建立相关公式进行计算:

$$\alpha = \frac{A_2 h_2}{A_1 h_1} \cdot r \tag{3-73}$$

式中:A_2 为豆砾石与围岩界面反射能量;h_2 为豆砾石与围岩界面深度;A_1 为管豆界面反射能量;h_1 为管片厚度;r 为校正系数,是一个与管豆界面和豆砾石围岩界面反射能量相关的参数。根据实际数据,当能量越低,强度也越低,r 值越小,则计算的衰减系数越小。

根据上述关系,计算各个强度对应的 α 值,并建立强度与 α 值的相关关系,如图 3-108 所示为衰减系数 α 与强度的对应关系。

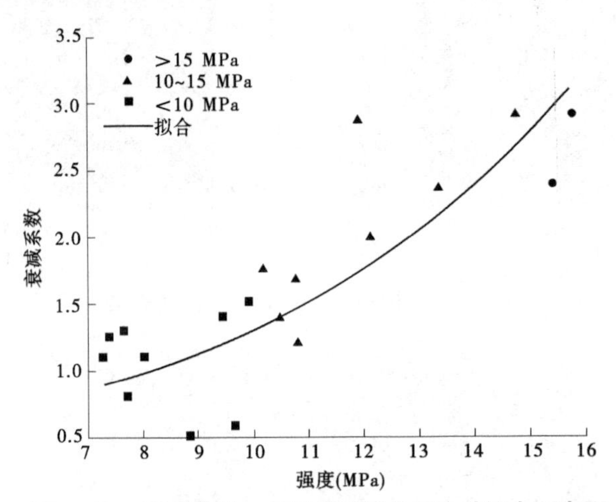

图 3-108　衰减系数 α 与强度对应关系及其拟合示意图

如图 3-108 所示,在大的趋势上,衰减系数与强度的关系是相对应的,仅有极个别点存在一定的极值。随着衰减系数的增大,回填灌浆体的强度逐渐增大,整体呈现指数状态。

3.6　小　结

以兰州水源地建设工程项目为依托,针对 TBM 工程现场豆砾石回填灌浆存在的问题,分析了豆砾石颗粒形态特征量化指标与空隙率相关性以及结石体抗压强度对形态特征量化指标、空隙率的相关性;研究豆砾石回填灌浆层在联合受力体系中的作用,分析回填层弹性模量、厚度、泊松比以及地应力侧压力系数等多种因素对管片上应力大小和分布的影响,探讨不同工程条件下豆砾石回填灌浆体的强度需求。取得的主要成果及结论如下:

(1)利用粒径指标、颗粒轮廓形状指标以及颗粒棱角性指标对豆砾石样本颗粒形态特征指标进行量化,设计并进行豆砾石堆积体的空隙率试验,得出不同配置下样本的未压实空隙率,进行豆砾石形态特征量化指标与空隙率的相关性分析。在轮廓形状特征量化指标中,针度与空隙率的回归方程相关性系数较大;在棱角特征量化指标中,棱角参数与空隙率的回归方程相关性系数较大;样本粒径与空隙率的回归方程相关性系数最高。

(2)结合实际工程回填灌浆施工工艺,进行豆砾石回填灌浆物理模拟试验。对豆砾石结石体取芯进行单轴压缩试验,获取抗压强度。试验结果表明:豆砾石粒径越大,结石体抗压强度越小;岩粉含量与抗压强度曲线为抛物线,超径颗粒含量为2%、逊径颗粒含量为5%时,抗压强度最高,逊径颗粒含量超过2%后,随含量增加,结石体抗压强度减小;选取豆砾石形态特征量化指标中粒径、针度和棱角参数为自变量,做抗压强度对单变量的回归分析。所得回归方程与原数据的相关性系数最大的特征指标是棱角参数,针度次之,粒径最小。分析回填层弹性模量、泊松比和强度的关系,回填层强度的提高,弹性模量随之增大,泊松比随之减小。

(3)地应力侧压力系数及回填层弹性模量、泊松比、厚度对管片上应力的影响:管片应力与 E_b/E 的曲线上存在明显的临界点,临界点所对应的 E_b 的值可以称作临界值,用符号 E_{K1} 表示。当 E_b 小于临界值 E_{K1} 时,管片应力随回填层强度提高而提高;当 E_b 大于临界值时,则管片应力随回填层强度提高而降低。

泊松比的影响:泊松比变化对管片应力的影响与回填层弹性模量有关,弹性模量存在一个临界值 E_{K2}。当回填层弹性模量小于 E_{K2} 时,管片应力随泊松比的增大而增大,且弹性模量越小,这种趋势越明显;当回填层弹性模量大于 E_{K2} 时,管片应力随泊松比的增大而减小,且弹性模量越大,这种趋势越明显。

厚度的影响:回填层厚度变化对管片应力的影响与回填层弹性模量有关,弹性模量存在一个临界值 E_{K3}。当回填层弹性模量小于 E_{K3} 时,管片应力随 t_2/t_1 值的增大而增大,且弹性模量越小,这种趋势越明显;当回填层弹性模量大于 E_{K3} 时,管片应力随 t_2/t_1 值的增大而减小,且弹性模量越大,这种趋势越明显。

侧压力系数的影响:径向应力和切向应力都随侧压力系数的增加而线性增加。

(4)数值模拟研究管片上应力的大小和分布规律受地应力侧压力系数以及回填层弹性模量、泊松比、厚度的影响。几种影响因素对管片上应力大小的影响规律基本与弹性理论的计算结果一致,但临界值 E_{K1} 的值比理论计算的结果更大,E_{K2} 和 E_{K3} 的值更小。管片上应力的总体上是随侧压力系数的增大而增大的,但并非是线性关系。

①回填层弹性模量和泊松比的变化对管片应力分布基本没有影响。径向应力最大的位置分布在极角为45°、135°、225°、315°附近;最小值分布在洞顶、洞底以及左右两个侧点的位置。切向应力最大值分布在洞顶和洞底,左右两侧点处最小。

②随着 t_2/t_1 值的增加,管片上的最大应力从上部往下部转移。管片上的最大径向应力在 $t_2/t_1 \leqslant 1.333$ 时,分布在极角约34°的位置,而当 $t_2/t_1 \geqslant 2.0$ 时转移到极角约214°的位置;最大切向应力在 $t_2/t_1 \leqslant 0.667$ 时,分布在洞顶处,而当 $t_2/t_1 \geqslant 1.333$ 时转移到洞底。

③最大径向应力随 λ 的提高从极角约56°处转移到极角约67°处,最后稳定在极角约

34°处,是一个逐渐向上部转移的过程;最大切向应力从极角约 67°处逐渐向管片底部转移,最后到达管片顶部。

(5)由于超声反射受钢筋干扰影响较小,且分辨率高于常规的地质雷达方法,试验证明,超声反射在进行回填灌浆质量检测中的应用效果是有效的。但需对超声反射的信号处理进行控制。项目提出的基于保幅叠前偏移成像的超声反射成像方式可有效地反映回填灌浆体质量的好坏,可有效地评价回填灌浆中的密实程度。基于项目组提出的保幅叠前偏移成像思路,可有效地对管片不同部位的回填灌浆质量进行统计,指导 TBM 回填灌浆的施工工艺。

第 4 章　国产首台双护盾 TBM 设备设计与实践

4.1　国内外研究现状及存在的问题

目前国外厂商的双护盾 TBM 整机设计已在许多工程上应用,在设备设计、制造技术上日趋成熟,同时也培养了一大批熟练的施工团队。双护盾 TBM 施工技术在国内应用起源于 20 世纪八九十年代,但其无论是设备还是施工均是从国外引进的,国内仅仅参与了一些辅助性工作,对双护盾 TBM 技术的掌握远远不足。随着国内基础设施建设的跨越式发展,越来越多的硬岩掘进机装备在国内投入使用,参与的施工及研究单位也在不断增多,对其无论是从设备上还是施工上的认识不断深入和提高。因此,研制具有国际先进技术水平的双护盾 TBM 是完全可以实现的。

我国幅员辽阔,地质情况复杂多变,山地及山脉占据国土面积的 33.3%,素有"地质博物馆"之称,并且因人口众多、局部经济发展不平衡等综合因素,TBM 需求量在逐年增大。结合现阶段我国西部、西南部以及山区经济发展需要,铁路交通、公路交通、水利水电、大规模的调水工程等基础设施建设已经全面铺开,为降低地下工程造价及满足建设工期需要,大直径、长距离、全断面隧道工程越来越多的采用 TBM 法施工, TBM 国内市场需求量巨大。预计未来 20 年内,国内市场对掘进机的需求将达到 200 台左右,价值将超过 400 亿元。

为了摆脱双护盾 TBM 市场长期被国外厂商垄断的尴尬困境,维护国家战略安全,作为国内的专业隧道装备供应商,迫切需要抓紧时间、投入足够研发设计力量,制造出具有自主知识产权的双护盾 TBM 来满足国内外不断发展的市场需求,同时对形成中铁装备公司产品多元化、专业化战略内涵,壮大中铁装备产品公司产品竞争力、品牌影响力、市场占有率等多方面具有积极作用。

本项目依托工程兰州水源地建设工程项目为压力引水隧洞,TBM1 施工控制段长 12.9 km,其中 TBM 掘进段长度 10 km,含主洞 7.6 km 和支洞 2.4 km。全洞采用预制混凝土管片衬砌,管片规格为 ϕ 5 200/4 600-1 500。隧道穿越地质主要为全断面硬岩包括石英闪长岩、石英片岩、花岗岩、变质安山岩和局部泥质砂岩段,取芯最大岩石饱和抗压强度 175 MPa,同时穿越 3 条区域性断层带,围岩类别以Ⅱ、Ⅲ类为主,局部洞段为Ⅳ、Ⅴ类,其中Ⅱ类围岩约占总长度的 40.6%,Ⅲ类围岩约占总长度的 42%,Ⅳ类围岩约占总长度的 16.2%,Ⅴ类围岩约占总长度的 1.2%。

4.2 本章研究成果的主要内容

(1)CTT5480 双护盾 TBM 主要技术参数和结构参数的确定。

(2)CTT5480 双护盾 TBM 主机结构设计(包括盾体结构设计、主推进油缸/辅助推进油缸布置设计、主驱动抬升设计、稳定器设计、撑靴系统设计、盾体平台设计、扭矩梁设计、超前应急处理孔设计、辅推油缸调整装置设计等)。

(3)CTT5480 双护盾 TBM 刀盘、刀具、溜渣斗设计。

(4)CTT5480 双护盾 TBM 主驱动设计。

(5)CTT5480 双护盾 TBM 主机皮带机、后配套皮带机设计。

(6)CTT5480 双护盾 TBM 管片拼装机设计。

(7)CTT5480 双护盾 TBM 后配套布置(后配套结构、物料输送系统等)设计。

(8)CTT5480 双护盾 TBM 整机液压系统(推进系统、支撑系统、各部件液压系统等)设计。

(9)CTT5480 双护盾 TBM 整机流体系统(润滑、密封、通风、排水、降尘、豆砾石和水泥砂浆回填等系统)设计。

(10) CTT5480 双护盾 TBM 整机电控系统(动力及配电系统、监视系统、激光导向系统、通信系统、控制系统等)设计。

研制完成后,对设计、制造、组装、调试、步进、掘进等相关的图纸、文字、视频资料进行收集整理,形成系统的产业化成果。

4.3 双护盾 TBM 总体设计

4.3.1 双护盾 TBM 掘进技术特点

双护盾 TBM 融合了敞开式 TBM 和单护盾 TBM 的优点,既可以利用支撑盾位置的大撑靴撑紧洞壁提供推进的反力,也可以利用辅助推进油缸顶在管片上获得刀盘推进的反力,此为双护盾 TBM 特有的两种掘进模式,前者称为双护盾模式,后者称为单护盾模式。在全断面硬岩条件下,岩石具备较好的自稳性,利用双护盾模式掘进,可以实现刀盘开挖与管片拼装同步进行,相对于常规设备顺次进行节约了一半的时间,其施工效率高,成洞质量好,在长隧洞施工中具有无可比拟的优势,当岩石破碎、稳定性差时,大撑靴无法撑紧洞壁获得推进反力;TBM 设备可以迅速转换为单护盾模式,此时利用辅推油缸顶在管片环上获得推进反力,当岩石条件好时,又可以迅速转换为双护盾模式快速掘进。两种模式的转换不涉及结构形式的改变,仅仅是控制系统的转换,几乎不占用任何施工时间。

4.3.2 双护盾 TBM 主要配置描述

双护盾 TBM 应用的地层一般为全断面硬岩、坚硬岩。刀盘为整体面板式结构,采用合适的刀间距配置合适数量及尺寸的硬岩滚刀,该硬岩滚刀为标准系列,同时布置 4 组刮渣板,满足对应开挖直径下岩渣的顺利排出。双护盾TBM设备配置皮带机出渣系统,尾部采用连续皮带机输出洞外。主机配置足够的刀盘驱动扭矩和推力,主轴承采用重载高转速进口产品。双护盾TBM后配套配置满足主机掘进的完善辅助系统,同时配备人员休息区及操作平台,后配套尾部自带加利福尼亚道岔,满足长隧道施工中物料输送的高效。

双护盾TBM主要部件如主轴承、密封、小齿轮、电机、减速器、主要液压部件、注浆泵、油脂泵、齿轮油泵、豆砾石泵、数据采集及PLC控制系统、导向系统等均采用质量可靠的进口产品。主机结构材料采用国标Q345B,后配套通用材料为Q235B,刀盘及盾体耐磨材料分别为耐磨复合钢板和耐磨焊材。双护盾TBM工地组装照片见图4-1。

图4-1　双护盾TBM工地组装照片

4.4　双护盾TBM工作原理及工作模式

双护盾TBM主要由刀盘盾体及后配套等多个主要部件及系统组成,与传统钻爆法开挖支护衬砌工序不同的是,双护盾TBM依靠刀盘回转带动刀具的滚压破碎完成对岩石的开挖,同时依靠钢结构盾体对距离开挖断面一定长度的围岩进行临时支护并作为主机内部设备的保护,盾体后部采用洞外预制的钢筋混凝土管片衬砌作为永久性支护,预制混凝土管片在盾体内通过自动化专业设备拼装成环。与传统钻爆法相比,双护盾TBM建造隧洞的最大优点是:无须爆破,能够适应硬岩及特硬岩环境下的隧洞开挖,独头掘进距离长,开挖作业连续,施工进度快,隧洞可实现一次开挖同步成型,开挖与支护可以同步进行,降低工人劳动强度,改善工作劳动环境,并能够提供足够的安全保障。

双护盾TBM包括两种工作模式:在良好岩石条件下,使用撑靴支撑完成掘进,称为双护盾掘进模式;在较差围岩条件下,使用辅推油缸支撑完成掘进,称为单护盾掘进模式。在双护盾掘进模式下,前盾和刀盘使用主推油缸推进,将撑靴支撑在开挖洞壁上以提供推进反力和扭矩,刀盘的推力和扭矩均不传递到管片环上。在支撑盾后侧,利用尾盾的保护,使用管片拼装机完成钢筋混凝土预制管片的衬砌。在一个掘进行程结束时,利用主推油缸和辅推油缸协作完成换步。如果围岩不稳定,洞壁不能提供掘进所需要的支撑力时,采用单护盾掘进模式,此时撑靴缩回至支撑盾中,护盾之间不再进行伸缩,开挖和管片拼装顺序进行。图4-2描绘了双护盾TBM的两种工作模式。

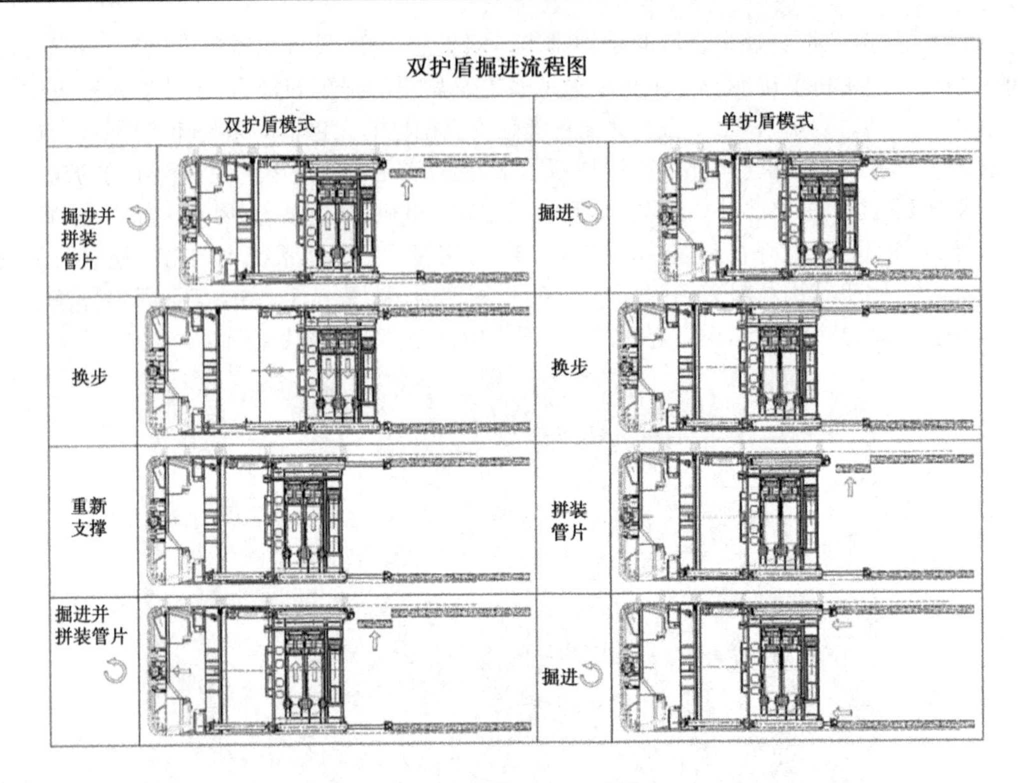

图 4-2　双护盾 TBM 工作模式

4.5　双护盾 TBM 刀盘及刀具技术

4.5.1　刀盘的结构形式

通过分析围岩岩性、围岩强度、石英含量、脆性等参数,确定最优刀间距,刀盘的参数化自动建模,在不同工况下对刀盘进行数值仿真,分析刀盘结构的受力情况,利用计算机三维仿真模拟对刀盘本体结构进行刚性和变形量等数值分析,为刀盘的优化设计提供依据。刀盘结构如图 4-3 所示。

4.5.2　刀具分类

TBM 上使用的刀具一般分为两大类:刮削刀具和滚动刀具。

刮削刀具是指只随刀盘转动而没有自转的破岩(土)刀具,目前 TBM 上常用的刮削刀具类有边刮刀、刮刀、切刀、齿刀、先行刀、仿形刀、刮板等。在刀盘推力的作用下,刮刀嵌入岩渣或岩层中,刀盘带动刀具转动时刮削岩层,在掌子面形成一环环犁沟,特点是效率高,刀盘转动阻力大。在软土地层或滚刀破碎后的渣土通过刮刀进行开挖,渣土随刮刀正面进入渣槽,因此刮刀既具有切削的功能也具有装载(或导渣)的功能。

软岩的切削主要是刀具直接对土层进行剪切破坏来进行切削的,如图 4-4 所示。

图4-3　刀盘结构

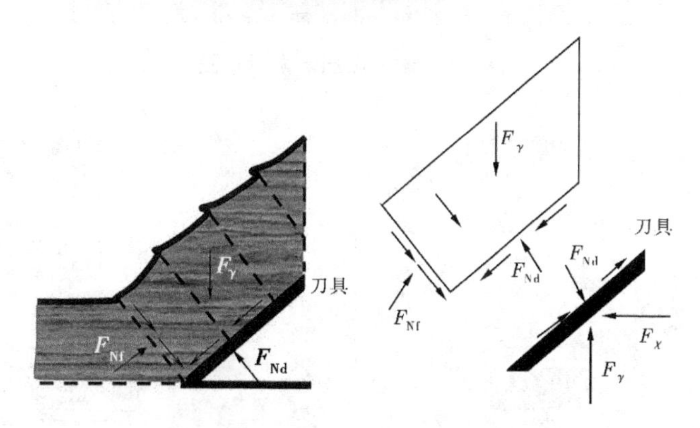

图4-4　软土刀具切削机制示意图

滚动刀具是指不仅随刀盘转动,还同时做自转运动的破岩刀具。根据刀刃的形状滚刀可分为齿形滚刀(钢齿和球齿)、盘形滚刀(钢刀圈滚刀和球齿刀圈滚刀)。根据安装位置滚刀可分为正滚刀、中心滚刀、边滚刀、扩孔滚刀。目前TBM采用的滚刀主要是盘形滚刀,盘形滚刀又有单刃、双刃和多刃之分。刀盘在纵向油缸施加的推力作用下,使其上的盘形滚刀压入岩石;刀盘在旋转装置的驱动下带动滚刀绕刀盘中心轴公转,同时各滚刀还绕各自的刀轴自转,使滚刀在岩面上连续滚压。刀盘施加给刀圈推力和滚动力(转矩),推力使刀圈压入岩体,滚动力使刀圈滚压岩体。通过滚刀对岩体的挤压和剪切使岩体发生破碎,在岩面上切出一系列的同心圆(见图4-5)。

4.5.3　刀盘本体结构设计

刀盘结构是根据课题依托工程的地质进行针对性设计的,具体结构如图4-6所示。

适用于兰州项目的刀盘(见图4-7)本体结构的主要特点如下:

(1)刀盘结构分为两块,17 in(1 in = 2.54 cm)中心刀6把(采用一字形布置)、19 in正滚刀21把、19 in边滚刀10把。进渣口4个,喷水口9个(刀盘背部中心刀区域不算)。

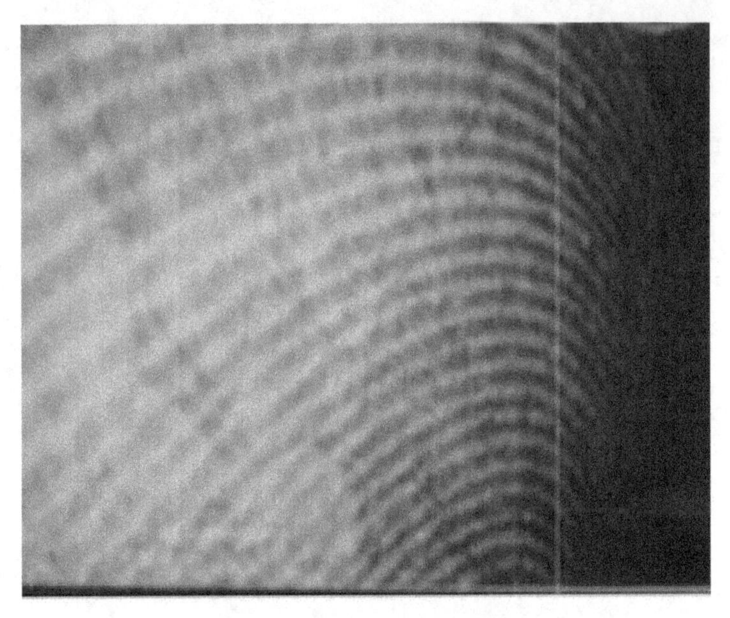

图 4-5　滚刀滚压破岩示意图

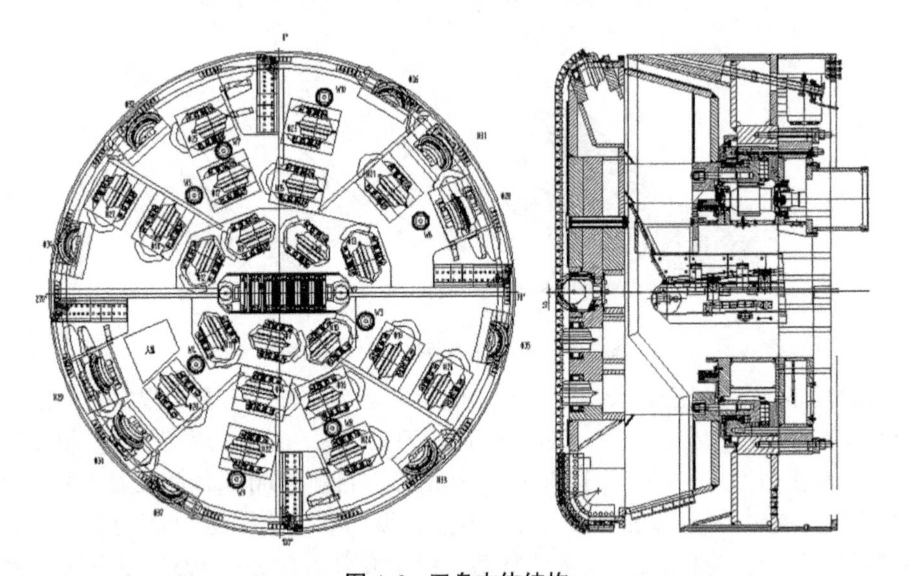

图 4-6　刀盘本体结构

刀盘中心区域采用厚板结构,提高刀盘中心区域结构强度,正滚刀及边刀采用支撑式刀梁结构,降低刀盘边缘区域质量,降低振动强度,提高刀盘运转时的稳定性。

(2)刀盘的耐磨保护形式:刀盘进渣口 4 个,进渣口尺寸大,强大的进渣口倒渣板,限制进渣尺寸。刀具与刀盘本体高度 160 mm,属高刀高设计,增大刀盘面板与掌子面之间的间隙,提高渣石在该空间的流动性,减少渣石与刀盘面板的接触时间,降低渣石对刀盘本体的磨损及渣石对刀具的二次磨损。刀盘面板、锥板、圆环板等处全部铺设耐磨板,提高刀盘的耐磨性。

(3)刀盘上合理配置足够数量喷水口,刀盘喷水采用雾化喷嘴,提高降尘效果。

图4-7 刀盘照片

4.5.4 刀盘功能结构的设计

4.5.4.1 法兰的设计及结构特点

法兰是连接刀盘面板和盾体的关键部件,刀盘掘进时的推力和扭矩都由它来传递给刀盘支撑。要求从材料和结构上必须保证提供足够的推力和扭矩。制造中采用的是锻造材质为Q345D的钢材。法兰连接采用高强度螺栓,螺栓直径为M64,螺栓的机械性能等级为12.9级。高强度螺栓容许承载能力按照同时承受摩擦面间的剪切和螺栓轴线方向外拉力的受力模式进行计算。

$$[N^{l}] = 0.7 n_{m} f(P - 1.4T) \tag{4-1}$$

式中:$[N^{l}]$为每一个高强度螺栓的容许承载能力;n_{m}为传力摩擦面数目,该设计中取1;f为摩擦系数,取为0.35;P为高强度螺栓的预拉力,取为1 800 kN;T为每个高强度螺栓所受的外拉力,此拉力不应大于螺栓预拉力的70%,该设计按照40%计算为1 028 kN,由各个参数可以计算出$[N^{l}]$。

$$[N^{l}] = 0.7 \times 1 \times 0.35 \times (1\ 800 - 1.4 \times 1\ 028) = 88.2(\text{kN})$$

刀盘受到的扭矩约等于TBM的驱动扭矩, TBM驱动扭矩的计算方法较多,一般采用下式进行估算:

$$T = \alpha D^{3} \tag{4-2}$$

式中:D为刀盘直径;系数α取决于TBM的机型,对于硬岩,α取15~20。

本次计算是直径为5.48 m的TBM,因此TBM的驱动扭矩为

$$T = \alpha D^{3} = 20 \times 5.48^{3} = 3\ 291(\text{kN} \cdot \text{m})$$

$$T = FR \tag{4-3}$$

式中:R为传力半径,R=1.315 m;F=3 291/1.315=2 503(kN)。

因此,联结螺栓的数量应为$n=F/[N^{l}]=2\ 503/88.2\approx 28$。

为了提高联结的可靠性,根据联结结构的布置,取联结螺栓的数量为 48 颗。

联结螺栓的安全系数为 48/28=1.71。

4.5.4.2　一字中心刀结构

一字中心刀结构如图 4-8 所示。

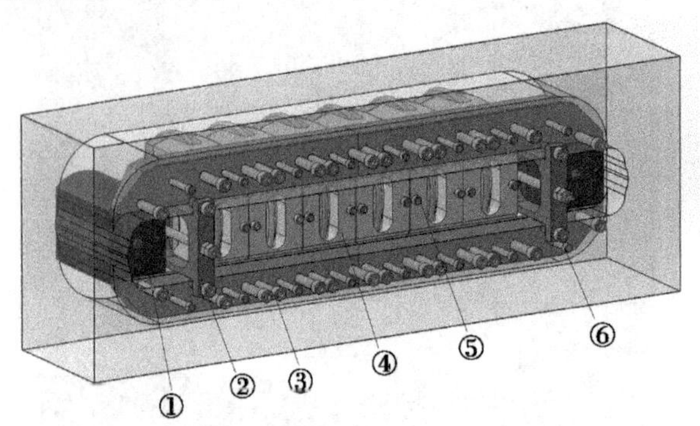

①—喷水块;②—拉紧楔块;③—M24 螺栓;④—V 形刀座;⑤—M16 螺栓;⑥—拉紧楔块螺栓

图 4-8　一字中心刀结构

为保证较小的中心刀刀间距,中心刀采用一字形布置。一字形中心刀布置不仅对刀盘中心区域结构强度影响小,而且中心区域刀间距相比十字形中心刀更加合适,在岩石强度较高的地质条件,更具有优势。

4.5.4.3　刀盘喷水

刀盘面板处安装 9 个喷水口,单个喷水口流量为 12.5 L/min,整个刀盘一分钟喷水 112.5 L,喷水口在刀盘径向均布,能够覆盖 99%的掌子面面积,喷水嘴采用雾化喷头,提高降尘效果;刀盘喷水管路采用刀盘背部布管方式,且采用重型钢结构保护措施,方便喷水管路的检查和更换。

4.5.4.4　刀盘刀具的地质适应性研究

(1)刀盘、刀具设计为可适应高强度岩层掘进的平面刀盘,平面刀盘与其他形状刀盘相比更有优势,能够更好地维持掌子面的稳定性。刀盘单向旋转、开挖、出渣,对进渣尺寸严格控制,防止大块渣石进入刀盘,砸伤、砸毁皮带机。同时在刀盘结构、刮渣刀具、溜渣板设计上均为均匀布置,出渣更加均匀,刮渣铲齿、刀座 C 型块等采用统一规格的设计,提高互换性。

(2)在保证刀盘整体刚度和强度的前提下,考虑进渣问题。刀盘前面不留有存渣的结构死角,刮板和刮刀的旋向前方留有尽可能大的容渣区域或面积,以便使刮板、刮刀能够刮入刀盘开挖的渣石。刀盘周边设计有刮渣斗,刮渣斗后部设计有溜渣板,溜渣板将开挖的渣土带到上部溜进溜渣槽,通过皮带机输送出去。刀盘刮渣斗尺寸与刀盘面板之间距离较高,铲齿与掌子面距离更近,进渣更彻底,清渣更干净。

(3)滚刀布置首要考虑边刀(弧形区域内的滚刀)的刀间距。为了延长边刀的换刀间隔,采用了边刀间距密集布置,第一轨迹与第二轨迹的边刀间距最小,以减少最外轨迹边刀的荷载延长换刀间隔。第三轨迹间距依次增大但仍密集。刀盘布置了 31 把单刃滚刀,在边刀间距密集的前提下,正滚刀的最大间距为 86 mm,中心刀刀间距为 84 mm。

(4)边刀采用大倾角(70°)布置,以便增大刀体与开挖面的距离,减少块状渣土对刀体的额外附加荷载以减少滚刀轴承荷载,使轴承荷载尽可能用于刀刃。刀盘外环所有刀具均设计有刀体保护块,以便排开刀盘底部存留渣土,避免其对刀体的附加荷载及损坏。

(5)边刀采用通用型滚刀,以便在边刀磨损更换后(此时尚未达到滚刀的磨损极限)可作为正滚刀使用,提高刀具的利用率降低成本。

(6)所有滚刀均为可靠的楔形安装方式并为背装式,所有的刮板、刮刀均可更换,如图 4-9 所示。

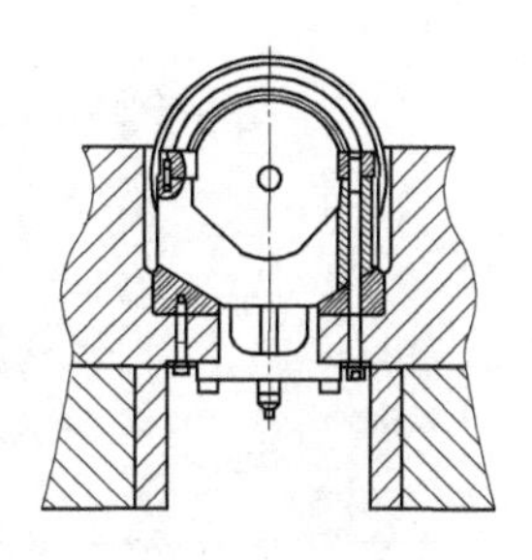

(a)中心刀安装方式

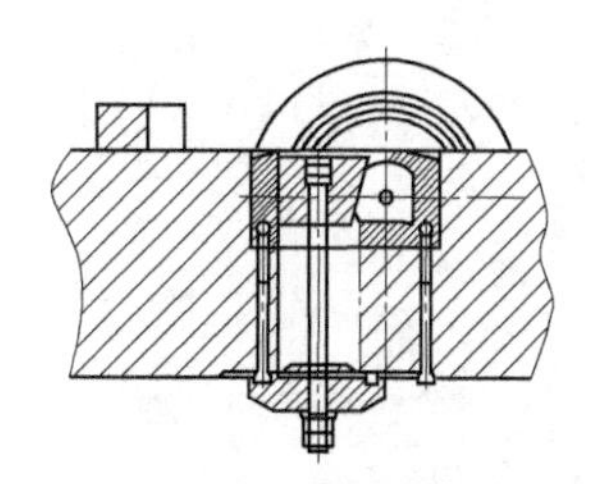

(b)正刀及边滚刀安装方式

图 4-9　刀具结构

(7)刀盘结构设计足够的刚度和强度,盘体结构在极端情况下发生局部磨损时仍能保持不发生变形,为洞内修复提供可能,如图 4-10 所示。

(8)耐磨设计:刀盘设计充分考虑了地层对刀盘具有较大的磨损性,因此刀盘面板及背板均覆盖有耐磨板,提高刀盘耐磨性,刀具前端焊接有耐磨保护块,减小对刀体及刀箱的损坏。

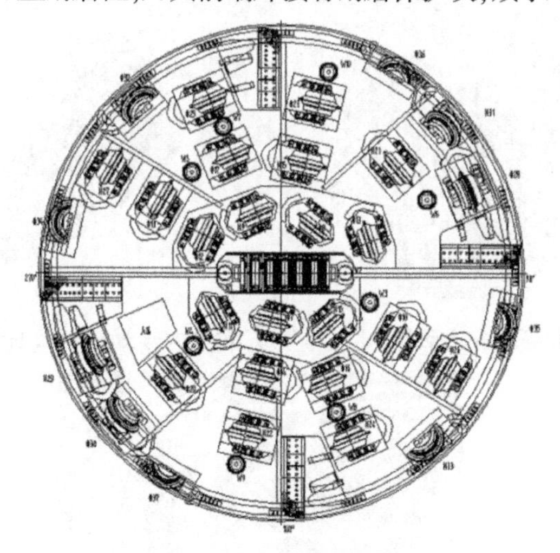

图 4-10　刀盘结构设计

4.5.5　刀盘有限元分析

4.5.5.1　计算内容

对刀盘整体结构进行有限元强度计算,校核结构是否满足强度要求。如果不满足强度要求,则根据计算结果提出结构设计修改方案,使其满足强度要求。刀盘模型如图 4-11 所示。

4.5.5.2　计算模型简化及边界条件确定

为了计算的方便,在建立有限元模型时对刀盘的模型进行了简化(见图 4-12),去除了喷水孔以及连接法兰上的螺栓孔等局部特征。本次有限元分析选用的软件为 ANSYS Workbench,生成了 254 647 个结点。刀盘所用材料为 Q345D 钢板,有限元模型采用的材料参数如下:弹性模量 2.0×10^{11} Pa,泊松比 0.3,密度 7 850 kg/m^3,线膨胀系数 1.2×10^{-5}。计算时施加的扭矩为 4 000 kN · m,推力 1 295 t,并且约束刀盘法兰连接面的全部自由度作为位移边界条件。

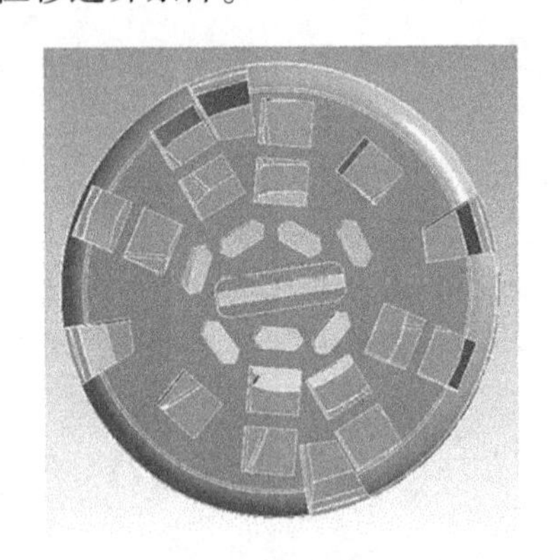

图 4-11　刀盘模型

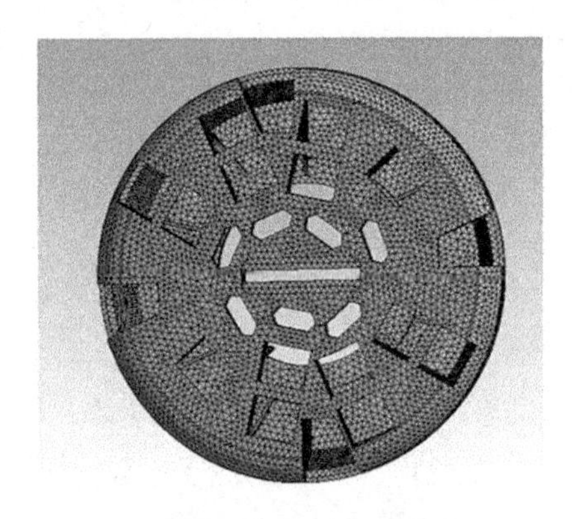

图 4-12　刀盘网格划分

4.5.5.3　计算结果与强度评价

图 4-13 的计算结果显示,在边界条件下刀盘结构的最大等效应力为 162 MPa, 刀盘

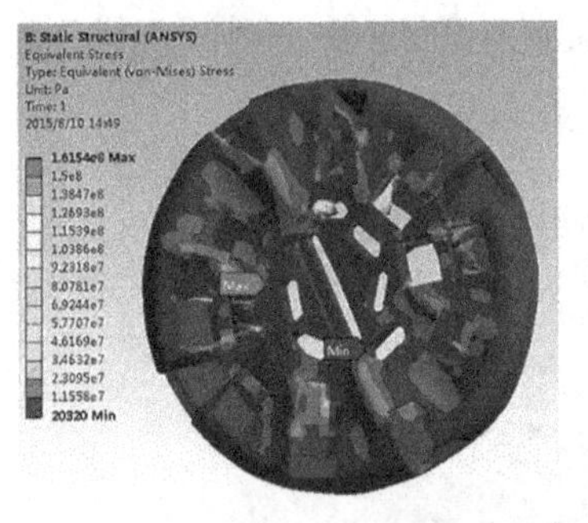

(a)最大等效应力云图

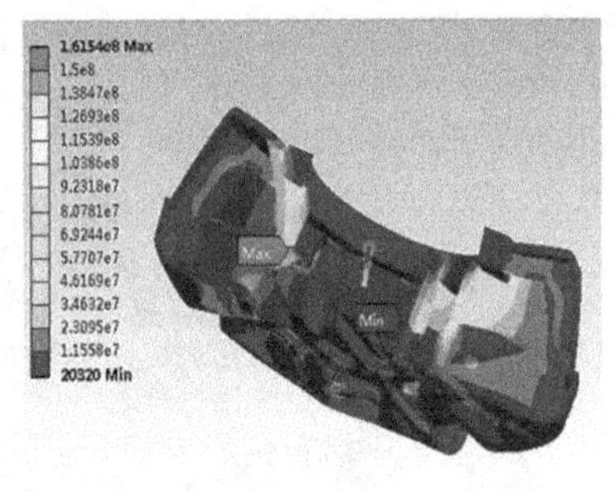

(b)最大等效应力云图剖视图

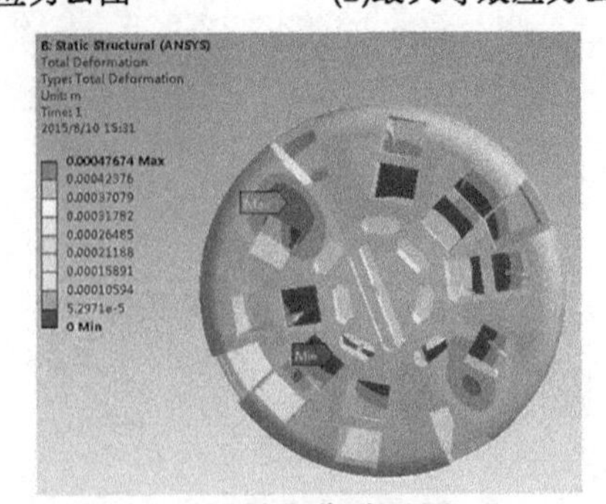

(c)最大位移云图

图 4-13　最大等效应力云图及最大位移云图

绝大部分区域的等效应力小于80 MPa。刀盘结构的最大综合位移为0.48 mm,刀盘的综合位移分布云图如图4-13(c)所示。刀盘设计所用材料为Q345D,该材料的许用应力为295 MPa,因此该刀盘的结构设计满足强度要求。

4.6　盾体设计和分析

盾体为钢结构焊接件,主要由前盾、伸缩内盾、伸缩外盾、支撑盾、尾盾、撑靴、反扭矩梁、辅推油缸调整装置组成,如图4-14所示。此钢结构内固定有主推油缸、反扭矩油缸、撑靴油缸、辅推油缸等用于TBM掘进的部件。盾体直径从前往后逐渐缩小呈倒锥形,可降低卡机风险。

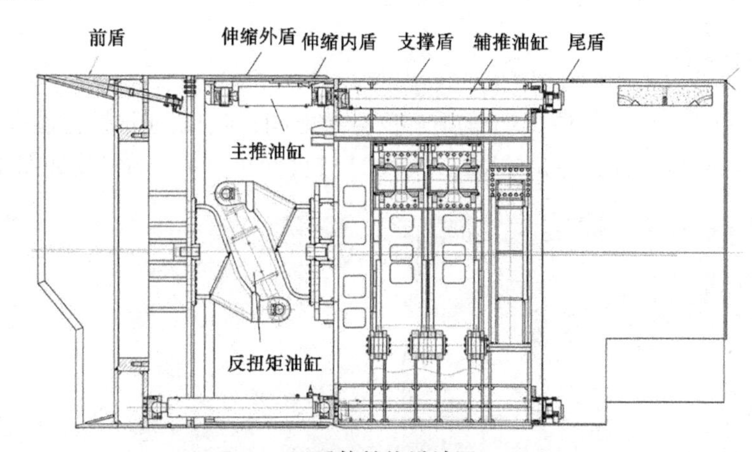

(a)盾体结构设计图

(b)盾体实物

图4-14　盾体结构设计图及实物

4.6.1　前盾

前盾主要起到支撑刀盘和主驱动的作用,是刀盘和主驱动的支撑体,如图4-15所示,前盾内主要布置如下结构:

(1)主驱动提升装置固定座布置在前盾底部。

(2)主推油缸的杆端与前盾球铰连接,在前盾内对称布置。

(3)反扭矩梁分前、后两部分,通过扭矩油缸连接,其前部分与前盾连接,后部分与支撑盾连接。

(4)在前盾的拱顶方向左右对称布置 2 个稳定器,稳定器包括稳定油缸和稳定靴板两部分。掘进机推进的时候,通过稳定器降低主机振动,同时增大前盾的滚转阻力;在掘进机换步的时候,通过稳定器防止前盾及刀盘后退。

(5)在前盾拱顶沿周向布置 6 组超前注浆孔位。

(6)前盾分 2 块设计,通过螺栓连接。

(7)沿周向布置 14 个盾体减摩剂灌注孔。

4.6.2　伸缩外盾

伸缩外盾为一个壳体结构,位于前盾和支撑盾之间,与前盾通过螺栓连接。伸缩外盾长度为 2 160 mm,外部直径为 5 400 mm,分为 2 块设计。伸缩外盾实物如图 4-16 所示。

图 4-15　前盾实物

图 4-16　伸缩外盾实物

4.6.3　伸缩内盾

伸缩内盾为一个壳体结构,位于前盾和支撑盾之间,套装于伸缩外盾内部,并通过铰接油缸与支撑盾连接在一起,必要时可通过铰接油缸将伸缩内盾与支撑盾分开,便于进行应急处理,同时沿轴向布置有 4 个观察窗。伸缩内盾实物见图 4-17。

4.6.4　支撑盾

支撑盾为焊接结构件,实物如图 4-18 所示。支撑盾上固定的主要部件有:

(1)支撑盾的前端安装有主推油缸缸筒锻球铰固定座。

(2)支撑盾的前端连接反扭矩梁后端固定座。

(3)支撑盾内部安装有辅推油缸,辅推油缸主要用于拼装管片,以及在单护盾模式下提供刀盘推力,支撑盾后端安装米字梁。

图4-17 伸缩内盾实物

(4)支撑盾左右对称布置撑靴,在双护盾模式下,撑靴撑紧在岩壁上,为刀盘推力提供反力。

(5)支撑盾后端固定辅推油缸调整装置,必要时对盾体进行纠滚。

(6)支撑盾沿周向布置10组超前注浆孔位。

(7)沿周向布置10个盾体减摩剂灌注孔。

图4-18 支撑盾实物

4.6.5 尾盾

尾盾与支撑盾通过焊接方式连接,在尾盾的末端设计有止浆板密封,以防止回填豆砾石及水泥砂浆沿盾体向前扩散。尾盾底部设计为开口形式,保证底管片能够直接与洞底接触。管片拼装作业在尾盾的保护下进行。尾盾沿周向布置8个超前钻孔的预留窗口。尾盾设计图如图4-19所示。

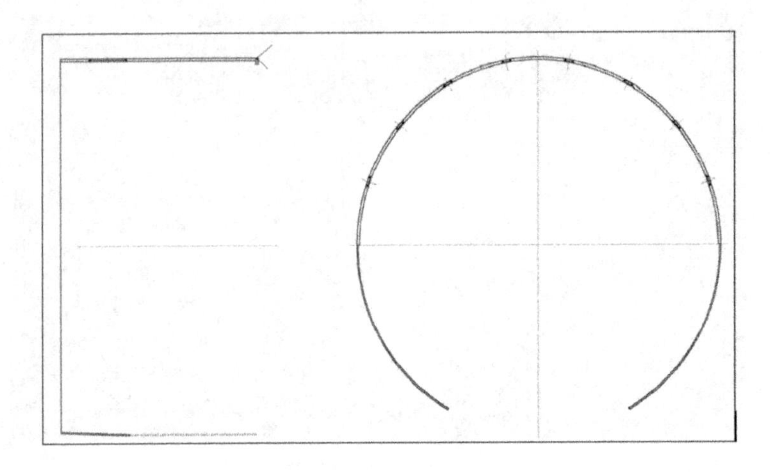

图 4-19　尾盾设计图

4.6.6　撑靴

撑靴与支撑盾通过转轴连接,在双护盾模式下,撑靴撑紧洞壁,为刀盘推力提供反力,同时支撑盾固定,完成推进的同时拼装管片。撑靴实物如图 4-20 所示。

图 4-20　撑靴实物

4.6.7　超前钻机布置

根据前文所述,盾体在设计阶段已经预留超前注浆加固的孔位,具体包括前盾沿拱顶设计 6 个超前注浆加固孔位、支撑盾沿拱顶设计 10 个超前注浆加固孔位、尾盾沿拱顶设计 8 个超前注浆加固孔位。具体操作时,将超前钻机安装在管片拼装机回转架上,安装位置采用特殊定制的多自由度转接机构,该机构包括连接底座、调整油缸以及钻机连接块,通过油缸摆动实现钻机的俯仰,通过拼装机的回转实现钻机的周向打孔(见图 4-21)。

(a)前盾注浆孔

(b)支撑盾注浆孔

(c)尾盾注浆孔

图4-21 盾机注浆孔及超前钻机安装示意图

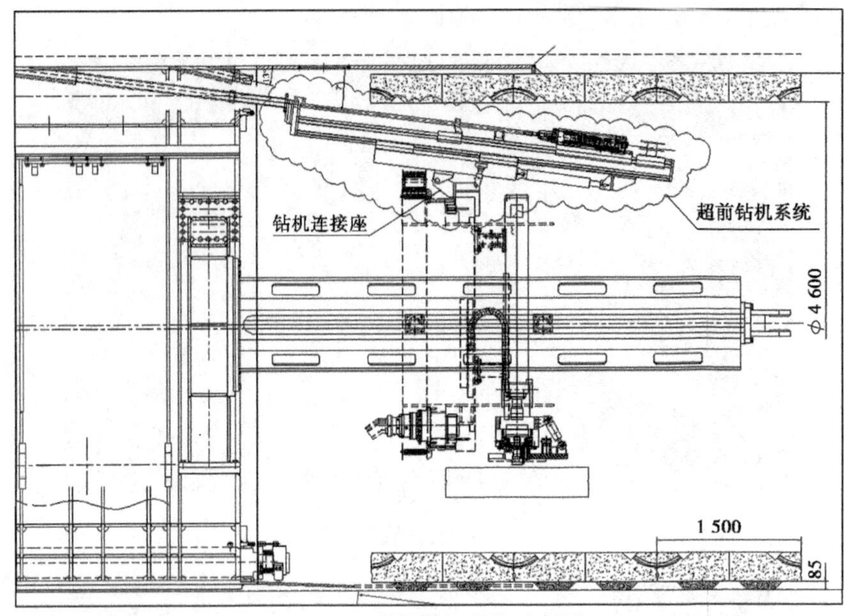

(d)超前钻机安装示意图

续图 4-21

4.7 小　结

结合兰州水源地建设工程项目地质条件以及成洞要求，隧道掘进设备采用双护盾 TBM。双护盾 TBM 在国内引水隧洞的施工中应用较早，在应用的过程中培养了大部分的双护盾 TBM 操作人员，但是由于整机装备完全由国外进口，国内仅在使用操作上有所认识，在整机设计及制造方面掌握匮乏，核心技术更是无从谈起。该双护盾 TBM 作为国内首批应用自主知识产权设计制造的高端装备，在整机设计、配置以及核心技术的创新方面有突出的表现。双护盾 TBM 较其他类型的全断面硬岩掘进机的优势在于具备两种掘进模式，在围岩良好的正常条件下，以双护盾掘进模式为主，配合积极的壁后回填工作，能够获得明显的掘进进度优势，其能够适应的地质条件更为广泛，在复杂的地质条件下，双护盾 TBM 自身需要具备充足的应急功能配置，保证在恶劣地质条件下 TBM 设备能够正常工作且顺利通过。本双护盾 TBM 作为国内首台，相对于其他常规的全断面硬岩掘进机，具有以下创新。

4.7.1　双护盾 TBM 主机设计

双护盾 TBM 主机设计具备刀盘开挖、盾体结构、皮带机出渣、管片拼装、刀盘驱动、润滑密封、推进支撑、掘进模式切换、通风除尘、主机排水等多项功能和设备，将多项功能和设备完美地集成在一起，共同发挥作用，需要可靠的主机集成技术，同时更重要的在于前盾与支撑盾之间的扭矩传递装置，其连接前盾和支撑盾，在传递扭矩的同时，还要保证主推油缸在掘进的过程中不受影响，另外推进模式与换步模式的转换，换步需要高速，以减少换步时间,获得较长的纯掘进时间。

4.7.2　双护盾 TBM 刀盘、刀具设计

刀盘结构是双护盾 TBM 整机的重要组成部分,其对工程地质的适应能力极大程度上决定了施工的效率及工程成本。在坚硬岩甚至极硬岩条件下,TBM 刀盘能够顺利贯入破碎岩石,且出渣流畅,在长距离掘进过程中,盘体结构可靠性高,是整机设计的关键所在,这种能够适应全断面硬岩环境下的高效破岩刀盘设计是整机性能的决定因素和关键技术之一。

4.7.3　高转速大承载力主驱动设计

为适应硬岩环境下 TBM 的高效破岩需求,采用为硬岩 TBM 量身定制的大承载力高转速主轴承结构,主轴承具备轴向弹簧预紧功能,变频电机驱动,配置主驱动转速 0-4.97-10.3 RPM。

4.7.4　主机扭矩梁功能设计

扭矩梁承担刀盘扭矩传递到支撑盾,进而通过撑靴传递至围岩。扭矩梁布置在前盾和支撑盾之间,同时前盾和支撑盾之间存在主推油缸提供的伸缩运动,即扭矩梁要保证在完成伸缩的过程中可靠地传递扭矩,这对结构及控制系统提出了很高的要求,采用调研及创新的形式,充分探讨过程中的功能要求及动作,在液压系统上采取压力恒定原则,保证油缸在伸缩过程中压力能精确保持,实现伸缩动作与压力稳定的成功结合。

4.7.5　“铰接式”支撑装置设计

双护盾 TBM 最大的特点是在支撑盾的位置设计有撑靴装置,该撑靴装置接地面积大,在稳定性良好的围岩条件下,利用该撑靴可以完成高效的双护盾模式掘进,常规的撑靴装置设计为上下 2 组油缸,占用空间大,本设计“铰接式”撑靴装置,创新性地利用顶部的 1 组撑靴油缸,使撑靴回转撑紧洞壁,具有节约盾体内部空间、主机更稳定等特点,可靠的撑靴装置是满足双护盾模式高效掘进的关键核心结构,是本项目的关键技术和创新点。

4.7.6　具备多种应急措施的防卡机设计

双护盾 TBM 相对其他机型增加了一套推进系统,因此其主机长度相对较长,在大埋深、高地应力环境下,受围岩收敛因素影响,TBM 主机存在被卡住的风险。依托工程地质条件,极大限度地预留应对卡机风险的处理措施,创新性地将主机直径沿长度方向设计为前大后小的锥形方式,同时在前盾沿斜向、水平方向,支撑盾沿斜向,尾盾沿斜向预留超前处理孔,在伸缩内盾周向预留观察处理孔,在推进系统上设计高压脱困模式,应对卡机条件下的大推力需求。在特殊洞段,利用管片拼装机回转架上预留的多自由度超前钻机转接座,可以实现超前钻机沿盾体周边设计的斜向超前孔完成超前钻孔注浆加固,对不稳定地质进行超前处理。因此,TBM 具备足够的应急处理能力,保证设备顺利快速通过是双护盾 TBM 整机设计的核心所在,也是保证工程施工顺利的关键因素。

第 5 章　基于多源信息融合与多元数据互馈的 TBM 动态管控施工关键技术

5.1　国内外研究现状及存在的问题

随着世界范围内的隧洞与地下工程的大规模建设以及人力成本的提高、环境保护的加强、人员安全健康的要求等,TBM 隧洞施工技术及 TBM 设备制造迎来了发展的高峰。

国外近年来成功地使用 TBM 掘进机的著名实例有英吉利海峡隧道工程、瑞士费尔艾那铁路隧道、日本东京湾高速公路工程、荷兰生态绿心隧道及南非莱索托高原输水隧洞等,其中英吉利海峡隧道的成功修建在世界隧道建设史上具有里程碑意义,TBM 在英吉利海峡隧道的应用获得了巨大的成功,为近二十年来 TBM 施工技术的迅猛发展起到了巨大的推动作用。

目前,国内已经完工的、在建的及即将建设的 TBM 施工隧洞主要有以下工程。

(1)水利工程方面:甘肃引大入秦工程输水隧洞、山西万家寨引黄入晋工程、辽宁大伙房输水隧洞、昆明掌鸠河引水工程上公山隧洞、陕西引红济石工程输水隧洞、青海引大济湟工程引水隧洞、兰州水源地建设工程输水隧洞。

(2)水电工程方面:广西天生桥二级水电站引水隧洞、锦屏二级水电站引水隧洞、云南那邦水电站引水隧洞等。

(3)铁路工程方面:西康铁路秦岭隧道、宁西铁路磨沟岭隧洞、宁西铁路桃花铺隧道、兰渝铁路西秦岭隧道、大瑞铁路高黎贡山隧道等。

(4)城市地铁隧道方面:重庆地铁 6 号线、青岛地铁 2 号线、5 号线等。

在我国的 TBM 实践过程中,大量学者纷纷展开了许多研究,取得了极为丰硕的成果。

5.1.1　TBM 施工隧洞围岩稳定性分类方法

隧洞围岩稳定性分类是隧洞支护、衬砌及其他围岩处理措施的基础,在施工过程中一般采用一定的围岩分类标准,如 Q 系统分类法、RMR 围岩分类法、国标《工程岩体分级标准》(GB/T 50218—2014)、水利水电工程围岩分类法,在隧洞开挖现场或通过室内试验等获取围岩分类所需要的定性或定量指标,按照一定的评分标准进行围岩分类,进而进行围岩稳定性评价。

目前隧洞施工中常用的 TBM 主要有开敞式及护盾式两种机型,护盾式又可分为双护盾和单护盾。开敞式 TBM 施工时,围岩出护盾后,在未被喷混凝土支护前,可采用与钻爆法施工隧洞相同的地质素描及试验的方法获取围岩分类指标,进而进行围岩分类;护盾式 TBM 施工时,受刀盘、护盾及管片的遮挡,掌子面及洞壁暴露的围岩非常有限,地质素描无法进行,现场试验或采取原状岩样进行室内试验也较为困难,很多钻爆法或开敞式

TBM 施工隧洞围岩分类指标无法获取，亦无法进行系统的围岩分类。

针对护盾式 TBM 施工隧洞围岩分类问题，国内的学者开展了相关问题的研究。靳永久等通过对双护盾 TBM 掘进产生的渣料进行分级，利用渣料形态与节理的相关性，获取围岩分类所需要的节理信息；陈恩瑜等基于 TBM 现场实际掘进参数与岩石强度的相关性，提出一种现场岩石强度快速估算模型，该模型研究了岩石单轴抗压强度与贯入度指标、推力、掘进比能、扭矩与贯入度的关系，最后确定采用贯入度指标快速估算岩石强度；刘冀山等以引黄入晋隧洞双护盾 TBM 施工为例，提出了隧洞 TBM 施工地质编录的概念和实施要点，论述了其软件系统的开发构想；刘跃丽等根据 TBM 开挖渣料、掘进参数，通过 TBM 刀头和护盾窗口对岩体的观察，结合已掌握的地质资料、水量大小，综合确定围岩类型，预测前方岩体情况；许建业等从现场施工要求的角度出发，概述了 TBM 施工特征，以渣料的地质编录为重点，阐述了 TBM 施工中地质编录方法及应用条件，总结了掘进信息与围岩的对应关系；孙金山等在工程实践和前期研究成果的基础上，综合分析了 TBM 法隧洞的围岩地质条件对 TBM 掘进过程的影响，提出了一种基于 TBM 掘进参数和渣料特征的围岩质量指标（RMR）辨识方法，并在此基础上，对岩体基本力学参数的估计方法进行了研究；黄祥志在山西引黄工程的双护盾 TBM 施工中，根据渣料和 TBM 掘进参数与围岩稳定类型的对应关系，应用可拓学理论，建立了隧洞围岩稳定分类的可拓评价方法，编制了相应的计算程序，并在引黄工程的应用实例中取得了与客观实际相符的合理结果，而且根据其关联度值的变化能够预测临近掌子面前方围岩的稳定情况。

但以上的研究多集中在获取围岩分类的一个指标或几个指标方面，对各个指标参数与地质人员的经验有较高的要求，围岩分类所采用的指标较少，不能全面反映围岩的实际情况，未建立围岩分类指标体系，不同地质人员分类结果有一定的差异，围岩分类方法不能满足 TBM 快速施工的需要。

5.1.2　不同地质条件下 TBM 盘形滚刀损耗及预测

TBM 掘进时利用盘形滚刀破岩，由于岩石的摩擦作用及岩块冲击荷载等的作用，盘形滚刀不可避免地发生损耗。大量的滚刀损耗主要造成两方面的后果，一是施工成本增加；二是更换滚刀会占用掘进时间，降低 TBM 的掘进效率。秦岭铁路隧洞 TBM 施工表明，刀具检查、维修及更换时间约占掘进施工时间的 1/3，刀具费用约占掘进施工费用的 1/3。研究 TBM 盘形滚刀损耗规律并对刀具磨损进行预测，优化刀具管理技术，对降低滚刀损耗、提高 TBM 施工的经济性及掘进效率具有重要的意义。

针对此问题，张珂等以双护盾 TBM 刀盘为研究对象，将岩石的硬脆特性与压痕断裂力学相结合，确定破岩机制及影响滚刀磨损的因素，确定了刀盘上的滚刀布置原则，滚刀的运动特性、破岩机制和磨损形式及其主要影响因素；尉旭平等以引大济湟工程 TB593E/TS 型双护盾 TBM 为背景，对工程施工过程中刀具使用问题进行分析，以数据统计方式总结刀具正常使用情况下的换刀规律，通过刀具非正常损坏的统计，针对刀盘设计及刀具损坏现象进行分析，研究刀具损坏的原因，并提出了刀盘设计的改进意见；赵维刚等在分析 TBM 掘进效率影响因素的基础上，利用现场掘进数据，得到场切深指数和切割系数在不同掘进状态下的相互影响规律，提出以两者作为刀具异常磨损的二维特征识别参量，确定了此空间中的刀具异常磨损决策阈值；杨宏欣对 TBM 滚刀失效形式进行了分类，分析了 TBM 滚刀失效的影响因素，提出了加强刀具的管理、建立信息化管理系统的对策；杜志国等研究了滚刀破岩弧长，并推导了滚刀破岩弧长公式，并在此基础上研究了滚刀安装半径、贯入度、滚刀直径及刀间距对滚刀磨损的影响；孙红等采用理论和软件分析相结合的方法，以 TBM 掘进混合片麻岩为条件，研究了刀盘上刀具消耗规律及其影响因素；张厚美首次提出了滚刀重复破碎与二次磨损的定量计算方法，得到了 TBM880E 滚刀重复破碎体积与二次磨损量的分布规律；赵战欣、赵海鸣、谭青等分别对西秦岭隧道的滚刀磨损规律、基于磨料磨损的 TBM 滚刀磨损预测、盘形滚刀磨损速率等进行了研究，并得出了有意义的结论。

但针对不同地质条件下 TBM 滚刀损耗规律的研究较少，实际上地质条件对滚刀损耗具有重要的影响。另外，在滚刀磨损预测方面，多以理论公式结合室内试验结果为基础，预测结果离散性较大，特别是在复杂地质条件下的预测精度较差。

5.1.3 不同地质条件下 TBM 掘进参数优化

TBM 的掘进模式主要有自动推力模式、自动扭矩模式、手动控制模式三种，对于双护盾 TBM 又可分为单护盾模式和双护盾模式两种。掘进参数主要包括刀盘转速、刀盘扭矩、刀盘推力、刀盘贯入度和掘进速度，实际上这 5 个掘进参数并不是相互独立的，能独立控制的参数只有刀盘转速和刀盘推力，其他的 3 个参数都是刀盘转速和刀盘推力共同作用的结果，对于不同的地质条件，在相同的刀盘转速和刀盘推力作用下，刀盘扭矩、刀盘贯入度和掘进速度是不同的。在 TBM 隧洞施工中，针对不同的地质条件，选择合适的掘进模式及正确的掘进参数是 TBM 快速、安全、经济掘进的重要因素。

针对 TBM 掘进参数问题，周红等基于辽宁省大伙房水库输水工程 TBM 施工段的工程实践，深入地分析研究了在各类围岩下掘进速度与刀盘转速、推进油缸压力及主电机平均电流之间的关系，为选择 TBM 掘进参数提供依据；黄俊阁具体论述了敞开式 TBM 的施工特点，结合敞开式 TBM 在引汉济渭工程秦岭隧洞高磨蚀性硬岩地段施工的具体实践，分析了 TBM 在高磨蚀性硬岩地段掘进中掘进速度的影响因素和敞开式 TBM 适应能力。结果表明，TBM 在高磨蚀性硬岩地段的掘进参数宜采用高转速、低贯入度、高推力、低扭矩的“两高两低”模式；赵文松根据数理统计原理和方法，对大量现场掘进数据进行回归拟合分析，得到了掘进参数和地质参数间的相关规律，并建立了各级围岩下的预测掘进性能的多元回归数学模型，得出了掘进速度与不同掘进参数、地质参数相互关系的表征公式；何俊男对青岛地铁 2 号线不同围岩条件下双护盾 TBM 施工的现场实测掘进参数进行统计分析，得到不同围岩条件下的现场实测的 TBM 掘进参数范围，并研究掘进参数之间的相关特征。

但目前的研究存在以下几个方面的问题：TBM 掘进参数的选择主要依靠工程经验，对操作人员的技术水平要求较高；对不利地质条件下掘进参数的选择缺少相关理论的支持，无法做到较为精确的定量优化。

5.1.4 TBM施工隧洞超前地质预报

TBM施工的隧洞多为长大隧洞,受地形地貌条件、勘察技术、勘察经费及勘察周期等的限制,在前期的勘察中地质条件是无法完全查清的。由于TBM对地质条件的适应性差,在没有预警时突遇不良地质条件,易发生隧洞地质灾害,造成人员伤亡、设备损坏、投资增加及工期延误等严重后果,这就要求在隧洞施工期间进行超前地质预报,根据预报结果采取针对性的措施,避免地质灾害的发生或减轻地质灾害的影响程度。

针对TBM施工隧洞超前地质预报问题,叶智彰针对兰渝铁路西秦岭隧洞开敞式TBM施工,采用HSP声波反射法对掌子面前方的断层、不整合接触带进行了预报;刘斌等对辽宁省大伙房水库输水工程TBM1施工段所采用的TSP、HSP、CSAMT及BEAM四种预报系统的预报实例进行对比,分析四种方法的预报准度及对TBM施工的适用程度;周振广等以巴基斯坦某深埋长隧洞TBM施工超前地质预报为例,系统介绍了TST超前地质预报技术的基本原理、观测系统、现场测试参数设置、数据处理方法及其处理过程,最终获得隧洞掌子面前方100~150 m待开挖岩体地震波偏移图像和地震波速度图像;程怀舟以冲击钻机和岩芯钻机相结合的地质预报为核心,详细讨论了冲击钻机冲击旋转破岩机制和岩芯钻机地质预报原理,分析确定了钻进过程中的敏感参数,并设计了TBM隧洞施工超前地质预报系统,构建了钻机钻进敏感参数实时数据采集分析系统;高振宅采用激发极化BEAM超前地质探测系统,对锦屏二级水电站1号引水隧洞开敞式TBM掌子面前方的岩石结构及坍塌情况进行了预测;杨智国以西南线桃花铺一号隧道,介绍了R24浅层地震仪超前地质预报系统的技术特点和基本测量机制、步骤,并将超前地质预报结果与隧道开挖实际进行对比。

针对TBM施工隧洞地质灾害及不良地质条件处理问题,廖建明以锦屏二级水电站引水隧洞为例,通过长距离的TSP超前地质预报系统和即时预报的BEAM超前预报相结合手段提供涌水的预报信息,通过超前钻孔减压放水、涌水封堵等施工技术,确保施工中安全稳定掘进;徐虎城以新疆某引水工程大坡度施工支洞开敞式TBM施工大断层构造破碎带塌方卡机为例,采用超前预报方法探明前方地质情况,之后加固已支护段的围岩,然后采用流动性大、早强、高性能的化学注浆材料,对护盾上方及前方围岩进行固结灌浆,将刀盘和护盾周围的松散岩石加固成一个稳定的整体,进而清除刀盘及护盾周围的虚渣,并缓慢转动刀盘向前推进,最终使TBM安全脱困;陈方明等以巴基斯坦N-J水电站深埋引水隧洞开敞式TBM施工为例,通过一系列试验获得围岩的相关力学参数,包括砂岩的抗压强度、抗拉强度、黏聚力、内摩擦角以及破碎角等,然后运用多判据对岩爆倾向性进行了判定分析。

由于隧洞的地质条件具有复杂性、多变性及难以预测性的特点,不同隧洞工程之间的地质条件相差较大,且采用的TBM设备与施工方法均有所差别,在某项工程采用的处理方法与技术对其他工程并不一定完全适用,因此需要根据具体工程具体分析,采用适合本工程的处理技术。目前的TBM施工隧洞超前地质预报存在以下问题:针对双护盾TBM施工隧洞的超前地质预报研究较少;在实际预报过程中,采用的预报方法单一,缺少相互印证,预报精度不高。

5.2　本章研究成果的主要内容

5.2.1　面向掘进效率的 TBM 地质适宜性评价方法研究

针对 TBM 隧洞施工中的地质适宜性问题,以《引调水线路工程地质勘察规范》(SL 629—2014)附录 C“隧洞 TBM 施工适宜性判定”所选择的岩石单轴抗压强度、岩体完整性、围岩强度应力比 3 个评价指标为基础,同时参考国内外 TBM 隧洞施工的相关实践经验,补充岩石的石英含量、地下水渗流量 2 个评价指标。根据各评价指标不同取值范围,将 TBM 施工隧洞地质适宜性分为“适宜、基本适宜、适宜性差及不适宜”四个等级,建立 TBM 地质适宜性评价指标体系。采用模糊综合评价方法,建立 TBM 地质适宜性多因素评价模型,通过确定因素权重向量,选取隶属函数,研究各评价指标的不同取值条件下的地质适宜性等级。

5.2.2　机-岩数据互馈的 TBM 掘进参数动态控制方法研究

通过分析 TBM 施工的破岩机制,研究“岩-机”之间的复合关系,寻求设备规格、掘进参数、渣料形态等数据与岩体质量有关的指标之间的内在关系;推算出可快速估算岩石单轴抗压强度的经验公式,并对其进行误差分析;以可拓学方法为基础,借鉴物元、经典域、节域的概念,建立评价岩体完整性系数的模糊评价模型。结合 TBM 现场施工情况,阐述围岩稳定性评价所需指标、参数的现场快速获取方法,并基于“岩-机-渣”复合关系模型对数据进行预处理,得到《工程岩体分级标准》(GB/T 50218—2014)中所需的各项指标和参数,从而实现双护盾 TBM 施工过程中隧洞围岩稳定性评价的快速动态响应。

5.2.3　基于多源信息的不良地质体预测预报系统研究

以兰州水源地建设工程输水隧洞为背景,根据双护盾 TBM 施工隧洞裸露围岩少、电磁干扰严重的技术特点,在分析不同超前地质预报方法优缺点的基础上,选择以地面地质分析、掌子面围岩观察、掘进参数及岩渣分析、锤击激震三维地震法、三维电阻率法及超前钻探等多源信息为主的方法。根据不同预报方法的特点,提出了适合双护盾 TBM 施工的综合超前地质预报方法及其应用流程,并提出了基于综合超前地质预报结果的双护盾 TBM 施工技术。

5.3　TBM 地质适宜性评价方法研究

TBM 隧洞施工具有掘进速度快、安全性高、环境保护好的优点,已在国内外的隧洞工程中得到了广泛的应用。影响 TBM 掘进效率的因素主要有三个方面:设备因素、人员因素及地质因素,其中前两个因素是主观因素,可以通过设备改造、人员培训、施工组织优化等做到最优;而地质因素是客观因素,隧洞线路一经确定,地质条件就客观存在,施工过程中只有适应地质条件。

地质条件对TBM掘进效率影响较大,国内外的TBM施工实践表明,在适宜的地质条件下,TBM可以获得较高的掘进速度,当地质条件不适宜时,TBM掘进缓慢,严重时TBM受困,造成投资增加、工期延误等严重后果。因此,研究TBM的地质适宜性对TBM选型、TBM设备设计、施工组织设计、投资、工期等具有重要的意义。

国内的TBM隧洞施工已有三十余年的历史,针对TBM的地质适宜性及掘进效率问题,较多学者开展了相关的研究。何发亮、吴煜宇等研究了岩石的单轴抗压强度、岩体完整性及岩石耐磨性等因素对TBM掘进效率的影响,并以此为根据,进行了基于TBM掘进效率的围岩分类;闫长斌等研究了岩石中石英含量变化对TBM施工的影响;廖建明等以锦屏二级水电站引水隧洞开敞式TBM施工为背景,针对涌水对TBM施工的影响,提出了高压大流量地下涌水的施工方案。国内的相关规范亦对TBM的地质适宜性提出了判定标准,如《引调水线路工程地质勘察规范》(SL 629—2014)附录C中采用岩石单轴抗压强度、岩体完整性系数、围岩强度应力比3个指标,将TBM的地质适宜性分为适宜、基本适宜、适宜性差3个级别。由以上的研究可以看出,目前的研究多集中在单个或几个地质因素方面,实际上TBM的地质适宜性受多种地质因素的影响,TBM的掘进效率是多种地质因素综合作用的结果,因此目前的研究和相关规范并不能对TBM的地质适宜性进行全面的评价。

针对此问题,本节将以《引调水线路工程地质勘察规范》(SL 629—2014)附录C所选的指标为基础,参考国内外的相关研究成果及工程,补充相关指标,建立TBM地质适宜性评价的指标体系,采用模糊综合评价方法,研究各评价指标不同取值条件下的地质适宜性等级。

5.3.1　TBM地质适宜性评价指标体系

影响TBM隧洞地质适宜性的因素较多,根据《引调水线路工程地质勘察规范》(SL 629—2014)附录C的规定,并参考国内外的研究成果及相关工程经验,选择岩石单轴抗压强度、岩体完整性、围岩强度应力比、岩石的石英含量及地下水渗流量5个指标。

5.3.1.1　岩石单轴抗压强度(R_c)

TBM掘进过程中,TBM的掘进速度等于滚刀贯入度与刀盘转速的乘积,而滚刀的贯入度与岩石单轴抗压强度(R_c)直接相关,理论上R_c值越低,在推力一定的条件下TBM滚刀贯入度越高,其掘进速度也越高;反之R_c值越高,TBM滚刀贯入度越低,其掘进速度就越低。但实际上如果R_c值太低,TBM掘进后围岩的自稳时间极短,甚至不能自稳引起塌方或围岩快速收敛变形等灾害,导致停机处理,从而降低掘进速度。因此,当R_c值在一定范围内时,TBM既能保持一定的掘进速度,又能使隧洞围岩在一定时间内保持自稳,目前多数TBM在R_c值为50~80 MPa的岩石中掘进时具有较高的效率;当R_c值大于80 MPa时,掘进效率随R_c值的增加而降低;当R_c值小于50 MPa时,掘进效率随R_c值的降低而降低。

5.3.1.2　岩体完整性

TBM盘形滚刀压入岩石,在岩石中形成微裂纹,当相邻滚刀间的裂纹贯通时,就会形成岩片剥落。一般情况下,裂纹的扩展速度随着滚刀贯入度的增加而增加,为获得较大的滚刀贯入度就需要提高刀盘推力。如果围岩中本身存在一些结构面(节理、层理、片理等),则岩片会沿着结构面剥落,此时 TBM 不需要较大的推力即可有较高的破岩效率,因此岩体中结构面越发育,TBM 的破岩效率越高。但如果岩体中结构面特别发育,此时 TBM 虽然能获得很高的破岩效率,但围岩自稳能力差,往往需要停机对围岩进行支护加固,反而会降低 TBM 的掘进效率。当岩体结构面不发育时,此时 TBM 破岩完全依赖于滚刀的作用,掘进效率也会降低。岩体的结构面发育程度一般用岩体完整性系数 K_V 来表示,岩体完整性系数过高或过低都会影响 TBM 掘进,其在一定范围内时才有利于 TBM 的掘进。实践表明,岩体完整性系数在 0.5~0.6 时 TBM 具有较高的掘进效率。当岩体完整性系数大于 0.6 时,掘进效率随完整性系数的增加而降低;当岩体完整性系数小于 0.5 时,掘进效率随着完整性系数的增加而提高。

5.3.1.3 围岩强度应力比

围岩强度应力比可用下式表示:

$$S = \frac{R_c K_V}{\sigma_m} \tag{5-1}$$

式中:R_c 为岩石饱和单轴抗压强度,MPa;K_V 为岩体完整性系数;σ_m 为围岩的最大主应力,MPa,当无实测资料时可以自重应力代替。

围岩强度应力比对 TBM 掘进有一定的影响,当强度应力比较低时,对于硬岩,易发生岩爆;对于软岩,易发生收敛变形。岩爆直接威胁到施工人员的人身安全、设备安全,导致 TBM 掘进速度降低,初期支护难度、工程量、时间、成本大幅度增加,极强岩爆可能会造成机毁人亡的严重后果。软岩收敛变形会侵占隧洞断面,造成初期支护破坏,当采用护盾式 TBM 施工时,收敛变形的围岩会抱死护盾,造成卡机事故,处理起来十分困难。因此,围岩强度应力比越高对 TBM 的掘进越有利。

5.3.1.4 岩石的石英含量

岩石中的石英矿物硬度高,耐磨性强,石英的维氏硬度 *HV* 为 800~1 100,而 TBM 滚刀刀圈钢质材料的维氏硬度 *HV* 仅为 500~700,其对 TBM 掘进的影响在于增大滚刀的磨损量。当滚刀更换量大时,会造成两个方面的后果:一是占用掘进时间,降低了设备利用率,影响施工速度;二是滚刀及刀圈价格高,大量换刀会增加施工成本。因此,岩石中的石英含量越低对 TBM 掘进越有利。

5.3.1.5 地下水渗流量

地下水渗流量和渗水范围对 TBM 掘进效率有一定程度的影响。地下水对 TBM 掘进的影响主要有以下几个方面:软化岩石,降低岩石的强度及围岩的稳定性,对遇水崩解的岩石影响最为严重;在大涌水量的情况下,地下水会携带岩渣涌入洞内,影响支护和衬砌工作的进行,TBM 必须停机进行排、堵水处理; TBM 设备受地下水的冲淋或浸泡,会恶化 TBM 施工条件和工作环境,设备故障率增加,进而降低 TBM 的掘进效率;TBM 有被地下水淹没的风险。因此,地下水涌流量越小对 TBM 掘进越有利。

5.3.1.6 指标体系的建立

影响 TBM 适宜性的地质因素主要有岩石单轴抗压强度、岩体完整性、围岩强度应力比、岩石的石英含量及地下水涌流量等,根据相关研究成果及规范,并参考国内外的工程实践,将TBM的地质适宜性分为4个等级,即适宜、基本适宜、适宜性差及不适宜。TBM在各适宜性条件下的评价如下:适宜,TBM可获得很高的掘进速度,平均日进尺在30 m以上,不会因为地质条件的原因停机;基本适宜,TBM掘进速度一般,平均日进尺10~30 m,需要停机进行围岩支护或不良地质条件处理;适宜性差,TBM掘进速度低,平均日进尺2~10 m,停机支护或不良地质条件处理的时间超过掘进时间;不适宜,TBM掘进速度极低,平均日进尺低于2 m,即使进行超前处理,TBM也难以通过。TBM地质适宜性各等级对应不同地质因素的指标见表5-1。

表5-1 TBM地质适宜性评价指标

地质适宜性	岩石单轴抗压强度(MPa)	岩体完整性系数	围岩强度应力比	岩石的石英含量(%)	地下水渗流量[L/(min·10 m)]
适宜	50~80	0.5~0.6	>4	0~5	0~10
基本适宜	80~150或30~50	0.6~0.7或0.4~0.5	2~4	5~30	10~25
适宜性差	150~200或5~30	0.7~0.8或0.3~0.4	1~2	30~60	25~125
不适宜	>200或0~5	>0.8或<0.3	<1	>60	>125

5.3.2 TBM地质适宜性的模糊综合评价

5.3.2.1 TBM地质适宜性评价的模糊性

由表5-1可以看出,TBM地质适宜各等级均对应不同地质因素的量值,但由于岩体的复杂性,各指标变化较大,可能存在不同指标对应不同适宜性等级的情况,如某种岩体的岩石单轴抗压强度为80 MPa、岩体完整性系数为0.8、地下水渗流量为大于125 L/(min·10 m),则其对应的TBM地质适宜性等级分别为"适宜""适宜性差""不适宜",这就造成了无法直接进行TBM地质适宜性综合评价的情况,亦即说明TBM地质适宜性评价具有"模糊性"的特点。

为解决上述问题,本研究采用以模糊数学为基础的综合评价的方法对TBM的地质适宜性进行综合评价。模糊数学是研究和处理具有模糊性现象的数学理论和方法,在近年来应用愈来愈广泛。

TBM地质适宜性的模糊综合评价方法如下:建立评价因素集,构建各因素重要性程度的判断矩阵,确定各因素权重系数,最后确定待评价目标的隶属函数。

5.3.2.2 评价因素集的建立

按照表5-1,评价TBM地质适宜性的地质因素有5个,可以用集合表示为

$$U = \{u_1, u_2, u_3, u_4, u_5\} \tag{5-2}$$

式中:u_1为岩石单轴抗压强度;u_2为岩体完整性系数;u_3为围岩强度应力比;u_4为岩石的石英含量;u_5为地下水渗流量。

5.3.2.3 确定各因素的权重

因素权重的确定采用层次分析法,其原理是先把n个评价因素排列成一个n阶矩阵,

然后对各因素的重要程度进行两两比较,矩阵中的元素值由各因素的重要程度来确定,再计算出判断矩阵的最大特征根及其对应的特征向量,其特征向量即为所求的权重值。两因素之间的重要程度比较和对应值由层次分析法确定,见表5-2。

表5-2 两因素重要程度比较结果

因素 u_i 和 u_j 相比较的重要程度	$f(u_i, u_j)$	$f(u_j, u_i)$
u_i 比 u_j 同等重要	1	1
u_i 比 u_j 稍微重要	3	1/3
u_i 比 u_j 明显重要	5	1/5
u_i 比 u_j 强烈重要	7	1/7
u_i 比 u_j 绝对重要	9	1/9
u_i 比 u_j 处于上述两相邻判断之间	2,4	1/2,1/4
	6,8	1/6,1/8

本书根据国内外相关研究成果及工程经验,得出判断矩阵如下:

$$P=\begin{bmatrix} 1 & 3 & 5 & 7 & 5 \\ \frac{1}{3} & 1 & 2 & 2 & 3 \\ \frac{1}{5} & \frac{1}{2} & 1 & 1 & 1 \\ \frac{1}{7} & \frac{1}{2} & \frac{1}{2} & 1 & 1 \\ \frac{1}{5} & \frac{1}{3} & 1 & 1 & 1 \end{bmatrix}$$

5.3.2.4 判断矩阵特征根及特征向量计算

(1)计算判断矩阵每行元素的乘积 W_i:

$$W_i = \prod_{j=1}^{n} u_{ij} \quad (i, j = 1,2,\cdots,n) \tag{5-3}$$

则 $W_1=525, W_2=4, W_3=0.1, W_4=0.0357, W_5=0.0667$。

(2)计算 W_i 的 n 次方根 M_i:

$M_i = \sqrt[n]{W_i}, M_1 = 3.450, M_2 = 1.320, M_3 = 0.631, M_4 = 0.514, M_5 = 0.582$。

(3)归一化处理向量 $\overline{M}$:

$$\overline{M} = (\overline{M_1}, \overline{M_2}, \overline{M_3}, \overline{M_4}, \overline{M_5})^{\mathrm{T}} \tag{5-4}$$

$$\overline{M_i} = \frac{M_i}{\sum_{i=1}^{n} M_i} \tag{5-5}$$

则特征向量 A 为

$$A = (0.535, 0.202, 0.096, 0.078, 0.089)^{\mathrm{T}}$$

$$PA=\begin{bmatrix}1 & 3 & 5 & 7 & 5\\ \frac{1}{3} & 1 & 2 & 2 & 3\\ \frac{1}{5} & \frac{1}{2} & 1 & 1 & 1\\ \frac{1}{7} & \frac{1}{2} & \frac{1}{2} & 1 & 1\\ \frac{1}{5} & \frac{1}{3} & 1 & 1 & 1\end{bmatrix}\begin{bmatrix}0.535\\0.202\\0.096\\0.078\\0.089\end{bmatrix}=\begin{bmatrix}2.615\\0.996\\0.471\\0.393\\0.438\end{bmatrix}$$

则最大特征根：

$$\lambda_{\max}=\frac{1}{n}\sum_{i=1}^{n}\frac{(PA)_i}{\overline{M}_i}=5.241$$

(4)一致性检验计算：

$$C_{\mathrm{I}}=\frac{\lambda_{\max}-n}{n-1}=\frac{5.241-5}{5-1}=0.060$$

查随机性指标 C_{R} 数值表可知，当 $n=5$ 时，$C_{\mathrm{R}}=1.12$，则

$$\frac{C_{\mathrm{I}}}{C_{\mathrm{R}}}=\frac{0.060}{1.12}=0.054<0.10$$

上式表明判断矩阵的一致性达到了要求，因此向量 A 的各个分量可以作为相应评价因素的权重系数。

5.3.2.5　隶属函数的确定

根据所要解决问题的实际特征，参照文献彭祖赠的研究方法，采用岭形隶属度函数按照式(5-6)建立代表评价因素隶属度的函数。

$$u(x)=\begin{cases}1 & x\leqslant a_1\\ \frac{1}{2}+\frac{1}{2}\sin\frac{\pi}{a_2-a_1}\left(x-\frac{a_2+a_1}{2}\right) & a_1<x\leqslant a_2\\ \frac{1}{2}-\frac{1}{2}\sin\frac{\pi}{a_3-a_2}\left(x-\frac{a_3+a_2}{2}\right) & a_2<x\leqslant a_3\\ 0 & x\geqslant a_3\end{cases}\tag{5-6}$$

式中：a_1、a_2、a_3 均为参数，表示各子集的区间边界。

以岩石的石英含量为例，建立其隶属函数。

子集1——“适宜”

$$u(x)=\begin{cases}1 & x\leqslant 2\\ \frac{1}{2}-\frac{1}{2}\sin\frac{\pi}{6}(x-5) & 2<x\leqslant 8\\ 0 & x>8\end{cases}$$

子集 2——“基本适宜”

$$u(x)=\begin{cases}0 & x<2\\ \frac{1}{2}+\frac{1}{2}\sin\frac{\pi}{6}(x-5) & 2\leqslant x<8\\ \frac{1}{2}-\frac{1}{2}\sin\frac{\pi}{27}(x-21.5) & 8\leqslant x<35\\ 0 & x\geqslant 35\end{cases}$$

子集 3——“适宜性差”

$$u(x)=\begin{cases}0 & x<8\\ \frac{1}{2}+\frac{1}{2}\sin\frac{\pi}{27}(x-21.5) & 8\leqslant x<35\\ \frac{1}{2}-\frac{1}{2}\sin\frac{\pi}{30}(x-50) & 35\leqslant x<65\\ 0 & x\geqslant 65\end{cases}$$

子集 4——“不适宜”

$$u(x)=\begin{cases}0 & x<35\\ \frac{1}{2}+\frac{1}{2}\sin\frac{\pi}{30}(x-50) & 35\leqslant x<65\\ 1 & x\geqslant 65\end{cases}$$

其余因素的隶属函数与其类似,限于篇幅有限,本书略去。

5.3.3 地质适宜性详细评价

5.3.3.1 评价洞段的选取

选取兰州水源地建设工程输水隧洞 TBM 施工段 10 段典型洞段进行评价,岩性包括石英片岩、花岗岩、泥质粉砂岩、安山岩、粉砂质泥岩等,围岩类别主要有Ⅱ、Ⅲ、Ⅳ类,具体各地质因素指标见表 5-3。

5.3.3.2 模糊综合评价

(1)评价因素集合:

$$U=\{u_1,u_2,u_3,u_4,u_5\}$$

式中,u_1, u_2, u_3, u_4, u_5 分别包含一个指标。

(2)选择评语集:

$$V=\{v_1,v_2,v_3,v_4\}$$

式中,v_1 表示“适宜”,v_2 表示“基本适宜”,v_3 表示“适宜性差”,v_4 表示“不适宜”。

(3)单因素评价:

以表 5-3 中序号 1 洞段为例,将评价因素值代入式(5-6)隶属函数中,可得各因素对应不同稳定状态的隶属度矩阵 M。

表 5-3　典型洞段围岩地质因素指标

序号	隧洞桩号	岩性及围岩类别	岩石单轴抗压强度(MPa)	岩体完整性系数	围岩强度应力比	岩石的石英含量(%)	地下水渗流量[L/(min·10 m)]
1	6+500～6+600	石英片岩,Ⅲ类	60	0.55	3.0	40	20
2	6+950～6+950	石英片岩,Ⅱ类	70	0.75	4.5	50	5
3	8+800～8+900	花岗岩,Ⅱ类	80	0.80	4.5	45	10
4	9+180～9+280	花岗岩,Ⅳ类	30	0.30	1.5	35	600
5	13+000～13+100	泥质砂岩,Ⅲ类	30	0.70	3.5	10	2
6	14+070～14+100	粉砂质泥岩,Ⅳ类	20	0.50	1.0	6	15
7	19+700～19+750	安山岩破碎带,Ⅴ类	15	0.15	1.0	2	300
8	22+600～22+700	安山岩,Ⅱ类	70	0.70	3.0	8	6
9	27+000～27+700	泥质粉砂岩,Ⅲ类	25	0.75	2.0	15	3
10	29+400～29+500	泥质粉砂岩,Ⅳ类	20	0.45	1.0	10	20

$$M = \begin{bmatrix} 0.953 & 0.047 & 0 & 0 \\ 0.972 & 0.028 & 0 & 0 \\ 0.050 & 0.900 & 0.050 & 0 \\ 0 & 0 & 0.932 & 0.068 \\ 0 & 0.750 & 0.250 & 0 \end{bmatrix}$$

(4)各因素的权重向量:

$$A^{T} = (0.535,\ 0.202,\ 0.096,\ 0.078,\ 0.089)$$

(5)综合评价:

$$B = A^{T} \cdot M$$

计算其结果并对结果进行归一化处理,则

$$B'_1 = (0.710,\ 0.184,\ 0.100,\ 0.005)$$

可以看出,序号 1 洞段对应 TBM 地质适宜性评价等级中的"适宜"的隶属度最大,因此可判定本段隧洞的 TBM 地质适宜性评价为"适宜"。参照以上计算方法,对表 5-3 中序号 2～10 洞段分别进行计算,并通过实际 TBM 掘进情况进行验证,计算结果及验证情况见表 5-4。由表 5-4 可知,兰州水源地建设工程输水隧洞的典型洞段 TBM 地质适宜性的模糊综合评价结果与开挖实际吻合较好,说明本书所采用的评价方法是合适的。

表 5-4　典型洞段 TBM 地质适宜性隶属度计算结果及 TBM 施工验证

序号	适宜	基本适宜	适宜性差	不适宜	TBM 施工情况
1	0.710	0.184	0.100	0.005	TBM 掘进速度高,日平均进尺大于 30 m,不需要停机进行围岩的支护
2	0.657	0.063	0.140	0.140	
3	0.394	0.326	0.160	0.120	
4	0.082	0.282	0.435	0.201	TBM 掘进速度低,日平均进尺约 8 m,发生了涌水,需停机排水及清渣
5	0.172	0.460	0.368	0	TBM 掘进速度较低,日平均进尺约 20 m,掘进过程中掌子面发生小规模塌方,降低了掘进速度
6	0.165	0.262	0.470	0.103	TBM 掘进速度较低,日平均进尺约 10 m,掘进过程围岩发生了收敛变形,加大推力后缓慢通过
7	0.039	0.039	0.425	0.497	TBM 掘进过程中,掌子面及顶拱发生大规模塌方及涌水,发生了卡机事件,超前加固围岩后通过
8	0.612	0.239	0.149	0	TBM 掘进速度高,日平均进尺大于 30 m,不需要停机进行围岩的支护
9	0.097	0.459	0.444	0	TBM 掘进速度较低,日平均进尺约 20 m,掘进过程中掌子面发生小规模塌方,降低了掘进速度
10	0.051	0.303	0.543	0.103	TBM 掘进速度较低,日平均进尺约 10 m,掘进过程中围岩发生了收敛变形,加大推力后缓慢通过

注:表中下划线代表计算评价结果。

5.4　机-岩数据互馈的 TBM 掘进参数动态控制方法研究

5.4.1　基于掘进能耗的 TBM 掘进参数优化研究

TBM 掘进过程中,在推进油缸的作用下,滚刀压入岩石,同时刀盘在电机的驱动下旋转,当两滚刀间的岩石裂纹贯通时形成岩片剥落,TBM 实现持续破岩及连续掘进。

目前,国内外的 TBM 掘进均以电能为主要能源,如推进系统采用电机驱动液压系统推动主机及刀盘前进,刀盘转动主要采用多台电机驱动。因此,在 TBM 掘进过程中需要消耗一定的电能。根据功能原理,TBM 掘进系统做的功与消耗的能量相等,而 TBM 掘进一定距离所做的功与围岩的地质条件密切相关,如在完整硬岩条件下,推力较大而贯入度较小,在破碎围岩条件下,较小的推力即可获得较大的贯入度,这就决定了在不同地质条件下 TBM 掘进消耗的能量有所差别。因此,研究不同地质条件下 TBM 的能耗对于 TBM 供电设备配备、施工成本预算及掘进参数优化等具有重要的意义。

5.4.1.1　**掘进参数**

在 TBM 隧洞施工中,针对不同的地质条件,选择合适的掘进参数是 TBM 快速、安全、经济掘进的重要因素。

在 TBM 掘进过程中,能代表 TBM 掘进性能的参数主要有 6 个:刀盘转速、刀盘扭矩、刀盘推力、刀盘贯入度、掘进速度和场贯入度指数,实际上这 6 个掘进参数并不是相互独立的,能独立控制的参数只有刀盘转速和刀盘推力,其他的4个参数都是刀盘转速和刀盘推力共同作用的结果,是随动的,对于不同的地质条件,在相同的刀盘转速和刀盘推力作用下,刀盘扭矩、刀盘贯入度和掘进速度是不同的。掘进参数主要根据围岩的条件进行选择。一般在完整硬岩条件下,盘形滚刀的贯入度较低,为获得相对较高的掘进速度,采用高推力、高转速掘进,由于刀盘贯入度低,因此刀盘扭矩也较低;在软弱破碎围岩条件下,较低的推力即可获得较高的贯入度,刀盘扭矩高,掘进速度高,但软弱破碎围岩稳定性差,过高的掘进速度会引起掌子面和顶拱的围岩塌方,造成初期支护量增加、TBM设备利用率降低、整体掘进进尺降低等后果,严重时还会引起卡机事故,因此应控制推力和转速,以减小对围岩的扰动,维持围岩的稳定。

1. 掘进推力

以开敞式TBM为例,TBM掘进时所需要的总推力为刀盘推力及TBM与洞壁、内外大梁之间摩擦力等之和:

$$F_{总} = F_{刀} + F_1 + F_2 + F_3 + F_4 + F_5 \tag{5-7}$$

式中:$F_{刀}$ 为掘进时刀盘各刀具作用在掌子面上沿洞轴线方向的分力之和;F_1 为掘进时刀盘下部浮动支撑与洞壁之间的滑动摩擦力;F_2 为顶护盾与洞壁之间的滑动摩擦力;F_3 为刀盘侧支撑与洞壁之间的滑动摩擦力;F_4 为大梁水平导轨间的滑动摩擦力;F_5 为掘进时随刀盘向前移动部分的后配套对机器的拖动阻力。

TBM的总推力为需要的总推力乘以一个大于1的安全储备系数。在以上的各项力中,对破岩起作用的仅有刀盘推力,即各刀具作用在掌子面上沿洞轴线方向的分力之和。盘形滚刀破岩时,主要靠推力贯入岩石表面,将滚刀下的岩石压裂,合理地推力与刀间距匹配,能使滚刀之间裂纹贯通,形成较完整的岩片,产生破岩作用。因此,掘进时应根据岩石的软硬程度及节理裂隙发育程度,在机械负荷范围内合理地控制刀盘推力,使刀盘的每转贯入度满足最优刀间距的要求,从而能提高掘进效能,但要防止推力过高而损坏滚刀及TBM的其他设备。

2. 刀盘扭矩

刀盘回转破岩时,需要克服的总力矩为

$$M_{总} = M_{刀} + M_1 + M_2 \tag{5-8}$$

式中:$M_{刀}$ 为刀具破岩的总阻力矩;M_1 为铲斗装渣阻力矩;M_2 为铲斗与洞壁之间的摩擦力矩。

TBM的总扭矩为需要的总力矩乘以一个大于1的安全储备系数。刀盘扭矩必须在一定的刀盘推力作用下方可发挥其作用。因为当推力较小时,贯入度较浅,产生碎片的尺寸较小,数量也少,刀盘旋转破岩作用不明显。而且,此时未达到最优刀间距所要求的贯入度,需要反复多切割方能剥落岩片,增加了刀具的运行距离,增加刀具的磨损,降低了破岩效率。在较软的地层下,容易产生较大的贯入度,刀盘需要较大的扭矩,而在较硬地层上,需要扭矩相对较小。

3. 刀盘转速

从理论上讲,当以一定的贯入度掘进时,刀盘转速越高,掘进速度就越高。但是,在岩石地层条件下,当转速较高时,不能对刀盘施加超过盘形滚刀承载力的推力。另外,刀盘

直径越大,所能使用的刀盘转速就越低,主要原因有如下几点:

(1)刀盘转速较高时,会加剧滚刀的磨损和损坏,导致换刀频繁,高转速大推力时还会产生较大的振动冲击,直接影响并降低滚刀轴承的寿命。

(2)高转速时,刀盘扭矩、刀盘推力及刀具的作用力变异系数较大,即刀盘、刀具作用力峰谷变化幅度大,这将加剧刀具及液压系统的疲劳破坏。

(3)从盘形滚刀破岩机制上分析,当盘形滚刀在压力作用下,有 90%的能量用于岩石产生粉核和裂纹,有 10%的能量消耗于岩石裂纹的扩展,使两刀之间裂纹连通而形成岩渣。若刀盘线速度超过一定值,很难使相邻滚刀间裂纹连通,降低了破岩效率。

根据国外试验分析,在掘进过程中,TBM 滚刀的线速度控制在小于或等于 150 m/min 为宜。即 $n\leqslant 150/(\pi \cdot D)$,其中 n 为刀盘转速,D 为刀盘直径,π 取为 3.14,由此可以推算刀盘容许最大转速,如刀盘直径为 8.00 m,刀盘转速应低于 6.0 r/min,刀盘直径越大,容许最大转速越低。从中可以得到一个定性结论,即在相同地质条件下,大直径 TBM 掘进速度低于小直径 TBM 的。

4. 刀盘贯入度

贯入度也就是常说的切深,其定义为刀盘每旋转 1 周滚刀侵入岩体中的深度,是研究 TBM 推力与掘进速度之间关系的重要参数。在相同推力下,TBM 在不同强度岩体中掘进的贯入度不同,当岩石强度较低时,贯入度大,当岩石强度较高时,贯入度小。贯入度不仅与岩石类别、岩石的单轴抗压强度有关,同时也与岩石裂隙程度有关,裂隙发育程度高的围岩不需要很大的贯入度即能形成岩渣剥落,因此在硬岩中掘进时围岩裂隙也是影响贯入度指标的重要因素。

5. 掘进速度

掘进速度指的 TBM 正常掘进时单位时间的掘进距离,通常用 mm/min 或 m/h 来表示。与刀盘扭矩和刀盘贯入度类似,掘进速度并不是可以独立控制的参数,掘进速度=刀盘转速×贯入度,可以看出掘进速度受刀盘转速和贯入度的影响。刀盘转速是可以独立控制的参数,而贯入度在相同的围岩条件下随着刀盘推力的增加而增加,因此通过提高刀盘转速和刀盘推力可以提高掘进速度,但受边刀线速度的限制,刀盘转速不能无限制提高,其有一个最高限速。而刀盘推力同样受盘形滚刀最大承载力的限制,也有上限。在实际掘进中,考虑到盘形滚刀的损耗、设备的磨损及对围岩的扰动等的影响,一般不会同时采用刀盘的最高转速和最高推力,而是选择既经济又可接受掘进速度的刀盘转速和推力。国内外目前制造的 TBM 的最大掘进速度一般不大于 120 mm/min,但实际上根据围岩条件、TBM 设备性能的不同,TBM 的掘进速度多在 20~80 mm/min。如果一条隧洞在大部分洞段的掘进速度都低于 20 mm/min,则这条隧洞采用 TBM 施工从工期上和经济上都是不合理的。

6. 场贯入度指数

场贯入度指数 *FPI* 用单把滚刀推力(kN)和贯入度(mm/r)的比值表示。因此,场贯入度指数也是一个间接的参数,在使用时需要根据推力和贯入度进行换算。场贯入度指数可以用来衡量围岩的可掘进性,场贯入度指数越高,表明一定推力条件下,贯入度越低,此时掘进速度低。场贯入度指数越低,表明在较小的推力下即可获得较大的贯入度,此时可以获得较高的净掘进速度。场贯入度指数与围岩条件密切相关,其中岩石的强度和完整性对其影响最为明显。岩石的强度越高、完整性越好,场贯入度指数越高。当场贯入度指数较低时,虽然能获得较高的净掘进速度,但软弱破碎的围岩稳定性较差,可能的支护量大,会导致TBM停机时间过长,从而降低TBM的利用率,使平均进度明显下降。

7. 兰州水源地建设工程输水隧洞不同地质条件下掘进参数

在兰州水源地建设工程输水隧洞TBM施工段掘进过程中,对不同地质条件下的掘进参数进行统计,如表5-5所示。可以看出,随着地质条件的变化,掘进参数随之改变,具体体现为:随着围岩类别的降低,所需的推力降低,刀盘贯入度增加,扭矩增加,掘进速度增加。TBM在掘进过程中,掘进参数以秒为单位进行记录,实际显示在屏幕上,并自动保存在主操作计算机的硬盘中,可以把这些数据拷贝出来进行分析。

表5-5　兰州水源地建设工程输水隧洞双护盾TBM施工不同地质条件下的掘进参数

岩性	围岩类别	刀盘推力(kN)	刀盘扭矩(kN·m)	刀盘转速(r/min)	刀盘贯入度(mm/r)	掘进速度(mm/min)
前震旦系马衔山群($AnZmx^4$)黑云石英片岩和角闪石英片岩	Ⅱ	7 000~10 000	500~700	7.0~7.5	4~6	25~40
	Ⅲ	4 000~7 000	700~1 000	5.0~7.0	6~10	30~60
	Ⅳ	2 000~4 000	1 000~1 500	3.5~5.0	10~15	35~75
奥陶系上中统雾宿山群($O_{2-3}wx^2$)变质安山岩	Ⅱ	7 000~10 000	600~900	6.0~7.0	4~8	25~40
	Ⅲ	4 000~7 000	800~1 100	5.0~7.0	8~13	35~60
	Ⅳ	2 500~4 500	1 000~1 400	3.5~5.0	11~17	35~70
	Ⅴ	1 000~2 500	1 000~1 600	3.5~5.0	15~25	40~85
白垩系下统河口群(K_1hk^1)砂岩、黏土岩、砂砾岩	Ⅲ	3 000~5 000	700~1 000	4.0~5.5	8~15	30~60
	Ⅳ	1 500~3 500	800~1 200	3.5~4.4	13~23	40~80
	Ⅴ	1 000~2 000	800~1 400	3.5~5.0	18~28	55~100
加里东中期石英闪长岩(δo_3^2)	Ⅱ	8 000~11 000	400~800	6.0~7.5	3~6	20~45
	Ⅲ	5 000~8 000	800~1 200	5.0~6.5	6~10	30~65
	Ⅳ	3 000~5 000	1 200~1 600	3.5~5.0	10~15	35~75
加里东中期花岗岩(γ_3^2)	Ⅱ	7 500~10 000	450~800	6.0~7.5	4~6	25~45
	Ⅲ	4 500~7 500	800~1 100	5.0~6.5	6~9	30~60
	Ⅳ	2 500~4 500	1 100~1 600	3.5~5.0	9~15	30~70

图5-1~图5-3为兰州水源地建设工程输水隧洞不同类别石英片岩地层典型洞段TBM掘进参数与掘进距离的统计关系。可以看出,在掘进过程中,TBM掘进参数中的刀盘推力、刀盘扭矩、场贯入度指数、掘进速度及刀盘贯入度等不停变化,其每秒的数据均有所差别。对于Ⅱ类围岩,其围岩均质性相对较好、掌子面平整光滑,掘进参数波动较小,随着围岩类别的降低,岩体均质性逐渐下降,出现软硬不均、节理裂隙随机发育的情况,因此掘进参数波动较为剧烈。掘进参数的剧烈波动意味着TBM设备的机械振动大,容易造成设备的故障率增加或降低设备的使用寿命。因此,对于软硬不均的破碎围岩,应降低

TBM 的推力和刀盘转速,尽量做到慢速平稳掘进,以降低刀盘及设备的振动。

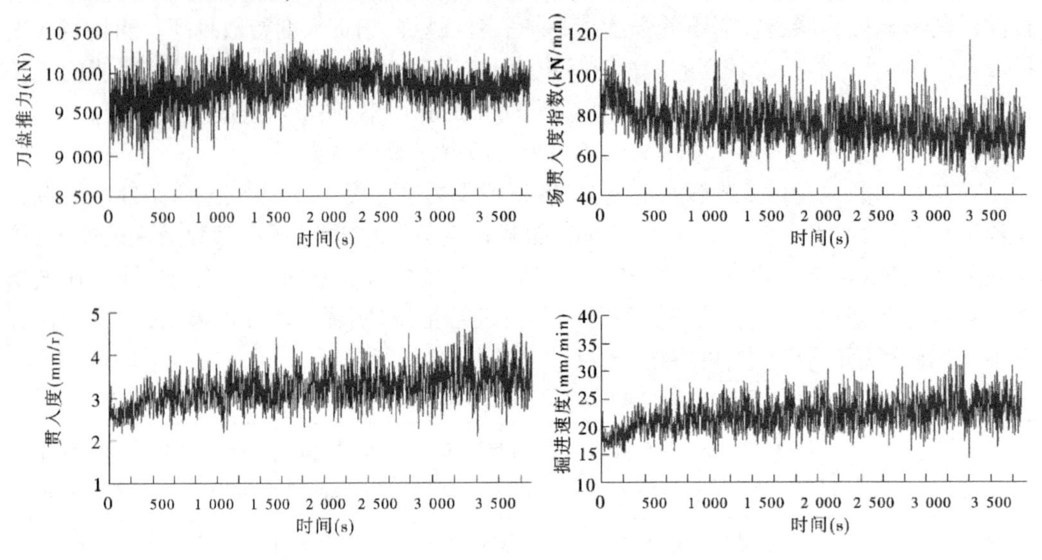

图 5-1　Ⅱ类石英闪长岩典型掘进参数

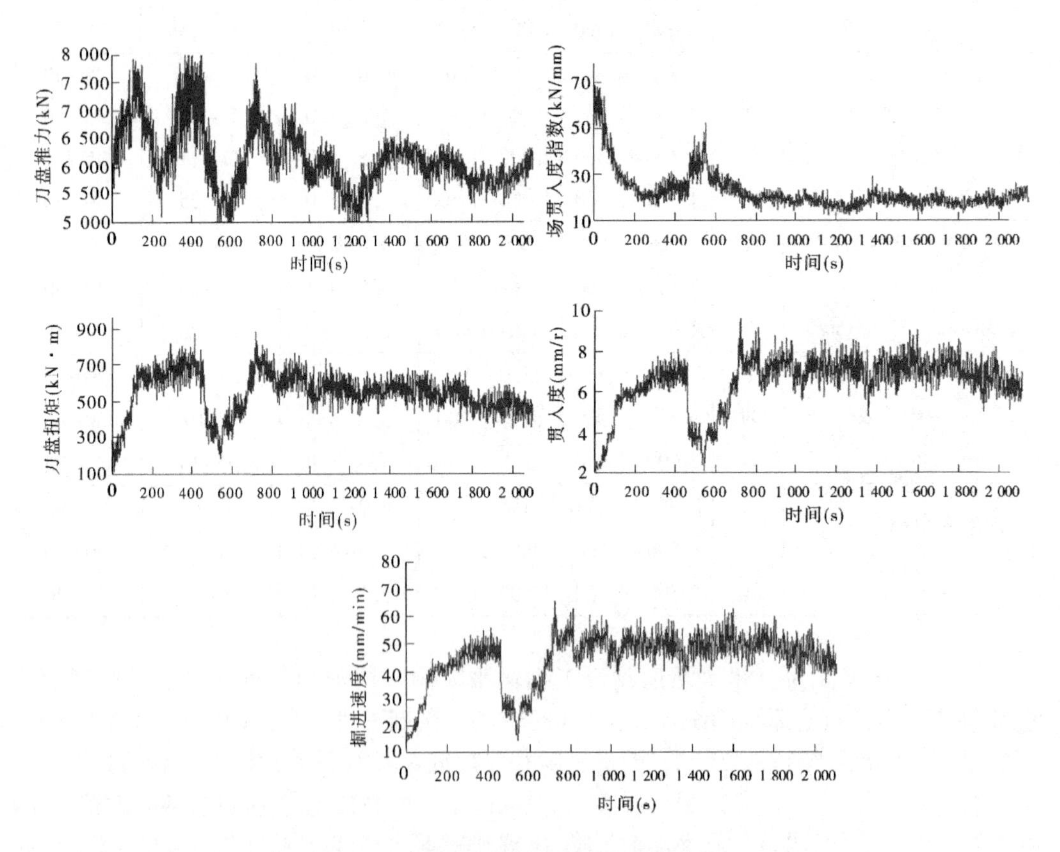

图 5-2　Ⅲ类石英闪长岩典型掘进参数

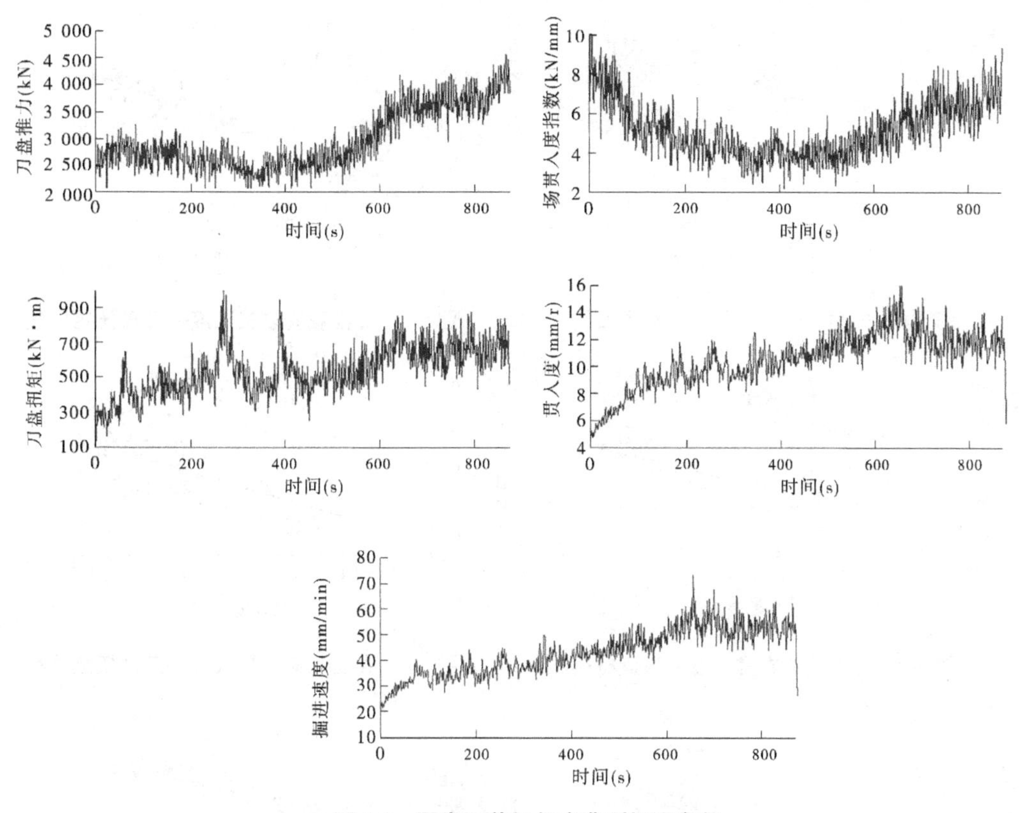

图5-3 Ⅳ类石英闪长岩典型掘进参数

5.4.1.2 不同地质条件下掘进参数相关性研究

TBM掘进过程中,可以根据现场采集的数据分析各掘进参数之间的关系。双护盾TBM掘进时,能独立控制的参数只有推力及刀盘转速,在相同的地质条件下,刀盘贯入度及刀盘扭矩是刀盘推力作用的结果,而掘进速度是刀盘推力和刀盘转速共同作用的结果。在掘进过程中,各参数在一定范围内波动,但波动范围不大。而在掘进初始段,固定刀盘转速后,刀盘推力逐渐增加,而贯入度、刀盘扭矩及掘进速度等随之变化,这相当于一种现场原位试验,采用此阶段的数据可以拟合各参数的关系。现选取不同类别花岗岩、石英片岩及石英闪长岩的掘进参数进行分析。图5-4~图5-21分别为不同围岩条件下贯入度—推力、贯入度—刀盘扭矩的关系曲线。

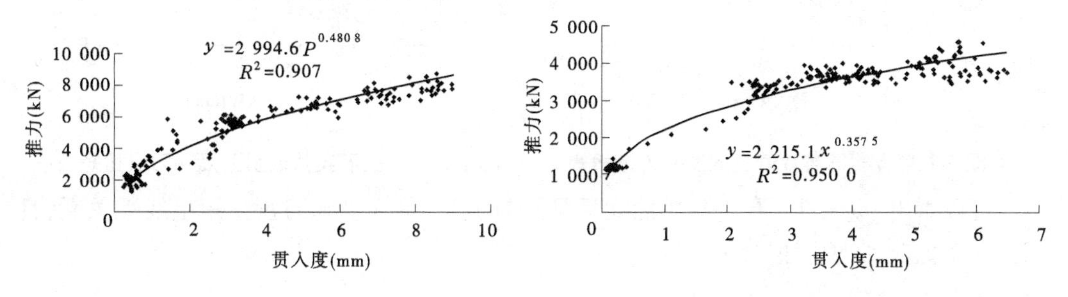

图5-4 Ⅱ类花岗岩贯入度—推力曲线

图5-5 Ⅲ类花岗岩贯入度—推力曲线

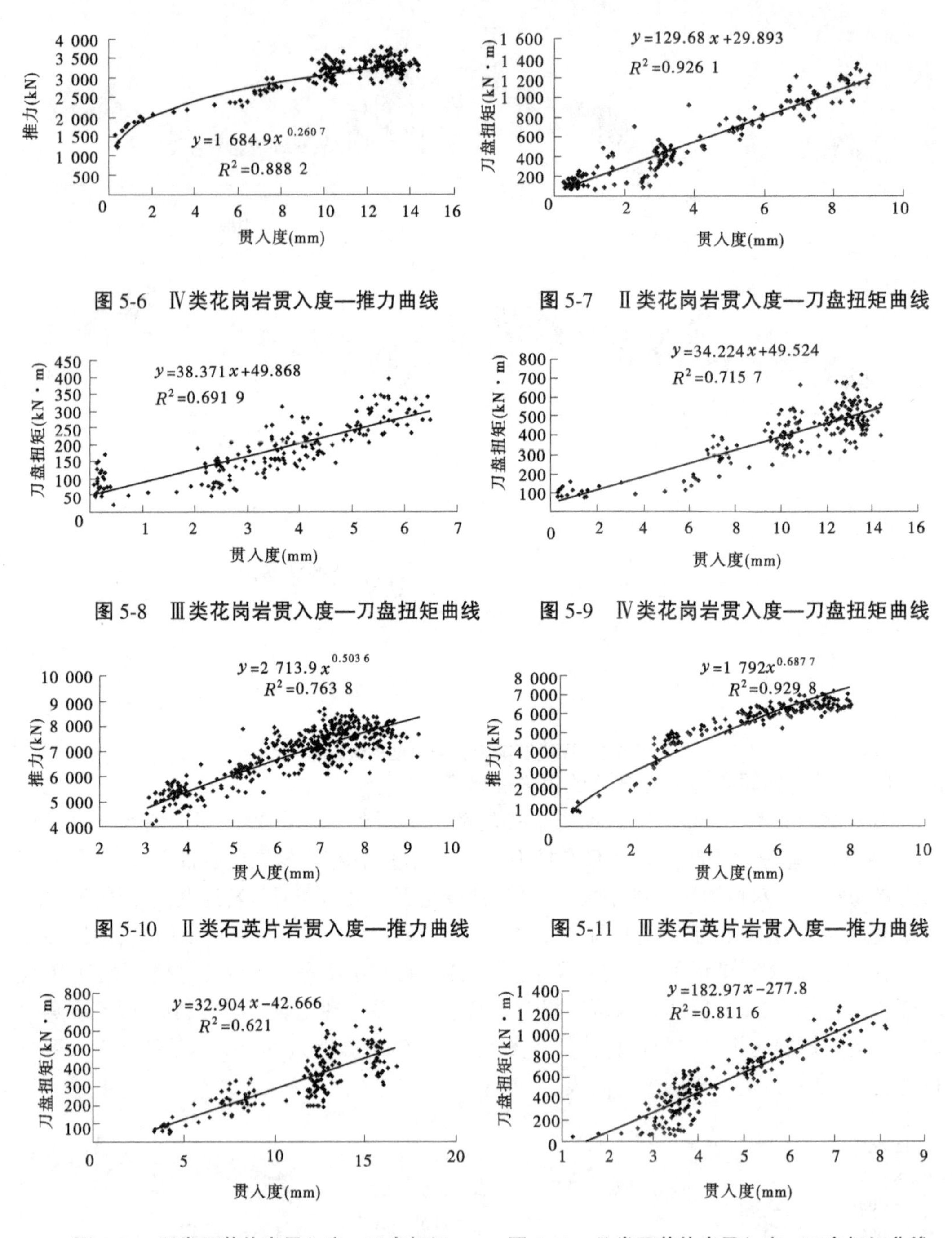

图 5-6　Ⅳ类花岗岩贯入度—推力曲线

图 5-7　Ⅱ类花岗岩贯入度—刀盘扭矩曲线

图 5-8　Ⅲ类花岗岩贯入度—刀盘扭矩曲线

图 5-9　Ⅳ类花岗岩贯入度—刀盘扭矩曲线

图 5-10　Ⅱ类石英片岩贯入度—推力曲线

图 5-11　Ⅲ类石英片岩贯入度—推力曲线

图 5-12　Ⅳ类石英片岩贯入度—刀盘扭矩

图 5-13　Ⅱ类石英片岩贯入度—刀盘扭矩曲线

可以看出，贯入度与掘进推力之间呈幂函数关系，贯入度与刀盘扭矩呈线性关系，且相关性系数较高，说明拟合关系较好。

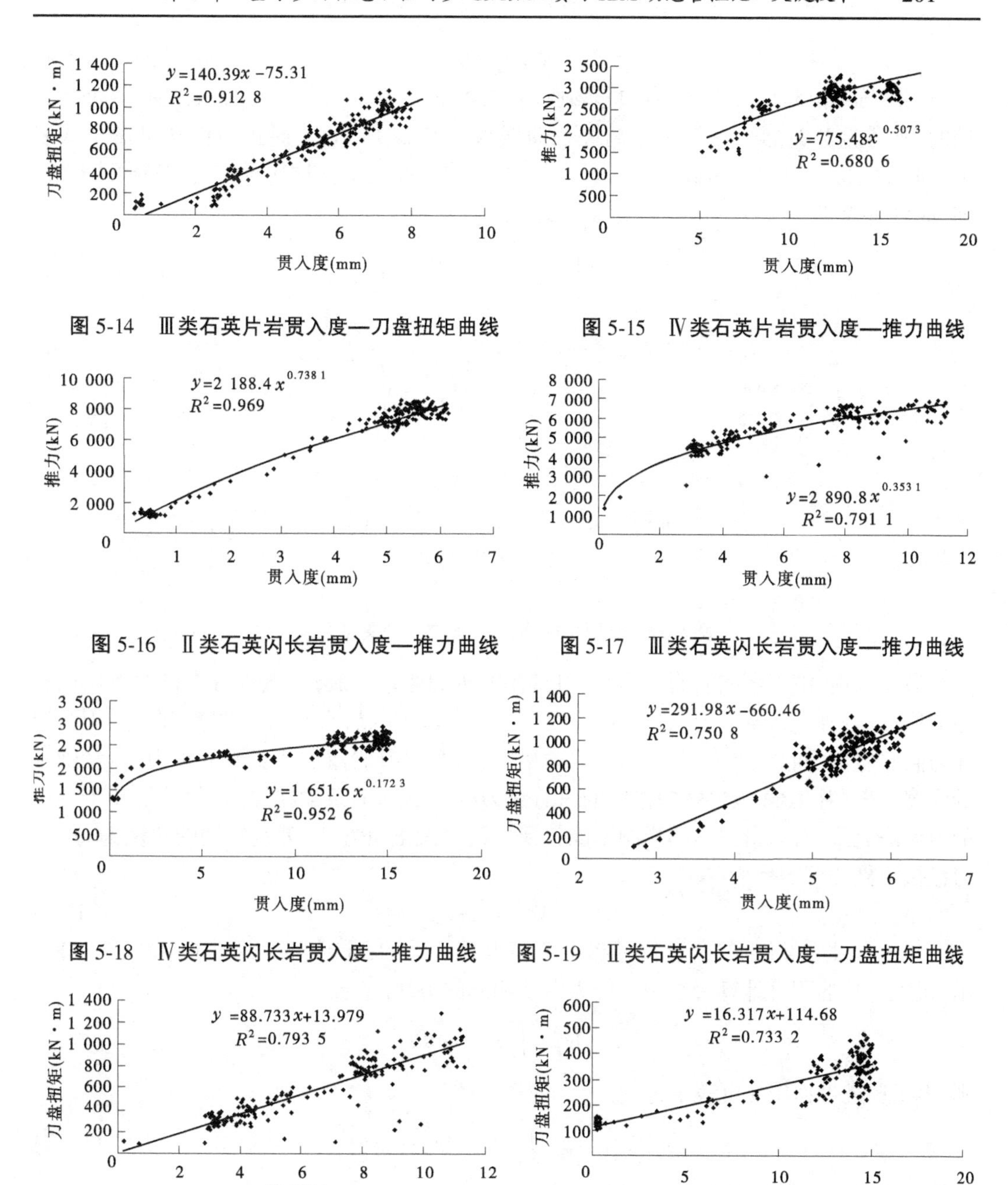

图 5-14　Ⅲ类石英片岩贯入度—刀盘扭矩曲线

图 5-15　Ⅳ类石英片岩贯入度—推力曲线

图 5-16　Ⅱ类石英闪长岩贯入度—推力曲线

图 5-17　Ⅲ类石英闪长岩贯入度—推力曲线

图 5-18　Ⅳ类石英闪长岩贯入度—推力曲线

图 5-19　Ⅱ类石英闪长岩贯入度—刀盘扭矩曲线

图 5-20　Ⅲ类石英闪长岩贯入度—刀盘扭矩曲线

图 5-21　Ⅳ类石英闪长岩贯入度—刀盘扭矩曲线

5.4.1.3　不同地质条件下掘进能耗研究

1. 能耗分析

TBM 掘进过程中,消耗的能量转化为设备做功,主要用在两方面,一方面是推进油缸推动主机前进,同时将滚刀贯入岩石,此时推力主要用来克服 TBM 护盾与围岩的摩擦阻力和滚刀贯入岩石的阻力,设推力为 F ,掘进距离为 L ,则推力所做的功可表示为

$$W_F = FL \tag{5-9}$$

实际掘进过程中，由于围岩的非均质性，推力 F 并不是固定不变的，而是有一定的波动的，典型的 TBM 推力—掘进距离关系曲线如图 5-22 所示，此时推力做功可用下式表示。但在实际计算时，很难求出推力与掘进距离的函数关系，但式(5-10)的积分可用坐标轴、推力曲线与 $x=L$ 所围的面积计算得出。

$$W_F = \int_0^L F(x)\,\mathrm{d}x \tag{5-10}$$

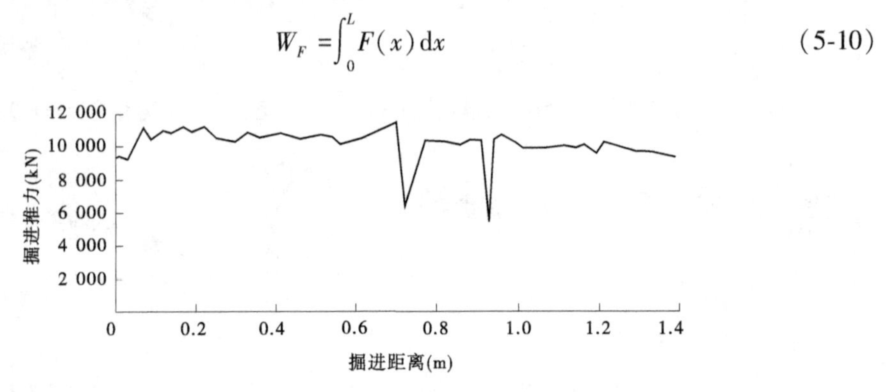

图 5-22 典型 TBM 推力—掘进距离关系曲线

另一方面，滚刀压入岩石的同时，刀盘在电机的驱动下旋转，电机对刀盘的作用以扭矩的形式体现出来，影响刀盘扭矩的主要因素有各滚刀与岩石面的滚动摩擦阻力、刀盘铲斗与洞底岩渣的摩擦阻力、各滚刀的启动扭矩、刀盘提升岩渣需要克服的重力、刀盘轴承的摩擦力等，对 TBM 破岩发挥作用的只有滚刀与岩石面的滚动摩擦力，但其他几个方面的力无法克服，对刀盘扭矩的影响不能忽视。设刀盘扭矩为 T，刀盘转动的角度为 ω，则刀盘扭矩做功可表示为

$$W_T = T\omega \tag{5-11}$$

与刀盘推力类似，刀盘运行过程中扭矩也是波动的，此时扭矩做功可用式(5-12)表示，扭矩做功的积分计算可采用与推力做功相同的方法进行。

$$W_T = \int_0^\omega T(\theta)\,\mathrm{d}\theta \tag{5-12}$$

则 TBM 掘进过程做功可表示为

$$W = W_F + W_T = \int_0^L F(x)\,\mathrm{d}x + \int_0^\omega T(\theta)\,\mathrm{d}\theta \tag{5-13}$$

根据功-能互等原因，则 TBM 掘进能耗可表示为

$$E = \int_0^L F(x)\,\mathrm{d}x + \int_0^\omega T(\theta)\,\mathrm{d}\theta \tag{5-14}$$

为便于数据的统计和分析，采用比能耗 E_s 的概念，定义比能耗为 TBM 掘进单位体积岩体所消耗的能量，设隧洞半径为 r，则

$$E_s = \frac{\int_0^L F(x)\,\mathrm{d}x + \int_0^\omega T(\theta)\,\mathrm{d}\theta}{\pi r^2 L} \tag{5-15}$$

TBM 掘进过程中,推力、扭矩、贯入度等参数可实时采集和存储以便于分析,根据采集的数据和式(5-15)即可计算出不同地质条件下 TBM 掘进能耗。

2. 掘进参数优化

每一种地层都有其最适合的掘进参数,但由于地质条件的复杂性、多变性,并不存在地质条件完全相同的隧洞,因此在进入不同的地层后,应通过 TBM 的实际掘进情况调整掘进参数,以使掘进效率最高,掘进能耗也是掘进效率的一个重要方面。

已有的研究表明,掘进能耗与 TBM 的刀间距参数、掘进参数及地质条件密切相关,TBM 刀盘制造完成后,其刀间距已经确定,后期基本无法改变。但在一定的地质条件下,可以通过调整掘进参数使得掘进能耗最低,即在设备性能、围岩稳定性允许的范围内,寻求最优的掘进参数,使得掘进能耗最低。根据宋克志等的研究成果,掘进推力、刀盘扭矩与贯入度存在明显的相关性,因此可以根据最低比能耗对掘进参数进行优化。设 TBM 掘进过程中的平均贯入度为 P,当掘进距离为 L 时,刀盘转动的圈数 $n = L/P$,根据实测数据拟合出推力—贯入度及刀盘扭矩—贯入度的扭合关系:

$$F = f_1(P), T = f_2(P) \tag{5-16}$$

并代入式(5-15)得

$$E_s = \frac{\int_0^{nP} f_1(P,x)\,dx + \int_0^{2\pi n} f_2(P,\theta)\,d\theta}{\pi r^2 nP} \tag{5-17}$$

将不同的贯入度值代入式(5-16)和式(5-17),绘制比能耗—贯入度关系曲线,即可得出最小比能耗对应的贯入度值,再根据式(5-16)求出 TBM 掘进推力和刀盘扭矩值。

3. 贯入度与掘进能耗相关性分析

根据不同围岩条件下的掘进参数关系曲线即可计算出不同贯入度条件下的掘进推力和刀盘扭矩。将贯入度、掘进推力和刀盘扭矩参数代入式(5-17),即可计算出不同掘进参数对应的比能耗,以花岗岩为例,计算结果如表 5-6 所示。可以看出,随时贯入度的增加,所需的推力及刀盘扭矩均增加,但比能耗随之下降,当贯入度大于 5 mm 时,比能耗下降幅度减小。根据 TBM 设备性能、围岩稳定性情况及掘进比能耗,可以选择合适的掘进参数,如Ⅱ类花岗岩,受 17 in 滚刀最大承载力不超过 250 kN 的限制,则推力应小于 37×250 kN=9 250 kN,因此其掘进贯入度应低于 10 mm;对于Ⅲ、Ⅳ类围岩,考虑扰动对围岩稳定性的影响,其贯入度应分别不大于 14 mm、16 mm。

地质条件对 TBM 掘进能耗影响较大,不同围岩条件下的贯入度—比能耗关系曲线如图 5-23~图 5-25 所示,图 5-26 为不同岩性的掘进比能耗对比。可以看出,在相同贯入度条件下,随着围岩类别的降低,比能耗随之下降,如在贯入度同为 6 mm 时,Ⅲ类花岗岩相对Ⅲ类石英闪长岩比能耗下降约 45%。但当岩性不同时,掘进比能耗差别较大,如当贯入度同为 5 mm 时,Ⅱ类石英片岩的比能耗为 47 818.6 kJ/m³,而Ⅱ类石英闪长岩的比能耗为 59 996.5 kJ/m³,这主要是因为石英闪长岩单轴抗压强度高于石英片岩,滚刀贯入岩石较为困难,需要较大的推力和刀盘扭矩,从而导致掘进比能耗较高。

事实上,TBM 掘进效率及比能耗受岩石的单轴抗压强度与岩体的完整性影响最大,随着围岩类别的降低，岩石的单轴抗压强度与岩体的完整性均有一定程度的降低，掘进比能耗亦随之降低。

表 5-6　花岗岩洞段不同掘进参数条件下比能耗

贯入度 (mm/r)	Ⅱ类花岗岩			Ⅲ类花岗岩			Ⅳ类花岗岩		
	推力 (kN)	扭矩 (kN · m)	比能耗 (kJ/m^3)	推力 (kN)	扭矩 (kN · m)	比能耗 (kJ/m^3)	推力 (kN)	扭矩 (kN · m)	比能耗 (kJ/m^3)
1	2 994.6	159.6	42 636.5	2 215.1	88.2	23 600.5	1 684.9	83.7	22 381.7
2	4 179.0	289.3	38 705.2	2 838.0	126.6	16 984.6	2 018.6	118.0	15 799.3
3	5 078.5	418.9	37 416.1	3 280.7	165.0	14 789.3	2 243.7	152.2	13 610.0
4	5 831.9	548.6	36 784.5	3 636.0	203.4	13 697.3	2 418.4	186.4	12 518.0
5	6 492.4	678.3	36 414.4	3 938.0	241.7	13 045.9	2 563.3	220.6	11 864.5
6	7 087.2	808.0	36 174.2	4 203.2	280.1	12 614.3	2 688.1	254.9	11 430.0
7	7 632.4	937.7	36 007.7	4 441.4	318.5	12 308.1	2 798.3	289.1	11 120.6
8	8 138.5	1 067.3	35 887.0	4 658.5	356.8	12 080.1	2 897.4	323.3	10 889.2
9	8 612.7	1 197.0	35 796.5	4 858.9	395.2	11 904.1	2 987.8	357.5	10 709.8
10	9 060.2	1 326.7	35 727.0	5 045.4	433.6	11 764.4	3 071.0	391.8	10 566.7
11	9 485.1	1 456.4	35 672.6	5 220.2	471.9	11 651.0	3 148.2	426.0	10 450.1
12	9 890.3	1 586.1	35 629.5	5 385.2	510.3	11 557.4	3 220.5	460.2	10 353.2
13				5 541.5	548.7	11 478.9	3 288.4	494.4	10 271.5
14				5 690.3	587.1	11 412.2	3 352.5	528.7	10 201.7
15				5 832.4	625.4	11 355.0	3 413.4	562.9	10 141.5
16				5 968.5	663.8	11 305.4	3 471.3	597.1	10 089.0
17				6 099.3	702.2	11 262.1	3 526.6	631.3	10 042.8
18				6 225.2	740.5	11 224.0	3 579.5	665.6	10 001.9

5.4.1.4　工程应用

当 TBM 进入不同的地层后，应根据掘进情况进行掘进参数优化，优化时考虑的主要因素有掘进比能耗、设备性能及围岩稳定性等。在兰州水源地建设工程输水隧洞的 TBM 掘进过程中，根据地质条件的变化，优化后的掘进参数见表 5-7。

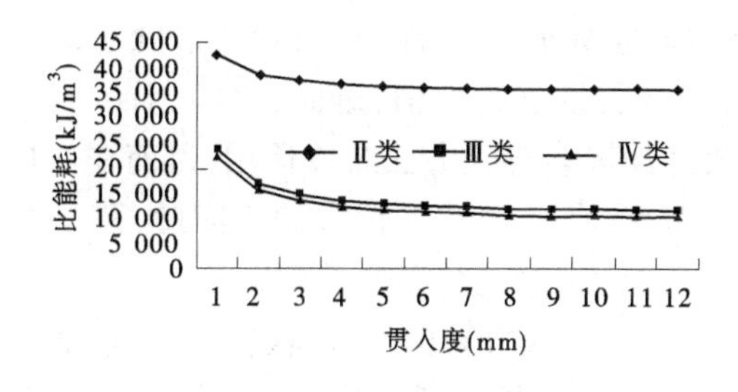

图 5-23 不同类别花岗岩贯入度—比能耗关系曲线

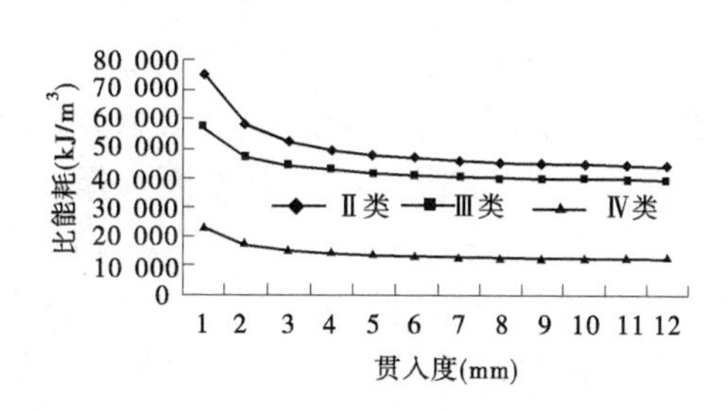

图 5-24 不同类别石英闪长岩贯入度—比能耗关系曲线

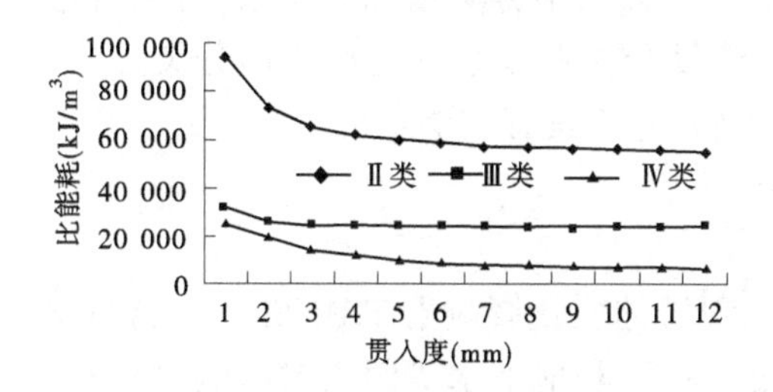

图 5-25 不同类别石英片岩贯入度—比能耗关系曲线

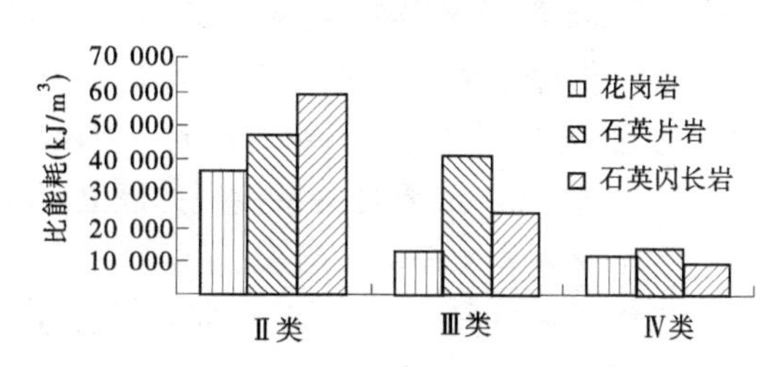

图 5-26 不同岩性的掘进比能耗对比

表 5-7 不同地质条件下 TBM 掘进参数优化

岩性	围岩类别	贯入度 P (mm)	掘进推力 F (kN)		刀盘扭矩 T (kN·m)	
花岗岩	Ⅱ	5	$F=2\ 994P^{0.480\ 8}$	9 060	$T=129.68P+29.893$	1 320
	Ⅲ	7	$F=2\ 215.1P^{0.357\ 5}$	5 690	$T=38.371P+49.868$	580
	Ⅳ	11	$F=1\ 684.9P^{0.260\ 7}$	3 470	$T=34.224P+49.524$	600
石英片岩	Ⅱ	5	$F=2\ 713.9P^{0.503\ 6}$	9 070	$T=182.97P-277.8$	1 800
	Ⅲ	8	$F=1\ 792P^{0.687\ 7}$	6 700	$T=70.39P+75.31$	1 130
	Ⅳ	12	$F=775.48P^{0.507\ 3}$	3 360	$T=32.904P-42.666$	820
石英闪长岩	Ⅱ	5	$F=2\ 188.4P^{0.738\ 1}$	9 200	$T=291.98P-660.46$	1 500
	Ⅲ	8	$F=2\ 890.8P^{0.353\ 1}$	6 520	$T=88.733P+13.979$	900
	Ⅳ	13	$F=1\ 651.6P^{0.172\ 3}$	1 660	$T=16.371P+114.68$	380

在设备的性能范围进行掘进参数优化后,既保证了围岩稳定性,又使掘进比能耗最低,达到了经济、快速掘进的目的。

5.4.2 基于岩-机-渣复合关系模型的动态响应技术研究

TBM 法隧洞的支护设计主要基于工程岩体分类体系和围岩松动压力理论,所以在 TBM 掘进过程中,需根据围岩的地质状况对其稳定性进行分析,并选择与之适应的支护形式。现有成熟的围岩分类方法,考虑的主要因素有岩石强度、岩体完整性、结构面性状及岩体赋存环境(地下水、地应力等),但是双护盾 TBM 施工过程中,围岩几乎处于封闭状态,无法对围岩进行详细编录,很难准确地对围岩质量进行评估,进而也难以对围岩的稳定性和支护形式做出准确的判断选择,现有成熟的围岩分类方法难以运用,目前在双护盾 TBM 施工过程中还没有形成较为成熟和统一的围岩稳定性评价方法。因此,双护盾 TBM 施工过程中围岩类别确定和支护类型的选择成为一个亟待解决的难题。

在 TBM 掘进过程中,可以得到的评价指标通常有片状岩渣含量、块状岩渣含量、渣料粒径范围、岩粉含量、节理状况、地下水情况、刀盘推力、电机消耗功率、推进油缸压力等。因此,有必要根据 TBM 破岩机制,研究 TBM 掘进时岩-机-渣复合关系模型,利用现有的掘进参数、渣料形态等数据,寻求其与现有成熟的分类方法中分类指标的关系,对围岩稳定性进行准确高效的评判,形成一套基于岩-机-渣复合关系模型的隧洞岩体分类方法,为衬砌管片类型的选择提供依据,对于 TBM 安全高效施工具有重要意义。

5.4.2.1　岩-机-渣复合关系模型的建立及评价

1. 岩-机-渣复合关系模型

TBM 掘进过程中,是一个岩机交互的过程,工程岩体质量影响着 TBM 机械性能的发挥,纯掘进速率一方面受到岩石强度、不连续面发育程度和地下水等因素的影响,另一方面受到主机推力、扭矩、贯入度、滚刀间距和刀盘转速等掘进参数的影响。同时,不同的设备配置和使用不同的掘进参数施工,如刀具的形状、刀具的直径与荷重、刀间距、推力和扭矩大小等,对破岩效率也有很大影响,岩渣形态也随之变化。而岩渣是 TBM 通过刀盘旋转,切割岩体形成的,从某种程度上可以反映出原岩的岩性、风化程度、坚硬性、完整性和结构面形态等。也就是说,岩石、TBM 和岩渣三者之间存在着紧密的关系。

1)岩-机关系

滚刀以一定的刀间距分布在刀盘上,掘进时刀盘在驱动装置的带动下匀速旋转,同时启动推进油缸使滚刀以一定的力作用在开挖面的岩面上。滚刀随刀盘的转动在岩石摩擦作用下在开挖面滚动,当滚刀作用在岩石上的压力大于岩石的强度时,岩石被破坏剥落。岩石在滚刀正应力破坏的同时,刀刃沿部分的岩石在应变时产生龟裂,刀盘进一步顶压,使得滚刀侵入岩层,从而在岩层表面部分产生张力,导致龟裂向更深、更远处进一步的增加,使相邻刀具作用轨迹之间的岩石剥落,从而实现 TBM 的开挖掘进。

众所周知,TBM 是利用岩石的抗拉强度和抗剪强度远低于其抗压强度这一特征而设计的。一般采用岩石的单轴抗压强度(R_c)来判断隧道围岩开挖的难易程度。理论上单轴抗压强度(R_c)在 5~350 MPa 的岩石都可采用 TBM 施工。在刀盘推力值一定的条件下,TBM 的掘进速度等于滚刀贯入度与刀盘转速的乘积,而滚刀的贯入度与岩石的单轴抗压强度(R_c)直接相关,一定范围内 R_c 值越低,TBM 的滚刀贯入度越高,其掘进速度也越高;反之 R_c 值越高,TBM 的滚刀贯入度越低,掘进速度就越低。岩石的单轴抗压强度与 TBM 掘进速度间的相关关系如图 5-27 所示。

岩体的结构面(节理、层理、片理、小断层等)发育程度,即岩体的裂隙化程度或岩体完整性与掘进效率有很大关系,是影响 TBM 工作的又一重要的地质因素。各表征岩体完整程度的指标,较普遍选用的有岩体完整性系数 K_V、岩体体积节理数 J_V、节理平均间距 P_d 等。

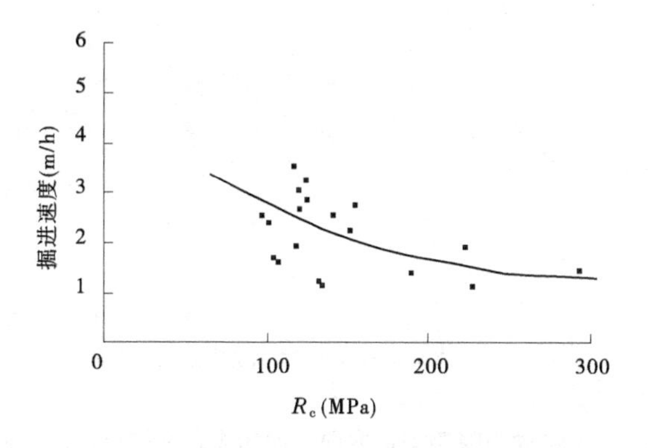

图5-27　单轴抗压强度随掘进速度的变化

岩石的单轴抗压强度、硬度、耐磨性相同或相近的岩体，结构面发育程度不同，TBM的净掘进速度会产生明显差异。岩体结构面越发育，密度越大，节理间距越小，岩体完整性系数越小，TBM掘进速度就越高。但当结构面极为发育，即节理密度极大，岩体完整性很小时，岩体已呈碎裂状或松散状，其整体强度很低，作为工程围岩已不具有自稳性，此时TBM掘进的速度非但不会提高，反而会因对不稳定围岩进行大量的加固处理而大大降低，因此岩体的结构面特别发育和极不发育时往往都不利于TBM掘进。图5-28为某铁路隧道岩体的完整性系数与TBM掘进速度之间的相关系数。

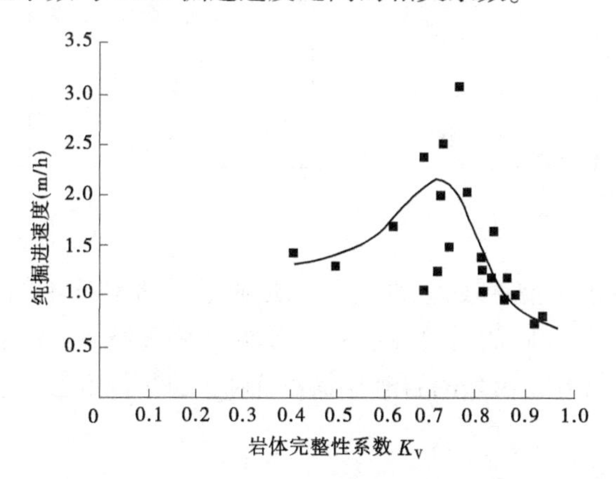

图5-28　岩体完整性系数随掘进速度的变化

由杨继华、邹飞等的研究分析成果可知，结构面走向与掘进方向的夹角及TBM的掘进速度也有较大的关系，当夹角为45°~55°时最有利于滚刀破岩，此时掘进效率较高；当夹角小于45°时，掘进效率随着夹角的增大而增大；当夹角大于55°时，掘进效率有随着夹角增大而减小的趋势。节理走向与隧洞掘进方向之间的夹角及掘进速度之间的相关关系如图5-29所示。

综上可知，除施工组织等人为因素外，地质条件是制约TBM掘进的重要因素，相应地，根据TBM掘进情况，可以反推出工程地质条件。

2）岩-渣关系

岩渣是岩层在刀具滚压作用下产生的块状或粒状的岩石，岩渣的状态是最能及时反

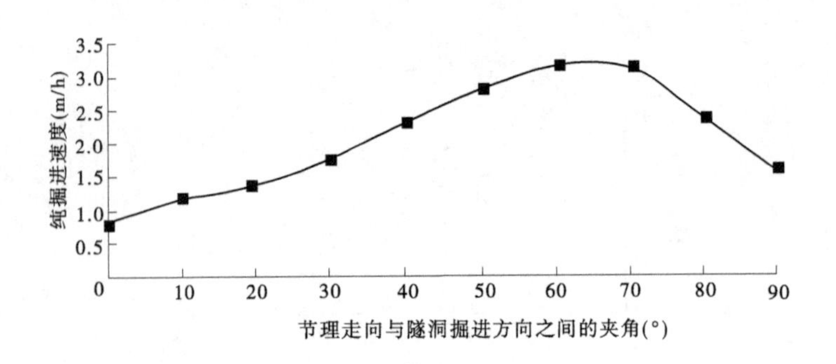

图 5-29　节理走向与隧洞掘进方向之间的夹角及掘进速度之间的关系

映地质状态变化的,岩渣的状态综合反映了 TBM 的机械性能和地质条件。

TBM 开挖的渣料一般由片状、块状和粉末状岩渣构成(见表 5-8)。通过对岩渣的观察,可以获得岩性、岩石强度、围岩构造、风化特征和地下水等情况。

表 5-8　TBM 开挖的围岩类型与岩渣特征统计

围岩类别	岩渣含量(%)		
	片状	块状	粉末状
Ⅱ	65	10	25
Ⅲ	40	30	30
Ⅳ	25	45	30
Ⅴ	10	50	40

(1)岩石强度。

TBM 对地质条件的适应性较差,对不同的地质条件将设计不同功能参数的掘进机。岩石的抗压强度是设计 TBM 的重要参数,岩石的抗压强度越高,在同等推力条件下,贯入度越低,推进速度越慢,开挖出来的岩渣片状物就越少,尺寸相应也会变小,粉末状和碎屑状岩渣就会增多。

(2)岩体的结构面。

在岩体完整均一的情况下,产生的岩渣有两种状态:一种是刀刃直接作用下破碎的粉状、砂状和粒状的岩石,其直径大多在 5 mm 以下;另一种是受刀具间接作用剪切拉伸破坏下的块状、片状的岩石。如果岩体节理发育或有大量原始裂缝,在滚刀作用下岩渣的状态会有很大的变化。围岩类型不同,各部分所占比例不同,岩块的粒径大小也不同。

当结合好时,可产生龟裂,同时层理面也破坏,岩石呈小块状,有很多尖利的棱角,仔细观察这些岩渣,能很容易地分辨出新的破裂面和原始的结合面。这种岩渣的直径一般在 20 cm 以下,但随层理、节理的发育程度不同也有一定的变化。秦岭隧道在穿过 F4 断层以后,节理十分发育,节理面的间隔在 70 ~100 mm,节理间的结合度很好,这样的地层开挖出的岩渣十分均匀,尺寸在 10~50 mm,粉碎物也很少,TBM 掘进的速度很快,最高达到 3.6 m/h。当层理和节理的结合度降低时,很大体积的块状岩石随着刀盘的转动而滚动,出来的岩渣大小完全受原始破裂面的状态所控制。在秦岭隧道,岩渣的粒径最大达到了100 cm,这对刀具、刀盘和出渣运输系统造成了极大的危害。

(3)岩性。

岩渣的片状物和粉碎物的含量、块度的大小受岩石的强度、韧性、硬度、石英含量等因素影响,例如质地坚硬、细密的岩石,强度越大剥落的岩片越薄。对正在风化的岩石,岩渣中细粒(粉碎物)成分增多,剥离的岩片减少。

由TBM的破岩机制可知,裂纹从滚刀侧边缘扩展交汇,滚刀法向推力是主要的控制因素。软岩相对硬岩强度低,当滚刀切入时,其岩渣长度总体较小,但岩渣长度的变异系数小于硬岩岩渣的变异系数,即分布更均匀。岩渣宽度 d 则主要与刀间距有关,一般不会大于刀间距,软岩的自然破碎角一般较硬岩小,因此软岩的岩渣宽度相对硬岩的大一些。而岩渣厚度则是滚刀切深达到一定程度时,一般每转的切深不足以从岩体上剥落岩渣,需经过滚刀的多次滚压,贯入度均小于岩渣的厚度,软岩的岩渣厚度普遍小于硬岩的,岩性与岩渣之间的关系见表5-9。

表5-9 岩性与岩渣之间的关系

围岩状况	沉积岩	火成岩和变质岩
硬岩	滚压产生的小岩块较多,带有原始龟裂面的岩片也较多。粉碎状岩渣占1/3,出渣量较规则稳定	滚压产生的扁平状岩片占1/3~1/2,时而可见长形刀状岩片,其他薄小岩片及粒—粉状石渣基本上不超过10 cm,出渣量基本稳定
中硬岩—软岩	带有原始龟裂面的角状石渣增多,2~3 cm片状石渣明显增多	扁平状岩片减少,带有龟裂面的大的块状岩片及数厘米左右的岩片增多,另外粒—粉状岩渣增多
软岩—不良地质	由于围岩龟裂,数厘米的岩片与土砂化石渣混在一起。根据围岩状况的不同,有时还会出现很多20 cm以上的块状岩片,石渣多呈湿润状,出渣量变化幅度较大	根据不同的围岩状况,有时石渣呈土砂状,有时以方块状为主并含有部分土砂状石渣。常会出现30 cm以上的大块,由于围岩塌落,石渣大量聚集,出渣量增大。但在黏土围岩中,附着在刀盘和渣斗上,出渣量反而会减小

3)机-渣关系

不同破岩方法得到的岩渣分布规律具有相似性,经过大量的数据统计表明,岩渣粒径分布基本服从Rosin-Rammler分布函数,也有很多学者认为更符合Gandin-Schuhmann分布函数、对数分布函数。

进行粒径分析时常采用的方法有两种:一种是累计概率表示方法,即对于某一尺寸的筛子而言,用通过的质量与总质量的百分比来表示粒径分布,该方法简单易行,可以有效地从整体上表示出粒径分布的趋势;另一种是把测得的数据与理论分布函数或模型进行比较,看其是否满足分布函数或模型的条件。

(1)刀具的形状。

刀具按照形状主要可以分为平头形和楔形刀具,不同的刀具具有不同的特征。平头形刀具从新品到报废刀刃可保持一定的宽度,能用于多数岩石;楔形刀具适用于龟裂的硬岩,使用初期切入性很好,但磨损较快。平头形刀具相对于楔形刀具在前期粉碎体要多一些,当磨损后,由于楔形刀刀刃的接触面增大,产生的压强下降,粉碎体会增多。楔形刀具由于与岩石接触面比较大,作用在岩石上的压强不高,产生龟裂破坏的能力有限,片状岩石的厚度不是很大。

(2)刀具的直径与荷重。

对于较大直径的TBM,现场一般选用17 in和19 in的刀具,刀具直径大,所能承受的荷重也大,贯入度(刀具深入岩体的厚度)也大,开挖产生的块状物尺寸也较大。但大直径的刀具维修更换起来也更困难。

(3)刀间距。

刀盘刀间距(径向)的选择要充分考虑岩石的物理力学性质、刀盘直径、刀具尺寸以及TBM的设计参数等很多方面,合理的设计能大大提高开挖效率。严格地说,根据岩石性质的不同应有不同的刀间距与之相适应,但实际施工中这一点是不可能做到的。通常情况下不同尺寸的刀具有其标准的刀间距,17 in刀具的刀间距为80~90 mm。

(4)掘进参数。

盘形滚刀切割岩石属于剥离型破岩,切割所形成的岩渣大部分颗粒较粗,能形成较大的岩石碎片。但是,岩渣粒径分布也与岩石的类型有关,而且在每一类岩石范围内,粒径分布也因刀盘推力不同而异。

结果表明,不同推力泥岩岩渣实测粒径分布与理论分布如图5-30所示。从总体来看,粒径分布在3~55 mm范围内的累计概率基本上为15%~90%。对比实测平均值曲线可知,当刀盘推力较小(4 000 kN)时,相对而言,粒径分布偏细;当推力增大(5 000 kN)时,粗颗粒逐渐增多;而当推力继续增大(6 000 kN)时,粒径分布又向细颗粒增多方向发展。这是因为,推力较小时,达不到有效切深,存在刀刃与岩石研磨的成分,形成的颗粒偏细;而推力提高时,切深过大,滚刀会对泥岩产生过度破碎,因而也导致细颗粒偏多,这两种情况的比能均较高。

4)岩-机-渣复合关系

由前述三节分析不难得出,TBM掘进参数、岩体的地质力学特性和渣料形态间有很强的相关性。在厄瓜多尔CCS水电站输水隧洞的2台双护盾TBM和兰州水源地建设工程项目的2台双护盾TBM施工过程中,对TBM设备参数、掘进参数、地质条件和渣料形态进行了整理分析,归纳总结了三者之间的复合关系,结合国内外学者已有的研究成果,建立了岩体单轴抗压强度、完整性系数的经验公式,并对其进行误差分析。

TBM掘进参数主要有7个:刀盘推力F、扭矩T、转速RPM、贯入度P 4个基本参数,以及实际掘进速度ROP、贯入度指数FPI、掘进比能SE 3个综合参数。

参数实际掘进速度ROP、贯入度指数FPI、掘进比能SE可由下式分别计算得到:

$$ROP(PR) = RPM \times P \tag{5-18}$$

$$FPI = \frac{F}{NP} \tag{5-19}$$

$$SE = \frac{E}{V} = \frac{4\left(F + \dfrac{2\pi RPM}{ROP}\right)}{\pi D^2} \tag{5-20}$$

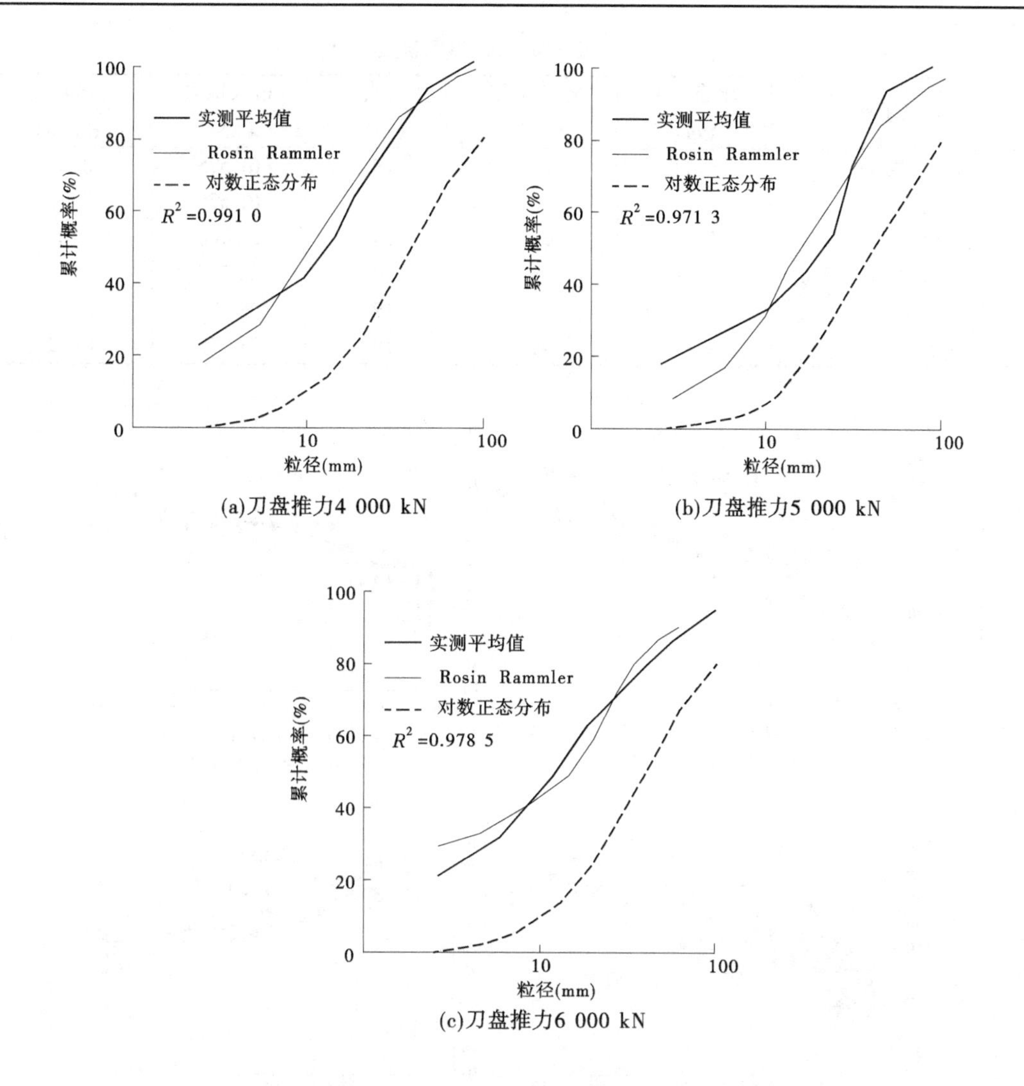

图 5-30　某工程不同刀盘推力下岩渣实测粒径分布与理论分布(据孙金山数据)

式中:*RPM* 为转速,r/min;*P* 为贯入度,mm/r;*F* 为刀盘推力,kN;*N* 为滚刀数量,把;*D* 为刀盘直径,m;*ROP*(*PR*)为实际掘进速度,mm/min;*FPI* 为贯入度指数,kN/(cutter · mm · r);*SE* 为切削单位体积岩石所消耗的能量,MJ/m^3。

2. 单轴抗压强度经验公式的建立及误差分析

经过前述三节对岩体、TBM 和渣料形态关系的两两分析,为快速简易地获得现场岩石的单轴抗压强度值,本书选取了与岩石单轴抗压强度有关的一系列指标,主要包括 TBM 掘进参数(推力、扭矩、贯入度指数、掘进比能)、渣料形态(块径长 a、宽 b、高 c,片状含量 w)等 8 个指标。通过多方调研,选择 6 个 TBM 法隧洞工程的实测数据进行分析,见表 5-10。

将岩石的单轴抗压强度作为因变量,其余各因素作为回归变量,首先进行单因素回归计算,相关性计算结果如图 5-31 所示。

表 5-10　工程实例及 TBM 参数概况

隧洞工程	开挖直径（m）	滚刀数目（个）	滚刀直径（in）	最大推力（kN）	刀盘转速（r/min）
CCS 工程 TBM1	9.11	53	19	61 575	0~6
CCS 工程 TBM2	9.11	53	19	61 575	0~6
兰州水源地工程 TBM1	5.48	37	19	22 160	0~10.3
兰州水源地工程 TBM2	5.49	36	19	23 760	2~7
新疆某工程	5.83	41	19	28 275	4~12
新疆某工程	5.83	41	19	28 275	4~12

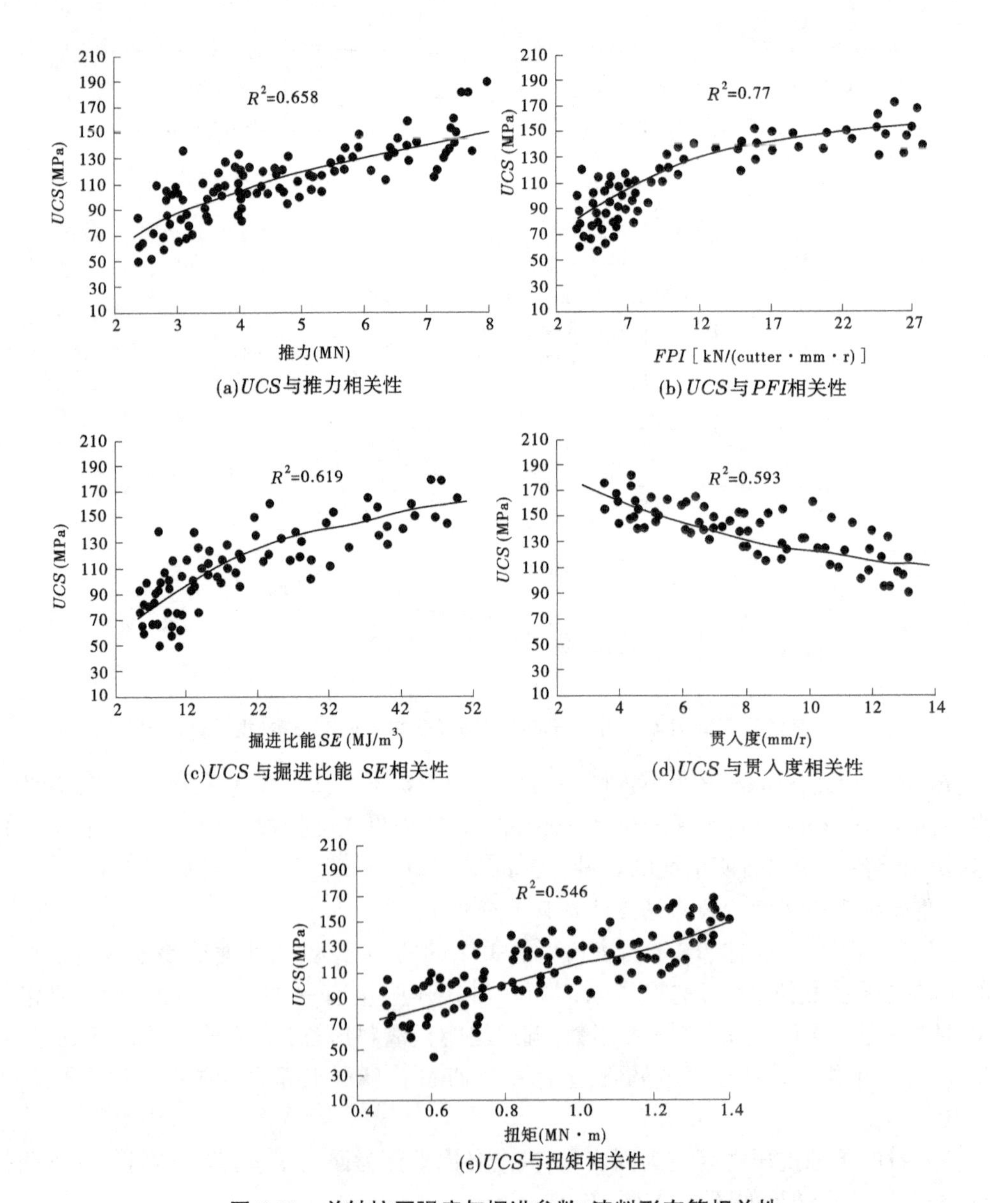

图 5-31　单轴抗压强度与掘进参数、渣料形态等相关性

对实际掘进参数、渣料形态和围岩强度回归统计,见表5-11,从其回归系数R^2排序,可知贯入度指数 > 推力 > 掘进比能 > 扭矩 > 贯入度,*FPI*与单轴抗压强度的相关性最好。

表5-11 岩石单轴抗压强度与各相关参数单因素回归关系

回归变量	关系	相关性系数
FPI	$R_c=52.8\ln FPI+82.1$	0.77
F	$R_c=38\frac{\sqrt{F}}{n}+12.1$	0.658
SE	$R_c=34\ln SE+53$	0.619
P	$R_c=-38P+178$	0.593
M	$R_c=38\lg M+78$	0.546
w	$R_c=a\times(b+c)\times w^{-1.43}$	0.716

以上经验公式均有其一定的适用范围,经过误差分析各式在各自的适用范围内均可达到工程使用的程度,但是在工程实际中,条件往往比较复杂,多因素综合作用,因此在上述各经验公式的基础上,再采用最小二乘法对岩石单轴抗压强度进行多元线性回归,则可以得到以TBM掘进参数、设备参数和渣料形态为回归变量的估算公式:

$$R_c=0.8\times w\times\frac{b+c}{a}\times\left[\frac{F}{n(4.82d-1.9)P}+\frac{M}{n(2.34-0.09D)(4.82d-1.9)P^{1.414}}\right] \tag{5-21}$$

式中:R_c为岩体强度,MPa;n为滚刀数量;d为滚刀直径,m。

对所得的经验公式使用下式进行误差分析:

$$E=\left|\frac{R_c-R'_c}{R'_c}\right|\times100\% \tag{5-22}$$

式中:R'_c为岩石的单轴抗压强度实测值,MPa。

对所选取的6个TBM施工过程中的试验数据进行误差分析,实际单轴抗压强度(经过点荷载试验与单轴抗压强度换算取得)与拟合的单轴抗压强度相比,最大误差为11 MPa,误差范围在0.08%~5.71%,平均差值为2.14%,可满足对后续工程岩体质量分类所需。

3. 岩体完整性系数

TBM滚刀将岩体挤压破碎时,破裂面往往优先沿着岩体节理面、层理面等软弱结构面而形成,由片状或块状岩渣、岩粉及构造充填物等构成。通过观察渣料岩性组成、风化程度等成岩状况可以获知原岩岩性、岩体结构和风化特征等信息,通过观察渣料组成特征可大体了解岩体的结构特征,也可以通过分析不连续面的岩渣情况大致判断出不连续面的张开程度和组数等信息。尤其在双护盾TBM施工过程中,这种方法是最便捷的和最具可行性的。

当然,岩体的渣料形态在反映岩体状况的同时,还与TBM设备、TBM掘进参数息息相关,根据前文中提到的6台TBM施工过程中获得的现场数据进行分析,寻求可以获得岩体完整性系数的方法。

一般对于 TBM 来说,设备参数是固定的,无法随着围岩的变化而进行调整,因此可不考虑设备参数的差异。选取贯入度、片状岩渣含量、块状岩渣含量、粉末状岩渣含量、岩渣长度、岩渣宽度、岩渣厚度等 7 个指标。由于岩体完整性系数与各影响因素间没有明显的函数关系,但各因素间又相互影响,因此对评价指标进行取舍后引入模糊数学法建立以贯入度、片状岩渣含量、块状岩渣含量、岩渣长度、岩渣宽度为评价指标,以岩体的完整性系数为待评价物元,建立多指标评价模型。

根据所选取的单因素评价指标,并结合《工程岩体分级标准》(GB/T 50218—2014),把岩体完整性系数分为 5 级,分别为完整、较完整、较破碎、破碎和极破碎,对应于数字Ⅰ、Ⅱ、Ⅲ、Ⅳ及Ⅴ级,各个评价指标在岩体完整性分类之间的取值见表 5-12。

表 5-12 单因素指标岩体完整性系数分类

完整性系数	掘进速度 (mm/min)	片状岩渣含量 (%)	块状岩渣含量 (%)	岩渣长度 (m)	岩渣宽度 (m)
完整(Ⅰ)	20~30	>65	<10	(0.2~0.3)d	0~0.12d
较完整(Ⅱ)	25~40	40~65	10~30	(0.25~0.35)d	0.1~0.15d
较破碎(Ⅲ)	40~60	25~40	30~45	(0.35~0.5)d	0.15~0.2d
破碎(Ⅳ)	55~80	10~25	45~50	(0.5~0.6)d	0.25~0.4d
极破碎(Ⅴ)	5~15	0~10	>50	(0~0.15)d	<0.12d

为消除各指标量纲的影响,根据下式对各指标进行无量纲化处理。根据 TBM 隧洞施工特点及无量纲化可操作性,本课题选择线性无量纲方法。

(1)对于指标值越小越好的指标:

$$y=\begin{cases}1 & x\leqslant x_{\min}\\ \dfrac{x_{\max}-x}{x_{\max}-x_{\min}} & x_{\min}<x<x_{\max}\\ 0 & x\geqslant x_{\max}\end{cases} \tag{5-23}$$

(2)对于指标值越大越好的指标:

$$y=\begin{cases}1 & x\geqslant x_{\max}\\ \dfrac{x-x_{\min}}{x_{\max}-x_{\min}} & x_{\min}<x<x_{\max}\\ 0 & x\leqslant x_{\min}\end{cases} \tag{5-24}$$

式中:y 为指标的评价值;x 为指标的实际值;$x_{\max}$ 为指标的最大值;$x_{\min}$ 为指标的最小值。

无量纲化后的单因素指标岩体完整性系数分类见表 5-13。

表5-13 单因素指标岩体完整性系数分类(无量纲化值)

完整性系数	掘进速度	片状岩渣含量	块状岩渣含量	岩渣长度	岩渣宽度
完整(Ⅰ)	0.79~1.00	0.63~1.00	0.91~1.00	0.90~1.00	0.99~1.00
较完整(Ⅱ)	0.46~0.79	0.50~0.63	0.73~0.91	0.70~0.90	0.93~0.99
较破碎(Ⅲ)	0.15~0.46	0.38~0.50	0.55~0.73	0.50~0.70	0.83~0.93
破碎(Ⅳ)	0.08~0.15	0.25~0.38	0.36~0.55	0.30~0.50	0.17~0.83
极破碎(Ⅴ)	0~0.08	0~0.25	0~0.36	0~0.30	0~0.17

各个单因素评价指标对应的岩体完整性的量值经典域如下：

(1)岩体完整(Ⅰ)：

$$R_{01}=\begin{bmatrix} N_{01} & C_1 & (0.79,\ 1.00) \\ & C_2 & (0.63,\ 1.00) \\ & C_3 & (0.91,\ 1.00) \\ & C_4 & (0.90,\ 1.00) \\ & C_5 & (0.99,\ 1.00) \end{bmatrix}$$

(2)岩体较完整(Ⅱ)：

$$R_{02}=\begin{bmatrix} N_{02} & C_1 & (0.46,\ 0.79) \\ & C_2 & (0.50,\ 0.63) \\ & C_3 & (0.73,\ 0.91) \\ & C_4 & (0.70,\ 0.90) \\ & C_5 & (0.93,\ 0.99) \end{bmatrix}$$

(3)岩体较破碎(Ⅲ)：

$$R_{03}=\begin{bmatrix} N_{03} & C_1 & (0.15,\ 0.46) \\ & C_2 & (0.38,\ 0.50) \\ & C_3 & (0.55,\ 0.73) \\ & C_4 & (0.50,\ 0.70) \\ & C_5 & (0.83,\ 0.93) \end{bmatrix}$$

(4)岩体破碎(Ⅳ)：

$$R_{04}=\begin{bmatrix} N_{04} & C_1 & (0.08,\ 0.15) \\ & C_2 & (0.25,\ 0.38) \\ & C_3 & (0.36,\ 0.55) \\ & C_4 & (0.30,\ 0.50) \\ & C_5 & (0.17,\ 0.83) \end{bmatrix}$$

(5)岩体极破碎(Ⅴ)：

$$R_{05}=\begin{bmatrix} N_{05} & C_1 & (0,\ 0.08) \\ & C_2 & (0,\ 0.25) \\ & C_3 & (0,\ 0.36) \\ & C_4 & (0,\ 0.30) \\ & C_5 & (0,\ 0.17) \end{bmatrix}$$

节域由岩体完整性影响因素各指标的取值范围值确定,是岩体完整性分类的全体,一般用各单因素评价指标无量纲化的取值范围表示:

$$R_P=\begin{bmatrix} P & C_1 & (0,\ 1.00) \\ & C_2 & (0,\ 1.00) \\ & C_3 & (0,\ 1.00) \\ & C_4 & (0,\ 1.00) \\ & C_5 & (0,\ 1.00) \end{bmatrix}$$

将收集的第 i 段隧洞围岩的各评价指标因素用物元表示,得到待评物元 R_{i0}:

$$R_{i0}=(N_{i0},C_i,V_i)=\begin{bmatrix} N_{i0} & C_1 & V_{i1} \\ & C_2 & V_{i2} \\ & \vdots & \vdots \\ & C_n & V_{in} \end{bmatrix} \quad (i=1,2,\cdots,m) \tag{5-25}$$

采用层次分析法确定影响围岩完整性系数的各地质因素的权重值。引入1~3比例标度方法构造出判断矩阵,用求解判断矩阵最大特征根及其特征向量的方法得到各因素的相对权重,见表5-14;最终通过计算最底层(方案层)相对于最高层(总目标)的相对重要性次序的组合权值,作为评价和选择方案的依据。

表5-14 比较矩阵

影响因素	p_1	p_2	p_3	p_4	p_5
p_1	1	1/2	1/3	1	2
p_2	2	1	1	1/2	1
p_3	3	1	1	1/3	1
p_4	1	2	3	1	2
p_5	1/2	1	1	1/2	1

经过计算,判断矩阵 M 的最大特征根为 $\lambda_{\max}=5.21$,其对应的特征向量(归一化后)为

$$W=(0.42,\ 0.17,\ 0.29,\ 0.06,\ 0.06)$$

此向量就是各评价指标的重要性排序,即各评价因素的权重系数。

采用层次分析法对评价指标两两比较得到的判断矩阵必须通过一致性检验,当对排序结果一致性不满意时,往往会得出错误的结论,此时需要调整判断矩阵的元素值,重新

分配权重进行重要性排序。一致性检验采用式(5-26)、式(5-27)进行。

$$CR = \frac{CI}{RI} \tag{5-26}$$

当 $CR < 0.1$ 时,该判断矩阵满足一致性。

$$CI = \frac{\lambda_{max} - n}{n - 1} \tag{5-27}$$

式中:CI 为判断矩阵偏离一致性的指标;n 为判断矩阵的行数或列数。

通过计算,$CR = 0.047 < 0.10$,因此判断矩阵 M 具有满意的一致性,其最大特征值 λ_{max} 对应的特征向量 W 可以作为影响 TBM 掘进效率的各指标的权重系数。

5.4.2.2 基于岩-机-渣关系模型的双护盾 TBM 施工隧洞快速围岩响应分析方法

1. 现场指标快速获取

1) 掘进参数

在 TBM 掘进过程中,利用多个传感器通过电缆与电脑连接,对掘进参数进行自动记录,记录可以分为两种形式:一是以距离为单位,通常是以油缸行程来计量;二是以时间为单位,时间间隔多设置为 1 min。TBM 电脑记录的参数非常多,通过数据查询,选择推力、扭矩、贯入度、掘进速度等,并导出到 Excel。

2) 渣料形态

为实现对渣料的定量分析,对 TBM 渣料进行现场观察、照片拍摄、颗粒分析尺寸量测等试验。方法如下:

(1) 每掘进 50 cm,从中任意取 20 kg 左右岩渣筛分。设计筛孔直径为 5 mm。

(2) 将待分析的渣料倒进 5 mm 筛,摇动全部分析筛,直至筛内不再存留下一级筛的颗粒,小于 5 mm 的岩渣被认为为粉末状岩渣。

(3) 对于大于 5 mm 的岩渣,再随机抽取一部分,量测渣料的长、宽、高,分别记录,以长高比 3 为界,分出片状岩渣和块状岩渣。

(4) 称量片状、块状和粉末状渣料的质量,并计算各类占总质量的百分数。

(5) 进行数理统计分析,得出含量最多的岩渣长、宽、高。

3) 地下水

洞内渗水或流水通过洞底集中渗流排出,因此在距离掌子面附近钢轨以下 3 个断面进行流速测定,根据流速再将断面数据输入即可实现流量测量,或用量水堰法进行量测计算。

量水堰的种类按出口的形状有矩形堰、三角形堰、梯形堰等,流量测验范围 0.000 1~1.0 m^3/s,常用的是三角形堰。

4) 地应力

地应力主要根据岩体初始地应力实测成果,可采用水压致裂法、应力解除法进行测试。如果隧洞埋深较大,不具备钻孔测试,可对该地区一定深度进行地应力测试,然后依据地区地质构造运动影响,对隧洞埋深处原岩应力进行推算。

受条件限制,未能在现场实测岩体初始应力,可类比其他工程,或根据《工程岩体分级标准》(GB/T 50218—2014)附录 C 中所述方法,根据地形地貌、工程埋深和地质构造运动史、主要构造线和开挖过程中出现的特殊地质现象，对初始应力场做出评估。

2. 隧洞围岩分类

将现场采集的数据，首先要进行“基于‘岩-机-渣’复合关系模型对数据的处理”，根据 TBM 掘进参数和渣料形态方面的数据，利用回归公式对岩体的单轴抗压强度进行估算，然后利用模糊数学的手段求取出该处岩体的完整性系数，最后根据《工程岩体分级标准》(GB/T 50218—2014)中对围岩的详细分类，对工程岩体基本质量指标进行计算：

$$BQ = 100 + 3R_c + 250K_V \tag{5-28}$$

当 $R_c>90K_V+30$ 时，应以 $R_c=90K_V+30$ 和 K_V 代入计算 BQ 值；当 $K_V>0.04R_c+0.4$ 时，应以 $K_V=0.04R_c+0.4$ 和 R_c 代入计算 BQ 值。

对工程岩体进行详细定级时，应在岩体基本质量分类的基础上根据地下水状态、初始应力状态、工程轴线的方位与主要结构面产状的组合关系等修整因素，确定围岩的岩体质量指标。

$$[BQ] = BQ - 100(K_1 + K_2 + K_3) \tag{5-29}$$

式中：BQ 为仅考虑岩体坚硬性和完整性的岩体基本质量指标；$[BQ]$ 为根据地下水、地应力和结构面方向修正后的岩体质量指标；K_1 为地下水影响修正系数，可根据地下水发育程度按照表 5-15 确定。

表 5-15　地下工程地下水影响修正系数 K_1

地下水出水状态	BQ				
	>550	550~451	450~351	350~251	≤250
$Q\leq25$	0	0	0~0.1	0.2~0.3	0.4~0.6
$25<Q\leq125$	0~0.1	0.1~0.2	0.2~0.3	0.4~0.6	0.7~0.9
$Q>125$	0.1~0.2	0.2~0.3	0.4~0.6	0.7~0.9	1

注：表中 Q 为每 10 m 洞长出水量，单位为 L/(min · 10 m)。

K_2 为地下工程主要结构面产状影响修正系数，由于双护盾 TBM 施工时，护盾将围岩完全封闭，无法对洞内主要结构面的产状进行量测，而 TBM 开挖过程中，由于扰动较小，因此结构面产状与隧洞轴线方向的组合关系，对隧洞稳定性影响不大，为了施工安全，在参考国内专家对 TBM 掘进过程中围岩扰动演化数值模拟结果，认为 $K_2=0$ 或 $K_2=0.2$ 可以满足各种工况要求。

K_3 为初始地应力状态影响修正系数，根据隧洞围岩强度应力比 R_c/σ_c(见表 5-16)进行修正。

表 5-16　初始地应力状态影响修正系数 K_3

围岩强度应力比 R_c/σ_c	BQ				
	>550	550~451	450~351	350~251	≤250
<4	1.0	1.0	1~1.5	1~1.5	1.0
4~7	0.5	0.5	0.5	0.5~1.0	0.5~1.0

岩体基本质量分类和修正后的质量分类根据取值大小按照表5-17进行确定。

表5-17 围岩基本质量分类

BQ/[*BQ*]	围岩基本质量类别	特征评价
>550	Ⅰ	稳定,围岩可长期稳定,无不稳定块体
550~451	Ⅱ	基本稳定,围岩整体稳定,不会产生塑性变形,局部可能产生掉块
450~351	Ⅲ	局部稳定性差,围岩强度不足,局部会产生塑性变形,不支护可能产生塌方或变形破坏,完整的较软岩,可能暂时稳定
350~251	Ⅳ	不稳定,围岩自稳时间很短,规模较大的各种变形和破坏都可能发生
≤250	Ⅴ	极不稳定,围岩不能自稳,变形破坏严重

5.4.2.3 工程应用

在兰州水源地项目建设工程2台TBM施工过程中,利用前节所述方法对TBM掘进参数、渣料形态、地下水发育情况和地应力大小进行了记录和测试,并使用基于"岩-机-渣"复合关系模型得出的结论对数据进行处理,得到现有成熟规范《工程岩体分级标准》(GB/T 50218—2014)中所需的分类指标,计算岩体质量指标进行分类,并根据实际开挖揭露情况进行验证分析。

本节分析选取T10+113~T10+115段进行计算,其他洞段均按照该方法进行。

1. 评价指标

1)掘进参数

在T10+113~T10+115段掘进时,通过TBM传感器和自动记录仪对各种掘进参数检测和记录,并导出至Excel,由于各种参数随时都在变化,掘进过程中总在某一范围内波动,因此将该环掘进过程中的各项参数的平均值作为该环的实际掘进值,见表5-18。

表5-18 T10+113~T10+115段掘进参数记录

桩号	推力(kN)	扭矩(kN·m)	贯入度(mm/r)	掘进速度(mm/min)
T10+113~T10+115	5 683	1 207	10	59

2)渣料形态

TBM切削的岩渣通过铲斗溜至主机皮带,通过后配套皮带和连续皮带转运,直接送至洞外,在洞外随机取适量岩渣,按照岩渣料形态测试方法进行测试,可得到T10+113~T10+115段岩渣的渣料形态参数,如表5-19所示。

3)地下水

根据《工程岩体分级标准》(GB/T 50218—2014),使用量水堰法测量T10+113~T10+115段1 min内流量Q,由于该段地下水不发育,仅洞壁潮湿,认为该处$Q \approx 0.5$ L/(min·10 m)。

表 5-19　T10+113～T10+115 段渣料形态试验记录

起止桩号	片状含量（%）	块状含量（%）	岩渣长度（cm）	岩渣宽度（cm）	岩渣厚度（cm）
T10+113～T10+115	45	15	16.3	7.68	3.6

4）地应力

T10+113～T10+115 段埋深约 510 m，该处未做地应力测试，但在初步设计阶段在洞线邻近位置钻孔 SC10 号钻孔，在该孔内使用水压致裂法对地应力进行了测试，实测深度范围为 205～418.7 m，根据 ST10 钻孔最大、最小水平主应力与深度的关系式可以推算出 T23+560～T23+558.5 段地应力情况：

$$\sigma_H = 0.0218H + 9.381 = 20.499$$

$$\sigma_h = 0.0225H + 4.094 = 15.569$$

即该处的最大水平主应力和最小水平主应力分别为 20.499 MPa、15.569 MPa。

2. 数据计算

根据前文所阐述的“岩-机-渣”复合关系模型对所获得数据进行预处理，根据现场较易获得的多种参数来寻求工程岩体分类所需的各类指标。

1）单轴抗压强度

该段由 TBM 滚刀数量为 37 把，开挖直径 5.48 m，可估算 T10+113～T10+115 段岩体的岩石单轴抗压强度 R_c=78.46 MPa。

2）岩体完整性系数

运用岩体完整性系数模糊数学评判模型，对岩体完整性系数进行推算。首先将所需指标进行无量纲化，如表 5-20 所示。

表 5-20　单因素指标（无量纲化值）

隧洞工程桩号	掘进速度	片状岩渣含量	块状岩渣含量	岩渣长度	岩渣宽度
T23+560～T23+558.5	0.85	0.23	0.82	0.20	0.77

根据前文的方法及表 5-20 单因素指标的无量纲化值确定待评物元，T10+113～T10+115 洞段的待评物元由下式给出。

$$R_{50} = \begin{bmatrix} N_{10} & C_1 & 0.80 \\ & C_2 & 0.70 \\ & C_3 & 0.91 \\ & C_4 & 0.60 \\ & C_5 & 0.93 \end{bmatrix}$$

计算其各单因素评价指标关于 T10+113～T10+115 段岩体完整性系数的关联度，计算结果如表 5-21 所示。

表 5-21　T10+113～T10+115 段各指标关于岩体完整性系数的关联度

等级	C_1	C_2	C_3	C_4	C_5
Ⅰ	-0.92	-0.14	-0.42	-0.33	-0.33
Ⅱ	-0.87	0.46	-0.15	0.50	0.17
Ⅲ	-0.60	-0.12	0.33	-0.33	-0.71
Ⅳ	-0.25	-0.29	-0.27	-0.60	-0.88
Ⅴ	0.25	-0.41	-0.86	-0.71	-0.98

计算待评物元关于岩体完整性系数的关联度：

$$K = [0.11 \quad 0.31 \quad 0.62 \quad 0.23 \quad 0.17]$$

对上式进行归一化，可得

$$\overline{K} = [0.08 \quad 0.22 \quad 0.43 \quad 0.16 \quad 0.12]$$

则 T10+113～T10+115 段的岩体完整性系数为

$$K_V(T23 + 560 \sim T23 + 558.85) = [\max\overline{K} + 1] \times 0.35 = 0.51$$

3. 双护盾 TBM 施工过程中隧洞围岩分类

依据 R_c 和 K_V，即可求得 T10+113～T10+115 段工程岩体的基本质量指标 BQ。

由于 $90K_V+30=75.9<78.46$，即取 $R_c=75.9$。

$$BQ = 100 + 3R_c + 250K_V = 100 + 3 \times 75.9 + 250 \times 0.51 = 455.2$$

根据 T10+113～T10+115 段围岩初始地应力、不良地质结构面和地下水对岩体基本质量指标进行修正。

T10+113～T10+115 段围岩强度应力比为

$$R_c/\sigma_c = 78.46/20.499 = 3.83$$

根据表 5-15 和表 5-16，确定 T10+113～T10+115 段地下水修正系数 $K_1=0.02$，地下工程主要结构面产状影响修正系数 $K_2=0$，围岩初始地应力状态影响修正系数 $K_3=1.0$，则修正后的岩体质量指标为

$$[BQ] = BQ - 100(K_1 + K_2 + K_3) = 455.2 - 100 \times (0.02 + 0 + 1.0) = 353.2$$

根据《工程岩体分级标准》(GB/T 50218—2014)中岩体质量分级表可知，T10+113～T10+115 段围岩应划为Ⅲ类。

在 T10+113～T10+115 段开挖之后，通过 TBM 刀盘上的进人孔，并在掌子面取芯进行点荷载试验、统计节理裂隙，按照《工程岩体分级标准》(GB/T 50218—2014)和《水利水电工程地质勘察规范》(GB 50487—2008)对围岩进行分类，并进行对比分析，如表 5-22 所示。

表 5-22　T10+113～T10+115 段围岩分类对比

围岩分类方法	计算值	评判等级
《工程岩体分级标准》	375.2	Ⅲ
水电工程地下围岩分类	46	Ⅲ
基于“岩-机-渣”复合关系模型的隧洞岩体分类方法	353.2	Ⅲ

从表 5-22 中可知，基于“岩-机-渣”复合关系模型的隧洞岩体分类方法与另外两种方法的判断一致，并且分值较为接近，从而也说明前述基于“岩-机-渣”复合关系模型建立的单轴抗压强度的经验公式和岩体完整性系数的评判模型是正确的。

同样，按照上述算例步骤，可根据 TBM 设备参数、掘进参数、渣料形态、地下水、地应力等指标计算出隧洞的围岩岩体质量指标，对围岩进行分类，并提出支护措施。分类结果与实际围岩类别匹配较好，准确率高，证明基于“岩-机-渣”复合关系模型的隧洞岩体分类方法是正确的，评价结果合理，现场操作可行。

5.4.2.4　小结

（1）针对施工中发现的设备缺陷，对 TBM 设备进行优化及改造，使各子系统的性能与掘进性能相匹配，能最大程度上发挥 TBM 掘进性能优势，提高 TBM 设备利用率，从而提高施工速度。

（2）TBM 掘进能耗主要转换为掘进推力和刀盘扭矩的做功，通过现场实测数据计算掘进能耗，可避免数值模拟不能真实地反映地质条件而导致较大误差的情况；对于特定的地质条件，掘进能耗随着贯入度的增加而降低，因此可根据掘进能耗、设备性能及围岩稳定性等对掘进参数进行优化，以实现经济、高效地掘进；对于同一种地层岩性，掘进能耗随着围岩类别的降低而降低，但不同岩性之间的掘进能耗差别较大，因此对一种岩性建立的掘进参数与能耗的相关性不能直接应用于另外一种岩性，需要根据实际掘进情况确定。

（3）基于“岩-机-渣”复合关系模型，通过对设备参数、掘进参数、渣料形态等现场可获得数据处理，得到《工程岩体分级标准》（GB/T 50218—2014）中所需的各项指标和参数，从而实现以现有成熟规范对双护盾 TBM 施工过程中隧洞围岩的分级。双护盾 TBM 施工隧洞实际应用表明，基于“岩-机-渣”复合关系模型的隧洞岩体分级方法是有效可行的，评价结果是可靠的。

5.5　基于多源信息的不良地质体预测预报系统研究

隧洞施工过程中由不良地质条件引起的突发隧洞地质灾害正成为人员伤亡、施工成本增加及工期延误等严重后果的主要影响因素之一。隧洞地质灾害主要包括断层破碎带塌方、突水、突泥、岩爆、岩溶、软岩大变形、高地温及有害气体等。施工过程中，如果能提前预知隧洞地质灾害的类型、规模、位置、发生时间及对施工的影响程度，则可针对性采取工程措施，避免隧洞地质灾害的发生或降低其影响程度。这就需要对隧洞地质条件进行详细、准确的掌握，也就是对地质勘察精度有较高的要求。这就要求在施工过程进行超前地质预报，超前地质预报的目的在于准确预报隧洞地质条件，及时发现异常情况，预报掌子面前方不良地质体的位置、分布范围等，并为预防地质灾害提供依据，使工程单位提前做好施工准备，保证施工安全。在不同领域的隧洞施工中，均对超前地质预报有一定要求，如铁路隧道工程就将超前地质预报纳入了施工工序。

针对隧洞超前地质预报问题，国内较多的学者和工程技术人员开展了相关问题的研究。刘新荣等以地质雷达为主要预报手段，同时结合工程地质调查及TGP206地震法，建立了综合超前地质方法；席锦州以南渝高速公路铜锣山隧道为背景，采用TRT6000地震法超前地质预报系统，对掌子面前方120 m范围内的围岩及地下水情况进行了预报；刘阳飞等针对TSP超前地质预报系统存在的漏报、错报及数据采集过程中各种干扰问题，研究了避免或降低各种干扰可采取的应对措施；周波等采用HSP声波反射法，对SZ隧道出口段掌子面前方的地质条件进行了预报，并进行了开挖验证。

TBM法作为一种快速、高效、安全的施工方法在长大隧洞的施工中得到广泛的应用。相对于钻爆法，TBM对不良地质条件的适应性差，更容易造成隧洞地质灾害产生严重的后果。因此，TBM施工隧洞对超前地质预报有更高的要求，目前针对TBM施工隧洞的超前地质预报方法主要有物探法、超前钻探法等。双护盾TBM作为隧洞全断面岩石掘进机的一种，其在掘进过程中，受刀盘、护盾及管片的遮挡，掌子面及洞壁暴露的围岩较少，很多在钻爆法及开敞式TBM施工中可采用的超前预报方法并不适合双护盾TBM。目前，国内针对双护盾TBM施工隧洞超前地质预报方法的研究较少，预报方法及预报成果尚无法满足双护盾TBM快速施工的需要。

本章以兰州水源地建设工程深埋长输水隧洞为背景，结合双护盾TBM施工的技术特点，研究适合双护盾TBM施工的隧洞综合超前地质预报方法，保障TBM的快速、安全施工，同时也可为类似工程的超前地质预报提供参考。

5.5.1　基于多源信息的双护盾TBM超前地质预报方法

5.5.1.1　双护盾TBM施工隧洞超前地质预报目的和内容

1. 预报目的

在双护盾TBM施工过程中，超前地质预报的目的如下：

(1)不良地质及灾害地质预报：预报掌子面前方有无溶洞、软弱带、突水、突泥、岩爆等，查明其范围、规模及性质，提出施工措施及建议。

(2)水文地质预报：预报洞内突水、涌水的大小及其变化规律，评价其对环境地质、水文地质的影响，提出处理措施及建议。

(3)断层及破碎带预报：预报断层的位置、宽度、产状、性质、充填物的状态，判断其是否为充水断层及其稳定程度，提出施工对策及措施。

(4)预报掌子面前方围岩类别是否与设计围岩类别相吻合，判断其稳定性，提出修改设计、调整支护的建议。

(5)预测隧洞内的地温、有害气体及其含量、成分及动态变化等，提出施工对策、处理措施及建议。

2. 预报内容

隧洞施工超前地质预报的主要内容为开挖掌子面前方的地质情况及不良地质体的工程性质、位置、规模及产状等，主要包括岩石性质、岩体结构、地质构造、地下水、放射性物质、高地温，以及瓦斯及有害气体等，根据预报到的地质情况和不良地质体，评价其对隧洞施工的影响，采取有针对性的处理措施。隧洞超前地质预报具体内容一般如下。

1) 岩石性质

围岩的性质是影响围岩稳定性的基本因素。从岩性的角度，可以将围岩分为塑性围岩和脆性围岩，塑性围岩主要包括各类软岩，通常具有风化速度快，力学强度低以及遇水软化、崩解、膨胀等不良性质，对隧洞围岩的稳定性非常不利；脆性围岩主要是各类坚硬岩体，由于这类岩石本身的强度远高于结构面的强度，故这类围岩的强度主要取决于结构面的性质，岩体本身的影响不显著。从围岩的完整性（岩石质量指标、节理组数、节理面粗糙程度、节理变质系数、裂隙水折减系数、应力折减系数六类因素进行定量分析）角度，可将围岩分为五级：完整、较完整、破碎、较破碎、极破碎。

2) 岩体结构

根据岩体结构类型，可将岩体结构划分为整体块状结构（整体结构、块状结构、次块状结构）、层状结构（薄层状结构、中厚层状结构、厚层状结构、巨厚层状结构）、碎裂结构（镶嵌结构、层状碎裂结构）、散体结构（破碎结构、松散结构）。破碎结构及松散结构的岩体稳定性最差，薄层状结构次之，厚层状及整体块状结构稳定性最好。对脆性厚层状和块状岩体，其强度主要受软弱结构面分布特征和软弱夹层的物质成分控制，结构面对围岩的影响，不仅取决于结构面的本身特征，还与结构面的组合关系及临空面的切割关系密切相关。一般情况下，当结构面的倾角小于或等于 30°时，就会出现不利于围岩稳定的块体，特别是当块体的尺寸小于隧洞跨度时，可能向洞内滑移造成局部失稳。软弱夹层对围岩稳定性的影响主要取决于其性状和分布，因软弱夹层的抗剪强度低，不利于隧洞围岩稳定。

3) 地质构造

褶皱、断裂构造等破坏了地层岩体的完整性，降低了岩石的力学强度指标。一般来说，岩体经受的构造变动次数愈多、愈强烈，岩体的节理裂隙就愈发育，岩体的稳定也就愈差。例如，强度不同的坚硬和软弱岩层相间的岩体在构造变动中，坚硬和软弱岩层常会在接触处发生错动，形成厚度不等的层间破碎带，极大地破坏了岩体的完整性。当隧洞通过坚硬和软弱相间岩体时，易在接触面处发生变形或塌落，因此隧洞应尽可能避免布置在坚硬和软弱岩层之间的岩层破碎带、褶皱或断层带。断层破碎带物质的性质及其胶结情况也同样会影响围岩的稳定性，破碎带组成物质如为坚硬岩块，并且挤压紧密或已胶结，比软弱的断层泥组成稀疏的糜棱岩或未胶结的压碎岩要稳定些。构造强烈洞段，容易出现断层破碎带塌方、软弱围岩变形、涌水、有害气体等隧洞地质灾害，对隧洞施工影响极大。

4) 地下水

围岩中地下水赋存条件与活动状况，既影响围岩的应力状态又影响围岩的强度，进而影响隧洞围岩的稳定性。围岩中的地下水状态一般可分为干燥、潮湿、渗水及涌水等几个级别。实践证明，只要隧洞围岩是干燥的，即使对软弱或破碎的岩体处理起来也较容易。

当隧洞处于含水层或围岩的透水性较强时,地下水对围岩稳定性影响就比较明显,主要表现在静水压力、动水压力、软化作用和溶解作用、对可深岩体的溶蚀作用等。当隧洞出现大规模涌水时,不仅加剧围岩的失稳,还会危害设备及人员的安全,造成排水困难、施工成本增加等不利影响。

5)其他内容

主要包括隧洞围岩所处的地应力状态,岩石中的放射性物质、高地温、瓦斯及有害气体等,不仅影响隧洞围岩的稳定性,还会恶化隧洞的施工环境,会直接影响隧洞的施工速度和施工成本。

5.5.1.2　双护盾TBM超前地质预报方法技术特点

隧洞超前地质预报可视为隧洞地质勘察工作的继续,目前常用的隧洞超前地质预报方法主要包括地质分析法、物探法及超前钻探法等。

物探法是隧洞超前地质预报使用最多的方法,按其原理可分为地震法、电法、电磁法、声波法等。国内常用的以地震法为原理的预报系统主要有TSP、TST、TGP、TRT等,这些预报方法一般以炸药激震或锤击作为震源,采用检波器接收围岩反射的地震波。但双护盾TBM施工隧洞洞壁受护盾和管片的影响,未布置钻孔位置,因此以炸药激震的物探方法不适用于双护盾TBM施工的隧洞。

地质雷达法及瞬变电磁法均以电磁法为原理,在预报隧洞地下水方面有较好的效果,但双护盾TBM配备了大量的电子、电气设备,电磁环境复杂,存在严重的电磁干扰,会导致电磁法预报数据失真及预报结果错误,因此以电磁法为原理的超前地质预报方法不适宜双护盾TBM施工的隧洞。

单一的预报方法精度较差,易造成误判、漏判,根据多源信息如地质、物探与钻探相结合的方法,可显著提高预报精度。TBM掘进过程中,不同的围岩条件对应不同的掘进参数并产生不同性状的岩渣,通过掘进参数和岩渣分析可对地质条件做出一定的判断。因此,可采用掘进参数及岩渣分析来代替地质素描。

根据以上分析,结合兰州水源地建设工程输水隧洞的工程地质条件及双护盾TBM施工的技术特点,选择了地面地质分析法、掌子面围岩观察、掘进参数分析及岩渣、以锤击作为震源的三维地震法、三维电阻率法及超前钻探法等方法为主的多源信息超前地质预报方法。

1. 地面地质分析法

在兰州水源地建设工程输水隧洞TBM施工前,采用前期地质勘察资料,并结合隧洞地面踏勘复核,对隧洞沿线的地形地貌、地层岩性、地质构造、地下水条件、不良地质条件等做出了初步的判断。通过地质分析基本查明了易发生隧洞地质灾害的岩性接触带、区域性断层、浅埋过沟段等的大致位置及规模,并评估了其对TBM施工的影响程度,从而反映到TBM设备选型及配置上。因此,地面地质分析可作为宏观定性地质预报的方法。

2. 掌子面围岩观察

双护盾式TBM施工时,护盾、刀盘及管片支护几乎将围岩全部遮挡,施工过程中围岩基本不可见。但TBM后护盾上配有观察窗口、刀盘上配置有人孔,可以在TBM停机维护时通过刀盘滚刀间隙、刀盘人孔对掌子面和洞壁局部围岩进行观测,掌子面围岩如图5-32

所示。

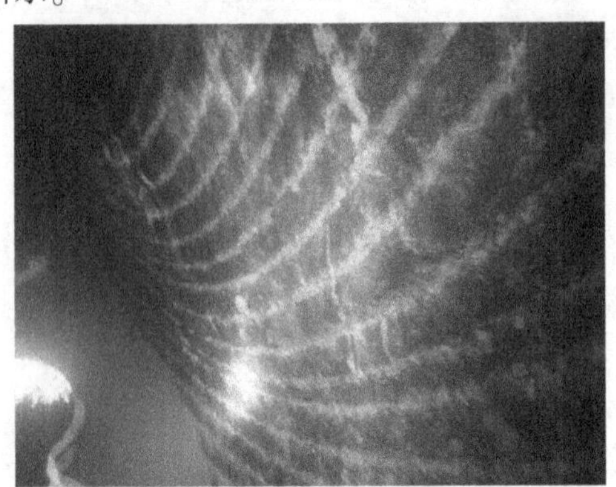
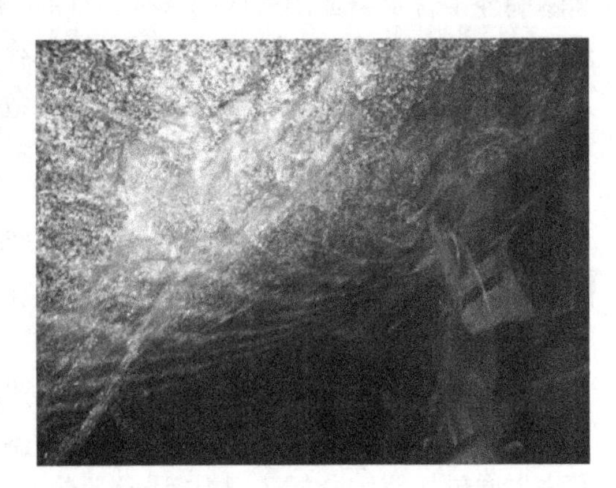

图 5-32　掌子面围岩

当围岩破碎时,双护盾 TBM 采用单护盾模式掘进,伸缩护盾处于关闭状态,为保证施工安全,刀盘顶住掌子面无法后退,刀盘人孔和护盾观察窗口也处于关闭状态,无法直接观测围岩。当围岩强度较高、岩体较完整时,掌子面会呈现平整状态,并能明显看到滚刀切割岩石所形成的同心圆轨迹,当岩体节理裂隙发育时,掌子面呈现出凹凸不平状态,局部可能出现塌方,可以明显看到节理的发育程度,并可根据条带状不良地质体的产状和在隧洞的出现位置,判断条带状的不良地质在隧洞掌子面前方消失的距离。

3. 掘进参数和岩渣分析

掘进参数与围岩条件有直接的关系,掘进参数主要包括掘进模式(单护盾、双护盾)及刀盘推力、扭矩、转速、贯入度、掘进速度等。根据双护盾 TBM 掘进的技术特点,在硬岩中掘进时,采用双护盾式模式,在承载力较低、易塌方的软岩中掘进时,采用单护盾模式;在同等刀盘推力条件下,在硬岩中的贯入度低,软岩中的贯入度高;若在掘进时,扭矩先达到额定值而推力未达到或同时达到额定值,皮带输送机上无大块渣料输出,围岩可判定为均质软岩;若在掘进时,推力先达到额定值而扭矩未达到或同时达到额定值,皮带输送机上无大块渣料输出,围岩可判定为均质硬岩;高刀盘转速掘进时,推进力大、扭矩低、贯入度低,围岩可判定为均质特硬岩;扭矩大且变化大,推力较小且变化大,大块渣料增多,此时可判定节理密集发育、围岩破碎。各掘进参数均可以在 TBM 控制室的显示屏上实时查看并可存储、下载分析研究,如图 5-33 所示。通过掘进参数可对当前的围岩做出判断,并对掌子面前方围岩进行短距离预测。

在兰州水源地建设工程输水隧洞双护盾 TBM 掘进过程中,对不同围岩条件下的掘进参数进行了统计。在实际掘进中,可根据掘进参数对当前的围岩进行判断,同时可根据当前围岩的情况对掌子面前方的围岩进行短距离预报,预报距离一般以小于 10 m 为宜。与掌子面围岩观察的预报类似,当地层稳定时,预报精度较高,而地层变化频繁时,有可能漏判或误判。

TBM 刀盘破岩后会形成岩渣并被运出洞外。国内外 TBM 施工实践表明,岩渣与围岩的地质条件具有一定的相关性。对于Ⅱ类围岩,岩渣主要呈片状,其长轴长度略小于滚刀间距,随着围岩类别的降低,片状岩渣含量逐渐降低,而块状岩渣含量逐渐增多,当围岩

时间	环数	总推力	推进速度	刀盘扭矩	刀盘贯入度	刀盘转速	总里程
2016-10-22 19:58:31	2244	5483.695	63.6394	582.6765	15.18121	4.191985	8241.988
2016-10-22 20:00:31	2244	5807.787	53.30914	449.8562	12.69064	4.200665	8242.095
2016-10-22 20:01:31	2244	5546.89	58.2609	432.5319	13.41525	4.193793	8242.147
2016-10-22 20:02:31	2244	6171.74	50.54279	565.3521	12.05597	4.192347	8242.195
2016-10-22 20:03:31	2244	6086.894	54.78552	579.2116	13.05872	4.195963	8242.246
2016-10-22 20:04:31	2244	6602.252	50.35822	534.1683	11.98196	4.202836	8242.298
2016-10-22 20:05:31	2244	6825.099	37.4458	334.3604	8.929631	4.193432	8242.345
2016-10-22 20:07:31	2244	7032.848	46.29988	530.7033	11.01156	4.204644	8242.434
2016-10-22 20:08:31	2244	7533.145	49.98928	512.224	11.9332	4.189091	8242.479
2016-10-22 20:09:31	2244	8152.395	49.80432	653.129	11.87183	4.19524	8242.524
2016-10-22 20:10:31	2244	8031.029	54.23181	624.256	12.89031	4.207176	8242.578
2016-10-22 20:11:31	2244	8377.652	45.37793	569.972	10.81	4.197772	8242.628
2016-10-22 20:12:31	2244	8461.538	28.77612	491.4348	6.838596	4.207899	8242.665
2016-10-22 20:14:31	2244	8882.759	27.11572	439.4617	6.469027	4.191623	8242.73
2016-10-22 20:15:31	2244	9169.543	35.23242	490.3645	8.369899	4.201389	8242.758
2016-10-22 20:16:31	2244	9183.87	35.04749	471.8005	8.3426	4.201027	8242.791
2016-10-22 20:17:31	2244	8729.863	29.32947	521.4637	7.007442	4.185474	8242.833
2016-10-22 20:18:31	2244	8805.625	35.98997	497.2098	8.599946	4.182581	8242.861
2016-10-22 20:19:31	2244	8767.332	33.20381	463.7159	7.927578	4.188368	8242.893

图 5-33　双护盾 TBM 掘进参数

为Ⅴ类时，片状岩渣基本不可见(见图 5-34)。另外可通过岩渣得出围岩的岩性、节理裂隙发育情况、断层带及岩石风化情况等地质信息。

图 5-34　岩渣

在兰州水源地建设工程输水隧洞双护盾 TBM 施工过程中，对不同围岩类别条件下的岩渣情况进行统计，统计结果见表 5-23。通过岩渣分析可对当前围岩的岩石强度、岩体完整性、节理裂隙发育情况、断层破碎带、节理裂隙充填情况等做出判断，并可对掌子面前的围岩做出短距离的预报。预报距离一般以小于 10 m 为宜。

表 5-23　不同围岩条件下岩渣情况

围岩类别	岩渣情况
Ⅱ类	岩石新鲜，岩渣以片状和粉状为主，片状岩渣含量 70%~90%，粒径 3~8 cm，最大约 15 cm；少见块状岩渣，岩粉含量 10%~20%
Ⅲ类	岩石新鲜—微风化岩渣以片状和粉状为主，片状岩渣含量 40%~70%，粒径 3~10 cm，最大约 15 cm；块状岩渣含量 20%~50%，岩粉含量 10%~20%，块状岩渣表面可见节理面
Ⅳ类	岩石微风化—中等风化，块状岩渣含量大于 70%，片状岩渣含量小于 20%，粒径以 10~20 cm 为主，块状岩渣表面节理面清晰可见，可见节理面充填情况
Ⅴ类	岩石中等风化—强风化，块状岩渣含量大于 80%，岩渣粒径变化大，粒径 1~25 cm，块状岩渣表面节理面清晰可见，断层带可见断层泥、角砾等

4. 三维地震法

1) 工作原理

三维地震是隧道地震波反射层析成像技术的简称,该技术的基本原理在于当地震波遇到声学阻抗差异(密度和波速的乘积)界面时,一部分信号被反射回来,另一部分信号透射进入前方介质。声学阻抗的变化通常发生在地质岩层界面或岩体内不连续界面。反射的地震信号被高灵敏地震信号传感器接收,震波从一种低阻抗物质传播到一种高阻抗物质时,反射系数是正的;反之,反射系数是负的。因此,当地震波从软岩传播到硬的围岩时,回波的偏转极性和波源是一致的。当岩体内部有破裂带时,回波的极性会反转。反射体的尺寸越大,声学阻抗差别越大,回波就越明显,越容易探测到。通过分析,用来了解隧道工作面前方地质体的性质(软弱带、破碎带、断层、含水等)、位置及规模。

2) 设备主要部件

(1) 检波器10个,灵敏度:1 V/g;接收范围:10~10 000 Hz。

(2) 检波器固定块10个。

(3) 无线模块11个。

(4) 无线通信基站1个。

(5) 触发器1个。

(6) 主机1台,包括Sawtooth地震波采集软件和RV3D分析软件。

3) 观测系统布置

三维地震的震源和检波器采用分布式的立体布置方式,具体方法见图5-35。

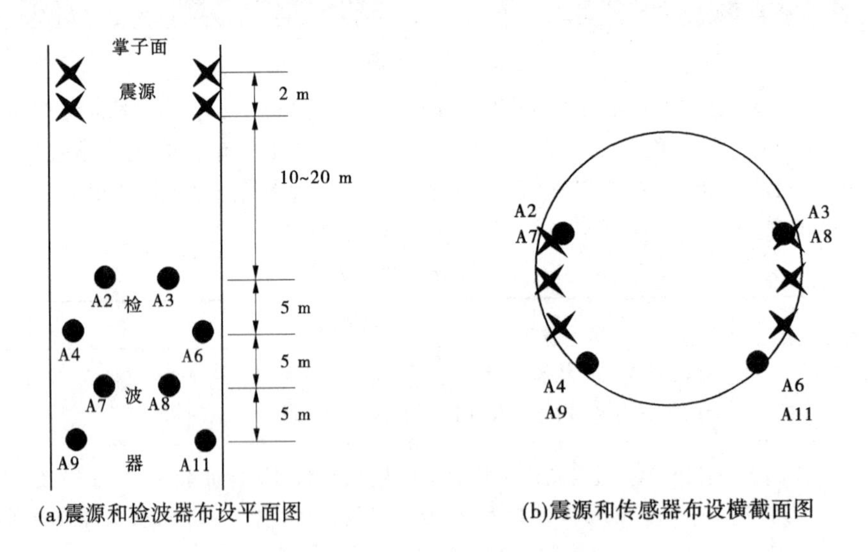

(a)震源和检波器布设平面图　　(b)震源和传感器布设横截面图

图5-35　震源和检波器的布置方法

4) 数据采集

仪器的工作过程为:在震源点上锤击,在锤击岩体产生地震波的同时,触发器产生一个触发信号给基站,然后基站给无线远程模块下达采集地震波指令,并把远程模块传回的地震波数据传输到笔记本电脑,完成地震波数据采集。仪器连接详见图5-36。

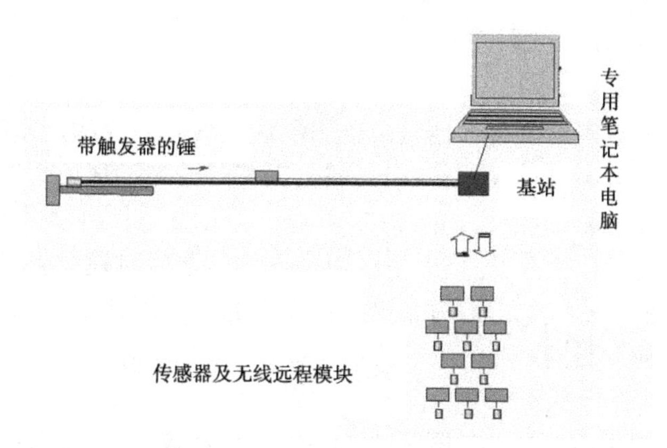

图5-36　三维地震波采集系统模型

5)数据处理及成果解析方法和原则

三维地震成像图采用的是相对解释原理,即确定一个背景场,所有解释相对背景值进行,异常区域会偏离背景区域值,根据偏离与分布多少解释隧道前方的地质情况。

(1)一般来说,软件设定围岩相对背景值破碎、含水区域呈蓝色显示,相对背景值硬质岩石呈黄色显示。

(2)从整体上对成像图进行解释,不能单独参照一个断面的图像。

(3)根据异常区域图像相对于围岩背景,从背景波速分析异常的波速差异,进而判断围岩类别。

(4)对围岩类别的判断必须与地质情况相结合,综合分析。其典型预报结果如图5-37、图5-38所示。

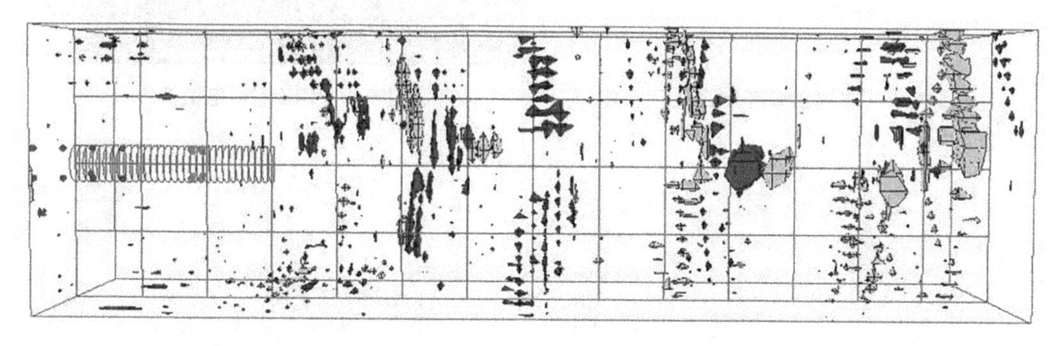

图5-37　三维地震法主视图

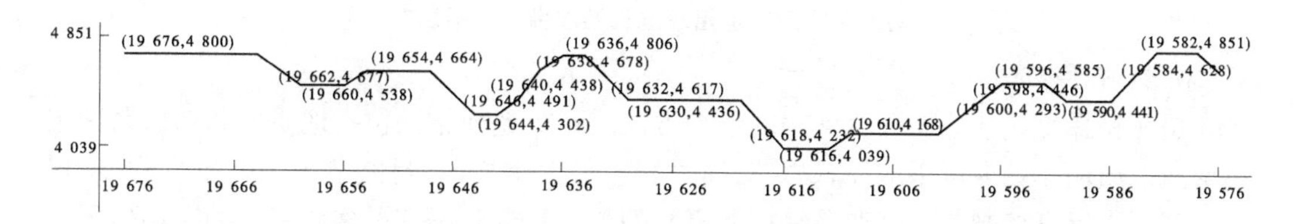

图5-38　三维地震法波速分布图

5. 三维电阻率法

1) 预报原理

三维电阻率探测以围岩和含水地质构造的电性参数差异为物理基础，根据围岩在施加电场下传导电流的分布规律，推断探测区域电阻率的分布和地质情况。按照一定的序列在掌子面布置一定数量的电极，如图 5-39 所示。经 A、B 电极自动供入直流电，通过 M、N 电极测量两电极间的电势差，计算出视电阻率剖面。之后对视电阻率剖面进行反演计算，得到探测区域围岩电阻率剖面，对含水构造设为低阻，对完整围岩设为高阻，从而达到对区域地质情况探测的目的。

2) 测线布置

三维电阻率探测采用山东大学研发的 GEI 综合电法仪，通过 1 条多芯电缆连接供电与测量电极，并将供电与测量电极设置在掌子面上。另外，通过 1 根多芯电缆连接电极 B 和 N，测量时保证电极与围岩良好耦合，如图 5-40 所示。掌子面刀盘上布置 9 个电极，作为供电与测量电极。其预报成果如图 5-41 所示。

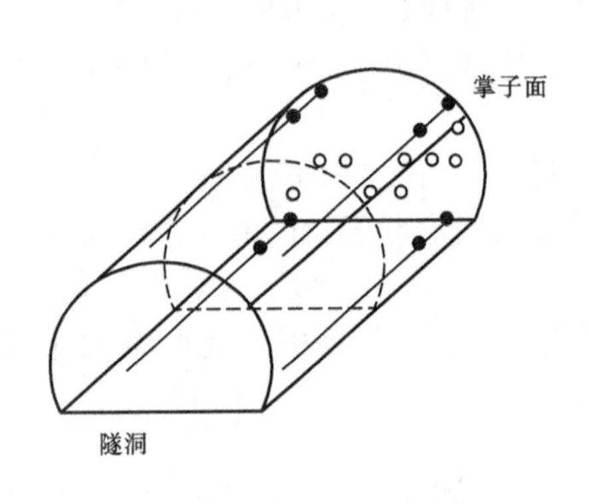

图 5-39　三维电阻率超前探测示意图

图 5-40　GEI 综合电法仪

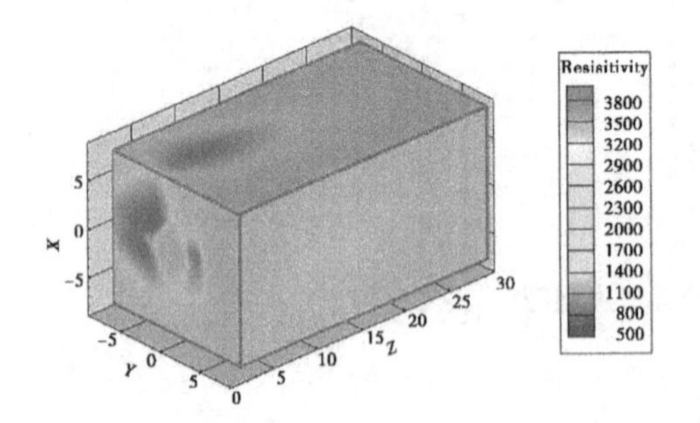

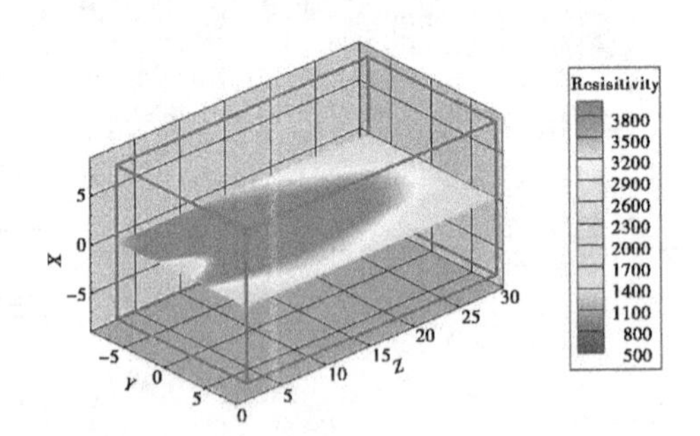

图 5-41　三维电阻率法三维成像图及平切图

6. 超前钻探法

超前钻探是超前地质预报常用的预报方法之一。超前钻探包括地质取芯钻探及冲击钻探。地质取芯钻探可采取原状岩芯，通过岩芯可对围岩的岩性、节理裂隙发育程度、风化程度等进行直接判断。但取芯钻探所需时间长、成本高，不宜过多使用。冲击钻探无法采取原状岩芯，主要通过钻进时的推进力、转速、钻进速度等参数对围岩进行间接判断，钻探所需时间、成本等低于地质取芯钻探,因此被大量使用。TBM 设备上配备的超前钻机一般为冲击钻机(见图 5-42)。超前钻探一般钻进深度约 30 m,钻进时间约 3 h,钻进时 TBM 必须停止掘进,可在 TBM 设备维护时使用。

图 5-42　TBM 上配备的超前钻机

7. 基于多源信息的双护盾 TBM 超前地质预报流程

兰州水源地建设工程输水隧洞采用地面地质分析、掌子面围岩观察、掘进参数及岩渣分析、三维地震法、三维电阻率法及超前钻探为主要的多源信息超前地质预报方法,不同超前地质预报方法的技术特点对比见表 5-24。

表 5-24　不同超前地质预报方法的技术特点对比

预报方法	预报距离	是否占用掘进时间	预报成本	预报精度	优点	缺点
地面地质分析	大于 1 km	不占用	低	低	宏观定性预报,能对不良地质问题做出识别	不能作为 TBM 施工时工程措施的依据
掌子面围岩观察	低于 10 m	不占用	低	中	可随掘进随时采用	地层变化频繁时,易漏判、误判
掘进参数及岩渣分析	低于 10 m	不占用	低	中	可随掘进同步进行	地层变化频繁时,易漏判、误判
三维地震法	100~150 m	一般不占用	高	高	对构造带预报效果较好	对地下水不敏感
三维电阻率法	30 m	一般不占用	高	高	对地下水预报效果较好	对构造带不敏感
超前钻探	30 m	一般不占用	高	高	对断层破碎带、地下水预报效果较好	预报距离短,对操作人员技术水平要求高

综合超前地质预报方法实现了地面与洞内(掌子面围岩、掘进参数与岩渣分析、物探、钻探)相结合、地质分析与物探相结合、物探与钻探相结合、长距离与短距离相结合、定性与定量相结合,各种方法的预报结果相互验证,具有较高的预报精度。

各种预报方法的预报精度、预报距离、预报成本及是否占用掘进时间各不相同,在预报时并不是同时全部采用,而是根据需要选择不同的预报方法。兰州水源地建设工程输水隧洞双护盾 TBM 施工时所采用的具体流程如下，综合超前地质预报方法流程见图 5-43。

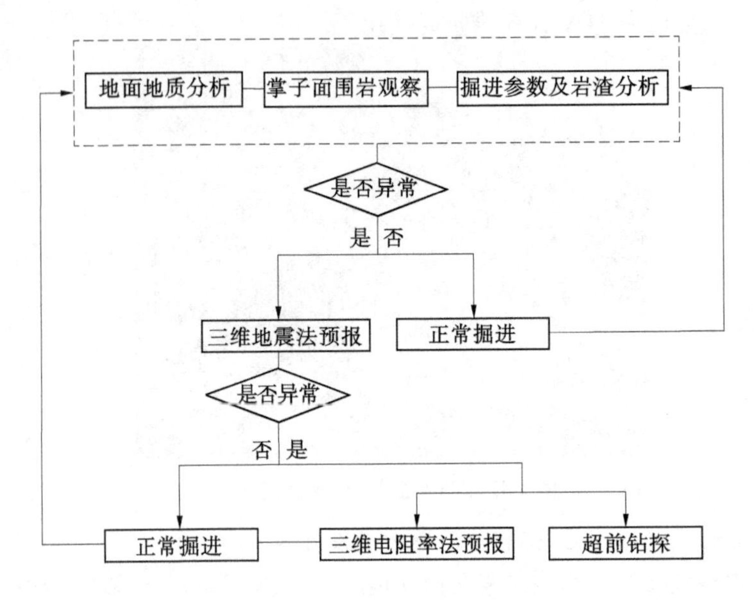

图 5-43　综合超前地质预报方法流程

(1)在施工前对隧洞进行地面踏勘及资料分析，全面复核前期地质资料的地形地貌、地质岩性、地质构造、水文地质、物理地质现象等内容，获取整个 TBM 施工段的宏观、定性地质资料。

(2)TBM 施工过程中，根据掌子面围岩观察、掘进参数分析、岩渣分析等手段，对围岩进行全面的地质分析，在确定当前围岩条件的基础上，并对掌子面前方围岩进行短距离预报。

(3)根据(1)和(2)的判断结果，当初判临近不良地质体时，采用三维地震法进行超前地质预报，对断层破碎带、节理密集带等不良地质体位置、规模做出预报。

(4)根据(3)的结果，当临近断层破碎带和节理密集带时，采用三维电阻率或超前钻探等进行探测，主要探测围岩的含水性和破碎情况等。

8. 基于综合超前地质预报结果的双护盾 TBM 施工技术

在兰州水源地建设工程输水隧洞双护盾 TBM 施工过程中，根据综合超前地质预报的不同结果，对掌子面前方的围岩类别及不良地质体进行判断，针对不同的围岩类别和不良地质条件分别采取不同的施工技术：

(1)当预报结果显示掌子面前方围岩为Ⅱ、Ⅲ类且无不良地质体时，可采用双护盾模式正常掘进，不需采用特别的处理措施。

(2)当预报为Ⅳ类围岩时，可采取如下措施：①调整掘进参数，降低 TBM 的推力、贯入度、刀盘转速等参数，以减小对围岩的扰动，避免围岩塌方或减少塌方量；②减少停机维护的时间，连续掘进通过不良地质段；③当撑靴不能提供足够的反力时，采用单护盾模式掘进；④当围岩承载力低时，控制 TBM 的调向系统，使 TBM 刀盘保持向上的趋势，避免机头下沉；⑤在石英闪长岩、石英片岩、花岗岩段，安装 B 型管片，在砂岩、泥岩、砂砾岩段，安装C型管片。

(3)当预报为断层破碎带或Ⅴ类围岩时,因围岩自稳能力差,仅调整掘进参数无法避免围岩塌方,应采取如下措施:①对掌子面前方围岩进行灌浆加固,以增加围岩稳定性,固结时要注意灌浆压力及方向,以防止TBM刀盘与掌子面围岩被固结,每次灌浆长度为3.5~4.0 m,待围岩固结后,TBM掘进3.0 m后再进行下次灌浆,确保每次灌浆有0.5~1.0 m的搭接;②采用单护盾模式掘进;③控制TBM的调向系统,使TBM刀盘保持向上的趋势,避免机头下沉;④安装D型管片,及时进行豆砾石回填灌浆;⑤TBM掘进通过后,对围岩进行固结灌浆。

(4)当预报掌子面前方易发生软岩大变形时,采取如下措施:①采用单护盾模式掘进,增大掘进时的推力;②在刀盘的边刀位置增加垫块,使开挖洞径扩大6~10 cm,增加围岩的变形空间;③准备膨润土、润滑油等材料,如发现护盾与围岩发生接触,则通过护盾预留孔向护盾外部注入润滑物质,以减少护盾与围岩的摩擦力;④安装D型管片,及时进行豆砾石回填灌浆。

(5)当预报掌子面前方富含地下水,可能发生涌水时,采取如下措施:①维护好TBM及隧洞的排水系统,保证涌水时排水系统能正常运行;②准备好化学灌浆设备和材料,当涌水点出露后对地下水进行封堵。

5.5.2 工程应用

在兰州水源地建设工程输水隧洞双护盾TBM施工过程中,采用了综合超前地质预报方法,其中地面地质分析、掌子面围岩观察、掘进参数及岩渣分析全洞段采用,三维地震法、三维电阻率法及超前钻探等方法根据需要采用。现选取典型洞段的预报评价如下。

5.5.2.1 T9+240~T9+300段

1. *地面地质分析*

本段隧洞埋深约500 m,地层岩性为浅灰色—肉红色加里东中期花岗岩(γ_3^2),岩石强度较低,未发现大的断层。预测本段地层岩性及地质构造等发生变化的可能性不大。

2. *掌子面围岩观察*

T9+240掌子面围岩破碎,节理裂隙发育,掌子面凹凸不平,局部有掉块现象,滚刀切割岩石的同心圆沟槽不可见,部分节理张开,张开宽度1~3 mm,沿节理面有地下水渗出,部分呈线流状,地下水渗流量约10 m^3/h,初步判断围岩为Ⅳ类,预测掌子面前方短距离内围岩与此类似。

3. *掘进参数及岩渣分析*

刀盘推力3 000~4 000 kN,刀盘扭矩1 000~1 200 kN·m,刀盘转速3.5~5.5 rpm,贯入度10~15 mm/r,掘进速度45~75 mm/min,刀盘推力及刀盘转速较低,刀盘扭矩、贯入度及掘进速度较高,符合软弱破碎围岩的特征;岩石微风化—中等风化,块状岩渣含量大于70%,片状岩渣含量少于20%,粒径以10~20 cm为主,掘进时常出现粒径大于25 cm的岩块堵塞出渣口。块状岩渣表面节理面清晰可见,可见节理面充填泥质及钙质等。掘进参数及岩渣分析均显示围岩为Ⅳ类。预测掌子面前方短距离内围岩与此类似。

4. 三维地震法预报

三维地震法预报桩号为T9+240～T9+300，长度为60 m，其主视图如图5-44所示。

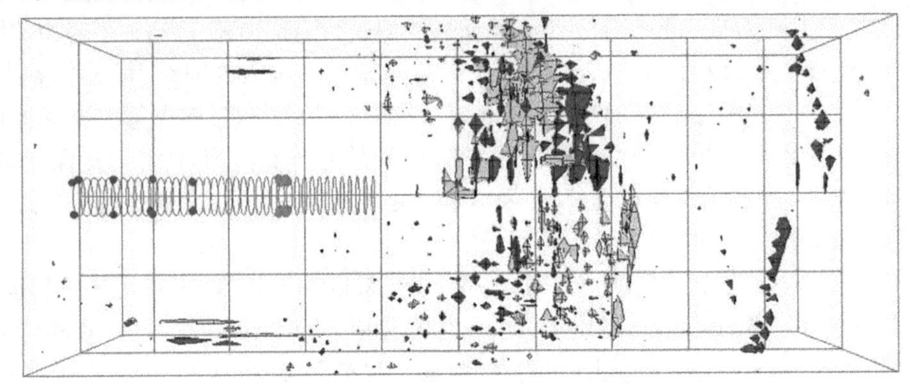

图5-44　T9+240～T9+300段三维地震法预报主视图

预报结果显示：

(1)T9+240～T9+250，长度10 m，三维反射图出现小范围的正负反射，平均波速在3 400 m/s左右，推断该段围岩较破碎，裂隙发育，易发生掉块或塌腔。

(2)T9+250～T9+280，长度30 m，三维反射图出现较大范围的正负反射，平均波速在3 600 m/s左右，推断该段围岩破碎，裂隙发育，有可能发生掉块或塌腔。

(3)T9+280～T9+300，三维反射图出现两条零星的正负反射，平均波速在3 200 m/s左右，推断该段围岩完整性差，节理裂隙发育，有可能发生掉块。

综合分析，推测T9+240～T9+300段围岩以Ⅳ类为主，由于围岩节理裂隙发育，且部分节理张开，可能富含基岩裂隙水，发生涌水的可能性较大。

5. 三维电阻率法预报

共进行了两次三维电阻率法预报，预报桩号分别为T9+240～T9+270及T9+278～T9+308，其三维成像图分别见图5-45、图5-46。

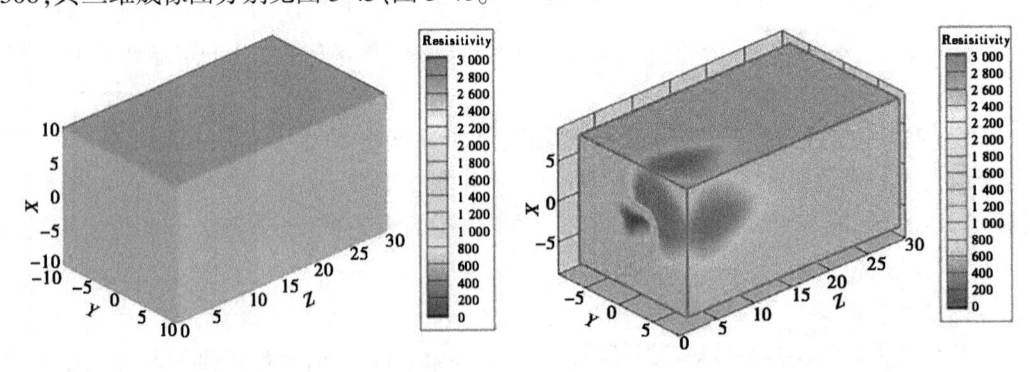

图5-45　T9+240～T9+270段三维成像图　　图5-46　T9+278～T9+308段三维成像图

预报结果如下：

(1)T9+240～T9+260段：三维反演图像中掌子面左侧电阻率较低，右侧电阻率较高，电阻率值差异明显，推断该段落围岩较破碎，节理裂隙发育，易出现塌腔，可能出现线状流水。

(2)T9+260～T9+270段：三维反演图像中该段电阻率整体较低，推断该段围岩较破碎,裂隙发育,可能出现大面积渗水或股状涌水。

(3)T9+278~T9+288 段:三维反演图像中掌子面前方电阻率较低,推断该段落围岩完整性差,节理裂隙发育,可能出现线状流水或股状流水。

(4)T9+288~T9+298 段:三维反演图像中该段电阻率升高,推断该段围岩完整性差,节理发育,可能出现滴水或渗水。

(5)T9+298~T9+308 段:三维反演图像中该段电阻率有所降低,推断该段围岩完整性差,节理发育,可能出现大面积滴水。

6. 综合判断

结合地质分析、掌子面围岩观察、掘进参数及岩渣分析、三维地震法及三维电阻率法的预报结果,综合判断 T9+240~T9+300 内岩体破碎,岩石强度较低,岩体富含地下水,发生涌水的可能性大。

7. 开挖揭露围岩情况

T9+240~T9+300 段地层岩性为浅灰色—肉红色加里东中期花岗岩(γ_3^2),岩石单轴抗压强度低于 50 MPa,岩体破碎,节理裂隙密集发育,部分节理张开。共出现涌水点 10 余处,总涌水量约 360 m^3/h,最大单点涌水量约 200 m^3/h(见图 5-47)。开挖揭露围岩情况与超前地质预报结果基本一致。

图 5-47 T9+240~T9+300 段涌水

在本段涌水点揭露之前,即对 TBM 及隧洞排水系统进行了加强配置及优化,最大排水能力达到了 435 m^3/h,超过了总涌水量,未发生设备被淹没的事故。当涌水点揭露后,采用化学灌浆的方法对地下水进行了封堵,加上地下水本身的衰减,一周后总涌水量小于 200 m^3/h,TBM 恢复了正常掘进。由于超前地质预报结果准确,采取的措施得当,本次涌水未造成大的损失。

5.5.2.2 T19+752~T19+647 段

1. 地面地质分析

T19+752~T19+647 段隧洞埋深约 680 m,地层岩性为黑灰色—青灰色奥陶系上中统雾宿山群中段($O_{2-3}wx^2$)安山质凝灰岩、变质安山岩,未发现区域性的断层或大的地质构造通过。

2. 掌子面围岩观察

T19+752 掌子面围岩破碎，节理裂隙密集发育，产状杂乱无规律，岩体呈碎裂—散体结构，掌子面凹凸不平，围岩大量塌方，滚刀切割岩石的同心圆沟槽不可见，部分节理张开，张开宽度 2~5 mm，沿节理面有地下水渗出，部分呈线流状或股状，地下水渗流量约 20 m^3/h，初步判断围岩为Ⅴ类，预测掌子面前方短距离内围岩与此类似。

3. 掘进参数及岩渣分析

刀盘推力 1 600~2 000 kN，刀盘扭矩 1 400~1 600 kN · m，刀盘转速 3. 5~4. 5 rpm，贯入度 14~18 mm/r，掘进速度 50~80 mm/min，刀盘推力及刀盘转速较低，刀盘扭矩、贯入度及掘进速度较高，符合软弱破碎围岩的特征；岩石中等风化—强风化，块状岩渣含量大于 80%，片状岩渣强基本不可见，块状岩渣粒径以 10~20 cm 为主，掘进时常出现粒径大于 25 cm 的岩块堵塞出渣口。节理面蚀变严重，局部可见擦痕，掘进参数及岩渣分析均显示围岩为Ⅴ类。预测掌子面前方短距离内围岩与此类似。

4. 三维地震法预报

三维地震法预报的隧洞桩号为 T19+747~T19+647，长度为 100 m，其主视图如图 5-48 所示。

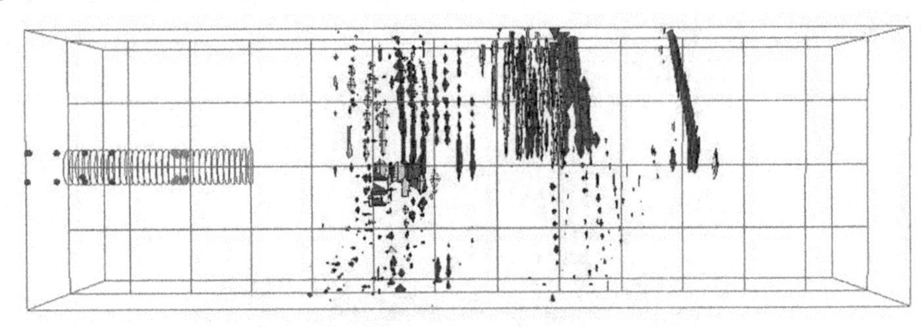

图 5-48　T19+747~T19+647 段三维地震法预报主视图

预报结果显示：

(1) T19+747~T19+727，段长 20 m，该段波速平均 4 000 m/s 左右，波速较平稳，推断该段落与掌子面类似，围岩较破碎，节理裂隙发育，软硬交替，易发生掉块或塌腔。

(2) T19+727~T19+727，段长 40 m，平均波速在 3 600 m/s 左右，出现明显的正负反射，局部平稳，推断该段落围岩完整性差，局部较破碎，易发生掉块或塌腔。

(3) T19+688~T19+648，段长 40 m，平均波速在 3 700 m/s 左右，出现连续的正负反射，推断该段落围岩较破碎，节理裂隙发育，易发生掉块或塌腔。

根据三维地震法预报结果，推测 T19+747~T19+647 段围岩以Ⅴ类为主，局部为Ⅳ类，由于局部围岩极破碎，发生大规模塌方的可能性较大。

5. 超前钻探预报

由于本段掘进过程中，围岩塌方严重，有发生 TBM 卡机的风险，为进一步查明掌子面前方的地质条件，采用 TBM 上配备的超前钻探方法对 T19+747~T19+717 段进行了探测，钻探长度 30 m，钻探方式为冲击钻探。钻进过程中，钻进推力较小，钻进速度快，钻具跳动、振动大，常见卡钻现象，沿钻孔有地下水流出。可推断本段岩石强度低、岩体破碎且富含地下水,进一步验证了掌子面前为极不稳定的V类围岩。

6. 综合判断

根据各种方法的预报结果,综合判断 T19+752 掌子面前方岩体极破碎、岩石强度低、地下水丰富,围岩为极不稳定的V类围岩,掌子面和顶拱有严重塌方的可能,TBM 掘进受阻或发生卡机的风险较大。

7. 开挖揭露围岩情况

开挖揭露显示,本段为黑灰色—青灰色奥陶系上中统雾宿山群中段($O_{2-3}wx^2$)安山质凝灰岩、变质安山岩,岩体中等风化—强风化,岩石强度低,岩体极破碎,呈碎裂—散体结构(见图 5-49),沿节理裂隙有地下水渗出或流出,总水量约 80 m^3/h。开挖揭露围岩情况与超前地质预报结果基本一致。TBM 掘进过程中,在刀盘的扰动下,掌子面及顶拱围岩塌方严重,塌方的碎石堵塞刀盘,造成掘进受阻。由于提前准备了化学灌浆和水泥灌浆的设备和材料,对掌子面前方的极不稳定围岩进行了固结处理,TBM 缓慢掘进通过了V类围岩破碎带。

图 5-49　围岩呈碎裂—散体结构

5.5.2.3　T14+080~T14+100 段

1. 地面地质分析

本段隧洞埋深约 550 m,地层岩性为白垩系河口群(K_1hk^1)泥质粉砂岩夹砂砾岩,本段无区域性断层经过,根据区域地应力场分布规律,本段隧洞最大主应力量值 15~20 MPa,方向与洞轴线小角度相交。

2. 掌子面围岩观察

T14+080 处掌子面较完整,节理裂隙不发育,可见滚刀切割岩石留下的同心圆沟槽(见图 5-50),泥质粉砂岩与砂砾岩呈互层状分布,经回弹仪测试,泥质粉砂岩单轴抗压强度约 30 MPa,砂砾岩 10~15 MPa,围岩干燥,无地下水渗出。

3. 掘进参数及岩渣分析

刀盘推力一般为 1 500~2 500 kN,刀盘扭矩 1 000~1 200 kN · m,刀盘转速 3.0~5.0 rpm,贯入度 15~20 mm/r,掘进速度 45~80 mm/min,掘进中,出现推力高而贯入度低的情况,经检查发现护盾顶部和侧面与围岩发生接触,摩擦阻力增加。

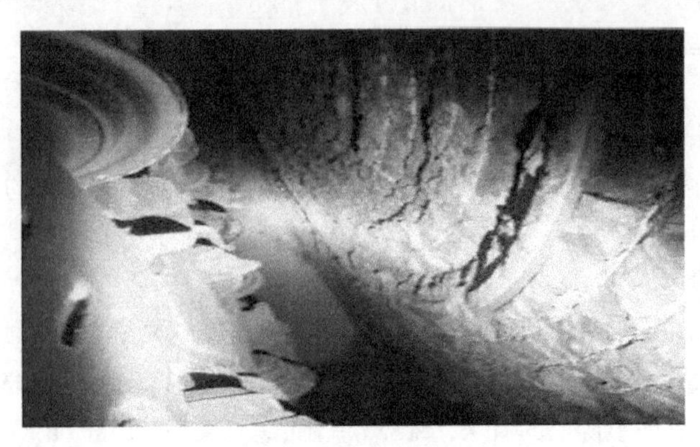

图 5-50　掌子面围岩

岩石微风化—中等风化，块状岩渣含量大于 70%，粒径以 10～15 cm 为主，砂砾岩遇刀盘喷水后易崩解成砂状，含量约 30%。

4. 综合分析

本段地层不均匀，呈软硬相间分布，岩体完整性较好，岩石强度总体较低，本段埋深大，地应力较高，围岩的强度应力比低于 1，根据国内外隧洞施工经验，当围岩强度应力比低于 1 时，易发生软弱围岩的挤出变形。双护盾 TBM 由于护盾长，护盾与围岩之间的间隙小，发生护盾被卡的卡机风险较高。

5. 开挖揭露情况

地层岩性为白垩系河口群（K_1hk^1）泥质粉砂岩与砂砾岩互层，岩石强度较低，在高地应力的作用下，发生了软弱围岩的挤出变形，其中顶拱的变形量超过了洞壁与护盾之间的间隙（约 8 cm），围岩与护盾发生挤压接触（见图 5-51），导致 TBM 主机前进的摩擦阻力增加。施工中，及时采用单护盾模式掘进，最大推力达到了 23 000 kN 时，TBM 主机克服了摩擦阻力前进，未发生护盾被“抱死”的卡机事故。

图 5-51　围岩与护盾发生挤压接触

5.5.2.4　T8+801～T8+831 段

1. 地面地质分析

本段埋深约 340 m，地貌为山地和沟谷，植被不发育。穿越地层岩性为浅灰色—灰黑色前震旦系马衔山群（$AnZmx^4$）黑云角闪石英片岩，岩体以微风化为主，节理中等发育。

本段未发现大的构造带通过。

2. 掌子面围岩观察

掌子面岩石坚硬,岩体较完整,同心圆沟槽明显,节理中等发育,沿节理面有地下水渗出,初步判断掌子面前方10 m范围内的围岩为Ⅱ类或Ⅲ类。

3. 掘进参数及岩渣分析

刀盘推力一般为6 000~9 000 kN,刀盘扭矩500~900 kN·m,刀盘转速5.0~7.0 rpm,贯入度4~10 mm/r,掘进速度20~60 mm/min。岩渣以片状为主,含量约60%,块状岩渣含量约30%,最大粒径约15 cm,岩粉含量约10%,岩石断口新鲜,节理面未见明显蚀变。岩渣情况如图5-52所示。根据掘进参数及岩渣判断当前围岩类别为Ⅱ类或Ⅲ类。

图5-52 岩渣情况

4. 三维电阻率法预报

为进一步探查掌子面前方的围岩破碎情况及含水情况,采用三维电阻率法进行了预报,预报结果如下:

(1)T8+801~T8+811段,三维反演图像中掌子面前方电阻率较高,掌子面左侧电阻率相对较低,推断该段落围岩较破碎,局部裂隙发育,可能出现渗水。

(2)T8+811~T8+831段,三维反演图像中该段左侧电阻率较低,推断该段围岩较破碎,节理裂隙发育,可能出现滴水或渗水。其预报图像如图5-53所示。

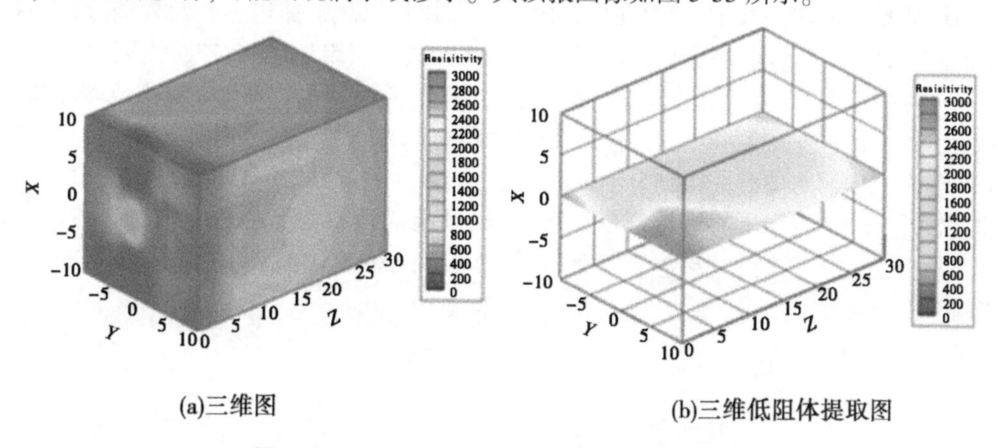

(a)三维图

(b)三维低阻体提取图

图5-53 T8+801~T8+831段三维电阻率法预报结果

5. 综合分析

根据地面地质分析、掌子面围岩观察、掘进参数及岩渣分析、三维电阻率法的预报结果,预测 T8+801～T8+831 段岩性为前震旦系马衔山群($AnZmx^4$)黑云角闪石英片岩,断层发育的可能性小,岩石强度大于 60 MPa,岩体节理裂隙中等发育,岩体较完整,围岩呈渗水—滴水状态,围岩以基本稳定的Ⅱ类或局部稳定性差的Ⅲ类为主,发生隧洞地质灾害的可能性小。

6. 开挖揭露情况

岩体以新鲜—微风化为主,该段岩石节理中等发育,掌子面平直粗糙,同心圆沟槽明显,洞壁潮湿;在隧洞里程 T9+276 附近,揭露该段岩石节理中等发育,掌子面同心圆沟槽明显,局部渗水。由以上预报结果与开挖揭露结果对比可知,预报结果与实际开挖情况较为符合。局部掌子面围岩情况见图 5-54。

图 5-54　T8+801～T8+831 段掌子面围岩情况

5.5.2.5　应用效果综合评价

在兰州水源地建设工程输水隧洞双护盾 TBM 施工过程中,采用了地面地质分析、掌子面围岩观察、掘进参数及岩渣分析、三维地震法、三维电阻率法及超前钻探等方法为主的超前地质预报方法。其中,地面地质分析、掌子面围岩观察、掘进参数及岩渣分析预报成本低,不占用掘进时间,在全洞段均采用这三种方法。三维地震法、三维电阻率法及超前钻探法预报成本高,有时会占用掘进时间,在不良地质段预报时采用。三维地震法预报 51 次,三维电阻率法预报 48 次。采用基于多源信息的综合超前地质预报方法后,对兰州水源地建设工程输水隧洞的大部分不良地质段,如岩性分界线、小规模断层带、节理密集带、富水岩体、塑性变形围岩等进行准确的判断,预报成功率在 80%以上,对指导双护盾 TBM 采取合适的工程措施、穿越不良地质段,保障 TBM 的快速、安全施工发挥了重要的作用。

参考文献

[1] 夏定光. 豆砾石回填与灌浆技术探索[J]. 现代隧道技术,2002,39(1):20-24.

[2] 成保才, 苏枢, 孙文安, 等. 双护盾 TBM 施工中处理不良地质和设置止浆环的初探[J]. 岩石力学与工程学报, 2001, 20(3):408-411.

[3] Henzinger M R, Pejic D, Schubert W. Design improvements of segmental linings due to unfavorable bedding situations[J]. Procedia Engineering, 2017, 191: 729-734.

[4] Ramoni M, Anagnostou G. The interaction between shield, ground and tunnel support in TBM tunnelling through squeezing ground[J]. Rock Mechanics & Rock Engineering, 2011,44(1):37-61.

[5] 杨悦, 尹晓黎, 高红梅, 等. 地铁盾构隧道回填层的应力传导性能[J]. 黑龙江科技大学学报, 2013, 23(6):571-576.

[6] 赵大洲, 景来红, 杨维九. 南水北调西线工程深埋长隧洞管片衬砌结构受力分析[J]. 岩石力学与工程学报, 2005, 24(20):3679.

[7] 吴圣智, 黄群伟, 王明年, 等. 护盾式 TBM 隧洞回填层对管片受力的影响[J]. 中国公路学报, 2017, 30(8):229-237.

[8] 姜志毅, 王明年, 于丽, 等. TBM 隧洞豆砾石-地层抗力系数计算方法研究[J]. 地下空间与工程学报, 2017(4): 963-969.

[9] 姜志毅. 高地应力挤压性地层双护盾 TBM 管片结构设计方法研究[D]. 成都:西南交通大学,2017.

[10] 岩石隧道掘进机(TBM)施工及工程实例编委会. 岩石隧道掘进机(TBM)施工及工程实例[M]. 北京:中国铁道出版社,2004.

[11] 赵永辉, 谢雄耀, 陈军, 等. 隧道壁后注浆缺陷的雷达波场模拟及信息提取[J]. 同济大学学报(自然科学版), 2008(10):1433-1438.

[12] 林辉. 基于数字图像处理技术的粗集料形状特征量化研究[D]. 长沙:湖南大学, 2007.

[13] 王超凡. 集料形态特征与混合料级配的图像法分析技术研究[D]. 西安:长安大学, 2011.

[14] 于学馥. 地下工程围岩稳定分析[M]. 北京:煤炭工业出版社, 1983.

[15] 蔡美峰, 何满朝, 刘东燕. 岩石力学与工程[M]. 北京:科学出版社, 2013.

[16] 张超. 青海"引大济湟"工程 TBM 卡机段围岩大变形特性及扩挖洞室支护方案研究[D]. 成都: 成都理工大学, 2012.

[17] Lee Y K, Pietruszczak S. A new numerical procedure for elasto-plastic analysis of a circular opening excavated in a strain-softening rock mass[J]. Tunnelling and Underground Space Technology, 2008, 23(5): 588-599.

[18] 满志伟. 深埋输水隧洞 TBM 开挖过程中围岩稳定性数值分析[D]. 杭州:浙江工业大学, 2014.

[19] 张常光, 范文, 赵均海. 深埋圆形巷道围岩塑性区位移及特征曲线新解和参数分析[J]. 岩土力学, 2016, 37(1):12-24.

[20] Panet M. Le calcul des tunnels parla methode convergence confinement[M]. Paris: Presses de iecole Nationale des Ponts et Chaussres, 1995.

[21] 李卫兵. TBM 在超长隧道施工中的应用研究[D]. 长春: 吉林大学, 2005.

[22] 茅承觉. 全断面岩石掘进机(TBM)在大伙房水库输水隧洞工程中的应用[J]. 建设机械技术与管理, 2006, 19(12): 58-61.

[23] 曹催晨, 孟晋忠, 樊安顺, 等. TBM 在国内外的发展及其在万家寨引黄工程中的应用[J]. 水利水电技术, 2001, 32(4): 27-30.

[24] 王学潮, 杨维九, 刘丰收. 南水北调西线一期工程的工程地质和岩石力学问题[J]. 岩石力学与工程学报, 2005, 24(20): 3603-3613.

[25] Barton N. Some new Q-value correlations to assist in site characterization and tunnel design[J]. International Journal of Rock Mechanics & Mining Sciences, 2002, 39, 185-216.

[26] Barton N, Lien R, Lunde J. Engineering classification of rock masses for the design of tunnelsupport [J]. Rock Mechanics, 1974, 6(4):189-236.

[27] Bieniaski Z T. Classification of Rock Masses for Engineering [M]. New York: Wiley, 1993.

[28] 齐三红, 杨继华, 郭卫新, 等. 修正 RMR 法在地下洞室围岩分类中的应用研究[J]. 地下空间与工程学报, 2013,9(S2): 1922-1925.

[29] 中华人民共和国住房和城乡建设部. 工程岩体分级标准:GB/T 50218—2014[S]. 北京: 中国计划出版社, 2014.

[30] 中华人民共和国住房和城乡建设部,中华人民共和国国家质量监督检验总局. 水利水电工程地质勘察规范:GB 50487—2008[S]. 北京: 中国计划出版社, 2009.

[31] 靳永久, 许建业, 桑文才. TBM 施工中节理的编录[J]. 山西水利科技, 2001(3): 72-74.

[32] 陈恩瑜, 邓思文, 陈方明, 等. 一种基于 TBM 掘进参数的现场岩石强度快速估算模型[J]. 山东大学学报(工学版), 2017,47(2): 7-13.

[33] 刘冀山, 苗挨发. 隧洞 TBM 地质编录软件系统的建立和开发[J]. 水利技术监督, 2003(5): 58-60.

[34] 刘跃丽, 郭峰, 田满义. 双护盾 TBM 开挖隧道围岩类型判别[J]. 同煤科技, 2003(1): 27-28.

[35] 许建业, 梁晋平, 靳永久, 等. 隧洞 TBM 施工过程中的地质编录[J]. 水文地质工程地质, 2000(6):35-38.

[36] 孙金山, 卢文波, 苏利军, 等. 基于 TBM 掘进参数和渣料特征的岩体质量指标辨识[J]. 岩土工程学报, 2008, 30(12): 1847-1854.

[37] 黄祥志. 基于渣料和 TBM 掘进参数的围岩稳定分类方法的研究[D]. 武汉: 武汉大学, 2005.

[38] 魏南珍, 沙明元. 秦岭隧道全断面掘进机刀具磨损规律分析[J]. 石家庄铁道学院学报, 1999, 12(2): 86-89.

[39] 万治昌, 沙明元, 周雁领. 盘形滚刀的使用与研究(1)——TB880E 型掘进机在秦岭隧道施工中的应用[J]. 现代隧道技术, 2002, 39(5): 1-11.

[40] 万治昌, 沙明元, 周雁领. 盘形滚刀的使用与研究(2)——TB880E 型掘进机在秦岭隧道施工中的应用[J]. 现代隧道技术, 2002, 39(6): 1-12.

[41] 万治昌, 沙明元, 周雁领. 盘形滚刀的使用与研究(3)——TB880E 型掘进机在秦岭隧道施工中的应用[J]. 现代隧道技术, 2003, 40(1): 1-6.

[42] 张珂, 王贺, 吴玉厚, 等. 全断面硬岩 TBM 滚刀磨损关键技术分析[J]. 沈阳建筑大学学报(自然科学版), 2009, 25(3): 351-354.

[43] 尉旭平, 刘朋. TB593E/TS 双护盾 TBM 刀具使用分析[J]. 工程机械, 2009, 40(1): 34-38.

[44] 赵维刚，刘明月，杜彦良，等. 全断面隧道掘进机刀具异常磨损的识别分析[J]. 中国机械工程，2007，18(2)：150-153.

[45] 杨宏欣. 浅谈隧道施工中 TBM 滚刀失效及刀具管理[J]. 建筑机械化，2007(12)：60-62.

[46] 杜志国，巩亚东. 基于破岩弧长的全断面掘进机滚刀磨损的研究[J]. 建筑机械，2012(5)：73-76.

[47] 孙红，周鹏，孙健，等. 岩石隧道掘进机滚刀受力及磨损[J]. 辽宁工程技术大学学报(自然科学版)，2013，32(9)：1237-1241.

[48] 张厚美. TBM 盘形滚刀重复破碎与二次磨损规律研究[J]. 隧道建设，2016，36(2)：131-136.

[49] 赵战欣. TBM 盘形滚刀在山岭隧道掘进过程中的磨损研究[J]. 地下空间与工程学报，2015，11(S1)：367-372.

[50] 赵海鸣，舒标，夏毅敏，等. 基于磨料磨损的 TBM 滚刀磨损预测研究[J]. 铁道科学与工程学报，2014，11(4)：152-158.

[51] 谭青，谢吕坚，夏毅敏，等. TBM 盘形滚刀磨损速率研究[J]. 中南大学学报(自然科学版)，2015，46(3)：843-848.

[52] 周红，班树春，韩颖. TBM 最佳掘进工作参数研究与应用[J]. 水利建设与管理，2009，29(4)：86-88.

[53] 黄俊阁. 高磨蚀性硬岩地段敞开式 TBM 掘进参数优化和适应性研究[J]. 水利水电技术，2017，48(8)：90-95.

[54] 赵文松. 重庆地铁单护盾 TBM 掘进性能研究[D]. 石家庄：石家庄铁道大学，2013.

[55] 何俊男. 城市轨道交通双护盾 TBM 施工掘进参数研究[D]. 成都：西南交通大学，2018.

[56] 叶智彰. HSP 声波反射法地质超前预报在西秦岭特长隧道 TBM 施工中的应用[J]. 铁道建筑技术，2011(7)：94-98.

[57] 刘斌，李卫兵. TBM 隧洞施工超前地质预报方法对比分析[J]. 矿山机械，2008，36(21)：1-6.

[58] 周振广，张美多，赵吉祥. TST 技术在 TBM 掘进隧洞超前地质预报中的应用[J]. 水利水电工程设计，2017，36(4)：38-41.

[59] 程怀舟. 基于钻机的 TBM 隧洞施工超前地质预报系统开发研究[D]. 武汉：武汉大学，2005.

[60] 高振宅. Beam 地质超前预报系统在锦屏引水隧洞 TBM 施工中的应用[J]. 铁道建筑技术，2009(11)：65-67.

[61] 杨智国. 地质超前预报在桃花铺一号隧道 TBM 施工中的应用[J]. 铁道工程学报，2004(1)：65-68.

[62] 廖建明. 锦屏二级水电站引水隧洞 TBM 应对高压大流量地下涌水施工方案[J]. 河北交通职业技术学院学报，2016，13(2)：36-39.

[63] 徐虎城. 断层破碎带敞开式 TBM 卡机处理与脱困技术探析[J]. 隧道建设(中英文)，2018，38(S1)：156-160.

[64] 陈方明，邢秦智，白现军，等. N-J 水电站某 TBM 开挖洞段岩爆倾向性判定分析[J]. 人民长江，2018，48(S1)：173-175.

[65] 吴世勇，王鸽，徐劲松，等. 锦屏二级水电站 TBM 选型及施工关键技术研究[J]. 岩石力学与工程学报，2008，27(10)：2000-2009.

[66] 琚时轩. 全断面隧道岩石掘进机(TBM)选型的探讨[J]. 隧道建设，2007，27(16)：22-23.

[67] 张军伟，梅志荣，高菊茹，等. 大伙房输水工程特长隧洞 TBM 选型及施工关键技术研究[J]. 现

代隧道技术, 2010, 47(5): 1-10.

[68] 叶定海, 李仕森, 贾寒飞. 南水北调西线工程的 TBM 选型探讨[J]. 水利水电技术, 2009, 40(7): 80-83.

[69] 何发亮, 谷明成, 王石春. TBM 施工隧道围岩分级方法研究[J]. 岩石力学与工程学报, 2002, 21(19): 1350-1354.

[70] 吴煜宇, 吴湘滨, 尹俊涛. 关于 TBM 施工隧洞围岩分类方法的研究[J]. 水文地质工程地质, 2006, 33(5): 120-122.

[71] 闫长斌, 闫思泉, 刘振红. 南水北调西线工程岩石中石英含量变化及其对 TBM 施工的影响[J]. 工程地质学报, 2013, 21(4): 657-663.

[72] 中华人民共和国水利部. 引调水线路工程地质勘察规范:SL 629—2014[S]. 北京:中国水利水电出版社, 2014.

[73] 刘通, 赵维. 强度应力比在软质岩围岩分类中的应用[J]. 安徽理工大学学报(自然科学版), 2012, 32(4): 18-22.

[74] 孙振川, 杨延栋, 陈馈,等. 引汉济渭岭南 TBM 工程二长花岗岩地层滚刀磨损研究[J]. 隧道建设, 2017, 37(9): 1167-1172.

[75] 龚秋明, 佘祺锐, 丁宇. 大理岩摩擦试验及隧道掘进机刀具磨损分析——锦屏二级水电站引水隧洞工程[J]. 北京工业大学学报, 2012, 38(8): 1196-1201.

[76] 许传华, 任青文. 地下工程围岩稳定性的模糊综合评判法[J]. 岩石力学与工程学报, 2004,23(11):1852-1855.

[77] 盛继亮. 地下工程围岩稳定模糊综合评价模型研究[J]. 岩石力学与工程学报, 2003,22(S1): 2418-2421.

[78] 段瑜. 地下采空区灾害危险度的模糊综合评价[D]. 长沙: 中南大学, 2005.

[79] 彭祖赠, 孙韫玉. 模糊数学及其应用[M]. 武汉: 武汉大学出版社, 2002.

[80] 杜立杰, 齐志冲, 韩小亮, 等. 基于现场数据的 TBM 可掘性和掘进性能预测方法[J]. 煤炭学报, 2015,40(6):1284-1289.

[81] 刁振兴, 薛亚东, 王建伟. 引汉济渭工程岭北隧洞 TBM 利用率分析[J]. 隧道建设, 2015, 35(S2): 1361-1368.

[82] Gertsch R E. Rock toughness and disc cutter[D]. Missouri:University of Missouri-Rolla,2000.

[83] Teale R. The concept of specific energy in rock drilling[J]. International Journal of Roc kmechanics and Mining Sciences and Geomechanics Abstracts,1965,2(1):57-73.

[84] 宋克志, 王梦恕. 复杂岩石地层隧道掘进机操作特性分析[J]. 土木工程学报, 2012, 45(5): 176-181.

[85] 宋克志, 孙谋. 复杂岩石地层盾构掘进效能影响因素分析[J]. 岩石力学与工程学报, 2007, 26(10): 2092-2096.

[86] 周振国. 岩渣观测对硬岩 TBM 施工的指导意义[J]. 现代隧道技术, 2002, 39(3): 13-15.

[87] 张宁, 石豫川, 童建刚. TBM 施工深埋隧洞围岩分类方法初探[J]. 现代隧道技术, 2010, 47(5): 11-14.

[88] 宋克志, 季立光, 袁大军. 盘形滚刀切割岩渣粒径分布规律研究[J]. 岩石力学与工程学报, 2008, 27(S1): 3017-3019.

[89] 刘明月，杜彦良，麻士琦. 地质因素对 TBM 掘进效率的影响[J]. 石家庄铁道学院学报，2002，15(4)：40-44.

[90] 张军伟，陈云尧，陈拓，等. 2006-2016 年我国隧道施工事故发生规律与特征分析[J]. 现代隧道技术，2018，55(3)：10-17.

[91] 杨继华，杨风威，苗栋，等. TBM 施工隧洞常见地质灾害及其预测与防治措施[J]. 资源环境与工程，2014，28(4)：418-422.

[92] 李生杰，谢永利，朱小明. 高速公路乌鞘岭隧道穿越 F4 断层破碎带涌水塌方工程对策研究[J]. 岩石力学与工程学报，2013，32(S2)：3602-3609.

[93] 王庆武，巨能攀，杜玲丽，等. 深埋长大隧道岩爆预测与工程防治研究[J]. 水文地质工程地质，2016，43(6)：88-94.

[94] 李苍松，何发亮，丁建芳. 武隆隧道岩溶地质超前预报综合技术[J]. 水文地质工程地质，2005(2)：96-100.

[95] 周宗青，李术才，李利平，等. 岩溶隧道突涌水危险性评价的属性识别模型及其工程应用[J]. 岩土力学，2013，34(3)：818-826.

[96] 彭超. 公路隧道穿越浅埋断层破碎带工程处理技术[J]. 现代隧道技术，2013，50(1)：134-138.

[97] 李术才，刘斌，孙怀凤，等. 隧道施工超前地质预报研究现状及发展趋势[J]. 岩石力学与工程学报，2014，33(6)：1090-1114.

[98] 曲海锋，刘志刚，朱合华. 隧道信息化施工中综合超前地质预报技术[J]. 岩石力学与工程学报，2006，25(6)：1246-1251.

[99] 魏志宏，王培琳. 高风险铁路隧道超前地质预报影响隧道建设成本分析[J]. 隧道建设，2011，31(2)：181-185.

[100] 刘新荣，刘永权，杨忠平，等. 基于地质雷达的隧道综合超前预报技术[J]. 岩土工程学报，2015，37(S2)：51-56.

[101] 席锦州，周捷. TRT6000 超前地质预报系统在新铜锣山隧道中的应用[J]. 现代隧道技术，2012，49(5)：137-141.

[102] 刘阳飞，李天斌，孟陆波，等. 提高 TSP 预报准确率及资料快速分析方法研究[J]. 水文地质工程地质，2016，43(2)：59-166.

[103] 周波，范洪梅. 基于 HSP 声波反射法的隧道超前地质预报[J]. 现代隧道技术，2011，48(1)：133-136.

[104] 尚彦军，杨志法，曾庆利，等. TBM 遇险工程地质问题分析和失误的反思[J]. 岩石力学与工程学报，2007，27(12)：2404-2411.

[105] 李光波，李楠，林长杰. 大伙房特长隧洞 TBM 施工中 TSP 超前地质预报[J]. 路基工程，2012(1)：138-140.

[106] 李建斌，陈馈. 双护盾 TBM 的技术特点及工程应用[J]. 建筑机械化，2006(3)：46-49.

[107] 杜士斌，揣连成. 开敞式 TBM 的应用[M]. 北京：中国水利水电出版社，2011.

[108] 揣连成. TBM 施工中综合地质预报技术及施工对策研究[D]. 大连：大连理工大学，2009.

[109] 周小宏. TBM 施工隧洞中超前地质预报研究[D]. 武汉：武汉大学，2005.

[110] 赵文华. TB880E 掘进机在各类围岩中掘进参数选择[J]. 铁道建筑技术，2003(5)：16-18.

[111] 刘瑞庆. 不同地质情况下掘进参数的选择标准及经验[J]. 建筑机械，2000(7)：40-42.

[112] 刘斌, 李术才, 李建斌, 等. TBM 掘进前方不良地质与岩体参数的综合获取方法[J]. 山东大学学报(工学版), 2016, 46(6): 105-112.

[113] 宋杰. 隧道施工不良地质三维地震超前探测方法及其工程应用[D]. 济南: 山东大学, 2016.

[114] 刘斌, 李术才, 李树忱, 等. 基于不等式约束的最小二乘法三维电阻率反演及其算法优化[J]. 地球物理学报, 2012, 55(1): 260-268.

[115] 刘斌, 李术才, 李树忱, 等. 电阻率层析成像法监测系统在矿井突水模型试验中的应用研究[J]. 岩石力学与工程学报, 2010, 29(2): 297-307.

[116] 宛新林, 席道瑛, 高尔根, 等. 用改进的光滑约束最小二乘正交分解法实现电阻率三维反演[J]. 地球物理学报, 2005, 48(2): 439-444.

[117] 陈东, 吴庆鸣, 程怀舟, 等. 基于多源数据融合的钻机超前地质探测系统[J]. 金属矿山, 2007(4):49-52.

[118] 张红耀. 超前钻机在 TBM 施工中的应用[J]. 建筑机械, 2002(6): 45-46.